"十四五"职业教育国家规划教材

新形态立体化
精品系列教材

多媒体技术与应用立体化教程

微课版 | 第2版

戴敏利 / 主编　郑伟 张晓利 万亚男 / 副主编

MULTIMEDIA

人民邮电出版社
北京

图书在版编目（CIP）数据

多媒体技术与应用立体化教程 : 微课版 / 戴敏利主编. -- 2版. -- 北京 : 人民邮电出版社, 2021.11（2024.6重印）
新形态立体化精品系列教材
ISBN 978-7-115-56610-2

Ⅰ. ①多… Ⅱ. ①戴… Ⅲ. ①多媒体技术－教材 Ⅳ. ①TP37

中国版本图书馆CIP数据核字(2021)第107242号

内容提要

本书主要讲解多媒体技术的相关概念及应用，主要内容包括多媒体技术概述、图形图像处理、音频制作、动画制作、视频剪辑与制作，以及技能实训。本书内容由浅入深、循序渐进，且提供了大量的案例和习题，重点在于培养读者的实际应用能力，有较强的实用性。

本书可作为普通高等学校、职业院校计算机相关专业开设的"多媒体技术与应用"课程的教材，也可作为各类社会培训学校相关专业的教材，还可作为计算机爱好者自学多媒体技术与应用的参考书。

◆ 主　　编　戴敏利
　副 主 编　郑　伟　张晓利　万亚男
　责任编辑　马小霞
　责任印制　王　郁　焦志炜
◆ 人民邮电出版社出版发行　　北京市丰台区成寿寺路11号
　邮编　100164　　电子邮件　315@ptpress.com.cn
　网址　https://www.ptpress.com.cn
　山东华立印务有限公司印刷
◆ 开本：787×1092　1/16
　印张：17.5　　2021年11月第2版
　字数：438千字　　2024年6月山东第5次印刷

定价：59.80元

读者服务热线：(010)81055256　印装质量热线：(010)81055316
反盗版热线：(010)81055315
广告经营许可证：京东市监广登字20170147号

前言 PREFACE

本书第1版出版于2018年，主要围绕多媒体技术与应用进行讲解，通过学习不同软件的多媒体知识，帮助普通高等学校、职业院校培养优秀的职业技能型人才。本书进入学校已有近3年的时间，在这段时间里，本书帮助教师授课，并得到了广大师生的认可。但是近年来，随着高等教育的不断改革与发展，计算机软、硬件日新月异的升级，本书第1版中的软件版本、教学结构等，已无法满足当前的教学需求。为了更好地服务于广大师生，我们根据一线教师的建议，开始着手教材的改版工作。

我们认真总结已出版教材的编写经验，深入调研各地、各类院校的教材需求，组织一批具有丰富的教学经验、实践经验的优秀作者编写了本书。在第2版中，我们补充了新的多媒体知识，更新了软件的版本，同时，为了帮助读者快速了解多媒体技术与应用，掌握相关软件的操作方法，我们在阐述理论的同时，还结合了典型的实操案例，这些案例具有很强的参考性和指导性，可以帮助读者更好地梳理多媒体知识。

本着以“提升学生的就业能力”为导向，以“立德树人”为根本原则，我们在教学方法、教学内容、教材特色、教学资源4个方面进行了特别考虑。

教学方法

本书精心设计了“基础知识+实例+习题”的教学方法，讲解知识点时先介绍相关的基础知识，再结合实例，让读者能够实现“边学边练”，最后通过课后习题全方位帮助读者提升操作技能。

- **基础知识**：主要结合概念、理论、方法等进行详细讲解，使读者全面了解基础知识。
- **实例**：运用前面讲解的相关基础知识完成实例的制作，使读者进一步理解基础知识；在实例的选择上加强了新媒体与实例之间的关联，并且每个实例都给出了需要实现的效果，方便读者对比学习。
- **习题**：结合每一章的内容给出难度适中的习题，通过练习，读者可强化并巩固所学知识。

教学内容

本书的教学目标是帮助学生循序渐进地掌握多媒体的相关技术与应用。全书共6章，主要讲解了6个方面的内容。

- **第1章（多媒体技术概述）**：主要讲解多媒体技术的相关概念和常用的多媒体辅助工具。
- **第2章（图形图像处理）**：主要讲解图形图像的处理，如图形图像基础知识、Photoshop CC 2018的相关操作等。
- **第3章（音频制作）**：主要讲解音频的编辑与制作，如音频的常见格式、音频的获取、Audition CC 2018的相关操作等。
- **第4章（动画制作）**：主要讲解动画的编辑与制作，如动画的原理、动画的发展、Animate CC 2018的相关操作等。

- **第5章（视频剪辑与制作）**：主要讲解视频的剪辑与制作，如视频信息处理基础、Premiere Pro CC 2018的相关操作等。
- **第6章（技能实训）**：综合练习宣传图制作、短视频制作、动画制作等。

教材特色

为了让读者更好地学习和应用相关知识，本书的前期策划及后期编写均以读者的需求作为第一考虑因素。本书具有以下特色。

（1）立德树人，提高素养

党的二十大报告指出“育人的根本在于立德”。本书精心设计，因势利导，依据专业课程的特点采取了恰当方式自然融入中华传统文化、科学精神和爱国情怀等元素，弘扬精益求精的专业精神、职业精神和工匠精神，培养学生的创新意识，将“为学”和“为人”相结合。

（2）校企合作，双元开发

本书由学校教师和企业工程师共同开发。由合作企业提供真实项目案例，由常年深耕教学一线，有丰富教学经验的教师执笔，将项目实践与理论知识相结合，体现了“做中学，做中教”等职业教育理念，保证了教材的职教特色。

（3）科学系统，融会贯通

本书在注重系统性和科学性的基础上，以案例为导向讲解了各种多媒体表现形式的制作与编辑方法。本书不仅在讲解过程中通过案例融会贯通知识点，还在最后一章以技能训练的形式制作了多个案例，这些案例的实用性和可操作性都非常强，具有很高的参考价值。

（4）配套齐全，资源完整

本书提供丰富的教辅资源，包括PPT课件、电子教案、教学大纲、考试题库等丰富的教学资源，并能做到实时更新。

平台支撑

人民邮电出版社充分发挥了在线教育方面的技术优势、内容优势和人才优势，经过潜心研究，为读者提供了一种“纸质图书 + 在线课程”相配套、全方位学习多媒体技术的解决方案。读者可根据个人需求，利用图书和“微课云课堂”平台上的在线课程进行碎片化、移动化的学习，以便快速全面地掌握办公自动化技术以及与之相关联的其他软件。

扫描封面上的二维码或者直接登录“微课云课堂”（www.ryweike.com）→用手机号码注册→在用户中心输入本书激活码（2159aecf），将本书包含的微课资源添加到个人账户，获取永久在线观看本课程微课视频的权限。

由于编者水平有限，书中难免有疏漏和不足之处，恳请广大读者及专家不吝赐教。

编　者

2023年5月

目录 CONTENTS

第 1 章　多媒体技术概述　1

第 2 章　图形图像处理　24

第3章 音频制作 103

第4章 动画制作 143

第6章 技能实训 241

第 1 章
多媒体技术概述

01

本章要点

- 认识多媒体技术
- 多媒体系统的构成
- 多媒体技术的应用
- 多媒体应用中的辅助工具

素养目标

- 培养对图像、声音和视频等多媒体元素的探索兴趣，提高信息素养。

1.1 认识多媒体技术

近年来，多媒体技术发展迅速，许多商家和企业开始在企业形象宣传、产品推广营销及售后等方面运用多媒体技术，多媒体技术的应用逐渐渗透到人们生活、工作的各个方面。下面将从多媒体技术的基本概念，多媒体关键技术，流媒体技术，虚拟现实、增强现实和混合现实技术，以及多媒体技术的发展趋势 5 个方面来讲解多媒体技术。

1.1.1 多媒体技术的基本概念

多媒体技术是将文本、图像、动画、音频、视频等多种媒体信息通过计算机进行数字化加工处理，使多种媒体信息建立逻辑连接、达成实时信息交互的系统技术。

从研究和发展的角度来看，多媒体技术具有多样性、集成性、交互性和实时性的特点。

- **多样性**：多样性是指可以处理多种媒体信息，包括文本、图像、动画、音频、视频等。
- **集成性**：集成性是指可以综合处理文本、图像、动画、音频、视频等多种媒体信息，并将不同类型的媒体信息有机地组合在一起，形成一个与这些媒体相关的设备集成。
- **交互性**：交互性是指可以对多种信息进行组织以实现人机交互，用户可以通过介入各种媒体加工、处理的过程，更有效地控制和应用各种媒体信息。
- **实时性**：实时性是指随着时间的变化，可对文本、图像、动画、音频、视频等多种媒体信息进行实时处理。

1.1.2 多媒体关键技术

多媒体关键技术是多媒体技术的重要组成部分，掌握多媒体关键技术的相关知识能帮助用户更好地运用多媒体技术。多媒体关键技术包括数据压缩、数字图像技术、数字音频技术、数字视频技术、多媒体专用芯片技术、大容量信息存储技术、多媒体输入与输出技术和多媒体软件技术等，下面分别进行介绍。

1．数据压缩

数据压缩是指在不丢失有用信息的前提下，通过减少数据量来提高传输和处理的效率。当音频和视频等媒体信息经过数字化处理后，往往会产生非常大的数据量，对其进行压缩可以方便后续的应用。

2．数字图像技术

数字图像技术是指利用计算机将图像信号转换成数字信号，以提高图像质量，方便图像存储和传输。

数字图像技术的处理过程包括输入、处理、输出。输入即图像的采集和数字化，是对模拟图像信号进行抽样和量化处理，得到数字图像信号，并将其存储到计算机中的过程。处理是按一定的要求对数字图像信号进行滤波、锐化、复原、重现、矫正等一系列处理，以提取图像中的主要信息的过程。输出则是将处理后的数字图像通过显示或打印等方式进行表现的过程。

3．数字音频技术

数字音频技术是通过数字化对声音进行录制、存放、编辑、压缩或播放。数字音频技术能够使音频存储更加方便，有利于音频文件的传播。多媒体技术中的数字音频技术包括声音采集及回放技术、声音识别技术和声音合成技术。

4．数字视频技术

数字视频技术是通过数字化记录视频，并将其复现的相关技术。数字视频技术一般包括视频采集及回放、视频编辑、三维动画视频制作。视频采集及回放需要相应设备和软件的支持。

5．多媒体专用芯片技术

专用芯片是多媒体计算机硬件体系结构的关键。要实现音频和视频信号的快速压缩、解压缩和播放处理，计算机应拥有进行大量快速计算的能力，而只有专用芯片才能达到该效果。多媒体计算机专用芯片可归纳为两种类型：一种是固定功能的芯片，另一种是可编程的数字信号处理器芯片。

6．大容量信息存储技术

大容量信息存储技术是指保存大量信息的技术，包括磁存储技术、缩微存储技术、光盘存储技术和云存储技术。

- **磁存储技术**：磁存储技术是指通过磁介质进行信息存储的技术。计算机中的硬盘就运用了磁存储技术。
- **缩微存储技术**：缩微存储技术是指通过摄影机中的感光摄影原理将文件缩摄到缩微胶片上，从而保存文件信息的技术。
- **光盘存储技术**：光盘存储技术是指通过激光照射介质，使其相互作用，导致介质的性质发生变化而将信息存储下来的技术，这种技术可以存储所有类型的媒体信息。
- **云存储技术**：云存储技术是一种新兴的网络存储技术，是指通过网络技术或分布式文件系统等功能，将网络中大量的存储设备通过应用软件集合起来协同工作，共同对外提供数据存储和业务访问功能的技术。使用者可以在任何地方，通过联网的方式链接到云上存取数据。

7．多媒体输入与输出技术

多媒体输入与输出技术是指通过多媒体输入、输出设备对各类信息进行输入和输出操作的技术。其中，输入技术包括媒体变换技术和媒体识别技术。

- **媒体变换技术**：媒体变换技术是指改变媒体表现形式的技术，如当前广泛使用的声卡就使用了媒体变换技术。
- **媒体识别技术**：媒体识别技术是对信息进行一对一映像的技术，如语音识别技术和触摸屏技术等。

输出技术包括媒体理解技术和媒体综合技术。

- **媒体理解技术**：媒体理解技术是对信息进行更进一步的分析和处理并理解信息内容的技术，如自然语言理解、图像理解、模式识别等技术。
- **媒体综合技术**：媒体综合技术是把低维信息表示映像成高维的模式空间的技术，如语音合成器就可以把语音的内部表示综合为声音输出。

8．多媒体软件技术

多媒体软件技术是指在多媒体中运用的各种软件技术，其作用是增强多媒体处理各类信息的能力，主要包括多媒体操作系统、多媒体素材采集与制作技术、多媒体数据库技术，以及超文本和超媒体技术 4 个方面的内容，下面分别进行介绍。

- **多媒体操作系统**：多媒体操作系统是多媒体软件的核心，负责多媒体环境下多任务的调度，能够保证音频、视频同步控制以及信息处理的实时性，提供对多媒体信息的基本操作和管理， 具有对设备的相对独立性与可扩展性。多媒体操作系统分为具有编辑和播放双重功能的开发系统、以交互播放功能为主的教育 / 培训系统和用于家庭娱乐及学习的家用多媒体系统。
- **多媒体素材采集与制作技术**：素材的采集与制作根据媒体信息类型的不同而不同，如音频录制、编辑和播放，图像扫描及预处理，全动态视频采集及编辑，动画编辑，音 / 视频信号的混合和同步等。
- **多媒体数据库技术**：多媒体数据库技术是一种包括文本、图像、动画、音频、视频等多种媒体信息的数据库。
- **超文本和超媒体技术**：超文本和超媒体技术允许以事物的自然联系来组织信息，实现多媒体信息之间的连接，从而构造出能真正表达客观世界的多媒体应用系统。超文本和超媒体由节点、链及网络 3 个要素组成，节点是表达信息的单位，链将节点连接起来，网络则是由节点和链构成的有向图。

1.1.3 流媒体技术

流媒体就是数字音频和数字视频在网络上传输的方式。目前主要有下载和流式传输两种方式。在下载方式中，用户必须等待媒体文件从互联网上下载完成后，才能通过播放器进行播放；在流式传输方式中，用户可以先在计算机上创造一个缓冲区，在播放媒体前预先下载一段资料作为缓冲，当网络实际连线速度小于播放所耗用资料的速度时，播放程序就会取用这一小段缓冲区内的资料，同时再去下载一段新的资料到缓冲区中，避免播放中断。

流媒体运用了可变带宽技术，使人们可以在 28kbit/s~1 200kbit/s 的带宽环境下在线欣赏连续不断的、高品质的音频、视频节目。

实现流媒体的关键技术是流式传输技术，它融合了网络的传输条件、媒体文件的传输控制、媒体文件的编码压缩效率、PC端的解码等多种技术。下面将对顺序流式传输和实时流式传输、流媒体传输形式等知识进行介绍。

1．顺序流式传输和实时流式传输

实现流式传输有两种基本方法——顺序流式传输和实时流式传输。

- **顺序流式传输：**顺序流式传输是指按顺序下载，在下载文件的同时，用户可观看在线媒体，但用户只能观看已下载的那部分，而不能跳到还未下载的部分进行观看。由于标准的HTTP服务器可发送这种形式的文件，而不需要其他特殊协议，所以它经常被称作HTTP流式传输。顺序流式传输比较适合传输高质量的短片段，不适合传输较长的整个影音节目，也不支持随机访问和现场直播。
- **实时流式传输：**实时流式传输需要专用的流媒体服务器，如Quick Time、Windows Media Server等，需要特殊的网络协议，如实时传输协议（Real-time Transport Protocol，RTP）、实时流协议（Real-time Streaming Protocol，RTSP）、实时传输控制协议（Real-time Transport Control Protocol，RTCP）等。实时流式传输总是实时传送，特别适合传输现场直播等影音节目，也支持随机访问，用户可快进或后退以观看前面或后面的内容。理论上，实时流式传输一经播放就不可停止，但实际上，这种传输方式可以发生周期性暂停。实时流式传输必须保证媒体信号带宽与网络连接匹配，若以低速连接网络，那么流媒体会因为带宽不同、速率不同而降低质量，无法给用户带来良好的观看体验。

2．流媒体传输形式

流媒体有点播和广播两种基本传输形式。

- **点播：**点播是指PC端与服务器主动连接的传输形式。在点播传输形式中，用户通过选择播放内容来初始化PC端连接，进行开始、停止、后退、快进、暂停等操作。由于每个PC端各自连接服务器，所以这种方式会占用大量的网络带宽。
- **广播：**广播是指用户被动接收数据流的传输形式。在广播传输形式中，PC端只接收数据流，但不能控制数据流，即用户不能暂停、快进和后退该数据流。

1.1.4　虚拟现实、增强现实和混合现实技术

虚拟现实（Virtual Reality，VR）、增强现实（Augmented Reality，AR）和混合现实（Mixed Reality，MR）技术是近年来兴起的新型人机交互技术。虚拟现实技术利用模拟的方式建构接近现实的世界，增强现实技术利用投影将影像投射到现实中，而混合现实技术则是介于虚拟现实技术与增强现实技术之间的一种综合形态。

1．虚拟现实技术

虚拟现实技术是在许多相关技术（如仿真技术、计算机图形学、多媒体技术等）的基础上发展起来的一门综合技术，是多媒体技术发展的更高境界。虚拟现实技术提供了一种完全沉浸式的人机交互界面，用户处在计算机产生的虚拟世界中，无论看到的、听到的，还是感觉到的，都像是在真实的世界里体验的一样，用户通过输入和输出设备还可以同虚拟现实技术环境进行交互。虚拟现实技术具有以下特征。

- **多感知性：**多感知性是指除了一般多媒体计算机具有的视觉感知和听觉感知外，虚拟现实技术还有触觉感知、力觉感知、运动感知，甚至有嗅觉感知和味觉感知等。理想的虚拟现实技术应有一切人所具有的感知功能。

- **临场感**：临场感又称存在感，是指用户作为主角存在于模拟环境中感觉到的真实程度。理想的模拟环境应使用户难以分辨真假，如同实现了和现实一样的真实的环境效果。如天文学专业的学生可以在虚拟星系中遨游，英语专业的学生可以在虚拟剧院中观看莎士比亚的戏剧。
- **交互性**：交互性是指用户对模拟环境内的物体的可操作程度和从环境中得到反馈的自然程度。如用户可以用手直接抓取模拟环境中的物体，这时会产生手握着物体的感觉，并可以感觉物体的重量，视线中被抓的物体也会随着手的移动而移动。
- **自主性**：自主性是指虚拟环境中的物体依据物理定律动作的程度，如当物体受到力的推动时会向力的方向移动或翻倒。虚拟现实技术推动了通用计算机中多媒体设备的发展，如在输入/输出设备方面由普通的键盘和二维鼠标发展为三维球、三维鼠标器、数据手套、数据衣服、头盔显示器等。

虚拟现实技术的应用十分广泛，如宇航员利用虚拟现实技术进行训练，产品设计师将图纸制作成三维虚拟物体等。

2．增强现实技术

增强现实技术是将真实世界的信息和虚拟世界的信息结合在一起的新技术。通过实时地计算摄影机影像的位置及角度变化和图像技术，增强现实技术能够把虚拟世界融入现实世界，使用户进行交互操作。随着科技的进步，相关科技产品运算能力的提升，用户对电子产品使用率的提高，增强现实技术的用途将会越来越广。

增强现实技术更加强调真实世界与虚拟世界信息的叠加与融合，能够将原本无法感知的信息添加到创建的环境中并让用户进行体验，使用户能够体会到超越现实的感受。简单来说，增强现实技术的3个显著特点分别是虚实融合、实时交互和三维定位。

增强现实技术用于手机摄像头时，可直接扫描现实世界的物体，并通过图像识别技术在手机上显示相对应的图片、音频、视频、3D模型等。增强现实技术的展现形式包括3D模型、视频、场景展现、游戏和大屏互动，如一些软件的“AR动漫角色”“AR红包”功能等。

3．混合现实技术

混合现实技术是介于虚拟现实技术和增强现实技术之间的一种综合形态，也是虚拟现实技术和增强现实技术的进一步发展。

混合现实技术与虚拟现实技术、增强现实技术不同的地方在于，混合现实技术可以将虚拟世界与现实世界进行更多的结合，建立一个新的环境。在这个新环境中，物品能够与现实世界中的物品共同存在并且即时与用户产生真实的互动，也就是说，当用户对现实生活进行改变时，会间接影响到虚拟空间。混合现实技术增强了虚拟的部分，能够让现实世界延伸到虚拟世界之中，给用户提供前所未有的体验。

混合现实技术的交互反馈能够使用户在相距很远的情况下进行互动，如通过使用5G网络，不同地区的医生可以同时对一台手术进行操作指导。

1.1.5 多媒体技术的发展趋势

随着多媒体技术在各个领域的深入应用，多媒体技术的发展越来越迅速。同时，技术水平的进一步发展，又促使多媒体技术向着多元化和智能化的方向持续发展。

- **多元化**：多媒体技术的多元化发展趋势，一方面是指多媒体技术从单机到多机的过渡，从单机系统向以网络为中心的多媒体应用的过渡；另一方面是多媒体技术应用领域的多元化，包括多媒体技术在电子商务、教学、医疗诊断、视频通信、安全防范系统和数字出版等多个领域的应用。此外，在服务主体时，多媒体技术还更多地以用户为中心，根据用户的个性化需求提供专业服务。例如，网络化的多媒体提供了短视频、直播等广告形式，用户可以主动选择感兴趣的内容，并与企业进行互动，甚至提出反馈意见。

- **智能化**：计算机软、硬件的不断更新、性能指标的进一步提高，以及对未来多媒体网络环境要求的提高，促使多媒体朝着智能化方向发展，不断提升处理文本、图像、动画、音频、视频等信息的能力。智能化的多媒体技术包括文本、语音的识别和输入，图形的识别和理解，以及人工智能等，如现在的网络电视、智能手机等产品，能够实现智能控制、信息智能搜索等。

1.2 多媒体系统的构成

多媒体系统是一种硬件和软件有机结合的综合系统。它能够把音频、视频等媒体信息与计算机系统融合起来，并由计算机系统对各种媒体信息进行数字化处理。多媒体系统按其物理结构可分为多媒体硬件系统和多媒体软件系统两大部分，其组成结构如图1.1所示。

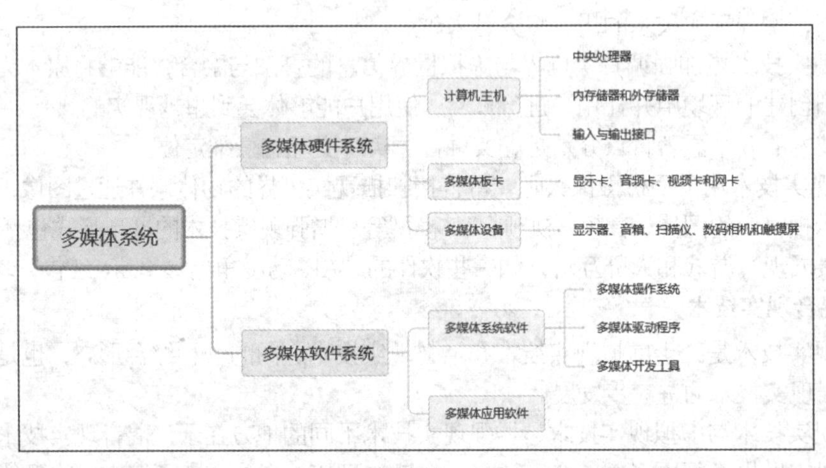

图1.1

1.2.1 多媒体硬件系统

多媒体硬件系统是由计算机主机、多媒体板卡以及可以接收和播放多媒体信息的各种多媒体设备组成的。

1. 计算机主机

在多媒体系统中，计算机主机是基础性部件。如果没有计算机主机，多媒体系统的功能就无法实现。

多媒体个人计算机（Multimedia Personal Computer，MPC）的基本部件由中央处理器（Central Processing Unit，CPU）、内存储器（Random Access Memory，RAM）和外存储器（Read-Only Memory，ROM）（软盘、硬盘、光盘）、输入与输出接口3部分组成。其中，

中央处理器是关键，如 Pentium-586/2.4GHz 的中央处理器就足以制作与播放专业级水平的各种媒体信息。内存储器是存放计算机运行时的大量程序和数据信息代码的地方，外存储器是指除计算机CPU缓存及内存储器以外的存储器,此类存储器一般在断电后仍然能保存数据。输入与输出接口将计算机与外部设备连接起来。

2．多媒体板卡

多媒体计算机特征部件是指多媒体板卡，它是根据多媒体系统获取或处理各种媒体信息的需要插接在计算机上的，以解决输入和输出的问题。多媒体板卡是建立多媒体应用程序工作环境必不可少的硬件设备。常用的多媒体板卡有显示卡、音频卡、视频卡和网卡等。

- **显示卡：**显示卡又称显示适配器，它是计算机主机与显示器之间的接口，用于将主机中的数字信号转换成图像信号并在显示器上显示出来，它决定了屏幕的分辨率和可以显示的颜色。
- **音频卡：**音频卡又称声卡，是计算机处理声音信息的专用功能卡。声卡上都预留了话筒、激光唱机、乐器数字接口（Musical Instrument Digital Interface，MIDI）等外接设备的插孔，可以录制、编辑和回放数字音频文件，控制各声源的音量并加以混合，在记录和回放数字音频文件时进行压缩和解压缩，具有初步的语音识别功能。
- **视频卡：**视频卡是一种基于 PC 端的多媒体视频信号处理平台，它可以汇集视频源和音频源的信号，在经过捕获、压缩、存储、编辑、特技制作等处理后，可以产生非常亮丽的视频图像画面。
- **网卡：**网卡又称网络接口控制器（Network Interface Controller，NIC），是计算机与传输介质的接口。每一台服务器和网络工作站都至少配有一张网卡，把网线连到网卡的端口上，可以将计算机与网络进行实际的物理连接。拨号上网的用户则不需要网卡，这类用户通过调制解调器（Modem）先连到互联网服务提供商（Internet Service Provider，ISP）的服务器上，然后连接 Internet。其中，调制解调器是利用调制解调技术来实现数字信号与模拟信号的相互转换的。

3．多媒体设备

多媒体设备多种多样，不同的多媒体设备的作用也不同。常用的多媒体设备有显示器、音箱、扫描仪、数码相机、触摸屏等。

- **显示器：**一种计算机输出显示设备。它由显示器件、扫描电路、视放电路、接口转换电路组成，为了能清晰地显示出文本、图像等，其分辨率和视频带宽比电视机要高出许多。
- **音箱：**一种能将模拟脉冲信号转换为机械性振动，并通过空气的振动再形成人耳可以听到的声音的输出设备。
- **扫描仪：**一种静态图像采集设备。扫描仪内部有一套光电转换系统，可以把各种图像信息转换成数字图像数据并传送给计算机，然后借助计算机对图像进行加工处理。如果再配上 OCR 文字识别软件，扫描仪就可以快速地把各种文稿录入计算机中。
- **数码相机：**一种能够进行拍摄，并把拍摄到的景物转换成以数字格式存放的图像的照相机。数码相机一般是利用电荷耦合器件（Charge Coupled Device，CCD）进行图像传感的，它能够将光信号转变为电信号并将其记录在存储器或存储卡上。

数码相机可以直接连接到计算机、电视机或打印机上，对图像进行加工处理、浏览和打印。

- **触摸屏**：一种定位设备。当用户用手指或相关设备触摸安装在计算机显示器前面的触摸屏时，所触摸到的位置（以坐标形式）就会被触摸屏控制器检测到，并通过接口传送到CPU，从而确定用户所输入的信息。

1.2.2 多媒体软件系统

构建一个多媒体系统，硬件是基础，软件是灵魂。多媒体软件的主要任务是将硬件有机地组织在一起，使用户能够方便地使用多媒体信息。多媒体软件按功能可分为多媒体系统软件和多媒体应用软件。

1．多媒体系统软件

多媒体系统软件主要包括多媒体操作系统、多媒体驱动程序、多媒体开发工具3种。下面主要讲解多媒体开发工具。

多媒体开发工具是开发人员用于获取、编辑、处理多媒体信息，编制多媒体应用程序的一系列工具软件的统称。它可以对文本、图像、动画、音频、视频等多媒体信息进行控制和管理，并把它们按要求连接成完整的多媒体应用软件。多媒体开发工具一般可分为多媒体素材制作工具、多媒体制作工具、多媒体编程语言3类。

多媒体素材制作工具是为多媒体应用软件准备数据的软件，包括图形图像处理与制作软件Photoshop、音频编辑与制作软件Audition、二维和三维动画制作软件Animate、视频和图像采集编辑软件Premiere等。

多媒体制作工具又称多媒体创作工具，它是利用编程语言调用多媒体硬件开发工具或函数库来实现的，能使用户方便地编制程序，组合各种媒体，最终生成多媒体应用程序。常用的多媒体创作工具有PowerPoint、Authorware、Director等。

多媒体编程语言可用来直接开发多媒体应用软件，不过这类工具对开发人员的编程能力要求较高。多媒体编程语言有较大的灵活性，适合于开发各种类型的多媒体应用软件。常用的多媒体编程语言有Java、Visual C++、Python等。

2．多媒体应用软件

多媒体应用软件又称多媒体应用系统或多媒体产品，它是由各种应用领域的专家或开发人员利用多媒体编程语言或多媒体创作工具编制的最终多媒体产品，是直接面向用户的。如各种多媒体教学软件、培训软件、声像俱全的电子图书等。

1.2.3 多媒体应用系统的特点

多媒体应用系统与一般的应用系统相比较，有一些独特之处，其主要特点如下。

- 多媒体应用系统的开发环境复杂。多媒体开发环境是一个复杂的硬件设备和软件环境的集成。它需要有音频卡、视频卡、网卡、扫描仪、数字化仪等一系列硬件设备，还需要有多媒体开发工具。由于多媒体数据量较大，各种媒体的处理方式又不尽相同，所以往往需要搭建一个网络环境，使各种媒体的加工处理分布在不同的终端上。
- 多媒体应用系统的数据类型繁多，包括文本、图像、动画、音频、视频等，数据之间有可能存在着一定的关联。
- 多媒体应用系统要求具有良好的交互性。

- 多媒体应用系统的开发过程需要各种技术人才。一般的应用系统开发只需要应用方和开发人员就可以完成，而多媒体应用系统开发涉及各种媒体的创作人员，如动画制作专家、视频剪辑专家、作曲家、录音师、美工人员等。

1.3 多媒体技术的应用

随着多媒体技术的迅速发展，网上购物、网上交易和在线电子支付及各种商务活动、交易活动、金融活动和相关的综合性服务活动与多媒体技术的关系越来越密切，也越来越离不开多媒体技术的支持。多媒体技术具备实时、交互式地处理文本、图像、动画、音频和视频等多媒体信息的功能，极大地改变了网站的表现形式，并改善了用户网上购物的体验。因此，学习多媒体技术在电子商务、教学、医疗诊断、视频通信、安全防范系统和数字出版方面的应用是十分必要的。

1.3.1 多媒体技术在电子商务方面的应用

当下电子商务发展迅速，网上购物、网上交易、在线电子支付及各种商务活动正在火热地开展，这些都离不开多媒体技术的支持，特别是多媒体实时、交互式地处理文本、图像、动画、音频和视频等的功能。目前，多媒体技术在电子商务方面的应用主要体现在电子商务网页设计和营销两个方面，下面分别进行介绍。

1．多媒体技术在电子商务网页设计中的应用

运用多媒体技术可以以更精美、优质的页面来展示关于商品的文本、图像、视频等信息，吸引用户关注。电子商务网站页面的魅力是综合多媒体技术来实现的，因此，要想为用户提供一个与企业交流的平台，就必须将多媒体技术合理地运用到电子商务网页中。

在设计电子商务网页时，将多媒体元素融入其中，需要遵循主体突出、形式与内容统一的原则，即多媒体不仅要应用于页面外观的设计，还应该与品牌和产品有所联系，使页面具有实际的意义。同时，多媒体的内容应该简练，避免过于注重外观效果，而忽略用户浏览、下载信息所花费的时间和精力。

2．多媒体技术在电子商务营销方面的应用

随着移动互联网和多媒体技术的发展，多媒体营销逐渐成为企业进行网络营销的主流方式。多媒体营销对产品和品牌内容的表现更加直观，其集文字、声音和图像于一体的营销手段，能快速吸引用户眼球，给用户带来强烈的视觉冲击力和可视化感受，它凭借超强的传播力和影响力，被广泛应用于个人或企业营销的多个领域。

多媒体营销包括图片营销、视频营销和直播营销这几种主流营销方式。互联网上几乎所有的媒体都可以通过图片进行分享互动。与文字相比，图片更具美感，图片传达的信息更加直接，使人一目了然；而视频广告则以“图、文、声、像”的形式传送多种感官信息，通常比单纯的文字性或图片性广告更具吸引力。文字、图片和视频3种形式中，视频对人的感官冲击力最大。一个内容价值高、观赏性强的视频，可以在用户全面了解企业产品的同时，缩短用户对产品产生信任的时间。而其中的直播营销更是一种强有力的双向互动模式，主播可以在直播产品信息的同时，接收观众的反馈信息，如弹幕、评论等，其中不仅有对产品信息的反馈，还有对主播的现场表现的反馈，能够为企业下一次开展直播营销提供改进意见。

1.3.2 多媒体技术在教学方面的应用

数字化推动新时代教育高质量发展。利用多媒体计算机综合处理和控制文本、符号、图像、动画、音频和视频等多媒体信息，把多媒体信息按照教学要求进行有机组合，形成合理的教学结构并呈现在屏幕上，然后完成一系列人机交互操作，使学生在最佳的环境中学习。

利用多媒体技术不仅能模拟物理和化学实验，也能模拟出天文或自然现象等真实场景，还能十分逼真地模拟社会环境及生物繁殖和进化等。多媒体、虚拟现实和网络技术的发展已经将教学模拟推向一个新的阶段，各种形式的虚拟课堂、虚拟实验室及虚拟图书馆等与学校教育密切相关的新生事物不断涌现，这些新技术将成为教育领域前所未有的强大工具和有力的教学手段。

随着网络技术的发展，多媒体远程教学培训逐步完善，它包括两种模式。一种是非实时交互式远程教学模式，它是指学生利用多媒体网络随时调用存放在服务器上的文本、图像和语音等多媒体课件进行学习，适合有自主学习能力的学生使用，它属于以学生为中心的教学模式。另一种是实时交互式远程教学模式，它是指在较高的网络传输率下添置摄像头、视频卡和话筒等，实现远程音、视频信息的实时交流，这种教学模式将双向交流扩展到任何有网络的地方，能够实现音、视频实时交互，保证教学过程高质、高效，体现了自主选择学习内容等远程教育的优势，甚至能够实现“双主”教学模式。

1.3.3 多媒体技术在医疗诊断方面的应用

医疗诊断经常采用实时动态视频扫描和声影处理技术等，如彩超、拍摄X光片等医学检查手段。多媒体通信和分布式系统的结合推动了分布式多媒体系统的产生，使远程多媒体信息的编辑、获取和同步传输成为可能，远程医疗会诊应运而生。远程医疗会诊就是以多媒体为主的综合医疗信息系统，使医生能够在千里之外为患者看病、开处方。对于疑难病例，各路专家还可以联合会诊，为抢救危重病人赢得了宝贵的时间。

1.3.4 多媒体技术在视频通信方面的应用

视频通信是通过多媒体技术向用户传递视频信息的通信服务。随着网络和现代通信技术的发展，用户已经不再满足于单一的语音通信，通信的可视化需求逐渐增加，进而转变为对视频和音频的通信需求，以传送语音、视频为一体的视频通信业务也就成为通信领域发展的热点，如视频会议、视频电话、网络直播。下面具体讲解多媒体在视频电话中的应用。

视频电话是使用图像、语音压缩等多媒体技术，利用电话线路实时传送用户图像和语音的通信方式。用户在使用视频电话时可以听到对方的声音，看到对方的动态影像。随着多媒体技术的发展，现在的视频电话终端已具有共享电子文档、浏览网页等功能，并且使用了增强现实和人脸跟踪技术，在通话的同时，可以在用户的面部实时叠加如帽子、眼镜等虚拟物体，提高了视频电话的趣味性。

1.3.5 多媒体技术在安全防范系统方面的应用

安全防范系统（Security & Protection System，SPS）是以维护社会公共安全为目的的系统。运用多媒体技术可以组建入侵报警系统、视频安防监控系统、出入口控制系统和防爆安全检查系统等安全防范系统。多媒体技术的发展使安全防范系统集图像、声音和防盗报警于一体，还可以将数据存储起来以备日后查询，使原有的安全防范系统更为完善，被广泛应用于工业生产、银行安全监控和交通安全保障等方面。将安全防范系统与网络相连，还可以实现远程监控、通过网络终端获取监控信息、调整监控参数等操作。

1.3.6 多媒体技术在数字出版方面的应用

数字出版是在计算机技术、通信技术、网络技术、流媒体技术、存储技术、显示技术等多媒体技术的基础上发展起来的新兴出版产业。

从时间上看，数字出版的发展历史并不久远，但作为新生事物，其发展速度却非常快。数字出版是通过数字技术对出版内容进行编辑和加工，使用数字编码的方式将图、文、声、像等信息存储在磁、光及电介质上，并通过网络传播等方式进行出版的一种新兴出版方式。数字出版产物通常具有容量大、文件小、成本低、检索快、易于保存或复制及能存储图、文、声、像信息等特点，如通过手机下载数字图书就可以阅读全书的内容。多媒体技术在出版方面的逐步应用，为用户的阅读提供了巨大的便利。数字出版的主要特点为出版内容数字化、管理过程数字化、产品形态数字化和传播渠道网络化。

数字出版的产物主要包括数字图书、数字期刊、数字报纸、数字手册与说明书、网络原创文学、网络教育出版物、网络地图、数字音乐、网络动漫、网络游戏等。数字出版产品的传播途径主要包括有线互联网、无线通信网和卫星网络等。这些数字出版的产物丰富了出版物的内容和形式，同时也改变了人们的生活方式和消费理念。

1.4 多媒体应用中的辅助工具

多媒体应用中的辅助工具可以帮助用户更快捷地转换文件格式、处理图像和进行图文排版。常用的辅助工具有文件格式转换工具、图像处理工具和图文排版工具。

1.4.1 文件格式转换工具——格式工厂

随着计算机技术的不断发展，各种图像、音频和视频文件的增多，更好地解决不同格式文件的使用问题是用户需要具备的一项基本技能，其中涉及较多的便是图像、音频和视频文件格式的转换操作。

格式工厂（Format Factory）是一款免费的多媒体格式转换软件，它支持几乎将所有类型的多媒体格式转换为常用的多媒体格式，并且在转换过程中可以修复某些损坏的视频文件。格式工厂还可以使文件变小，节省硬盘空间，提高保存和备份文件的便捷性。下面通过学习转换图像文件格式、转换音频文件格式和转换视频文件格式帮助大家掌握格式工厂的使用方法。

1．转换图像文件格式

利用格式工厂可以将图像文件转换为WebP、JPG、PNG、ICO、BMP、GIF、TIF和TGA格式。下面将JPG格式的图像文件转换为TIF格式，其具体操作如下。

STEP 1 双击桌面上的格式工厂快捷方式图标，启动格式工厂，在其主界面左侧的功能区中选择“图片”选项，在展开的“图片”列表框中选择“TIF”选项，如图1.2所示。

STEP 2 打开“TIF”对话框，单击 添加文件 按钮，在打开的“请选择文件”对话框中选择要进行转换的图像文件（配套资源:\素材文件\第1章\家具.jpg），单击左下角的按钮更改保存位置，单击右下角的 确定 按钮确认设置，如图1.3所示。

STEP 3 在格式工厂主界面的文件列表区中将自动显示所添加的图像文件，单击▶按钮，开始执行转换操作，如图1.4所示。

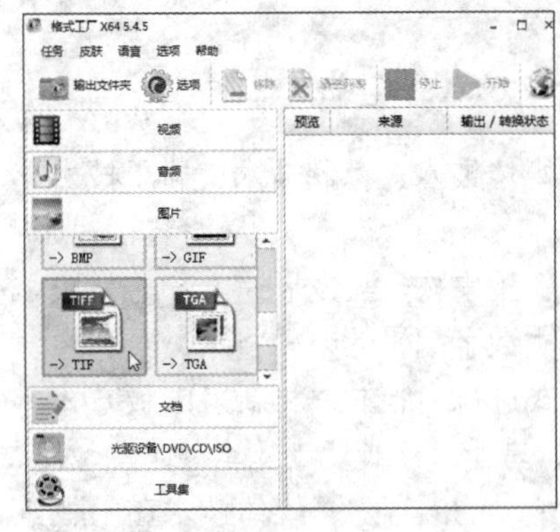

图1.2

图1.3

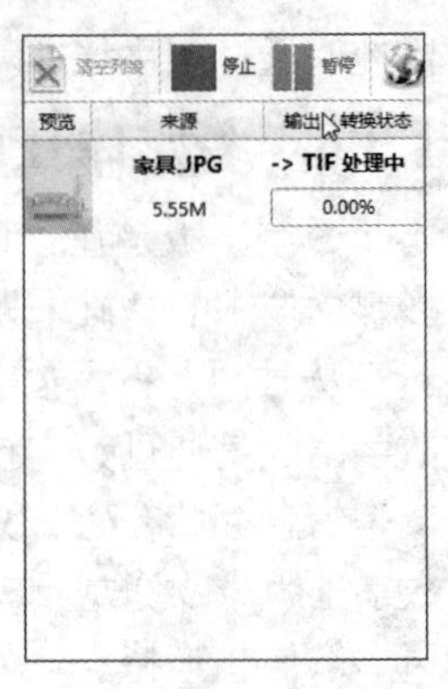

图1.4

STEP 4 完成转换后，单击主界面工具栏中的“输出文件夹”按钮，打开保存输出文件的文件夹，可查看转换后文件的详细信息（配套资源:\效果文件\第1章\家具.tif）。

2．转换音频文件格式

利用格式工厂可以将音频文件转换为MP3、WMA、FLAC、DTS、M4A、APE、AAC、AC3、MMF、AMR、M4R、OGG、WAV、MP2格式。下面将FLAC格式的音频文件转换为MP3格式，其具体操作如下。

STEP 1 单击“清空列表”按钮，清空文件列表区中的文件，在主界面左侧的功能区中选择“音频”选项，在展开的“音频”列表框中选择“MP3”选项，如图1.5所示。

STEP 2 打开“MP3”对话框，单击“添加文件”按钮，在打开的“请选择文件”对话框中选择要进行转换的音频文件（配套资源:\素材文件\第1章\克罗地亚狂想曲.flac）。

STEP 3 单击“输出配置”按钮，打开“音频设置”对话框，在“预设配置”下拉列表框中选择“高质量”选项，单击“确定”按钮，如图1.6所示。

STEP 4 返回“MP3”对话框，在“输出文件夹”下拉列表框中选择输出文件的保存位置，设置完成后单击“确定”按钮。

STEP 5 在格式工厂主界面的文件列表区中将自动显示所添加的音频文件，单击▶按钮，开始执行转换操作，如图1.7所示。

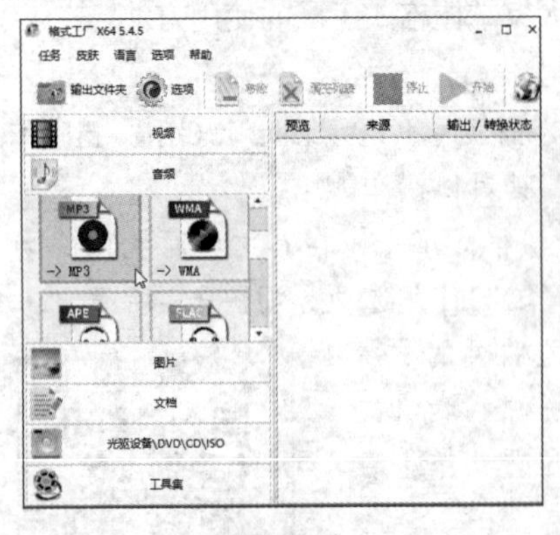

图1.5

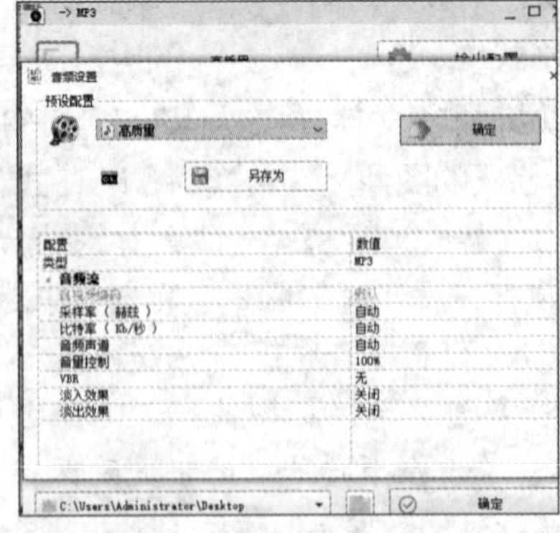

图1.6

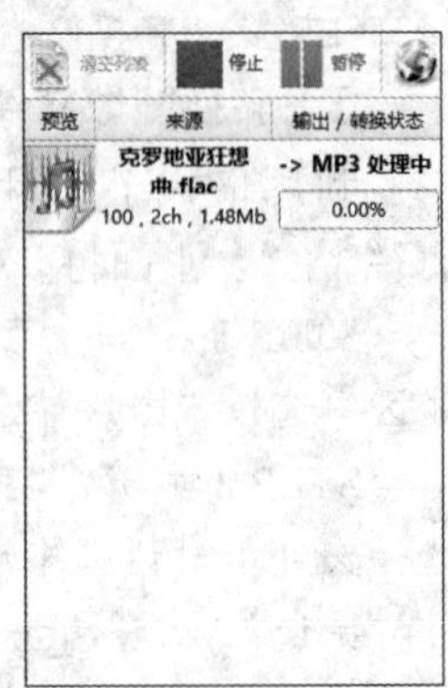

图1.7

STEP 6 完成转换后，单击主界面工具栏中的“输出文件夹”按钮，打开保存输出文件的文件夹，可查看转换后文件的详细信息（配套资源 :\ 效果文件 \ 第 1 章 \ 克罗地亚狂想曲 .mp3）。

3．转换视频文件格式

利用格式工厂可以将视频文件转换为 MP4、MKV、WMV、GIF、Webm、AVI、MOV、3GP、3G2、MPG、VOB、OGG、SWF 等格式。本操作的目标是将 MKV 格式的视频文件转换为 MP4 格式，其具体操作如下。

STEP 1 单击“清空列表”按钮，清空文件列表区中的文件，在主界面左侧的功能区中选择“视频”选项，在展开的“视频”列表框中选择“MP4”选项，如图 1.8 所示。

STEP 2 打开“MP4”对话框，单击 添加文件 按钮，在打开的“请选择文件”对话框中选择要进行转换的视频文件（配套资源 :\ 素材文件 \ 第 1 章 \ 烹饪食材 .mkv）。

STEP 3 单击 输出配置 按钮，打开“视频设置”对话框，在“预设配置”下拉列表框中选择“最优化的质量和大小”选项，单击 确定 按钮，如图 1.9 所示。

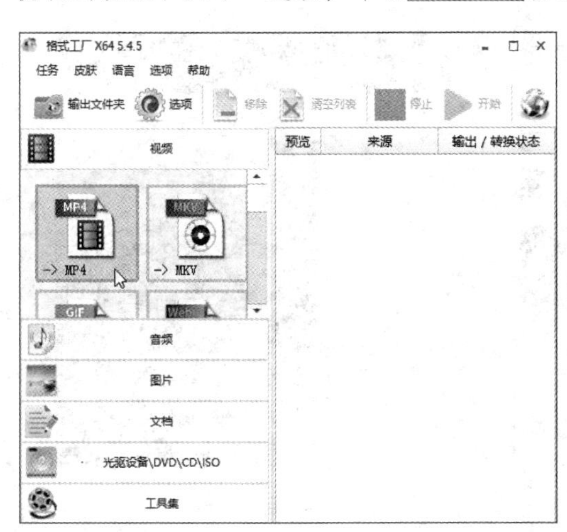

图 1.8

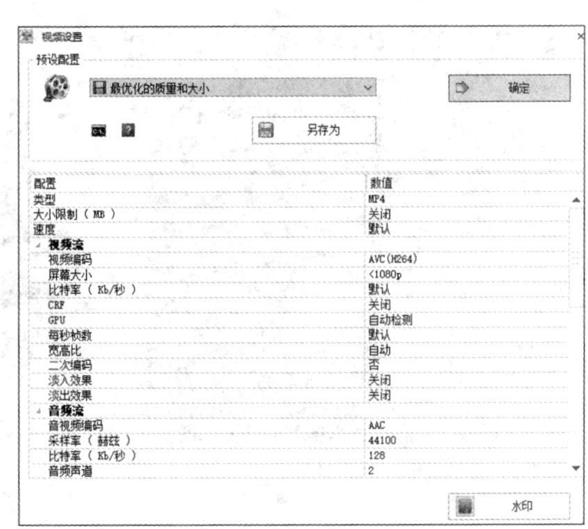

图 1.9

STEP 4 返回“MP4”对话框，在“输出文件夹”下拉列表框中选择输出文件的保存位置，设置完成后单击 确定 按钮。

STEP 5 在格式工厂主界面的文件列表区中将自动显示所添加的视频文件，单击▶按钮，开始执行转换操作。

STEP 6 完成转换后，单击主界面工具栏中的“输出文件夹”按钮，打开保存输出文件的文件夹，可查看转换后文件的详细信息（配套资源 :\ 效果文件 \ 第 1 章 \ 烹饪食材 .mp4）。

1.4.2 图像处理工具——美图秀秀

图像处理是进行多媒体设计的必备技能之一。通常情况下，会选择使用 Photoshop 等专业的图像处理软件，但若只需要对图像进行简单处理，如人像美容、产品图美化等，那么美图秀秀就是一个不错的选择。

美图秀秀作为大众化的图像处理软件，具有快速高效的美颜功能，其便捷的设计工具几乎可以满足人们对各种图片的处理需求。此外，美图秀秀还拥有丰富的设计资源，如模板中心、设计素材、特效滤镜等。下面借助人像美容和产品图美化案例帮助大家掌握美图秀秀的操作方法。

1．人像美容

人像美容是通过美图秀秀对人像进行修饰，如祛痘、磨皮、瘦脸及美白等操作，达到美化人像的目的。下面对人像脸部的一些斑点进行处理，并对人像进行美白、瘦脸操作，然后祛除人像的黑眼圈，添加滤镜，达到人像美容的目的，其具体操作如下。

STEP 1 双击桌面上的美图秀秀快捷方式图标，启动美图秀秀。

STEP 2 在打开的主界面中单击 打开 按钮，打开"打开图片"对话框，选择"人像.jpg"图像文件（配套资源:\素材文件\第1章\人像.jpg），单击 打开(O) 按钮，打开后的效果如图1.10所示。

STEP 3 在美图秀秀主界面中单击"人像美容"选项卡，进入"人像美容"界面，在界面左侧选择"皮肤调整"下拉列表框中的"祛痘祛斑"选项，如图1.11所示。

图1.10

图1.11

STEP 4 打开"美肤－祛痘祛斑"对话框，拖动左侧的"祛痘笔大小"滑块调整人像区域的显示比例，如图1.12所示。在人像区域内单击人物脸部，祛除痘印、斑点，单击 应用当前效果 按钮应用当前效果，并返回"人像美容"界面。

STEP 5 在"皮肤调整"下拉列表框中选择"磨皮"选项，打开"美肤－磨皮"对话框，选择"自然磨皮"选项，如图1.13所示。单击 应用当前效果 按钮应用当前效果，并返回"人像美容"界面。

STEP 6 在"皮肤调整"下拉列表框中选择"肤色"选项，打开"美肤－皮肤美白"对话框，拖动"美白力度"和"肤色"滑块调整肤色，如图1.14所示。单击 应用当前效果 按钮应用当前效果，并返回"人像美容"界面。

STEP 7 选择"头部调整"下拉列表框中的"瘦脸"选项，打开"美型－瘦脸"对话框，拖动"笔触大小"和"力度"滑块调整瘦脸工具，如图1.15所示。

STEP 8 在右侧人像区域内拖曳鼠标调整脸颊或身体需要修饰的地方，如图1.16所示。单击 对比 按钮查看对比效果，如图1.17所示。单击 应用当前效果 按钮应用当前效果，并返回"人像美容"界面。

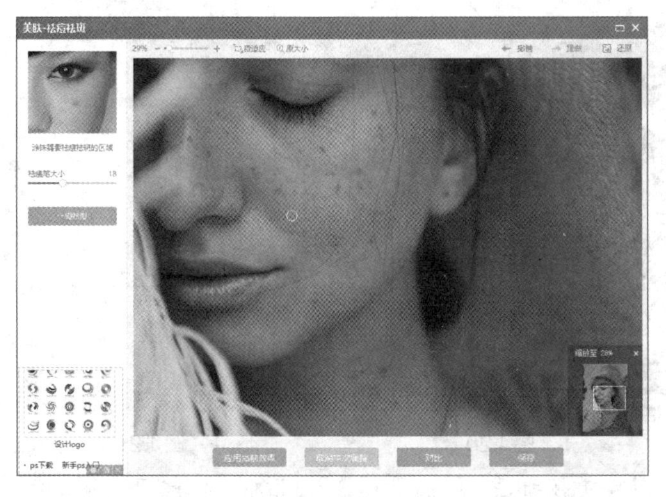

图 1.12

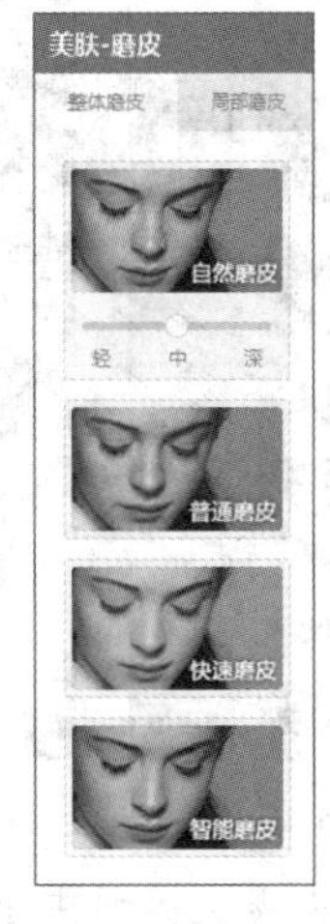

图 1.13

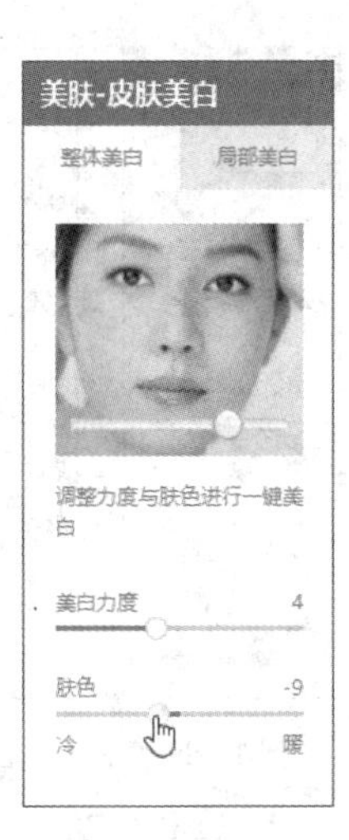

图 1.14

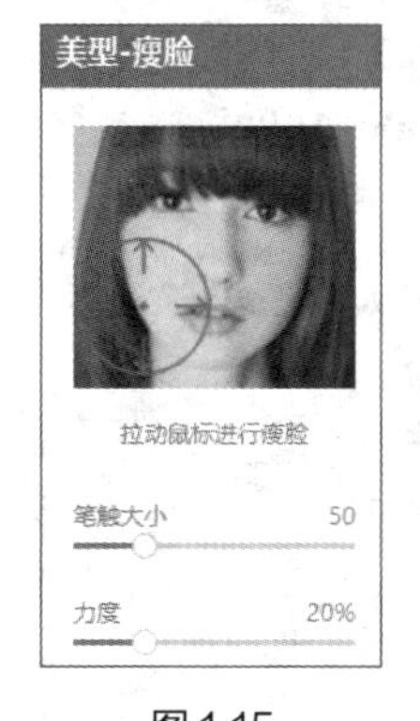

图 1.15

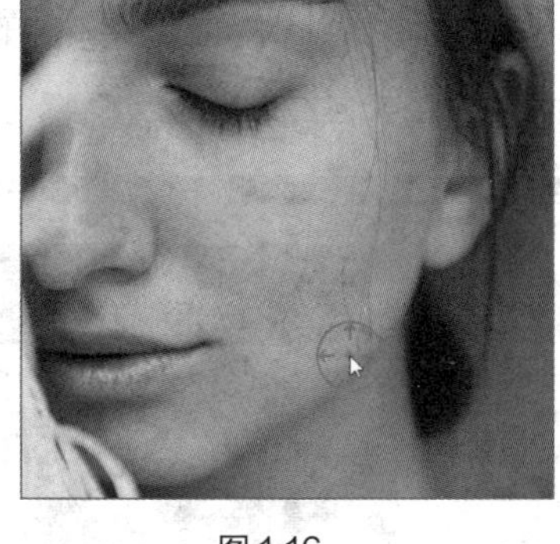

图 1.16

图 1.17

STEP 9 选择“头部调整”下拉列表框中的“祛黑眼圈”选项，打开“眼部－祛黑眼圈”对话框，拖动“画笔大小”和“力度”滑块调整祛黑眼圈工具，如图 1.18 所示。在人像区域内拖曳鼠标，对黑眼圈进行涂抹。单击 应用当前效果 按钮应用当前效果，并返回“人像美容”界面。

STEP 10 在美图秀秀主界面中单击“美化图片”选项卡，进入“美化图片”界面，在右侧的“特效滤镜”中选择“电影感”选项卡中的“小森林”选项，设置“透明度”为“50%”，如图 1.19 所示。单击 确定 按钮确认操作。

STEP 11 在主界面右下角单击 对比 按钮，查看美容前后的对比效果，如图 1.20 所示。

STEP 12 确认无误后，在主界面右上角单击 保存 按钮打开“保存”对话框，设置保存路径、文件名称与格式，拖动滑块调整画质，如图 1.21 所示。单击 保存 按钮保存图片（配套资源 :\ 效果文件 \ 第 1 章 \ 人像美容 .jpg）。

2．产品图美化

产品图美化是通过美图秀秀对产品图进行调整，如裁剪图像、添加滤镜、添加水印等，使产品图达到理想效果。下面对产品图进行裁剪、设置滤镜、添加水印，以达到美化产品图、更好地展示产品的目的，其具体操作如下。

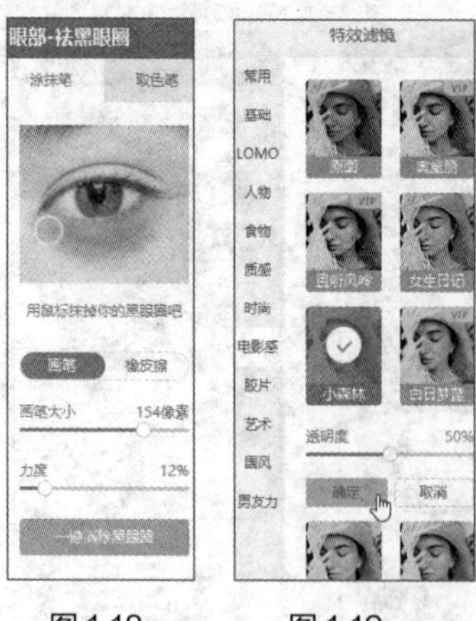

图1.18　　图1.19

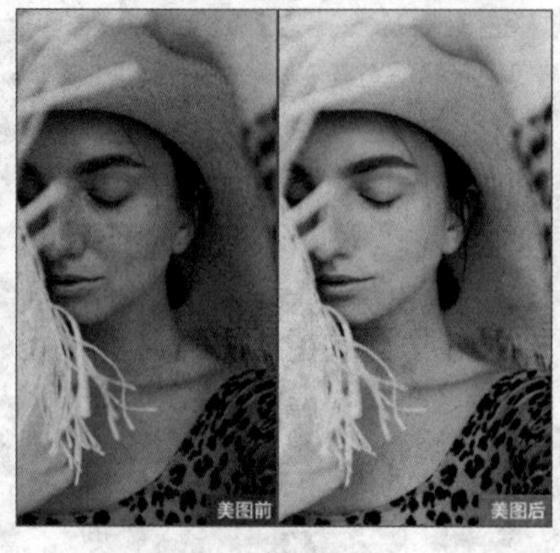

图1.20

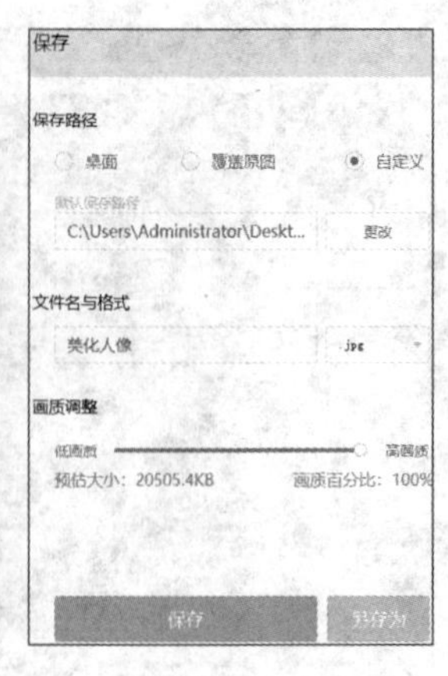

图1.21

STEP 1 在美图秀秀主界面中单击 打开 按钮，打开“打开图片”对话框，选择“产品图.png”图像文件（配套资源:\素材文件\第1章\产品图.png），如图1.22所示，单击 打开(O) 按钮。

STEP 2 单击“美化图片”选项卡进入“美化图片”界面，单击 裁剪 按钮，打开“裁剪”对话框，在右侧的“常用大小”中单击“电商”选项卡，选择“产品主图1000*1000”选项，如图1.23所示。单击 应用当前效果 按钮应用当前效果，并返回“美化图片”界面。

图1.22

图1.23

STEP 3 在“美化图片”界面右侧的“特效滤镜”中选择“基础”选项卡中的“全彩”选项，设置“透明度”为“50%”，单击 确定 按钮确认操作。美图前后的效果如图1.24所示。

STEP 4 单击“文字”选项卡，选择左侧的“水印”选项，右侧将显示与“水印”有关的选项，可以在“电商”选项卡中选择合适的水印，如图1.25所示。

STEP 5 单击要选择的水印，将其添加至产品图中，打开“编辑”面板，如图1.26所示。在文本框中输入“设计师推荐款”文本，设置“字体类型”为“方正黑体简体”，“字体颜色”为“R：255 G：170 B：82”，拖动“气泡大小”滑块至“167%”，调整水印大小，调整前后的效果对比如图1.27所示。

STEP 6 确认无误后，在主界面右上角单击 保存 按钮打开“保存”对话框，设置保存路径、文件名称与格式，拖动滑块调整画质。单击 保存 按钮保存图片（配套资源:\效果文件\第1章\产品图美化.jpg）。

图 1.24

图 1.25

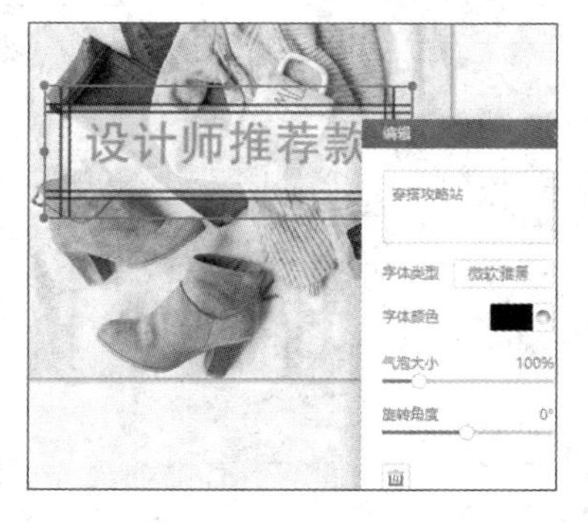

图 1.26

图 1.27

1.4.3 图文排版工具——秀米

网络技术的发展使图文类内容的传播更加便捷，要提高图文类内容的视觉效果，就需要对图像和文字进行排版处理，秀米是一款不错的排版工具。秀米是对文字内容进行排版美化的图文排版工具，下面学习登录秀米、认识秀米操作界面、编辑图文内容和输出图文内容，帮助大家掌握使用秀米进行图文排版的操作。

1. 登录秀米

秀米是一个网页应用，不能下载，使用时可直接在搜索引擎中搜索秀米，单击“秀米首页”进入秀米首页，如图 1.28 所示。单击右上角的登录按钮，打开秀米登录页面，使用邮箱或手机号码登录。如果是新用户还需要用手机号注册。

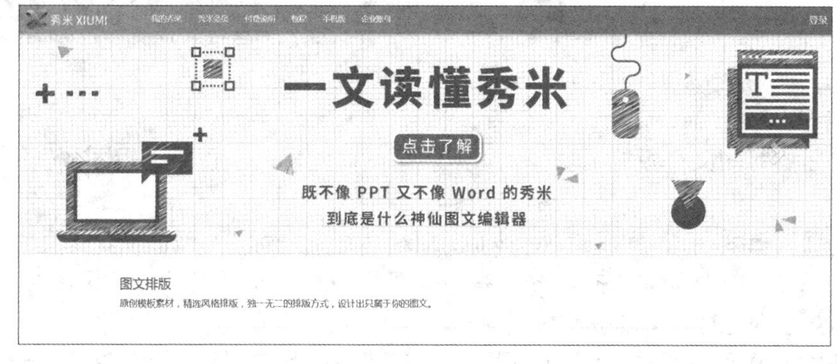

图 1.28

2．认识秀米操作界面

认识秀米操作界面可以帮助我们高效地进行图文排版。在秀米首页单击“新建一个图文”超链接，打开“图文排版”页面。该页面主要包含素材区、编辑区和功能按钮，如图1.29所示，下面对其进行具体介绍。

图1.29

（1）素材区

素材区位于“图文排版”页面左侧，主要提供能满足图文排版的素材，包括图文模板、图文收藏、剪贴板和我的图库，单击不同选项卡会打开对应的素材区，如图1.30所示。

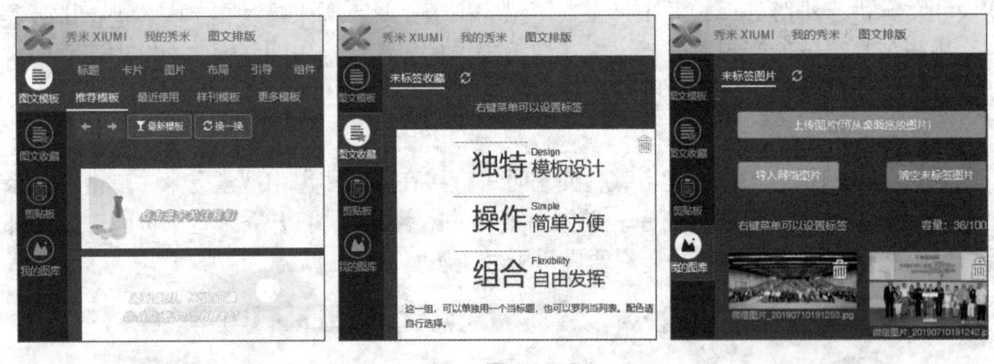

图1.30

（2）编辑区

编辑区是进行图文排版的区域，编辑区包括封面编辑区、正文编辑区和辅助按钮，如图1.31所示。

- **封面编辑区**：在封面编辑区可以放入任何大小的图像。对微信公众号的封面图来说，图像分辨率为900像素×383像素（头条封面）、383像素×383像素（次条封面）较好。在进行图文排版前需要设置好封面、标题和摘要。
- **正文编辑区**：在正文编辑区内可以添加模板进行图文排版，包括标题、卡片、图片、布局、引导、组件和热门。添加模板的方法：单击素材区内的模板，模板会自动添加至当前编辑区内容的最下方；拖曳素材区的模板至正文编辑区，可以将素材添加到指定区域，如图 1.32 所示。替换图像的方法：首先选中拖曳到正文编辑区的模板中的图片，然后单击素材区中的“我的图库”选项卡，在图库中单击图片进行替换。调整模板内容的方法：单击正文编辑区中的模板，打开操作栏或格式栏，对模板内容进行设置，如图 1.33 所示。

- **辅助按钮**：辅助按钮可以辅助编辑，单击按钮可以打开布局模式，进行深度的图文排版；单击按钮可以设置全文属性；单击按钮可以进行全文统计。

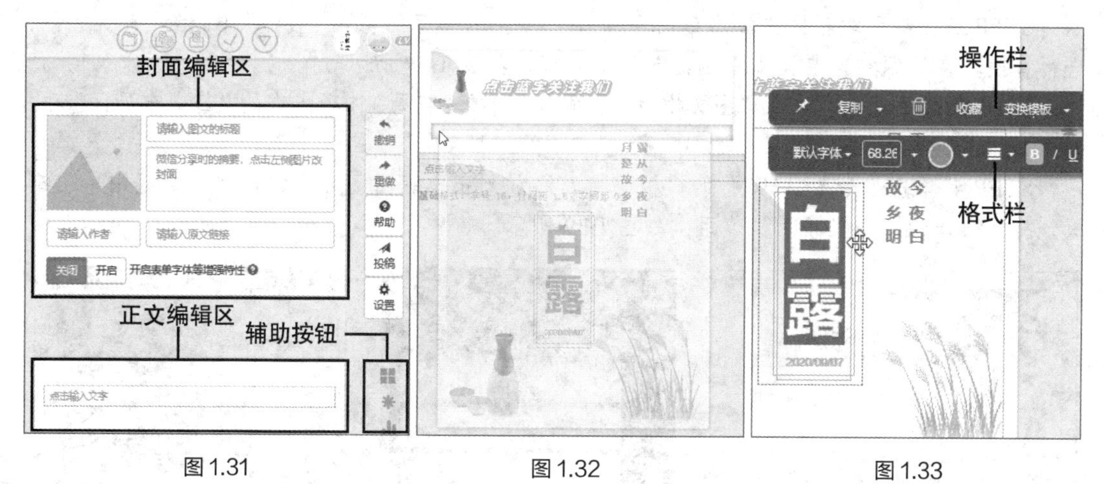

图 1.31　　图 1.32　　图 1.33

（3）功能按钮

功能按钮位于“图文排版”页面的上部，如图 1.34 所示。单击按钮可以打开图文；单击按钮可以预览已排版的图文，如图 1.35 所示；单击按钮可以保存已排版的图文；单击按钮可以进入复制模式，复制已排版的图文；单击按钮可以在打开的下拉列表框中选择需要进行的操作。

单击页面左上角的“我的秀米”超链接，可打开“我的图文”页面，可在其中查看在秀米中编辑过的图文，如图 1.36 所示。

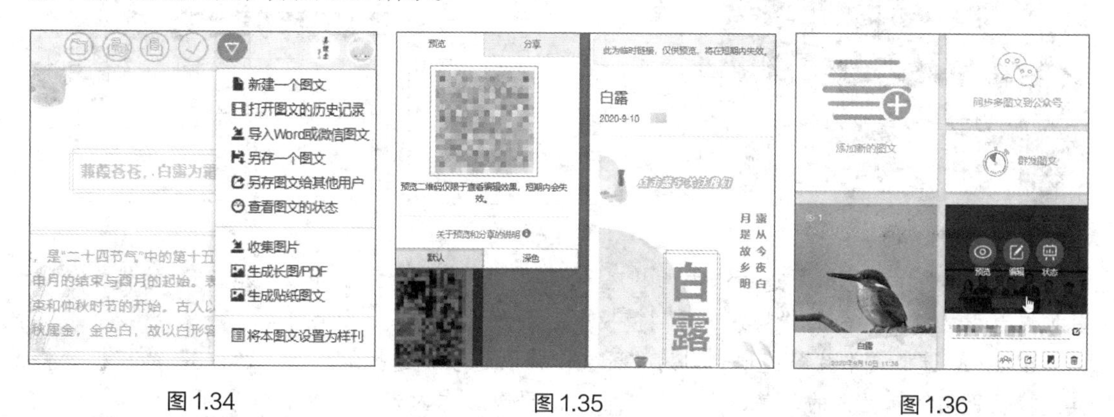

图 1.34　　图 1.35　　图 1.36

3. 编辑图文内容

编辑图文内容可以优化图文内容的视觉效果，方便阅读和传播图文内容。编辑图文内容首先需要新建图文，然后在素材区选择合适的模板，再在编辑区内进行图文排版，最后使用功能按钮进行保存和上传等操作。

下面制作与教师节相关的图文内容，先导入事先准备好的图像，在素材区内选择合适的模板进行添加，然后更换图文内容并进行排版，最后进行保存和导出操作，其具体操作如下。

STEP 1 在秀米首页单击“新建一个图文”超链接，打开“图文排版”页面，单击素材区“我的图库”选项卡中的上传图片(可从桌面拖放图片)按钮，打开“打开”对话框，在其中按［Ctrl+A］组合键，全选需要导入的图像（配套资源:\素材文件\第1章\教师节01.jpg、教师节02.jpg、书.jpg），单击打开(O)按钮。

STEP 2 在封面编辑区内单击封面图，再单击“我的图库”，导入“教师节01.jpg”素材文件，进行替换。在标题和摘要文本框中输入文本内容，如图1.37所示。

STEP 3 单击素材区中的“图文模板”选项卡，选择“布局”选项卡内的“基础布局”选项，如图1.38所示。

STEP 4 单击编号为“592”的模板，将其添加到正文编辑区内。在正文编辑区中单击模板，打开操作栏，设置间距和边距，如图1.39所示。

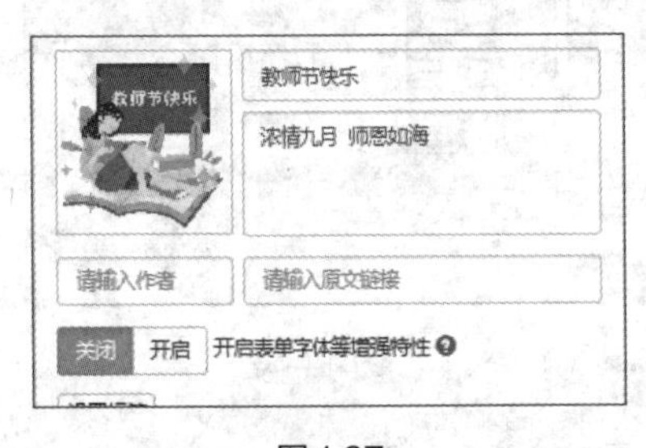

图1.37

图1.38

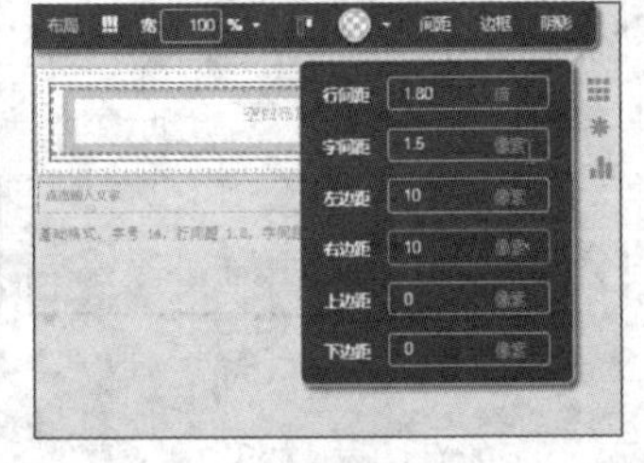

图1.39

STEP 5 选择“卡片”选项卡内的“对话/问答”选项，选择编号为“24072”的模板，如图1.40所示。将其拖曳至正文编辑区内的“基础布局”模板中，更改文本内容，如图1.41所示。

STEP 6 单击“对话/问答”模板，在操作栏中选择“后插空行”选项插入空行，以方便阅读，如图1.42所示。

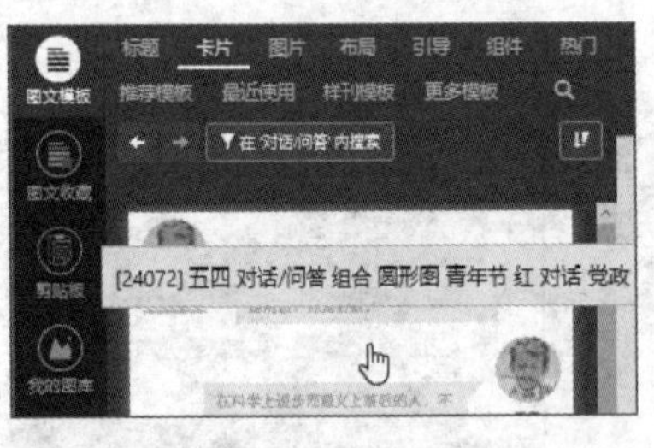

图1.40

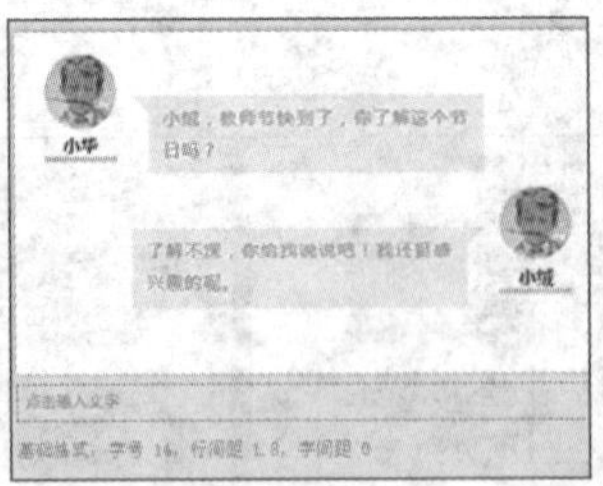

图1.41

图1.42

STEP 7 选择“标题”选项卡内的“底色标题”选项，选择编号为“24995”的模板，将其拖曳至正文编辑区内的“基础布局”模板中，更改文本内容，如图1.43所示。

STEP 8 选择“卡片”选项卡内的“图文卡片”选项，选择编号为“23148”的模板，将其拖曳至正文编辑区内的“基础布局”模板中，更改文本内容，如图1.44所示。

STEP 9 在正文编辑区内单击“底色标题”模板和“图文卡片”模板，在操作栏中选择“收藏”选项，将模板收藏，方便重复使用。收藏的模板将展示在“图文收藏”选项卡中，如图1.45所示。

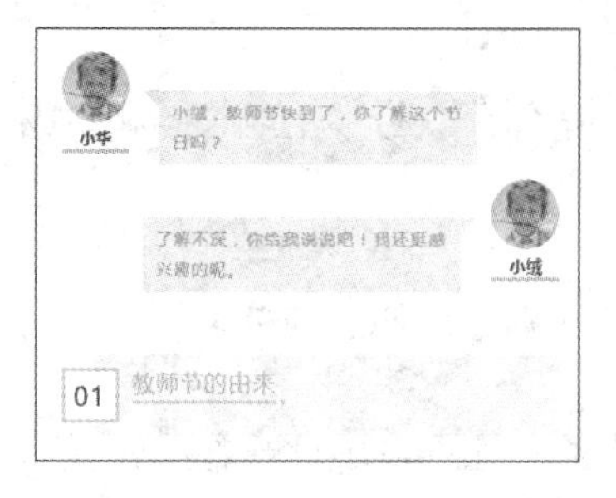

图1.43

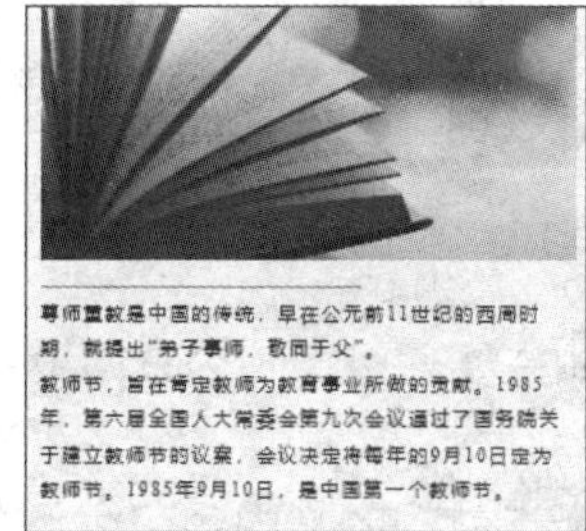

图1.44

图1.45

STEP 10 在“图文收藏”选项卡内单击已收藏的模板，依次在正文编辑区中添加“底色标题”和“图文卡片”模板，并更改图像和文本内容，如图1.46所示。

STEP 11 选择“引导”选项卡内的“二维码名片”选项，选择编号为“25776”的二维码模板，将其拖曳至正文编辑区内的“图文卡片”模板上的合适位置后，更改二维码和文本内容，如图1.47所示。

STEP 12 单击二维码模板中的文本，在打开的格式栏中更改字体颜色，如图1.48所示。

图1.46

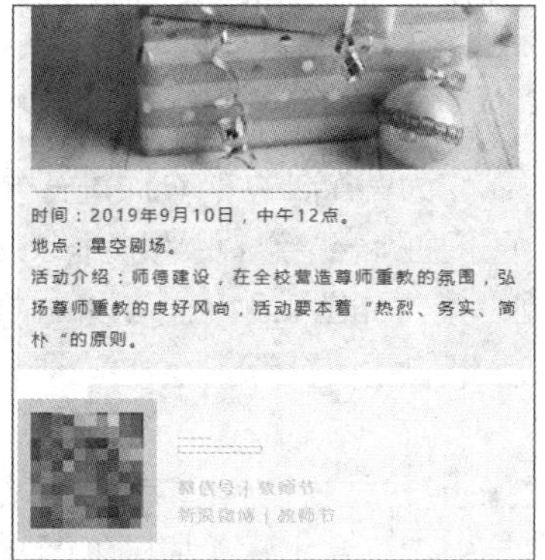

图1.47

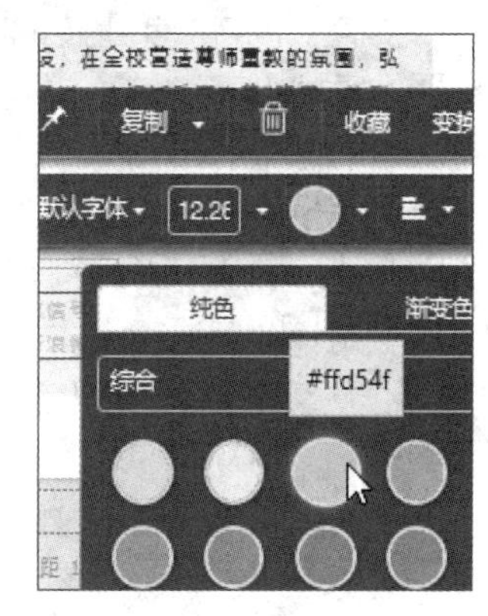

图1.48

STEP 13 单击按钮保存图文。单击按钮，在打开的下拉列表中选择“生成长图/PDF”选项，在打开的对话框中单击确定按钮，生成长图，部分效果如图1.49所示（配套资源:\效果文件\第1章\教师节参考图.jpg）。

图1.49

4. 输出图文内容

在秀米中编辑好图文内容后，有 3 种输出方式，分别是发布到公众号、生成长图和生成贴纸图文。

（1）发布到公众号

在秀米中编辑好的图文内容，如果要通过微信公众号发布，则可以通过同步上传和复制上传来进行操作。

- **同步上传**：同步上传即同步当前的图文内容至微信公众号中，其方法是在编辑界面右上角单击授权公众号按钮打开“秀米授权管理”对话框，单击点击开始微信公众号授权按钮，在打开的页面中通过扫描二维码授权公众号，授权成功后，编辑界面右上角会显示微信公众号的头像而不再显示授权公众号按钮；完成图文排版后，在功能按钮中单击按钮，选择“同步到公众号”选项，即可将图文内容同步到微信公众号中。
- **复制上传**：复制上传即复制当前的图文内容至微信公众号中，其方法是在功能按钮中单击按钮，选择“继续用复制粘贴”选项，按【Ctrl+C】组合键进行复制，打开微信公众号平台的编辑页面，按【Ctrl+V】组合键将内容粘贴到正文区域即可。

复制上传与同步上传的区别在于，复制上传只上传正文内容，其余信息需要在公众号编辑器上填写。

（2）生成长图

在秀米中编辑好的图文可以作为一个独立的页面进行分享，达到传播的效果。生成长图的方法是单击按钮，在打开的下拉列表中选择“生成长图 /PDF”选项，打开相应的对话框，在“生成长图”选项卡中完成设置，如图 1.50 所示，单击确定按钮完成输出。生成的长图可以应用于各种平台，如电商平台中的详情页等。

（3）生成贴纸图文

贴纸图文可以对部分图文排版样式进行转化，在生成贴纸的同时还保留了编辑的文字内容，主要应用在微博头条文章等内容平台上。生成贴纸图文的方法是单击按钮，在打开的下拉列表中选择“生成贴纸图文”选项，如图 1.51 所示，在下方文本框中可输入贴纸图文内容，也可在其他平台中复制需要的内容，再生成贴纸图文效果。

图 1.50

图 1.51

> **知识提示**
>
> 非微信公众号管理员在使用秀米绑定微信公众号时，应将授权二维码发给微信公众号管理员进行扫码授权。

1.5 习题

1. 将 MKV 格式的文件转换 MP4 格式的文件。通过打开格式工厂、选择转换格式、添加文件、进行转换等操作来对视频格式进行转换（配套资源 :\ 素材文件 \ 第 1 章 \ 美食 .mkv、效果文件 \ 第 1 章 \ 美食 .mp4）。

2. 美化木质家具产品图。通过打开美图秀秀、导入图像、进行裁剪、选择“特效滤镜”中的“自然”滤镜、添加文字、更改文字颜色和添加电商贴纸进行美化，美化前后的对比效果如图 1.52 所示（配套资源 :\ 素材文件 \ 第 1 章 \ 木质家具 .jpg、效果文件 \ 第 1 章 \ 木质家具 .jpg）。

图 1.52

3. 对家居用品公众号的图文内容进行排版。通过在秀米中新建图文、使用素材区的图文模板、更换图像和文字内容进行排版，排版后的参考效果如图 1.53 所示（配套资源 :\ 素材文件 \ 第 1 章 \ 家居用品 .jpg、效果文件 \ 第 1 章 \ 家居参考图 .jpg）。

图 1.53

第 2 章 图形图像处理

本章要点

- 图形图像基础知识
- Photoshop CC 2018 基本操作
- 选择图像
- 编辑图像
- 图层与通道的应用
- 画笔的应用
- 滤镜效果

素养目标

- 能够将技术与艺术相结合，培养审美能力和鉴赏水平，追求创意。

2.1 图形图像基础知识

图形图像是多媒体技术的重要组成部分，也是人们非常容易接受的信息媒体类型。一幅图像可以形象、生动、直观地表现大量的信息，因此在多媒体应用系统中，灵活使用图形图像，可以提高信息的吸引力，优化视觉效果。在制作图形图像前需要先了解色彩、颜色模式、图形图像的分类、图形图像的重要参数、图形图像的文件格式和图像素材的获取方式。

2.1.1 色彩

色彩是视觉系统对可见光的感知结果。从物理学上讲，可见光是电磁波谱中人眼可以感知的部分，它没有精确的范围。在这段可见光谱内，不同波长的光会引起人们不同的色彩感觉。在光谱中不能再被分解的色光称为单色光（如红光、绿光、蓝光），由单色光混合而成的光称为复色光（如白光）。把红、绿、蓝 3 束单色光投射到白色的屏幕上相互叠加，可以看到：红 + 绿 = 黄，红 + 蓝 = 品红，绿 + 蓝 = 青，红 + 绿 + 蓝 = 白。这里“+”表示光的混合，“=”表示左、右两边光的颜色和亮度一致，如图 2.1 所示。

这种经过颜色混合相加产生新颜色的方法被称为加色法。人们常常将红、绿、蓝称为色光三原色。从生理学上讲，人眼的视网膜上存在着 3 种不同类型的锥体细胞，它们分别对红光、绿光、蓝光有很高的灵敏度，物体的反射光进入人眼以后，在 3 种锥体细胞的作用下，人眼会产生不同颜色的光感。这就是三色学说理论，它是国际上公认的色度学理论基础。彩色印刷、彩色摄影、彩色电视均建立在三色学说的基础上。

任何一种新颜色与红、绿、蓝这 3 种基本颜色的关系可以用下列公式描述。

C（Color 颜色）=R（红色的百分比）+G（绿色的百分比）+B（蓝色的百分比）

3 种原色两两相互叠加会产生青色、品红、黄色，当 3 种原色等量相加时，会得到白色。其中，又常将品红色称为绿色的补色，青色称为红色的补色，黄色称为蓝色的补色，如图 2.2 所示。

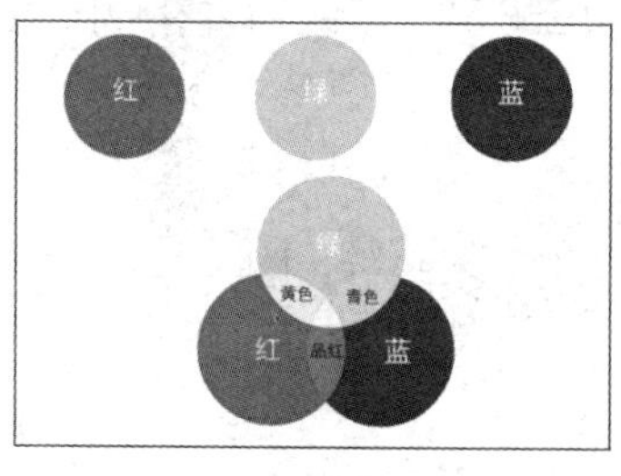

图 2.1

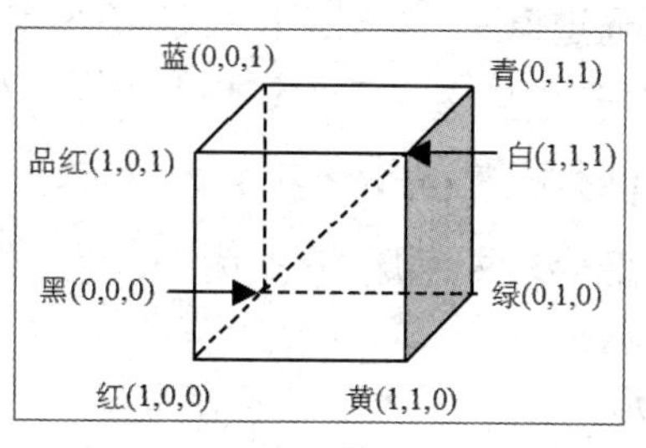

图 2.2

人们对色彩的感知通常用 3 个量来度量，即色相、饱和度和明度，它们共同决定了视觉的总效果。

- **色相：**由可见光光谱中各分量成分的波长确定，是彩色光的基本特性。
- **饱和度：**反映色彩的浓淡程度。
- **明度：**明度是指彩色光对人眼的光刺激程度，它与光的能量有关。

2.1.2 颜色模式

颜色模式是进行图形图像处理时需要掌握的基础知识。Photoshop CC 2018 提供 RGB 模式、Lab 模式、CMYK 模式、位图模式、灰度模式、双色调模式、索引颜色模式和多通道模式，这些颜色模式可通过【图像】/【模式】菜单命令进行选择。

- **RGB 模式：**RGB 模式是由红、绿、蓝 3 种颜色按不同的比例混合而成的，也称真彩色模式，它是最常见的一种颜色模式。
- **Lab 模式：**Lab 模式由 RGB 三基色转换而来。其中 L 表示图像的明度；a 表示由绿色到红色的光谱变化；b 表示由蓝色到黄色的光谱变化。
- **CMYK 模式：**CMYK 模式是印刷时常用的一种颜色模式，由青色、洋红、黄色和黑色 4 种颜色按不同的比例混合而成。
- **位图模式：**当彩色图像去掉彩色信息和灰度信息，只剩黑色或白色来表示图像中的像素时，便是位图模式。因为位图包含的颜色信息量少，所以图像也小。在转换时，需要先将彩色图像转换为灰度模式才可以将其转化为位图模式。
- **灰度模式：**灰度模式是指图像中没有颜色信息，色彩饱和度为零的颜色模式。灰度模式下有亮度为 0（黑）~255（白）的共 256 级色阶，能自然地表现黑白之间的过渡状态。当彩色图像转换为灰度模式时，图像中的色彩信息都将被去掉，所以灰度模式下的灰度图像相对于彩色图像要小很多。
- **双色调模式：**双色调模式是在原有的黑色油墨基础上添加一种灰色油墨或彩色油墨来渲染灰度图像的颜色模式。该模式可向灰度图像添加 1~4 种颜色来表现颜色层次，使打印出的图像比灰度图像更加丰富生动，并减少印刷成本。将图像转换为双色调模式时需要先将图像转换为灰度图像，再进行双色调模式转换。
- **索引颜色模式：**索引颜色模式只有一个 8 位图像文件，最多可以生成 256 种颜色。

将图像转换为索引颜色模式时，Photoshop 将构建一个颜色查找表 (Color Look-Up Talk，CLUT)，用来存放或索引图像中的颜色，如果颜色查找表内没有原图像中的颜色，则程序将选择现有颜色中相近的一种。在索引颜色模式下，滤镜功能和一部分图形调整功能无法使用，因此，在模式转换前需要对与这些功能有关的内容进行设置。

- **多通道模式：**多通道模式是每个通道都使用 256 种灰度级别来存放图像中的众多颜色信息的颜色模式，这种颜色模式有利于特殊打印。

2.1.3 图形图像的分类

图形图像分为两大类，一类为矢量图——图形，另一类为点阵图——图像，它们是反映客观事物的两种不同形式。

1．图形

图形是利用绘图软件绘制出来的。其内容由基本图元组成，这些图元有点、直线、圆、椭圆、矩形、弧等。图形主要是通过绘图软件，如 CorelDRAW、Adobe Illustrator、AutoCAD 等，由轮廓线经过填充而来的。在对图形进行编辑时，可以对每个图元分别实施操作。

图形使用矢量格式，图形文件中记录的是绘制对象的几何形状、线条粗细、色彩等，因此，其文件较小。

2．图像

图像是通过扫描仪、手机、数码相机、摄像机等输入设备导入计算机的。图像弥补了图形的缺陷，可以逼真地表现自然界的景物，图像是由许许多多的点组成的，这些点称为像素(pixel)。每个像素用若干个二进制位记录色彩和亮度等反映该像素属性的信息，并将每个像素的内容按一定的规则排列起来，组成文件的内容。在对图像进行编辑处理时，可以以像素为单位调整亮度和对比度，进行特殊效果的处理。图像通常按像素点从上到下、从左到右的顺序显示。

点阵图文件在保存时需记录每个像素的色彩，占用的存储空间非常大，而且在缩放或旋转时会失真。

3．图形与图像的区别

在计算机中，图形和图像是两个不同的概念。图形和图像是现实生活中各种形象和画面的抽象浓缩或真实再现。人们常常混淆这两个概念，对图形与图像不做区分，但严格来看，它们在计算机中创建、加工处理、存储、表现的方式完全不同。图形反映物体的局部特性，是真实物体的模型表现；图像则反映物体的整体特性，是物体的真实再现。例如，一扇门如果是用线、面、体等元素描绘出来的，那就是图形；如果是拍出来的照片，那就是图像。

- 图形文件的数据量较图像文件小很多，但图形不如图像表现得自然、逼真。
- 图形将颜色作为绘制图元的参数在命令中给出，所以图形的颜色数目与文件的大小无关；而图像中每个像素所占据的二进制位数与图像的颜色数目有关，颜色数目越多，占据的二进制位数就越多，文件的数据量就越大。
- 图形在进行放大、缩小、旋转等操作后不会失真；而图像则会出现失真现象，特别是在放大若干倍后图像可能会出现颗粒状，缩小后则会丢掉部分像素点内容。

总之，图形和图像是表现客观事物的两种不同形式。在制作一些标志性的内容或一些对真实感要求不是很强的内容时，可以选择图形。当需要反映真实场景时，则应该选用图像。

图形处理是指在计算机上借助数学的方法生成、处理和显示图形；而图像处理是指将客观世界中实际存在的物体映射成数字化图像，然后在计算机上用数学的方法对数字化图像进行处理。

知识提示

随着计算机技术的发展和图形、图像处理技术的成熟，以至于在某些情况下，图形和图像两者已融合在一起，无法区分。利用真实感图形绘制技术可以将图形数据变成图像，利用模式识别技术可以从图像数据中提取几何数据，把图像转换成图形。

2.1.4 图形图像的重要参数

图形图像的重要参数主要包括分辨率、颜色深度和图像文件大小，下面分别进行介绍。

1．分辨率

分辨率是图形图像处理中一个非常重要的参数，它可以分为屏幕分辨率、图像分辨率、像素分辨率、打印机分辨率、扫描仪分辨率等。分辨率的单位有点 / 英寸（dots per inch，dpi）、线 / 英寸（line per inch，lpi）、像素 / 英寸（pixels per inch，ppi）和角分辨率（pixels per degree，ppd）。

（1）屏幕分辨率

屏幕分辨率是指屏幕上显示的像素点数，一般屏幕分辨率是由计算机的显卡决定的。例如，标准的 VGA（Video Graphic Array）显卡的分辨率是 640 像素 ×480 像素，即宽 640 点（像素），高 480 点（像素）。目前，新一代显卡支持的屏幕分辨率可以达到 4 096 像素 ×2 304 像素。

（2）图像分辨率

图像分辨率是指图像在计算机中所具有的分辨率，图像分辨率决定了图像的质量。相同尺寸的图像，分辨率越高，像素数目越多，像素点越小，图像也就越清晰。

（3）像素分辨率

像素分辨率是指一个像素的长和宽之比，在像素分辨率不同的机器间传输图像时会产生图像变形。例如，捕捉图像的设备使用的长宽比为 1 ：2，而显示图像的设备使用的长宽比为 1 ：1，那么该图像在显示时会发生变形。

（4）打印机分辨率

打印机分辨率又称输出分辨率，指的是打印输出的分辨率极限，它决定了输出质量。除了可以减少打印的锯齿边缘，打印机分辨率越高，在灰度的半色调表现上也越平滑。

打印机的分辨率通常以点 / 英寸来表示，目前市场上 24 针的针式打印机的分辨率为 180dpi~360dpi，而喷墨或激光打印机的分辨率可达 600dpi，甚至达到 1200dpi。不过这种高分辨率的打印机必须使用特殊的纸张，才能发挥其作用。

（5）扫描仪分辨率

扫描仪分辨率是指扫描仪在每英寸长度上可以扫描的像素数量，同样用 dpi 来表示。扫描仪的分辨率在纵向上是由步进电机的精度来决定的，在横向上则是由感光元件的密度来决定的。

一般台式扫描仪按分辨率可以分为两种规格，第一种是光学分辨率，即扫描仪的硬件真正扫描到的图像分辨率，目前市场上的产品可以达到 1 200dpi；第二种是输出分辨率，是通过软件技术在两个扫描点之间插入附件的信息点所产生的分辨率，为光学分辨率的 3 ~ 4 倍。所以购买扫描仪时，要分辨清楚扫描仪分辨率是光学分辨率还是输出分辨率。

2．颜色深度

颜色深度是指图像文件中记录每个像素的颜色信息所占的二进制位数，即位图中各像素的颜色信息用若干数据位来表示，这些数据位的个数称为图像的颜色深度（又称图像深度）。对于彩色图像来说，颜色深度决定了该图像可以使用的最多颜色数；对于灰度图像来说，颜色深度决定了该图像可以使用的亮度级别数。颜色深度越高，图像显示的色彩越丰富，画面越逼真自然，但数据量也越多。

根据颜色深度可以判断图像包含的颜色数，如下为常见的颜色深度种类。

- **4位**：4位是VGA支持的颜色深度，共16种颜色。
- **8位**：8位是多媒体应用中的最低颜色深度，共256种颜色。
- **16位**：用其中的15位表示RGB的3种颜色，每种颜色5位，用剩余一位表示图像的其他属性，如透明度，所以16位颜色深度实际可表示32 768种颜色。
- **24位**：用3个8位分别表示RGB的3种颜色，约16 777 216种颜色，这已经超出了人眼所能识别的颜色范围，常将它称为真彩色。
- **32位**：同24位颜色深度一样，也是用3个8位分别表示RGB的3种颜色，剩余的8位用来表示图像的其他属性，如透明度。

3．图像文件大小

图像文件大小可用两种方法来表示，第一种是图像尺寸（Image Size），即图像在计算机中所占用的随机存储器的大小；第二种是文件尺寸（File Size），即在磁盘上存储整幅图像所需的字节数。所需字节数可用以下公式来计算。

图像文件的字节数 = 图像分辨率 × 颜色深度 ÷8

例如，一幅640像素 ×480像素的真彩色图像，其未压缩的原始数据量为：

$640 \times 480 \times 24 \div 8 = 921\,600\text{Bytes} \approx 900\text{KB}$

以一个3×5英寸的图像为例，如果分辨率为200dpi，则整张图像的总点数为（3×200）×（5×200）=600 000点。如果分辨率提高到400dpi，则点数增加到2 400 000点，为原来的4倍。

图像变大之后，面临的第一个问题是计算机是否有足够大的内存来处理这么大的图像。第二个问题是，当图像存储在硬盘上或在网上传输时，会消耗大量的磁盘空间及传输时间。因此，如何在图像分辨率与大小之间进行权衡，是处理图像的具体实践中一个比较现实的问题。

在制作图形图像时，一定要考虑图像文件大小，合理设置图像的宽、高、颜色深度。

2.1.5 图形图像的文件格式

图形图像的文件格式是指用计算机表示和存储图形图像信息的格式。由于历史的原因，不同厂家表示图形图像文件的方法不一，目前已经有上百种图形图像格式，常用的也有几十种。

同一幅图形图像可以用不同的格式存储，但不同格式的图形图像之间所包含的图形图像信息并不完全相同，因此，其文件大小也有很大的差别，如用BMP格式存储的文件较大，用TIFF格式存储的文件较小，而用GIF格式存储的文件则更小。在使用时应根据需要选用适当的格式。下面简单介绍几种常用的图形图像文件格式。

1．图形文件格式

常用的图形文件格式有CDR、AI、SWF和SVG，下面分别进行介绍。

- **CDR**：CDR是CorelDraw中的一种图形文件格式，是CorelDraw矢量制图软件特定的格式，用来存储软件中的编辑信息、元数据。

- **AI**：AI 是 Illustrator 中的一种图形文件格式，使用 Illustrator 软件可以生成该矢量文件格式，这种格式的图形文件用 Illustrator、Photoshop 和 CorelDraw 都能打开并进行编辑。
- **SWF**：SWF（Shock Wave Flash）格式是 Animate 动画制作软件中基于矢量的 Flash 动画文件格式，被广泛应用于动画制作与网页设计中。
- **SVG**：SVG（Scalable Vector Graphics）格式的优势是可以任意放大图形而不会损失文件质量，而且 SVG 文件较小，下载也较快。

2．图像文件格式

常用的图像文件格式有 PCX、TIFF、BMP、TGA、EPS、GIF、JPEG、PNG、RAW、PSD、FilmStrip、PICT 和 PDF，下面分别进行介绍。

- **PCX**：PCX 格式最早是由 Zsoft 公司创建的一种专用格式，比较简单，因此特别适合保存索引和线画稿模式的图像。其不足之处是它只有一个颜色通道。PCX 格式支持 1 ~ 24 位颜色深度以及 RGB、索引颜色、灰度、位图颜色模式。
- **TIFF**：TIFF 格式是一种通用的图像格式，几乎所有的扫描仪和多数图像软件都支持这一格式。该格式支持 RGB、CMYK、Lab、位图和灰度模式，有非压缩方式和 LZW 压缩方式之分。同 EPS 和 BMP 等格式相比，其图像信息更紧凑。
- **BMP**：BMP 格式是标准的 Windows 图像文件格式，是微软公司（Microsoft）专门为 Windows 的“画笔”和“画图”建立的。该格式支持 1 ~ 24 位颜色深度，可以使用 RGB、索引颜色、灰度、位图等颜色模式，且与设备无关。
- **TGA**：TGA 格式是一种带一个单独 Alpha 通道的 32 位 RGB 文件和不带 Alpha 通道的索引颜色模式、灰度模式、16 位和 24 位 RGB 文件。以该格式保存文件时，可选择颜色深度。
- **EPS**：EPS 格式为压缩的 PostScript 格式，是为在 PostScript 打印机上输出图像而开发的。其最大的优点是可以在排版软件中以低分辨率预览，而在打印时以高分辨率输出。EPS 格式支持 Photoshop 的所有颜色模式，但不支持 Alpha 通道。用户在以 EPS 格式存储图像时，可以选择图像预览的数据格式、图像编码格式等。
- **GIF**：GIF 格式是由 CompuSewe（美国电脑服务公司）提供的一种图像格式。由于可以使用 LZW 压缩方式进行压缩，因此被广泛用于通信领域和 Internet 的网页文档中。
- **JPEG**：JPEG 格式是一种带压缩的文件格式，其压缩率是目前各种图像文件格式中最高的。它支持 RGB、CMYK 和灰度模式。该格式主要用于图像预览和制作 HTML 网页。
- **PNG**：PNG 格式是采用了无损压缩的位图格式，有 8 位、24 位、32 位 3 种形式可以选择，该格式支持 Alpha 通道的半透明特性，可以存储通道的透明信息，在网页图标设计中运用较多。
- **RAW**：RAW 格式支持带 Alpha 通道的 CMYK、RGB 和灰度模式，以及不带 Alpha 通道的多通道、Lab、索引颜色、双色调模式。
- **PSD**：PSD 格式是 Photoshop 生成的图像文件格式，可包括图层、通道、颜色模式等信息，并且是唯一支持全部颜色模式的图像文件格式。由于 PSD 格式保存的信息较多，因此其文件非常庞大。
- **FilmStrip**：FilmStrip 格式是 Adobe Premiere 使用的格式，这种格式的图像可以在

Photoshop 中打开、修改和保存，但不能将其他格式的图像以 Film strip 格式保存。若在 Photoshop 中更改了图像的尺寸和分辨率，则该图像将无法继续被 Premiere 使用。

- PICT：PICT 格式的特点是能够对具有大块相同颜色的图像进行有效压缩。该格式支持 RGB、索引颜色、灰度、位图模式，在 RGB 模式下还支持 Alpha 通道。
- PDF：PDF 格式是由 Adobe 公司推出的专为线上出版制定的，是由 Adobe Acrobat 软件生成的文件格式，该格式可以保存多页信息，其中可以包含图形和文本。由于该格式支持超链接，因此是网络下载中经常使用的文件格式。PDF 格式支持 RGB、索引颜色、CMYK、灰度、位图、Lab 模式，但不支持 Alpha 通道。

2.1.6 图像素材的获取方式

在 Photoshop 中对图像进行处理时一般会经历获取图像素材、处理图像素材、保存处理后的图像这3个阶段。其中第一阶段的图像素材可以从图像素材网站下载，使用抓图软件截取，使用扫描仪获取，使用手机、数码相机和数字摄影机获取，以及通过其他方式获取，下面分别对具体的获取途径进行介绍。

1．从图像素材网站下载

直接在相关图像素材网站搜索需要的图像并下载，是获取图像素材较为快捷的途径。但使用这种方式时需要注意图像的版权问题，应提前了解知识共享（Creative Commons，CC）协议的版权知识以便合理使用网络中的图片。常用的商用图像网站有 CC 零图片网、Pixabay、Unsplash、Visualhunt 等。

2．使用抓图软件截取

从屏幕捕获内容又称“屏幕抓图”，它是指将计算机屏幕显示的内容以图像文件的形式保存起来。一种方法是按【Print Screen】键抓取全屏幕图像，按【Alt+Print Screen】组合键抓取当前窗口图像。另一种方法是用抓图软件来抓取图像，常用的抓图软件有 HyperSnap、SuperCapture 和 Snaglt 等，这些抓图软件不仅可以捕捉桌面、菜单、窗口等控件，还可以捕捉鼠标指针、特殊超长屏幕、网页图像等。

3．使用扫描仪获取

利用扫描仪中的光学系统可以将图像、照片、图书上的文字投影到平面上，然后通过传感器将其转换成电信号，再经过模数转换器变成数字信号。当用户购买扫描仪时，都会获得相应的驱动程序。利用该驱动程序或 Photoshop，用户可扫描图片、照片并将其以 JPEG 或 BMP 格式保存下来。另外，运用光学字符识别（Optical Character Recognition，OCR）文字识别软件对图书上的文字进行扫描后，可以将其转换为文本文件。

4．使用手机、数码相机和数字摄像机获取

通过手机、数码相机和数字摄像机拍摄获取照片后，这些拍摄好的照片就会存储在手机、数码相机和数字摄像机的存储器中，然后可以通过数据连接线将手机、数码相机和数字摄像机与计算机相连，将其中的文件传输到计算机中。其中，数字摄像机一般是通过 1394 口与计算机相连的，而且需要使用相应的软件才能将文件“导入”计算机中。

5．通过其他方式获取

其他的图形素材获取方法：从网络销售平台购买图像素材包、使用计算机系统自带的画图工具和使用专业绘图软件绘制。

2.2 Photoshop CC 2018基本操作

Photoshop CC 2018不但延续了旧版本在图像处理方面的超强功能，还增加了球面全景功能、弯度钢笔工具、工具提示、快速共享和新手学习教程；增强了笔刷预设、图形绘制、图像浏览、网络应用和文本编辑功能，使图像处理工作更加方便快捷。

2.2.1 启动 Photoshop CC 2018

启动 Photoshop CC 2018 的方法有很多种，常用的有以下 3 种。

- 双击桌面上的 Photoshop CC 2018 快捷方式图标Ps。
- 单击桌面左下角的田按钮，在弹出的“开始”菜单中选择“Adobe Photoshop CC 2018”命令。
- 双击计算机中后缀名为“.psd”的任意文件。

2.2.2 认识 Photoshop CC 2018 的工作界面

当用户双击后缀名为“.psd”的文件启动 Photoshop CC 2018 后，将打开图 2.3 所示的工作界面，该工作界面主要由菜单栏、工具属性栏、工具箱、图像窗口、面板、状态栏几部分组成。

图 2.3

1. 菜单栏

Photoshop CC 2018 的菜单栏共有 11 个菜单项，每个菜单项下包含对应的一系列菜单命令。单击相应的菜单项即可弹出相应的菜单命令，当菜单命令后有三角符号▶时，表明该菜单命令下还有子菜单，将鼠标指针移到该菜单命令上，可弹出相应的子菜单；也可以按住【Alt】键不放，再按菜单名中的字母打开子菜单；还可以直接按菜单命令旁的快捷键。例如，按【F1】键得到帮助信息。

各菜单项的功能介绍如下。

- **文件：**在其中可执行文件的新建、打开、存储、导出、打印等操作。
- **编辑：**该菜单项包含一些基本的文件操作命令，如复制、粘贴、定义画笔预设等操作命令。
- **图像：**该菜单项主要用于对图像进行调色、更改图像的大小。
- **图层：**该菜单项主要包含一些图层的操作命令，如新建图层、设置图层样式、合并图层等操作命令。

- **文字**：该菜单项用于设置输入的文字，可对文字执行变形、栅格化等操作。
- **选择**：该菜单项主要用于设置图像的选择区域，当在图像中绘制了选区时，可激活该菜单项中的大部分选项。
- **滤镜**：该菜单项包含多个滤镜命令，可对图像或图像的某个部分应用模糊、渲染、扭曲等特殊效果。
- **3D**：制作3D图形时，此菜单项中的大部分命令可被激活。
- **视图**：该菜单项主要用于对Photoshop CC 2018的编辑屏幕进行设置，如改变文档视图大小、缩小或放大图像的显示比例、显示或隐藏标尺和网格线等。
- **窗口**：该菜单项用于显示和隐藏Photoshop CC 2018工作界面的各个面板。
- **帮助**：通过该菜单项可快速访问Photoshop CC 2018的帮助手册和相关教程，了解Photoshop CC 2018的相关法律声明和系统信息等。

2．工具箱和工具属性栏

工具箱是使用Photoshop进行画图、编辑、选择颜色、调整屏幕视图等操作的好帮手。为了配合工具箱中各种工具的使用，在选择不同的工具时，工具属性栏中的内容也会发生相应的变化，工具属性栏主要用来设置选择的工具的各项参数。

图2.4列出了各种工具的名称和快捷键，牢记快捷键可以提高操作速度。使用工具前需要先选择工具，通常选择默认工具的方法有以下2种。

- 单击工具箱上的图标，被选中的图标呈凹陷状态，图像上的鼠标指针将变成对应的图标形状。
- 直接按对应工具的快捷键，快速选择相应的工具。当鼠标指针指向相应的工具图标时，快捷键的英文字母就会显示出来，如图2.5所示。

在工具箱中，有的工具图标右下角有一个小三角，表示该工具图标中还隐藏着其他工具图标。选择隐藏工具的方法有以下3种。

- 对准工具图标右下角的小三角，单击鼠标右键，在弹出的快捷菜单中选择其他工具图标命令，如图2.5所示。
- 在按住【Alt】键的同时单击隐藏工具所在图标，会依次显示各个隐藏工具。
- 在按住【Shift】键的同时按快捷键英文字母，在工具图标中也会依次显示各个隐藏工具。

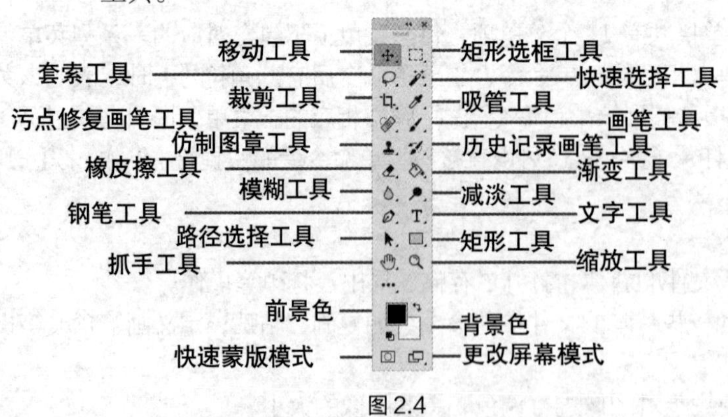

图2.4

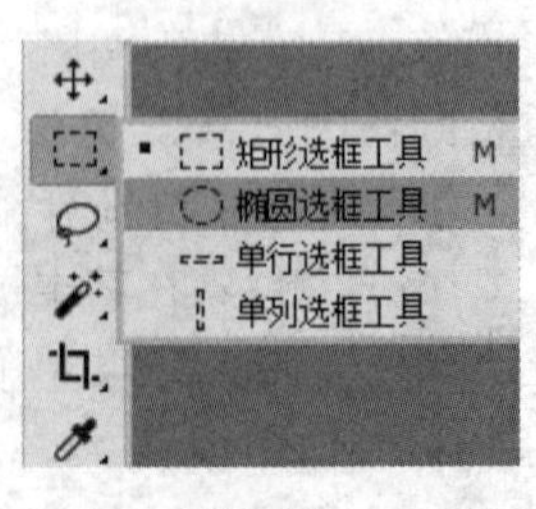

图2.5

3．图像窗口和面板

图像窗口是用来显示、编辑和绘制图像的地方。用户可以在图像窗口中进行任意的缩放操作，方便观察图像。在默认状态下，Photoshop CC 2018 有 4 个面板组提供编辑、查询操作，每组都包含 2 ~ 3 个面板，它们是图层 / 通道 / 路径（Layers/Channels/Paths）面板组、颜色 / 色板（Color/ Swatches）面板组、属性 / 调整（Properties/Adjustments）面板组、学习 / 库（Learn/ Libraries）面板组。使用下述 3 种方法可以选择面板。

- 在打开的面板组中单击面板的选项卡对其进行选择。
- 选择“窗口”菜单项中的某个面板项命令对其进行选择。
- 按【F5】键选择“画笔设置”面板，按【F6】键选择“颜色”面板，按【F7】键选择“图层”面板，按【F8】键选择“信息”面板，按【F9】键选择“动作”面板。

使用下述 3 种方法可以显示或隐藏面板组。

- 按【Tab】键可以隐藏所有的面板组和工具箱，仅显示图像内容，再一次按【Tab】键可以显示所有的面板组和工具箱。
- 按【Shift+Tab】组合键可以隐藏所有的面板组，再一次按【Shift+Tab】组合键可以显示所有的面板组。
- 按【F5】、【F6】、【F7】、【F8】、【F9】键可以控制相应面板组的显示或隐藏。

每个面板组的右上角都有一个三角图标 ，单击该图标可打开面板菜单。单击面板组标题栏旁的最小化图标或在按【Alt】键的同时单击最小化图标，将使面板组仅显示面板选项卡。

4．状态栏

当屏幕上出现图像窗口时，状态栏将主要显示以下内容。

- 状态栏的最左侧部分，显示当前图像缩放的百分比。
- 单击状态栏中间部分的三角图标 ，可以显示与当前图像文件有关的 12 项信息，包括文档大小、文档配置文件、文档尺寸、测量比例、暂存盘大小、效率、计时、当前工具、32 位曝光、存储进度、智能对象和图层计数。
- 将鼠标指针定位到状态栏，长按鼠标左键，可查看当前图像窗口的图像像素大小。

2.2.3 新建和打开图像文件

在 Photoshop CC 2018 中新建和打开图像文件是处理图像的基本操作，下面分别对其操作方法进行详细介绍。

1．新建图像文件

要制作一幅图像，应该先新建图像，其具体操作如下。

STEP 1 选择【文件】/【新建】菜单命令，打开“新建文档”对话框。

STEP 2 输入图像文件标题，选择图像尺寸的单位，输入图像的宽度、高度、分辨率，选择图像的颜色模式。

STEP 3 在“背景内容栏”中，可选择背景颜色，如白色、黑色、背景色、透明等，如图 2.6 所示。

STEP 4 单击 创建 按钮创建图像文件，如图 2.7 所示。

> **知识提示**
>
> 用户也可以在“新建文档”对话框中单击“照片”“打印”“图稿和插图”“Web”“移动设备”“胶片和视频”选项卡，在打开界面中的“空白文档预设”栏中选择预设的选项，单击 创建 按钮直接创建图像文件。

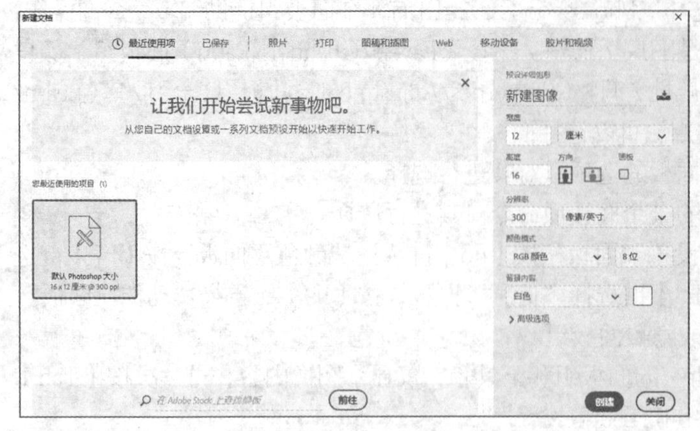

图 2.6

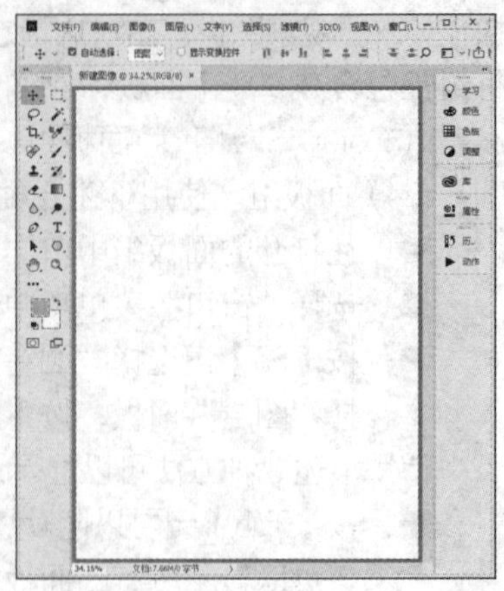

图 2.7

在实际操作中，用户应首先根据制作图像的目的确定新建图像的分辨率及图像的尺寸。如需制作一张商品主图，那么可以设置图像分辨率为72dpi，图像尺寸为640像素 ×480像素；若图像仅用于屏幕显示，则分辨率应设置为显示器的分辨率。

若图像用于打印输出，那么图像的分辨率应设置为打印机的半调网屏频率的1.5 ~ 2倍，图像的尺寸为实际所需的尺寸。为了避免产生“打印花纹”，应设置分辨率值为打印机的分辨率值的整除数。例如，使用600dpi的打印机，则将图像的分辨率设置为100dpi比设置为135dpi更好。

2．打开图像文件

微课视频

打开图像文件

若要修改或处理一幅原有的图像，则要先打开图像文件。打开图像文件可以选择“打开”或“最近打开文件”菜单命令进行。

（1）选择“打开”菜单命令

选择“打开”菜单命令是打开PSD文件常用的方法，其具体操作如下。

STEP 1 选择【文件】/【打开】菜单命令，打开“打开”对话框。

STEP 2 选择文件所在位置，在文件列表中选择要打开的图像文件，按【Ctrl】键可以选择不连续的文件，按【Shift】键可以选择连续的文件。

STEP 3 单击 打开(O) 按钮，可打开所选的一个或多个图像文件；单击 取消 按钮，可取消打开图像文件的操作，如图2.8所示。

图 2.8

（2）选择“最近打开文件”菜单命令

要打开最近打开过的文件，可选择“最近打开文件”菜单命令快速打开，其具体操作如下。

STEP 1 选择【文件】/【最近打开文件】菜单命令，在弹出的子菜单中选择最近打开过的图像文件（系统默认为10个）。

STEP 2 单击想要打开的图像文件，可迅速打开该文件。

知识提示

若Photoshop无法识别文件的格式，则不能选择“打开”菜单命令打开文件，应选择“打开为”菜单命令，若该方法也无法打开文件，则表示“打开为”的格式与文件实际格式不匹配，或文件已损坏。

为了提高操作速度，可以按【Ctrl+N】组合键新建图像文件，按【Ctrl+O】组合键打开图像文件。

2.2.4 保存和关闭图像文件

在创建或修改图像文件后，需要保存和关闭图像文件。

1．保存图像文件

在Photoshop CC 2018中保存图像文件的方法有以下两种。

- **“存储”命令**：选择【文件】/【存储】菜单命令，将编辑过的图像文件按原路径、原文件名、原格式存入磁盘中，并覆盖原始图像文件。
- **“存储为”命令**：选择【文件】/【存储为】菜单命令，在打开的对话框中指定磁盘、路径、文件类型、新文件名，可在保留原始图像文件的基础上，保存修改后的新图像文件。

2．关闭图像文件

关闭图像文件的方法有以下3种。

- 单击图像窗口标题栏最右端的“关闭”按钮×。
- 选择【文件】/【关闭】菜单命令或【文件】/【全部关闭】菜单命令。
- 按【Ctrl+W】组合键或按【Ctrl+F4】组合键。

知识提示

为了提高操作速度，可以按【Ctrl+Shift+S】组合键另存图像文件，按【Ctrl+S】组合键保存图像文件。

2.2.5 设置前景色和背景色

在Photoshop中处理图像时经常需要设置前景色和背景色。前景色是绘制图形图像的颜色，背景色是需要处理的图形图像的背景颜色，可以通过拾色器对话框来对它们进行设置。

工具箱下方有“前景色”和“背景色”色块，如图2.9所示，默认的前景色为黑色，背景色为白色。单击色块可以打开拾色器对话框快速设置前景色和背景色。其具体方法为：单击“前景色”或“背景色”色块，打开“拾色器（前景色）”或“拾色器（背景色）”对话框，如图2.10所示。在对话框中拖动颜色滑条上的三角滑块，可以改变颜色区域的颜色范围，用鼠标单击颜色区域，可吸取需要的颜色，吸取的颜色值将显示在右侧对应的选项中，设置完成后单击（确定）按钮。

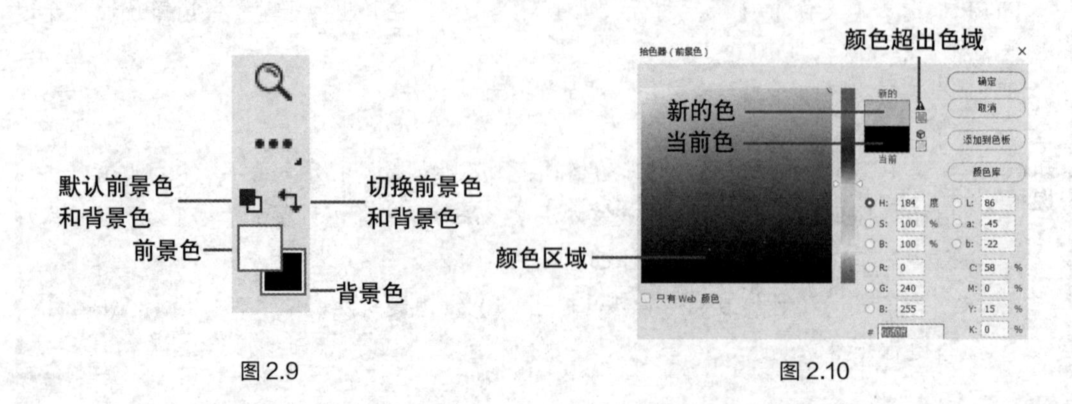

图2.9　　图2.10

知识提示

单击“切换前景色和背景色”按钮可交换当前的前景色和背景色；单击“默认前景色和背景色”按钮可将前景色和背景色恢复为默认的黑、白色。

在图2.10所示的对话框中拖动颜色滑条上的滑块和在颜色区域中单击，可以选择1 600多万种颜色。当用户在拾色器对话框中设定颜色时，如果设定的颜色过于鲜明，拾色器对话框中将出现一个警告标志，表示当前所选颜色超出了CMYK模式的颜色区域。选择了比较鲜明的颜色后（如亮蓝色），该颜色虽然可以显示在计算机屏幕上，但是在打印输出后会变暗很多，这种情况称为溢色。这是因为在CMYK模式中并没有与之相对应的颜色。因此，最后打印输出的图像和在计算机屏幕上看到的图像会存在一定的差异。

当出现警告标志时，单击此警告标志，可以将设定的颜色自动修正为可输出的颜色，其下方的色块表示与所选颜色最为接近的CMYK颜色。

2.3 选择图像

在处理图像的过程中，经常需要选择图像。选择图像是进行图像处理之前必须进行的一个重要步骤，灵活、精确地选择图像也是提高图像处理效率和质量的关键。在Photoshop CC 2018中选择图像有多种方法，下面分别进行介绍。

2.3.1 使用选框工具组选择

选框工具组主要包括矩形选框工具、椭圆选框工具、单行选框工具、单列选框工具，如图2.11所示。

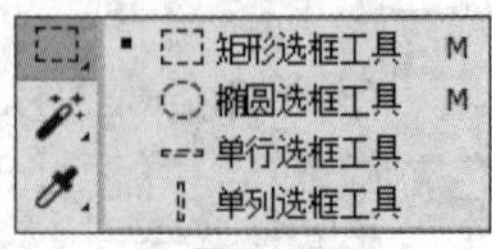

图2.11

1．矩形选框工具和椭圆选框工具

使用矩形选框工具和椭圆选框工具可以选择规则的矩形和椭圆选区，它们的使用方法相同。在工具箱中的选框工具组上单击鼠标右键，在弹出的选框工具组列表中选择矩形选框工具或椭圆选框工具，其工具属性栏如图 2.12 所示。

图 2.12

工具属性栏相关选项的含义如下。

- **按钮组：**用于控制选区的创建方式，单击不同的按钮将进入不同的创建类型，表示创建新选区，表示添加到选区，表示从选区减去，表示与选区交叉。
- **“羽化”数值框：**通过该数值框可以在选区的边缘产生一个渐变过渡，达到柔化选区边缘的目的。该数值框的取值范围为 0~255 像素，数值越大，像素化的过渡边界越宽，柔化效果也就越明显。
- **“消除锯齿”复选框：**用于消除选区的锯齿边缘，使用矩形选框工具时不能使用该选项。
- **“样式”下拉列表框：**选择矩形选框工具时，在其下拉列表框中可以设置矩形选框的比例或尺寸，有“正常”“固定比例”和“固定大小”3 个选项，选择“固定比例”或“固定大小”时可激活“宽度”和“高度”数值框。
- **选择并遮住... 按钮：**单击该按钮，可以在打开的“创建或调整选区”对话框中定义边缘的透明度、半径、平滑、羽化、对比度和移动边缘程度等，对选区进行收缩和扩充。

选框工具与相应的功能键配合，可以产生多种选择，其具体操作如下。

STEP 1 在 Photoshop CC 2018 中新建文件，在工具箱中选择“椭圆选框工具”，在图像窗口拖曳鼠标绘制一个椭圆选区，如图 2.13 所示。

微课视频

使用选框工具组选择

STEP 2 选择“椭圆选框工具”，按住【Shift】键并在已有的选区内拖曳鼠标绘制新选区，如图 2.14 所示。此操作相当于单击了当前属性工具栏中的“添加到选区”按钮，此时图像窗口中的选区等于原选区加上新选区。该方法一般用于加选出较为复杂 的选区。

STEP 3 选择“椭圆选框工具”，按住【Alt】键并在已有的选区内拖曳鼠标绘制新选区，如图 2.15 所示。此操作相当于单击了当前属性工具栏中的“从选区中减去”按钮，此时图像窗口中的选区等于原选区减去新选区。该方法一般用于减选出较为复杂的选区。

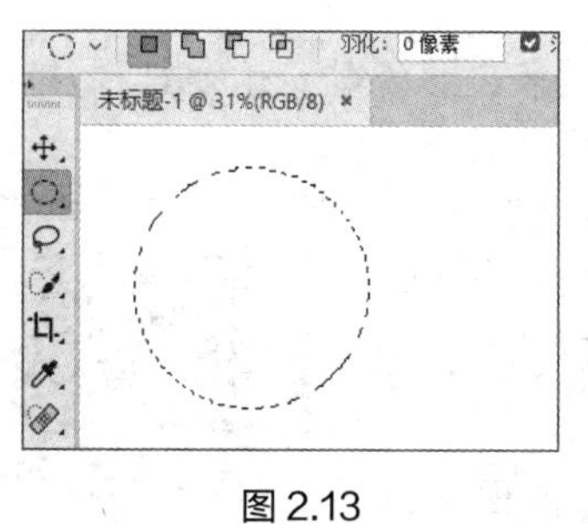

图 2.13

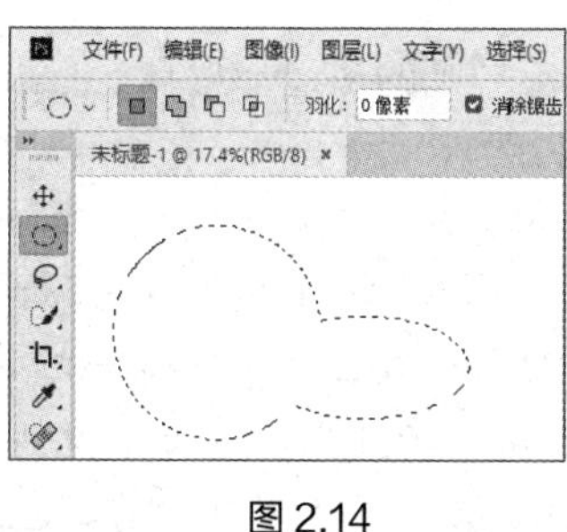

图 2.14

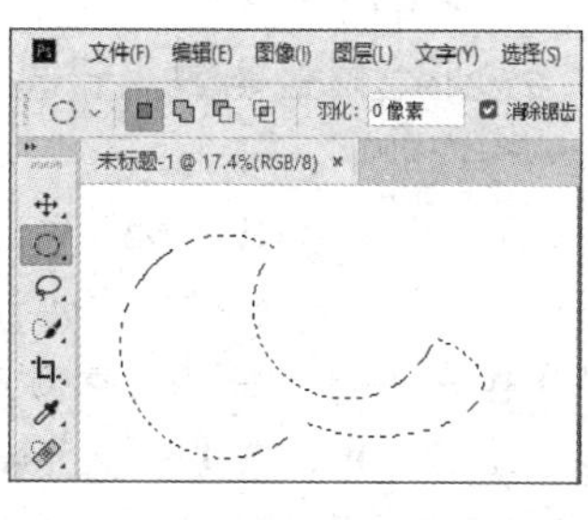

图 2.15

STEP 4 当图像中有一块或多块选区时，可按住【Alt+Shift】组合键并拖曳鼠标绘制新选区，此操作相当于单击了当前属性工具栏中的“与选区交叉”按钮，将获得一个交集选区，即刚绘制的选区与原有选区相交的区域成为最终的选区。

知识提示 按键盘上的方向键，选框将以每次1个像素点的距离移动；按【Shift+方向】组合键，选框将以每次10个像素点的距离移动；按住【Shift】键并拖曳鼠标，将绘制一个正方形或正圆形选区；按住【Alt】键并拖曳鼠标，将以拖曳的开始处为中心绘制一个矩形或椭圆形选区；按住【Shift+Alt】组合键并拖曳鼠标，将以拖曳的开始处为中心绘制一个正方形或圆形选区。

2．单行选框工具和单列选框工具

单行选框工具和单列选框工具专门用于选中只有1像素高的行或1像素宽的列。使用这个工具前必须在当前工具属性栏中设置羽化值为0。

在工具箱中选择单行选框工具或单列选框工具后，在图像中单击即可在单击位置建立一个单行或单列选区，如图2.16所示。

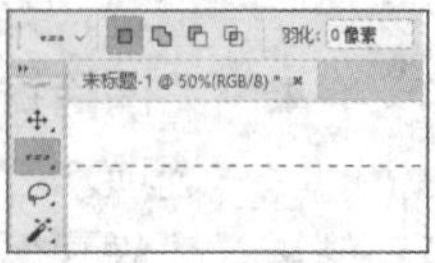

图2.16

2.3.2 使用套索工具组选择

套索工具组主要包括套索工具、多边形套索工具和磁性套索工具。

1．套索工具

套索工具用于选择一些无规则的、外形较为复杂的图像。当用套索工具选择图像中的主体物时，只需长按鼠标左键并沿着图像边缘进行拖曳，如图2.17所示，最后回到创建选区的起始位置并松开鼠标左键，即可自动闭合线段边框形成选区，图2.18所示为用套索工具创建选区并移动选区图像后的效果。

图2.17

图2.18

创建选区后，可按【Shift】键或【Alt】键对创建选区的大小进行调整。

2．多边形套索工具

多边形套索工具用于选择不规则的多边形形状，下面用多边形套索工具选择建筑，其具体操作如下。

微课视频
使用多边形套索工具选择

STEP 1 在Photoshop CC 2018中打开“建筑.jpg”素材文件（配套资源:\素材文件\第2章\建筑.jpg），选择“多边形套索工具”，单击“建筑”图像左下角，将其设置为起始点。按住鼠标左键并沿要选取区域的边缘绘制直线，按【Shift】键绘制水平直线，如图2.19所示。

STEP 2 绘制完成后，双击鼠标左键，完成对建筑的选择，如图2.20所示。

STEP 3 按【Ctrl+J】组合键对选择的图像进行复制，并将其粘贴到新建的图层，如图2.21所示。

图2.19

图2.20

图2.21

3．磁性套索工具

磁性套索工具适用于快速选择边缘或图像与背景对比强烈且边缘复杂的情况，其所选图像与背景的反差越大，选择的精确度越高。该工具既具有套索工具选择使用方便的特点，又具有路径选择的精确度。下面用磁性套索工具选择餐盘，其具体操作如下。

微课视频

使用磁性套索工具选择

STEP 1 在 Photoshop CC 2018 中打开“餐盘 .jpg”素材文件（配套资源 :\ 素材文件 \ 第 2 章 \ 餐盘 .jpg），如图 2.22 所示。

STEP 2 选择“磁性套索工具”，在餐盘边缘处单击，设置第一个紧固点。按住鼠标左键沿餐盘边缘移动，移动过程中创建的路径会贴紧图像中与背景对比最强烈的边缘，如图 2.23 所示。

STEP 3 若发现边框没有贴紧餐盘的边缘，则可在此处单击，手动添加紧固点，继续描绘边缘。按【Delete】键可抹掉最近绘制的线段和紧固点。

STEP 4 绘制完成后，按【Enter】键，完成对餐盘的选择，如图 2.24 所示。

图2.22

图2.23

图2.24

使用磁性套索工具选择一些有明显边缘的图像时，建议加大“宽度”值和“边对比度”值，减小“频率”值，这样可减小误差。

2.3.3 使用魔棒工具组选择

魔棒工具组是选择工具中最神奇的一组工具，可以进行魔术般的选择，其包含魔棒工具和快速选择工具两种工具。

1．魔棒工具

使用魔棒工具单击图像或图层上的像素点时，附近与该像素点颜色相同或相近的点都会被自动选中，颜色相近的程度决定了选择区域的大小。

魔棒工具选择的色差范围由“容差”值决定，该值可在魔棒工具的工具属性栏中设置，

图 2.25 分别是“容差”值为“100”和“32”的显示结果。

图 2.25

使用魔棒工具选择背景简单而主体物复杂的图像时，可以先选中背景，然后单击鼠标右键，在弹出快捷菜单中选择“选择反向”命令，图像主体物即被全部选中，如图 2.26 所示。

图 2.26

> 知识提示
>
> 按【Shift+Ctrl+I】组合键或选择【选择】/【反选】菜单命令可以对现有选区进行反向选择。

2．快速选择工具

快速选择工具是魔棒工具的快捷版本，可以不用任何快捷键进行选择。用快速选择工具选择主体物本身色差较小而与背景色差较大的图像时会更为直观、便捷。

使用快速选择工具选择区域只需长按鼠标左键并拖曳鼠标即可。

2.3.4 使用钢笔工具组选择

当图像中的主体物与背景颜色较为接近时，用魔棒工具组中的工具和磁性套索工具组中的工具会较为费力，而使用钢笔工具组中的工具则可以更为精确地选择选区和路径。

钢笔工具组主要包括钢笔工具、自由钢笔工具、弯度钢笔工具、添加锚点工具、删除锚点工具和转换点工具，如图 2.27 所示。

工具	快捷键
钢笔工具	P
自由钢笔工具	P
弯度钢笔工具	P
添加锚点工具	
删除锚点工具	
转换点工具	

图 2.27

- **钢笔工具**：单击可控制锚点绘制直线，拖曳鼠标并调节手柄可绘制曲线，如图 2.28 所示。

- **自由钢笔工具**：通过自由手绘的方式可添加锚点绘制路径或形状。在图像中创建第一个关键点后，长按鼠标左键并进行拖曳，可创建形状不规则的路径，如图 2.29 所示。
- **弯度钢笔工具**：通过点来绘制路径或更改路径形状，如图 2.30 所示。
- **添加锚点工具**：单击已经存在于路径中的线段可添加锚点并编辑路径。
- **删除锚点工具**：单击已经存在于路径中的锚点可删除锚点并编辑路径。
- **转换点工具**：单击或长按鼠标左键对锚点进行拖曳，可以将其转换为平滑或拐角锚点，拖曳锚点上的调节手柄可以改变路径的弯曲度，对路径和形状进行编辑，如图 2.31 所示。

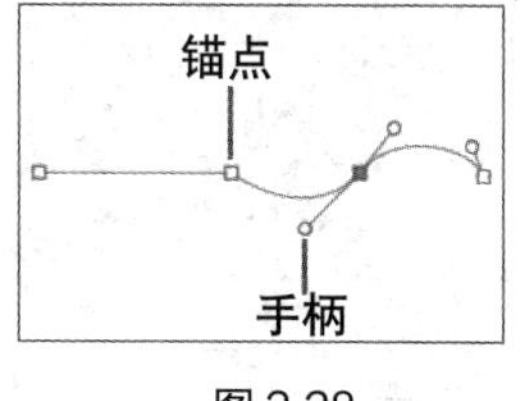

图 2.28

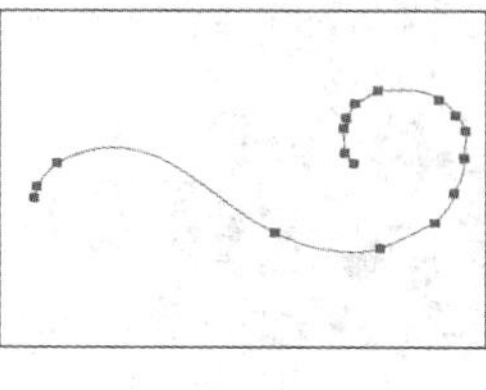
图 2.29

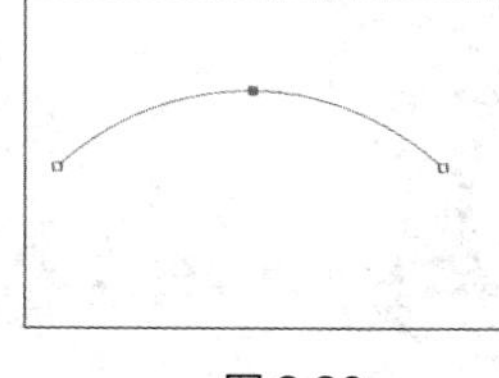
图 2.30

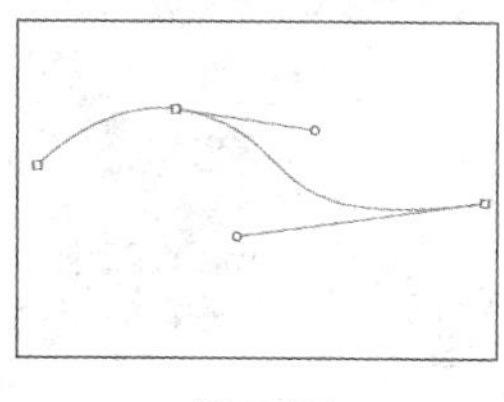
图 2.31

当使用钢笔工具选择图像时，需要选中钢笔工具并在当前的工具属性栏中设置绘图模式为“路径”，如图 2.32 所示。

图 2.32

下面用钢笔工具选择白餐盘，其具体操作如下。

STEP 1 在 Photoshop CC 2018 中打开“白餐盘 .jpg”素材文件（配套资源 :\素材文件\第 2 章\白餐盘 .jpg），如图 2.33 所示。在“图层”面板中双击“背景”图层将其转换为普通图层。选择“钢笔工具”，并在当前属性工具栏的下拉列表框中选择“路径”选项，将绘图模式设置为“路径”。

STEP 2 将鼠标指针移至白餐盘图像中主体物的边缘处，单击以创建第一个锚点，再将鼠标指针移动到主体物的边缘处，单击以创建第二个锚点，两个锚点之间将创建一条直线路径，如图 2.34 所示。

STEP 3 在创建第二个锚点后长按鼠标左键并进行拖曳，此时会在锚点位置出现手柄（又称方向线），手柄两端的锚点为方向点，拖曳这两个方向点可改变方向线的长度和位置，同时可以改变直线的形状和平滑程度，如图 2.35 所示。

图 2.33

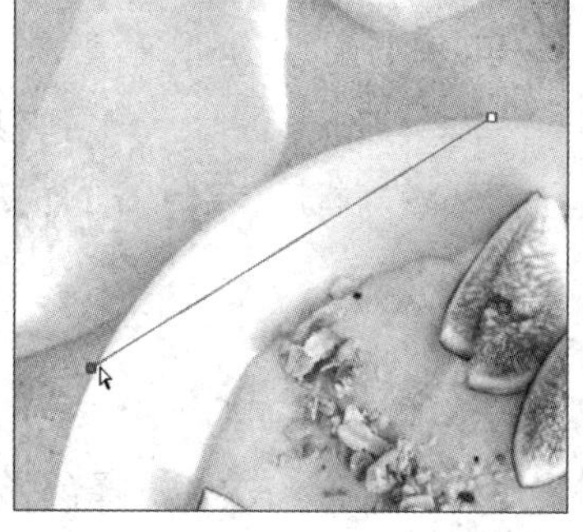
图 2.34

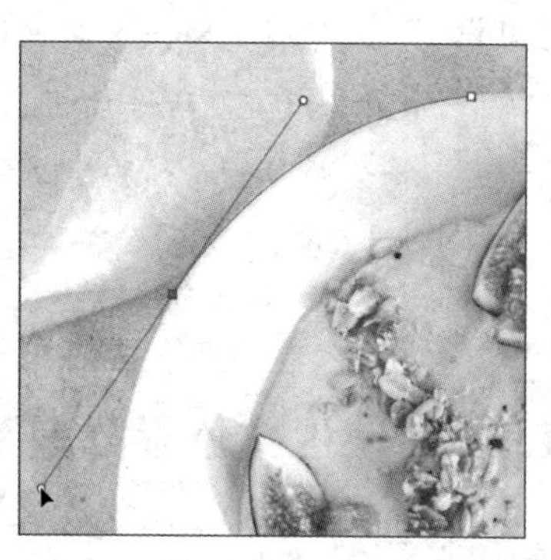
图 2.35

STEP 4 使用钢笔工具完成路径绘制后，将鼠标指针移至起始锚点位置，当鼠标指针右下角出现“。”形状时，如图2.36所示，单击起始锚点可闭合路径。

STEP 5 选择“转换点工具”，单击当前路径的起始点，出现手柄，如图2.37所示。将鼠标指针分别移至两个方向点位置进行拖曳，改变方向线的方向，进而改变路径形状，使路径贴合主体物边缘，如图2.38所示。

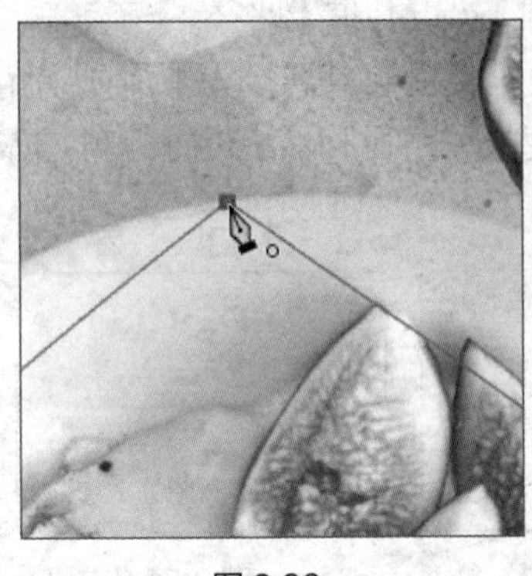
图2.36

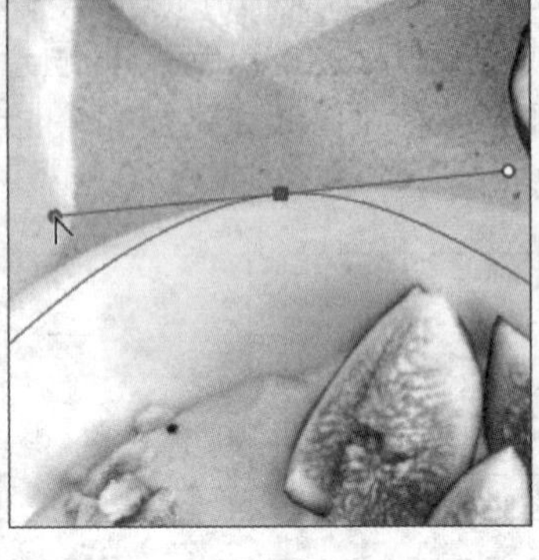
图2.37

图2.38

STEP 6 在工具属性栏中单击“选区”按钮，打开“建立选区”对话框，在“羽化半径”数值框中输入“5”，单击按钮，将路径转换为选区，如图2.39所示。

STEP 7 按住【Ctrl+X】组合键对选区进行剪切操作，再按住【Shift+Ctrl+V】组合键进行原位粘贴并生成新图层。选中图层中的“背景”图层，单击鼠标右键，在弹出的快捷菜单中选择“删除图层”命令，删除原有背景图层，效果如图2.40所示（配套资源:\效果文件\第2章\白餐盘.psd）。

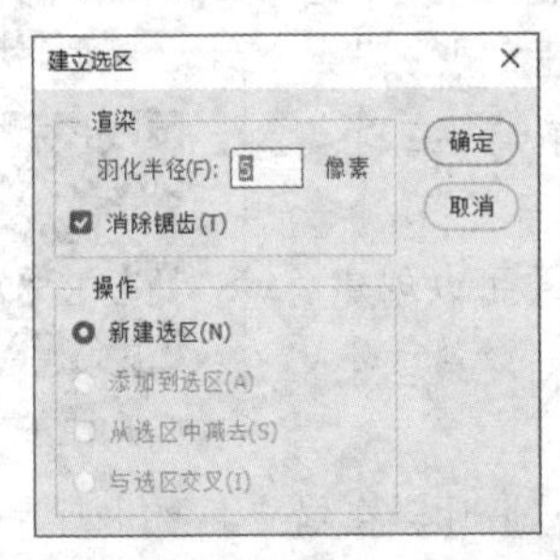

图2.39

图2.40

知识提示

按住【Shift】键并通过鼠标创建锚点时，使用钢笔工具将绘制水平、垂直、45°角或45°角倍数的直线。按住【Alt】键并通过钢笔工具移动锚点时，钢笔工具将会暂时变为转换点工具。按住【Ctrl】键时，钢笔工具将暂时变成直接选择工具。按【Ctrl+Enter】组合键路径将转换为选区，按【Ctrl+D】组合键将取消对路径的选择。

2.3.5 使用“色彩范围”菜单命令选择

使用【选择】/【色彩范围】菜单命令可以一次性选择色彩单一图像中所有相同的颜色，该菜单命令适用于替换图像中的单一颜色和选择背景颜色单一的图像。下面使用“色彩范围”

菜单命令选择花篮，其具体操作如下。

STEP 1 在 Photoshop CC 2018 中打开“花篮.jpg”素材文件（配套资源:\素材文件\第2章\花篮.jpg）。选择【选择】/【色彩范围】菜单命令，打开“色彩范围”对话框。

STEP 2 在对话框中选择“吸管工具”，在花篮图像的灰色背景上单击，选择“加法吸管工具”，多次单击花篮图像的背景区域，然后将“颜色容差”滑块调整到“20”，如图 2.41 所示。

STEP 3 在对话框中单击 确定 按钮，背景区域被选出。按【Ctrl+Shift+I】组合键进行反选，将花篮选出，如图 2.42 所示。

STEP 4 按【Ctrl+J】组合键新建图层，并删除背景图层，如图 2.43 所示（配套资源:\效果文件\第2章\花篮.psd）。

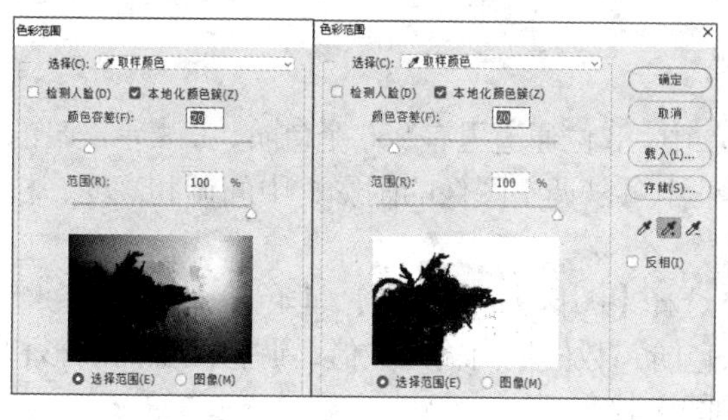

图 2.41

图 2.42

图 2.43

2.4 编辑图像

对图像创建选区或绘制完图像后都需要对图像进行编辑才能得到想要的效果。编辑图像包括调整图像颜色、修复图像、修改图像尺寸、变换图像、填充图像和恢复图像。

2.4.1 调整图像颜色

调整图像颜色是编辑图像的常见操作，它可以增强、修复和校正图像中的颜色与色调。在 Photoshop 中可以通过颜色调整命令调整图像颜色，选择【图像】/【调整】菜单命令，打开颜色调整子菜单，常用的颜色调整命令有亮度/对比度、色阶、曲线、曝光度、自然饱和度、色相/饱和度、色彩平衡和渐变映射。

1．亮度/对比度

亮度是指图像中的明暗程度，对比度是指图像中黑白的比值，比值越大，黑白的渐变层次越丰富，图像颜色也就越丰富。执行“亮度/对比度”菜单命令可以调整图像的色调范围，改变图像的亮度和阴影，修正图像的曝光。

选择【图像】/【调整】/【亮度/对比度】菜单命令，打开“亮度/对比度”对话框，如图 2.44 所示。

在“亮度/对比度”对话框中向左拖动“亮度”滑块可以调暗亮度，扩展阴影；往右拖动“亮度”滑块可以调亮亮度，扩展高光；向左拖动“对比度”滑块可以减小对比度，向右拖动“对比度”滑块可以增大对比度。调整“亮度/对比度”前后的效果如图 2.45 所示。

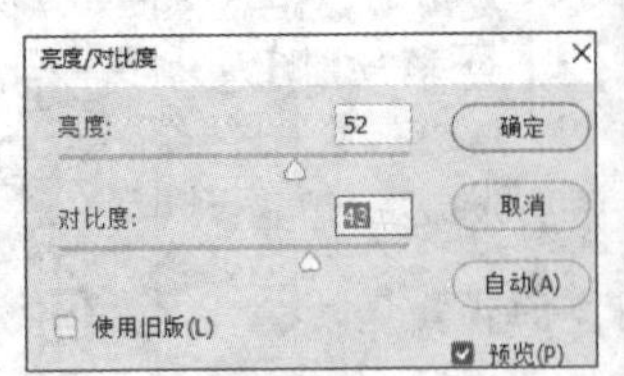

图 2.44

图 2.45

知识提示

执行“亮度/对比度”菜单命令将直接更改图像原本的信息，并且不能再在原本信息的基础上对亮度/对比度的属性进行再次调整。

2．色阶

色阶是指图像中亮度的强弱，在 Photoshop 中，8 位通道里有 256 个色阶，0 表示最暗的黑色，255 表示最亮的白色。在“色阶”对话框中可以调整图像的阴影、中间调和高光，校正色调范围，使图像的色彩达到平衡。

使用“色阶”菜单命令调整图像的方法：选择【图像】/【调整】/【色阶】菜单命令，打开“色阶”对话框，拖动滑块，或在“输入色阶”数值框内输入数值，调整图像的阴影和高光，如图 2.46 所示。调整色阶前后的效果如图 2.47 所示。

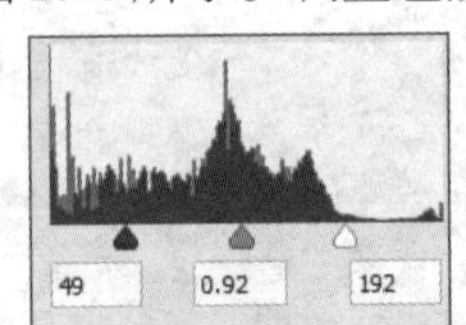

图 2.46

图 2.47

图像颜色的丰富与精细程度都由色阶决定，调整色阶的参数或拖动滑块可以达到预期效果，如图 2.48 所示。

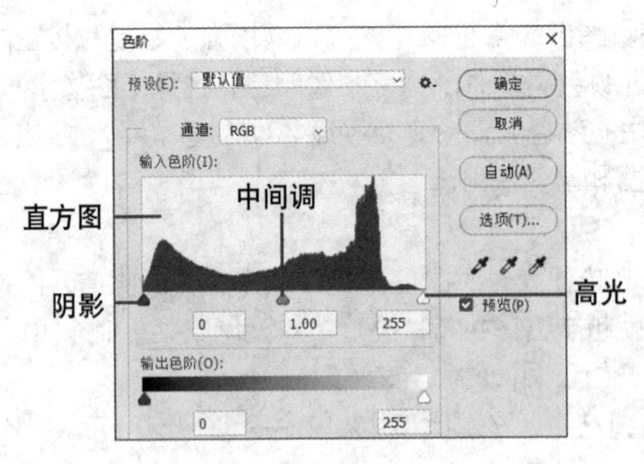

图 2.48

在“色阶”对话框中有直方图、阴影、中间调和高光，下面分别进行介绍。

- **直方图：**通过直方图可以直观地观察图像的基本色调，检查图像的细节并进行校正。直方图表示图像中每个亮度对应的像素数量及其分布情况，直方图左侧显示的是阴影，中间显示的是中间调，右侧显示的是高光。

- **阴影**：阴影对应的是黑色滑块，是图像最暗的部分，拖动该滑块会增加或减少图像中阴影的比例。
- **中间调**：中间调对应的是灰色滑块，是图像的中间颜色，往右侧拖动该滑块可扩大图像的阴影区域，使图像变暗，往左侧拖动该滑块可扩大图像的亮部区域，使图像变亮。
- **高光**：高光对应的是白色滑块，是图像最亮的部分，拖动该滑块会增大或减小图像的亮度比例。

3．曲线

在 Photoshop 中执行“曲线”菜单命令可以调节图像的明暗与对比度，改善图像的曝光问题和颜色灰度值分布不均的问题，移动曲线顶部的点可以调整图像的高光，移动曲线底部的点可以调整图像的阴影。

使用“曲线”菜单命令调整图像色调和颜色的方法：选择【图像】/【调整】/【曲线】菜单命令，打开“曲线”对话框，单击曲线，拖曳生成的控制点以调整色调，调整“曲线”前后的效果如图 2.49 所示。

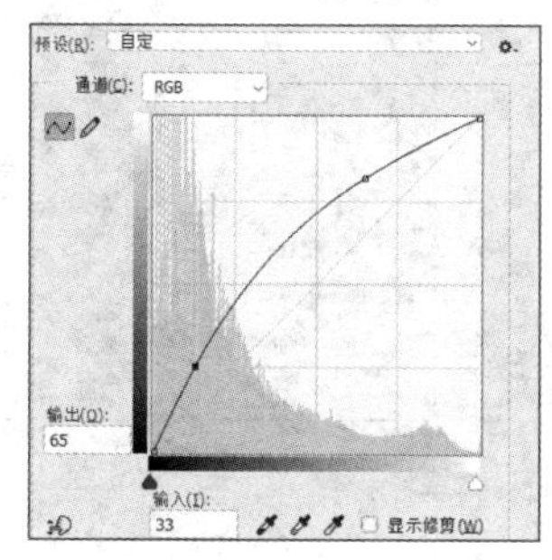

图 2.49

在改变曲线以调整 RGB 图像时，初始图像的色调在“曲线”对话框中显示为一条对角线，左下方表示阴影，右上方表示高光，为对角线添加控制点并拖曳控制点时，曲线会发生相应的变化，同时图像颜色也会做出相应的调整。因此，可以在“曲线”对话框（见图 2.50）中的对角线上添加控制点来调整图像的色调范围。

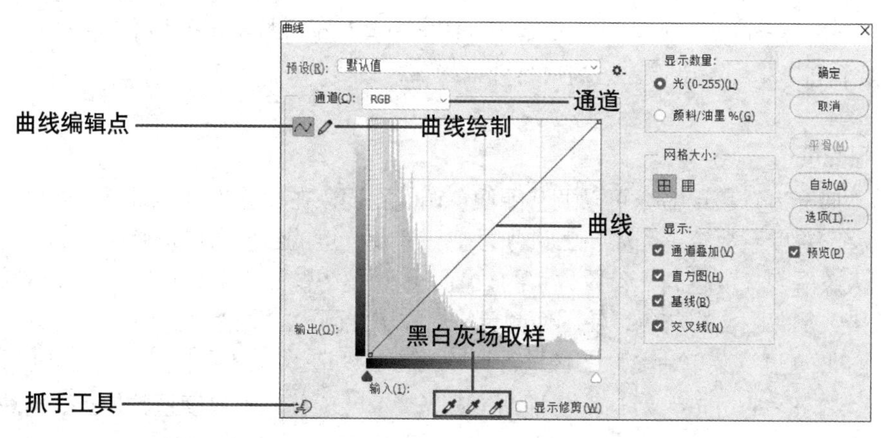

图 2.50

“曲线”对话框由抓手工具、黑白灰场取样、曲线编辑点、曲线绘制、通道和曲线组成，下面分别进行介绍。

- **抓手工具**：使用抓手工具在图像上单击并拖动可修改曲线，如图 2.51 所示。
- **黑白灰场取样**：黑白灰场取样可以根据吸取的图像颜色来校正明度和对比度，从左到右依次为在图像中取样设置黑场、在图像中取样设置灰场、在图像中取样设置白场，在实际运用时取样设置黑场和白场居多。
- **曲线编辑点**：曲线编辑点是通过编辑控制点来修改曲线的，“曲线”对话框默认设置了曲线编辑点，如图 2.52 所示。
- **曲线绘制**：曲线绘制是通过绘制曲线来修改曲线的。
- **通道**：通道的默认选项是 RGB，这样 RGB 通道可以对图像整体的明度进行调整；选择红、绿或蓝通道时，可以对色相进行调整，如图 2.53 所示。
- **曲线**：在“曲线”对话框中显示的曲线初始为一条对角线，添加控制点可以调整图像的明度和色相。

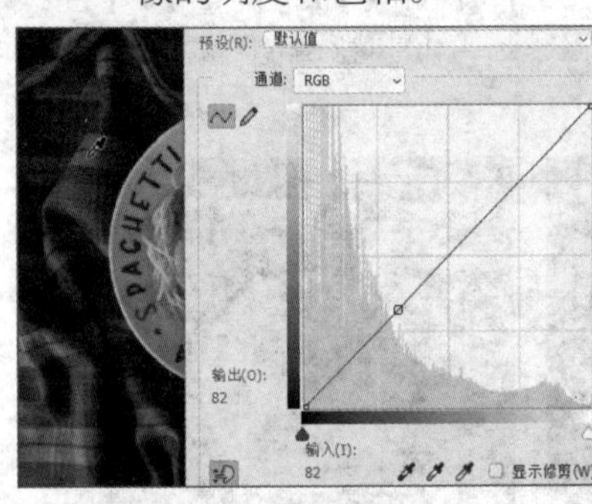

图 2.51

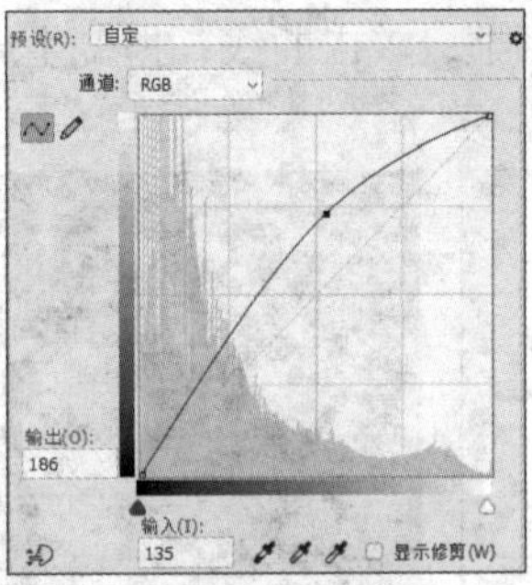

图 2.52

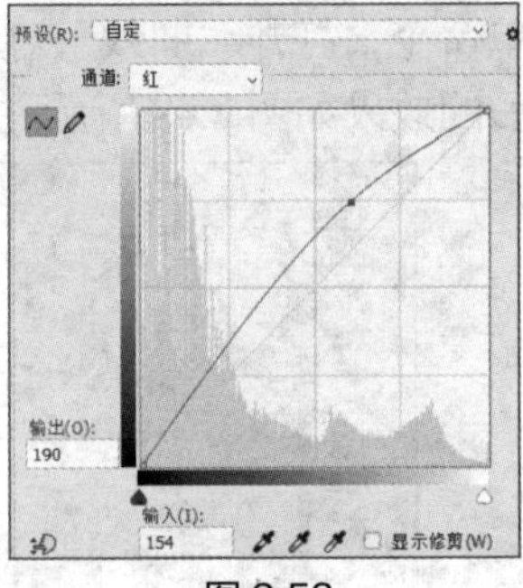

图 2.53

> **知识提示**
>
> 曲线中的较陡部分为图像中对比度较高的区域，较平缓的部分为图像中对比度较低的区域。
>
> 除了 RGB 图像，通过调整曲线还可以对 CMYK、Lab 和灰度图像进行调整，在对 CMYK 图像应用曲线时，曲线表示的是油墨 / 颜料的百分比，对 Lab 和灰度图像应用曲线时，曲线表示的是光源值。
>
> 需要移除控制点时，直接选择曲线中需要移除的控制点并按【Delete】键即可。按【Alt】键并单击曲线后的网格可以增加网格线。

4．曝光度

执行“曝光度”菜单命令可以调整图像色调的强弱，在“曝光度”对话框中可以设置曝光度、位移和灰度系数校正，如图 2.54 所示。设置曝光度的数值可以调整图像的亮度强弱，该数值越大，图像亮度越高，设置位移的数值可以调整图像的灰度，设置灰度系数校正的数值可以减少或加深图像的灰色，使图像颜色平衡并增强画面的通透度。

使用“曝光度”菜单命令对图像进行调整的方法：选择【图像】/【调整】/【曝光度】菜单命令，打开“曝光度”对话框；拖动“曝光度”“位移”“灰度系数校正”滑块，调整数值直到图像达到预期效果。调整“曝光度”前后的效果如图 2.55 所示。

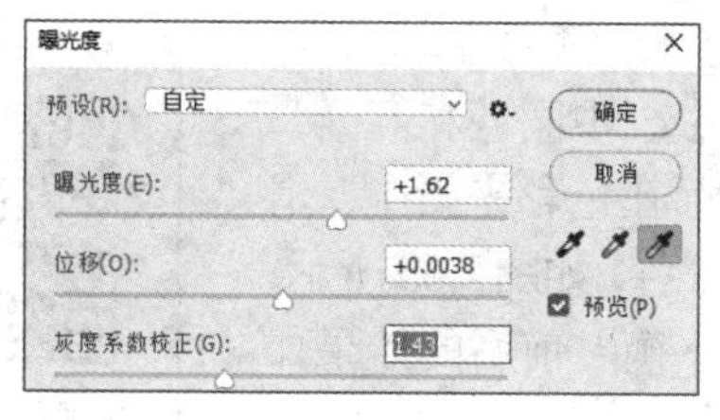

图 2.54

图 2.55

5. 自然饱和度

执行“自然饱和度”菜单命令可以对图像的明亮程度进行调整，在“自然饱和度”对话框中可以对图像中已经饱和的像素做细微的调整，对不饱和的像素做大幅度的调整，此命令适用于调整人像的饱和度，使人像更加自然。

使用“自然饱和度”菜单命令对图像进行调整的方法：选择【图像】/【调整】/【自然饱和度】菜单命令，打开“自然饱和度”对话框，拖动相应滑块进行调整，如图 2.56 所示。

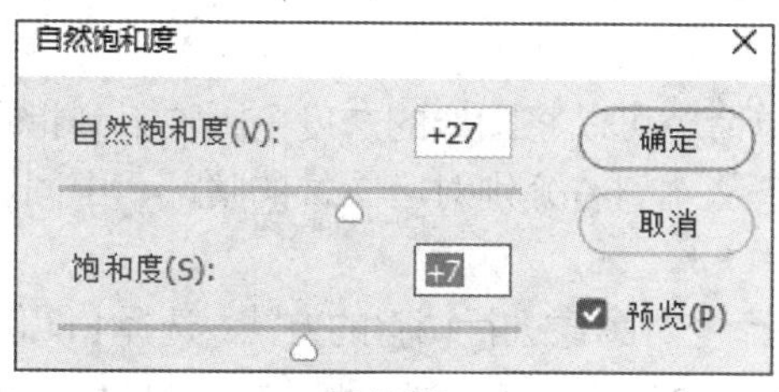

图 2.56

6. 色相 / 饱和度

执行“色相 / 饱和度”菜单命令可以对图像中特定颜色或所有颜色范围内的色相、饱和度和明度进行调整。色相是指不同波长的光在人眼视神经上所呈现的效果，如赤、橙、黄、绿、青、蓝、紫。饱和度是指图像颜色的鲜艳程度，鲜艳程度越高，饱和度就越高，当饱和度为0时，图像为黑白灰色。明度是指颜色的亮度和暗度，当明度为255时最亮，为0时最暗。调整“色相 / 饱和度”可以改变图像显示效果。

扫描二维码查看彩图

使用“色相 / 饱和度”菜单命令对图像进行调整的方法：选择【图像】/【调整】/【色相 / 饱和度】菜单命令，打开“色相 / 饱和度”对话框，拖动相应滑块进行调整，如图 2.57 所示。调整“色相 / 饱和度”前后的效果如图 2.58 所示。

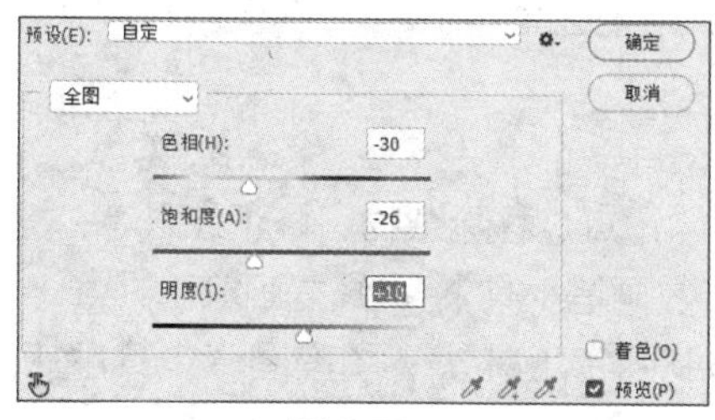

图 2.57

图 2.58

7. 色彩平衡

执行“色彩平衡”菜单命令可以对图像的颜色进行校正。使用“色彩平衡”菜单命令对图像进行调整的方法：选择【图像】/【调整】/【色彩平衡】菜单命令，打开“色彩平衡”对话框，色调平衡部分分为阴影、中间调和高光，选择不同的部分将对应图像中该部分所在区域；而在色彩平衡中，滑块对应的颜色为青色、洋红、黄色和红色、绿色、蓝色，如图2.59所示，拖动滑块可以使图像颜色发生变化。调整“色彩平衡”前后的效果如图2.60所示。

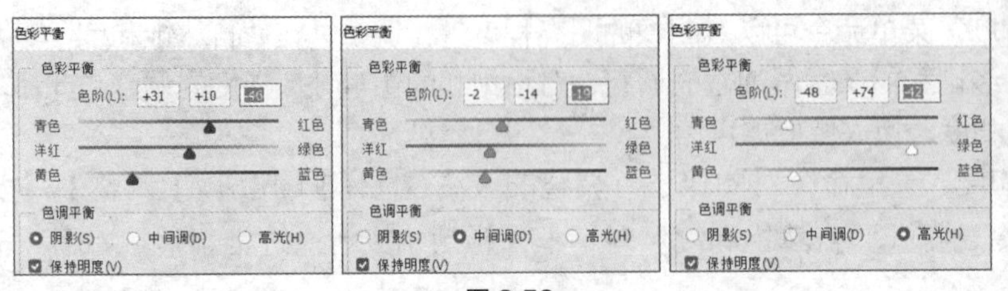

图2.59

图2.60

8．渐变映射

执行“渐变映射”菜单命令可以将图像的灰度范围映射到指定的渐变填充色中，颜色渐变条从左到右分别对应图像的暗部、中间调和高光。

使用“渐变映射”菜单命令对图像进行调整的方法：选择【图像】/【调整】/【渐变映射】菜单命令，打开“渐变映射”对话框，单击颜色渐变条打开“渐变编辑器”对话框，选择预设或自定义渐变条，如图2.61所示。调整“渐变映射”前后的效果如图2.62所示。

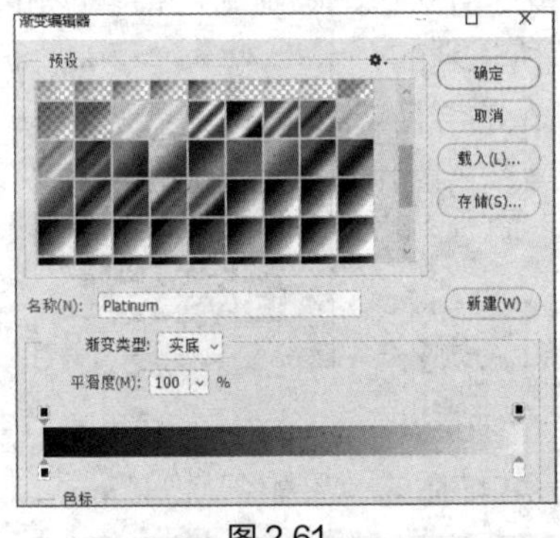

图2.61

图2.62

2.4.2 修复图像

在Photoshop中，使用图像修补工具可以修复图像中的污点、移除杂物、修正红眼等，提升图像画面的质感。工具箱中的图像修补工具包括污点修复画笔工具、修复画笔工具、修补工具、内容感知移动工具、红眼工具、仿制图章工具、图案图章工具和擦除工具组。

1．使用污点修复画笔工具修复图像

污点修复画笔工具是图像处理的常用工具，可以快速移除图像中的污点和不需要的部分。

使用污点修复画笔工具的方法：在图像中选择需要修复的位置，选择“污点修复画笔工具”，在工具属性栏中单击 右侧的下拉按钮，在打开的面板中调整画笔的大小、硬度和间距，然后单击“内容识别”按钮，如图 2.63 所示；在图像中需要修复的位置拖曳鼠标或单击即可修复图像。修复前后的对比效果如图 2.64 所示。

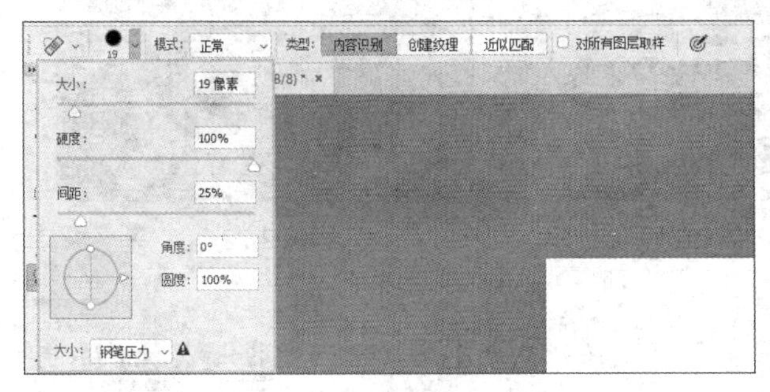

图 2.63

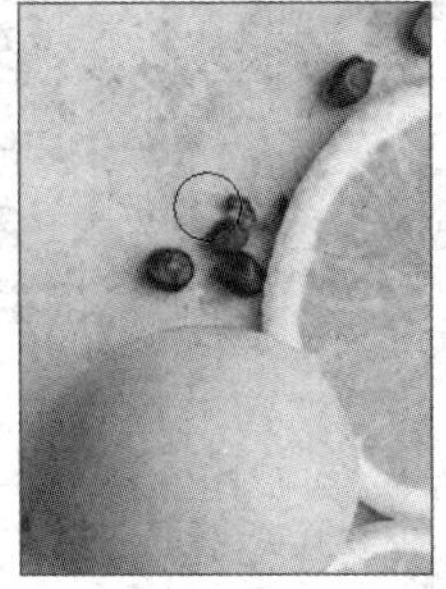
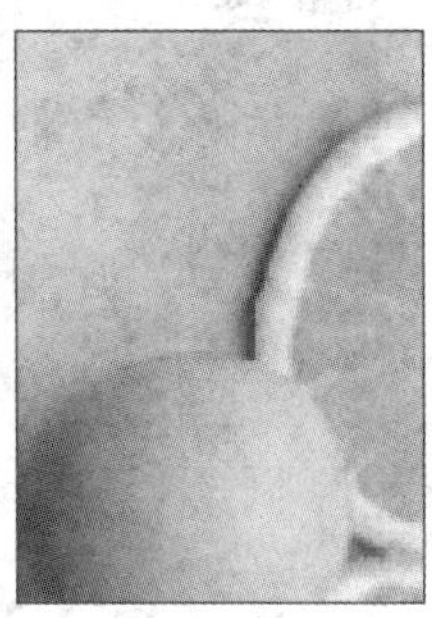

图 2.64

2．使用修复画笔工具修复图像

使用修复画笔工具需要先从源位置取样，然后单击或拖曳鼠标将源位置处的像素“复制”到目标位置，但修复画笔工具不会完全照搬源位置处的像素，而是会根据目标位置处的纹理、阴影、光等因素进行匹配。

使用修复画笔工具的方法：选择修复画笔工具，在工具属性栏中设置画笔大小并单击“取样”按钮，如图 2.65 所示；选择图像中需要修复的区域，按住【Alt】键，鼠标指针变为标靶状，然后在图像中相应的位置单击取样，如图 2.66 所示；松开【Alt】键，在需要修复的位置拖曳鼠标，如图 2.67 所示，画笔拖曳过的位置会按照取样位置进行修复，修复后的区域会与周围区域进行有机融合。完成后的效果如图 2.68 所示。

图 2.65

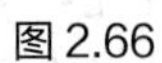

图 2.66

图 2.67

图 2.68

3．使用修补工具修复图像

与修复画笔工具一样，修补工具同样需要根据取样区域的图像来修复目标区域中的图像，并且取样区域的图像也会匹配目标区域中的纹理、阴影、光等因素。修补工具适用于处理图像中大面积的修补。

使用修补工具的方法：选择修补工具，在工具属性栏中单击“源”按钮，如图 2.69 所示；在图像窗口中拖曳鼠标选择需要修补的区域，如图 2.70 所示；将鼠标指针移至选区内，如图 2.71 所示；将该区域拖曳到附近完好的区域即可修复图像。完成后的效果如图 2.72 所示。

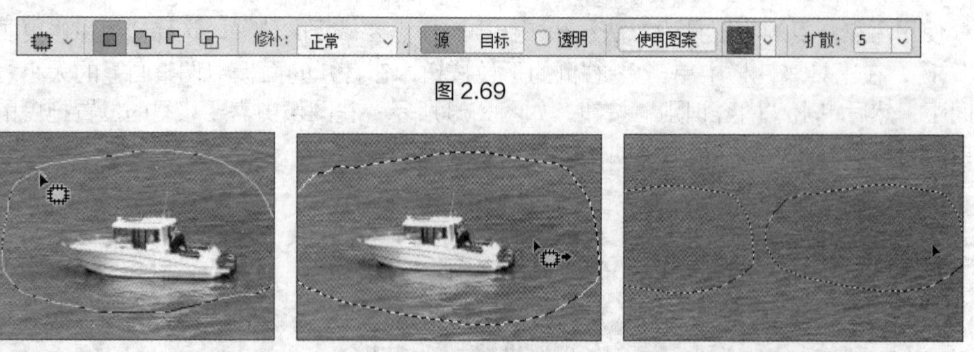

图2.69

图2.70　　图2.71　　图2.72

知识提示

此外，在工具属性栏中单击“目标”按钮，选中图像中完好的区域，然后将取样区域拖曳到需要进行修补处理的图像区域，也可以修复图像。

4．使用内容感知移动工具修复图像

在Photoshop中选择内容感知移动工具，将选中的对象移动或扩展到图像的其他区域后，可重组和混合对象，即将选中的对象复制到图像的其他位置，使其很好地和图像结合。

使用内容感知移动工具的方法：选择内容感知移动工具，在要移动的图像周围绘制选区，如图2.73所示；将该选区拖曳至目标位置，如图2.74所示；释放鼠标左键，软件自动开始计算。完成后的效果如图2.75所示。

图2.73

图2.74

图2.75

5．使用红眼工具修复图像

红眼工具可以置换图像中的特殊颜色，常用于处理使用闪光灯拍摄人像产生的红眼现象。

使用红眼工具的方法：选择红眼工具，将前景色设置为黑色，在工具属性栏中设置瞳孔的大小和变暗量，在图像上拖曳鼠标涂抹眼睛发红的部分，瞳孔颜色将恢复正常。

6．使用仿制图章工具修复图像

仿制图章工具可以将取样的图像应用到其他图像或同一图像的不同部分。仿制图章工具适用于处理图像的细节，如人像皮肤瑕疵处理，其修补原理是从周围相近的像素处取样，然后将其复制到瑕疵处覆盖瑕疵。

使用仿制图章工具的方法：选择仿制图章工具，按住【Alt】键，鼠标指针变为标靶状，如图2.76所示；单击要复制的区域，在需要复制的区域上来回拖曳鼠标，直至设定好样本；然后松开【Alt】键，再次单击并拖曳鼠标即可进行覆盖。完成后的效果如图2.77所示。

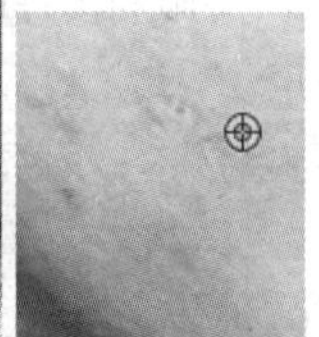
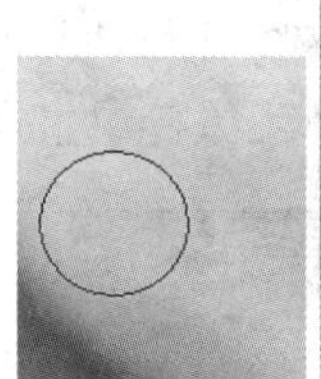
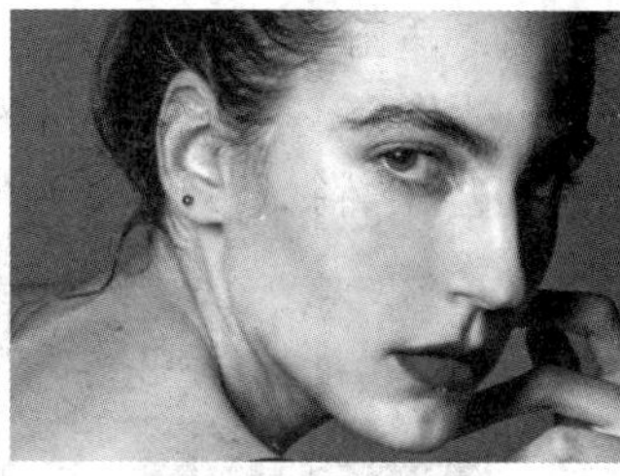

图 2.76　　图 2.77

知识提示

在仿制图章工具的工具属性栏中选中"对齐"复选框，保证以对齐的方式进行复制，这样即使复制的过程分几次进行，复制出的图像也是完整的，而不会相互覆盖。使用仿制图章工具不但能从当前图像中取样，还可以从其他图像中取样，将其他图像中的内容复制到当前图像中。

仿制图章工具不适用于调整图层。

7．使用图案图章工具修复图像

图案图章工具可以将特定的纹理涂抹到笔触覆盖区域，适用于修复图像中有规律且重复的图案。

使用图案图章工具的方法：选择图案图章工具，在工具属性栏中单击图案下拉按钮，在打开的列表框中选择需要的图案选项，如图 2.78 所示；然后在图像中需要修复的区域内拖曳鼠标进行绘制即可。修复前后的对比效果如图 2.79 所示。

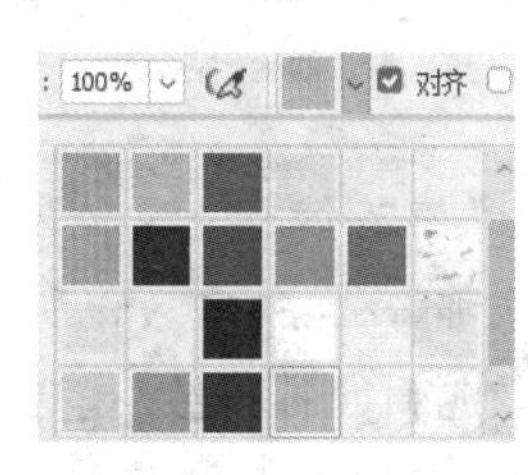

图 2.78

图 2.79

8．使用擦除工具组修复图像

擦除工具组用来擦除图像颜色，也就是在擦除的位置上填充背景色。擦除工具组包括橡皮擦工具、背景橡皮擦工具、魔术橡皮擦工具。

（1）橡皮擦工具

橡皮擦工具可以将擦除的像素改为透明或背景色。如果图像所在的图层是背景图层或锁定透明度的图层，则擦除的像素将改为背景色，反之则改为透明，如图 2.80 所示。

使用橡皮擦工具的方法：选择橡皮擦工具，在工具属性栏中设置大小、硬度和笔刷模式，在"模式"下拉列表中选择画笔模式，设置不透明度和流量，当不透明度为 100%时像素将被完全擦除，当不透明度低于 100%时像素将被部分擦除，用橡皮擦笔刷轻轻涂抹图像中需要擦除的部分即可。

（2）背景橡皮擦工具

背景橡皮擦工具具有自动识别图像中物体边缘的功能，可以将指定范围内的图像像素擦除为透明，适用于主体物边缘清晰且对比度高的图像。背景橡皮擦工具可以擦除图层上所有相近颜色的像素，其特点是在擦除物体边缘时，只要鼠标指针中心点在图像的背景上，就只会对背景进行擦除，处理的颜色由鼠标单击点决定。

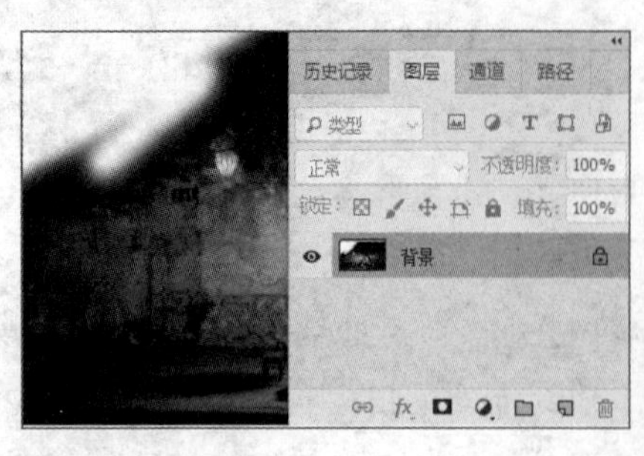

图 2.80

使用背景橡皮擦工具的方法：选择背景橡皮擦工具，在工具属性栏中进行设置，在需要擦除的颜色处单击，再拖曳鼠标即可对单击处颜色相近的像素进行擦除，如图 2.81 所示。

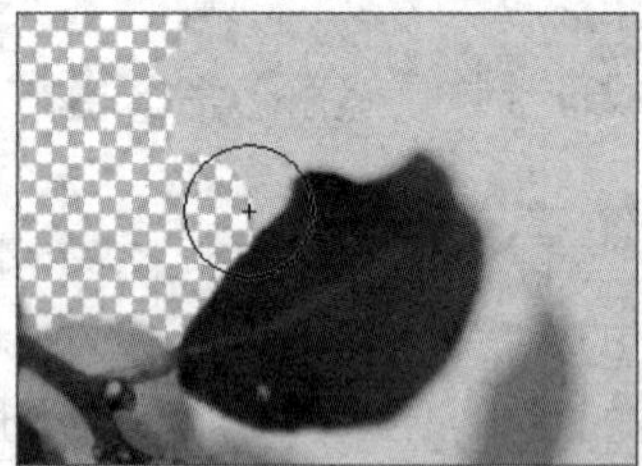
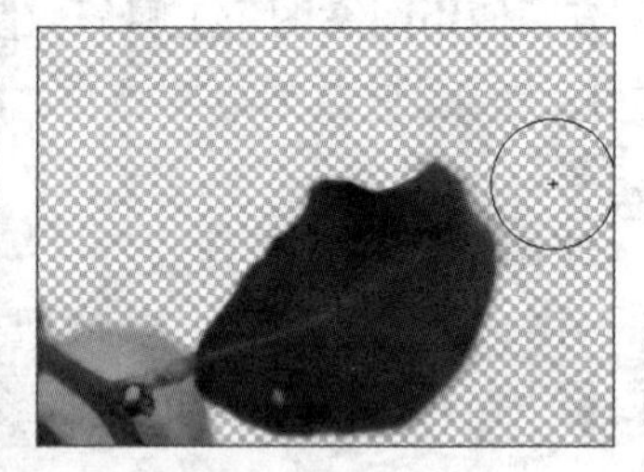

图 2.81

知识提示　背景橡皮擦工具的工具属性栏中的选取方式有连续、一次和背景色板。连续是指拖曳鼠标时，鼠标指针在图像中经过的区域都将被擦除；一次是指以在图像上第一次单击的颜色为准，只擦除和第一次单击颜色相近的颜色；背景色板是指只擦除图像中与背景色相同的颜色。

限制方式分为不连续、连续和查找边缘。不连续是指擦除图像中不连续的颜色区域；连续是指擦除图像中连续的颜色区域；查找边缘是指在对图像进行擦除时保持图像主体物的边缘轮廓清晰。

（3）魔术橡皮擦工具

魔术橡皮擦工具可以擦除图层上所有相近颜色的像素，其特点是处理的颜色由鼠标单击点决定。

使用魔术橡皮擦工具的方法：选择魔术橡皮擦工具，在工具属性栏中设置“容差”的数值，数值越小表示擦除的颜色离采样颜色越接近，数值越大，擦除的范围越宽；单击选中“连续”复选框，则只擦除采样颜色周围连续的区域，否则擦除选区内所有满足采样颜色的区域；单击图像中需要擦除的区域即可完成擦除。擦除前后的对比效果如图 2.82 所示。

图 2.82

2.4.3 修改图像尺寸

修改图像尺寸是通过重新定义与变形来操作的，主要包括改变图像尺寸、改变画布尺寸和裁剪图像改变尺寸。

1. 改变图像尺寸

改变图像尺寸主要包括 3 种情况，第一种是在图像内容不变的情况下改变图像的尺寸，第二种是改变画布的尺寸，第三种是通过裁剪图像的内容来改变图像的尺寸。执行“图像大小”菜单命令（较平滑）（扩大），可以在不修改图像内容的情况下改变图像尺寸。

改变图像尺寸的方法：选择【图像】/【图像大小】菜单命令，打开“图像大小”对话框，单击“限制长宽比”按钮，使图像的高度与宽度按比例发生变化；单击选中“重新采样”复选框，然后选择“两次立方（较平滑）（扩大）”选项；设置宽度或高度的像素大小，宽度或高度将自动按比例调整，如图 2.83 所示，单击 确定 按钮确认设置即可。

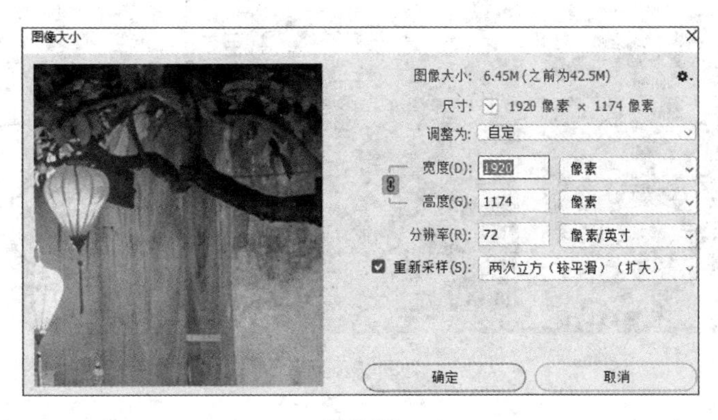

图 2.83

2. 改变画布尺寸

执行“画布大小”菜单命令可以通过改变画布区域来修改图像尺寸，该方法可以在不修改图像内容的情况下改变画布尺寸。

改变画布尺寸的方法：选择【图像】/【画布大小】菜单命令，打开“画布大小”对话框，在“新建大小”的“宽度”和“高度”数值框中输入不小于当前大小的宽度和高度数值，并且在“定位”中单击任意方格，确定当前图像在新画布上的位置，单击 确定 按钮确认设置即可，如图 2.84 所示。

> **知识提示**
> 当新画布的尺寸大于当前图像尺寸时，将在原图像外生成一个以背景色填充的空白外框。当新画布的尺寸小于当前图像尺寸时，其效果就是裁剪图像。

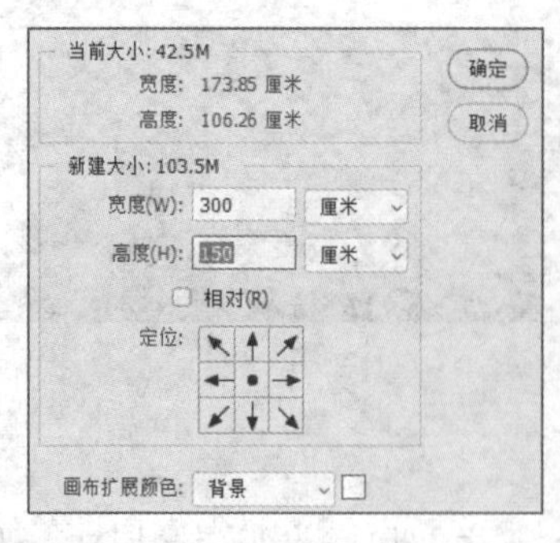

图2.84

3．裁剪图像改变尺寸

在Photoshop中使用裁剪工具，可以裁剪或扩展图像边缘，以改变图像的尺寸。在进行裁剪时，还可以旋转图像或重新设置图像的大小。

使用裁剪工具改变图像尺寸的方法：选择裁剪工具，此时图像周围出现8个控制点，将鼠标指针置于裁剪框的控制点上，当鼠标指针变为双向箭头时，可以拖曳这些控制点改变图像的尺寸，如图2.85所示；当鼠标指针移至选择区域外时，鼠标指针将变为弧形，拖曳鼠标即可旋转裁剪，如图2.86所示；按【Enter】键或在工具箱中单击除裁剪工具以外的任意位置，即可完成图像的裁剪。完成后的效果如图2.87所示。

图2.85

图2.86

图2.87

2.4.4 变换图像

在处理图像的过程中经常需要对图像进行变换操作，如旋转、透视等，使图像符合制作要求。变换图像主要包括变形图像和操控变形图像两种方式。

1．变形图像

变形图像可以通过缩放、旋转、斜切、扭曲、对称、透视、变形、旋转180度或旋转90度，以及水平翻转或垂直翻转进行操作，下面对变形图像的菜单命令进行讲解。

- **缩放**：选择【编辑】/【变换】/【缩放】菜单命令调出控制点，拖曳控制点即可调整图像的尺寸，如图2.88所示。
- **旋转**：选择【编辑】/【变换】/【旋转】菜单命令，鼠标指针变为旋转的弧形，拖曳鼠标可使选择框围绕旋转中心旋转，如图2.89所示；用鼠标移动旋转中心，可以调整旋转中心的位置。
- **斜切**：选择【编辑】/【变换】/【斜切】菜单命令，拖曳中心控制点，可使图像进行斜切变形，如图2.90所示。

图 2.88

图 2.89

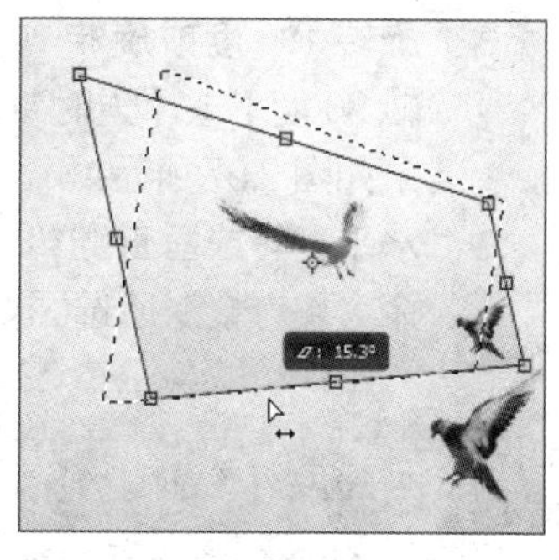

图 2.90

- **扭曲**：选择【编辑】/【变换】/【扭曲】菜单命令，拖曳 4 个角上的控制点，可以使图像进行任意变形，如图 2.91 所示。
- **对称**：选择【编辑】/【变换】/【对称】菜单命令，在按住【Alt】键的同时拖曳控制点，可以使图像进行对称变形，如图 2.92 所示。
- **透视**：选择【编辑】/【变换】/【透视】菜单命令并拖曳 4 个角上的控制点，可使图像进行透视变形，如图 2.93 所示。

图 2.91

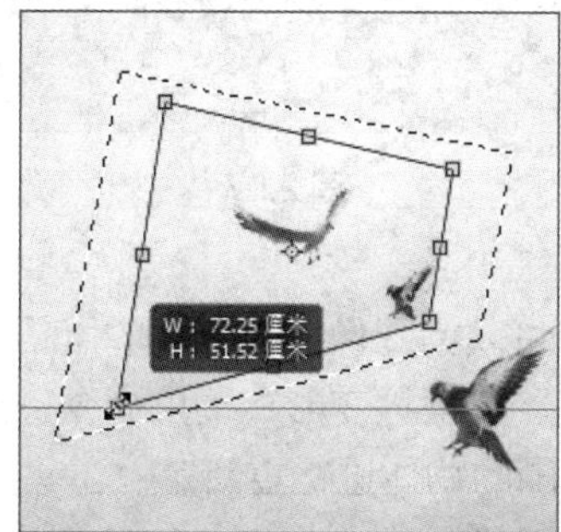

图 2.92

图 2.93

- **变形**：选择【编辑】/【变换】/【变形】菜单命令，图像上将出现控制点，拖曳控制点可以变换图像的形状或路径等，如图 2.94 所示；在变换形状的选区中拖曳控制点、外框或网格中的一条线段或网格内的某个区域，通过调整曲线可以达到变形效果，如图 2.95 所示，按【Enter】键完成变形操作。除了自定义变形外，还可以在工具属性栏中的“变形”下拉列表框中选择任意一种变形形状进行变形，如图 2.96 所示。

图 2.94

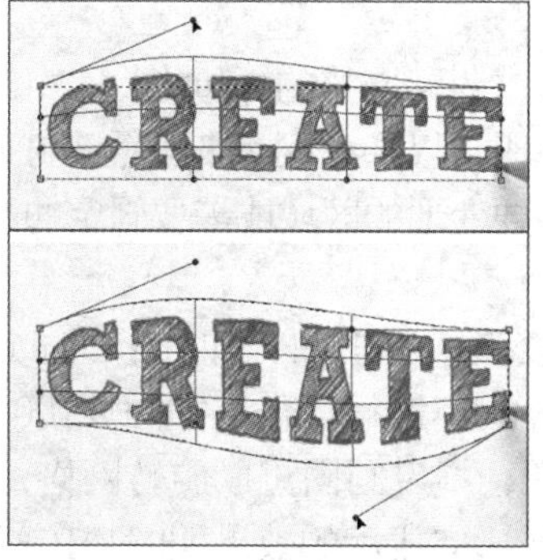

图 2.95

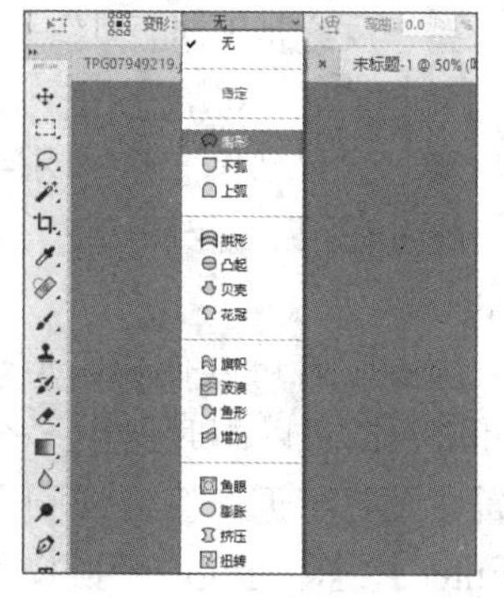

图 2.96

- **旋转180度或旋转90度**：选择【编辑】/【变换】/【旋转180度】或【顺时针旋转90度】或【逆时针旋转90度】菜单命令，可直接对所选图像进行旋转操作，结果如图2.97所示。
- **水平翻转或垂直翻转**：选择【编辑】/【变换】/【水平翻转】或【垂直翻转】菜单命令可直接对所选图像进行对称翻转操作。

知识提示

选择【编辑】/【变换】菜单命令只会旋转对象，而选择【图像】/【旋转画布】菜单命令会将画布和对象一起旋转。

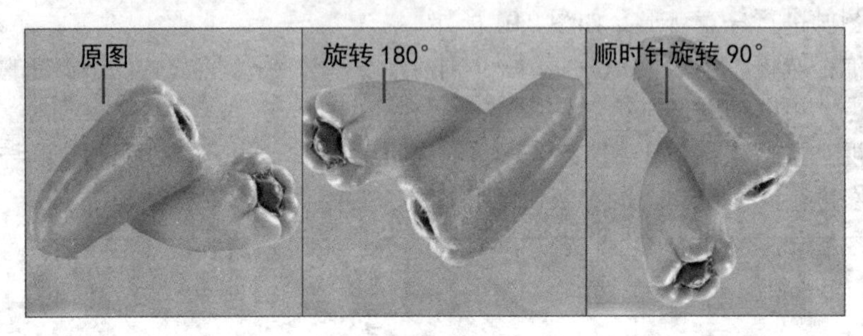

图2.97

2．操控变形图像

执行“操控变形”菜单命令可以为图像提供可视的网格，在网格上添加图钉可以对其进行扭曲并保持图钉外的区域不变。“操控变形”菜单命令适用于处理图像中小范围的物体，并对其进行细致的修饰或对大范围的物体进行重新定位。

使用“操控变形”菜单命令变换图像的方法：在图像中选择需要变形的区域，选择【编辑】/【操控变形】菜单命令即可，其工具属性栏如图2.98所示。

模式：正常 | 浓度：正常 | 扩展：2像素 | 显示网格 | 图钉深度：

图2.98

在工具属性栏中可以看到模式、浓度、扩展和显示网格等，下面分别进行介绍。

- **模式**：模式包含刚性、正常和扭曲，模式不同，网格弹性也就不同。
- **浓度**：浓度是指网格中点与点之间的间距，网格中的点越多，网格的精度也越高，反之精度越低。
- **扩展**：扩展是指扩展或收缩网格的外边缘。
- **显示网格**：显示网格时可以通过网格来放置图钉，取消显示网格则只会显示图钉。

此时在图像窗口中单击需要变形的区域或需要固定的区域，即可为其添加图钉，如图2.99所示。

拖曳图钉可以使该区域变形，单击图钉并按【Delete】键可以移除不需要的图钉，按【Shift】键可以同时选中多个图钉进行操作，如图2.100所示。按【Alt】键并将鼠标指针放置在图钉附近，会出现圆圈，拖曳圆圈可以旋转网格，如图2.101所示。变换完成后按【Enter】键即可完成变换操作，完成后的效果如图2.102所示。

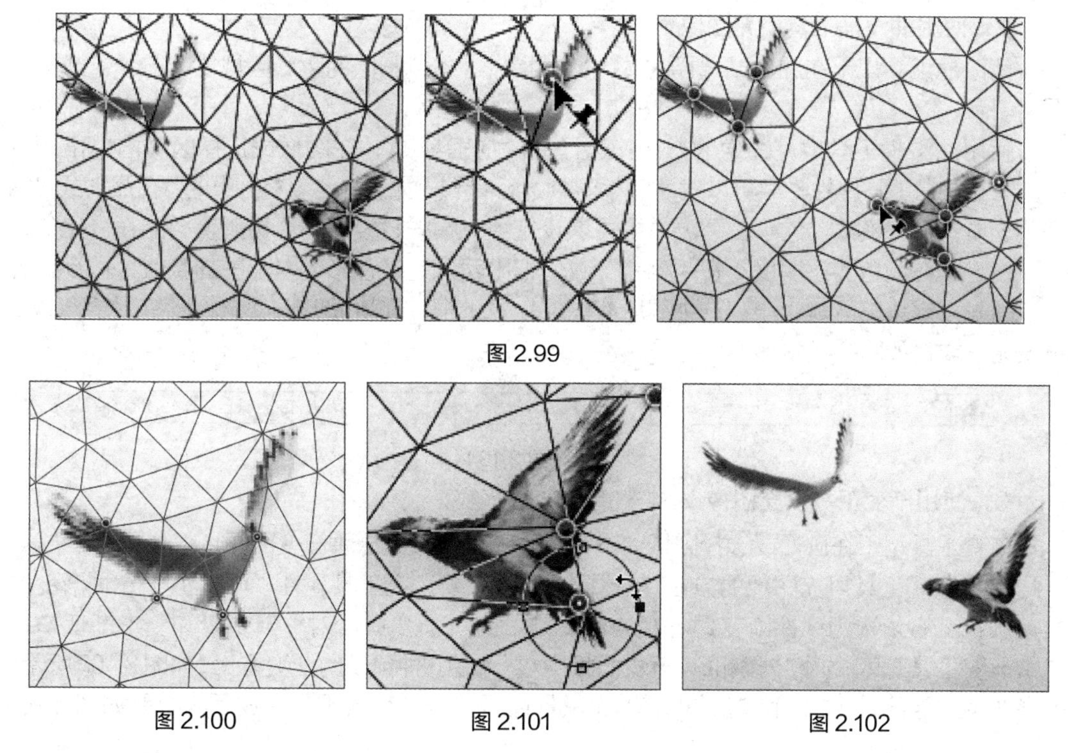

图 2.99

图 2.100　　图 2.101　　图 2.102

2.4.5 填充图像

填充是指填充图像中所选的区域，适用于使用大面积颜色或图案的图像。使用“填充”菜单命令、油漆桶工具和渐变工具均可进行填充图像的操作。

1. 使用“填充”菜单命令填充图像

在 Photoshop 中选择【编辑】/【填充】菜单命令，打开“填充”对话框，如图 2.103 所示。在“填充”对话框中可以为当前图层或选区设置填充内容、选项、模式、不透明度和保存透明区域，美化图像的视觉效果。

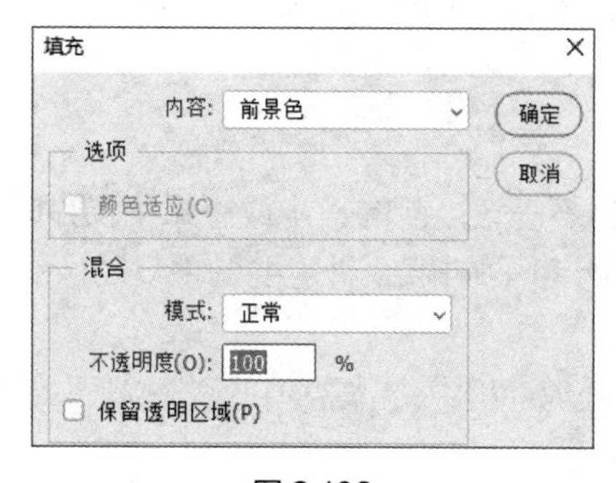

图 2.103

知识提示　按【Alt+Delete】组合键使用前景色填充；按【Alt+Shift+Delete】组合键使用前景色对有图像的内容进行填充。

按【Ctrl+Delete】组合键使用背景色填充；按【Ctrl+Shift+Delete】组合键使用背景色对有图像的内容进行填充。

2．使用油漆桶工具填充图像

油漆桶工具用于在图像或选择区域内，对指定容差范围内的色彩区域填充前景色或指定图案。

使用油漆桶工具填充图像的方法：选择油漆桶工具，在图像或选择区域内单击即可完成填充。在工具属性栏中可以对油漆桶工具进行设置，如选择“填充”中的“前景”或“图案”选项；在“模式”的下拉列表框中可以设定填充模式；设置“不透明度”的百分比值，可以设定填充颜色的透明度；在“容差”数值框中输入定义色彩容差范围的数值，可设置容差范围来设定填充区域大小；选中“所有图层”复选框，在填充时，就像将所有图层合并后再填充一样，如图2.104所示。

前景 模式：正常 不透明度：100% 容差：32 消除锯齿 连续的 所有图层

图2.104

3．使用渐变工具填充图像

渐变工具用于在画面或选择区域内进行色阶着色，形成一种渐变的颜色效果。

使用渐变工具填充图像的方法：选择渐变工具，在工具属性栏中提供了5种渐变方式，从左至右依次为线性渐变、径向渐变、角度渐变、对称渐变和菱形渐变，单击渐变工具旁的下拉按钮，渐变面板中显示了16种预设的渐变方案，如图2.105所示。选择图案或选区，单击确定起始点后拖曳鼠标即可生成渐变效果，完成后的效果如图2.106所示。

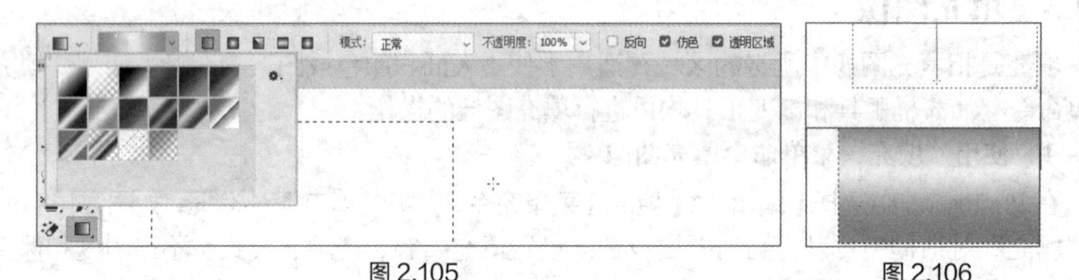

图2.105　图2.106

另外，若选中“反向”复选框，则渐变效果会反向显示；若选中“仿色”复选框，则会使用递色法来增加中间色调，使渐变效果更平缓。

2.4.6　恢复图像

在绘画或编辑过程中，当不满意当前的一步或一系列操作时，可以通过恢复到前一步，甚至前几步的操作来恢复图像，下面讲解3种主要的恢复图像的方法。

1．取消操作

在Photoshop中进行图像处理过程中，若需要中断当前尚未完成的操作，则可以按【Esc】键。

2．使用“还原”菜单命令

Photoshop软件提供了还原功能，出现误操作时，选择【编辑】/【还原】菜单命令，或按【Ctrl+Z】组合键可还原在文档中执行的多个操作步骤。如果选择了【编辑】/【清理】/【全部】菜单命令，则不能使用恢复功能。

3．使用“历史记录”面板

“历史记录”面板是一个非常有用的工具，它可以记录对图像进行操作的过程，这些过程通过所使用的工具和命令名在“历史记录”面板中列出。当用户想取消以前的操作时，单击“历史记录”面板列出的某动作，就可以取消这个动作以后的操作，如图 2.107 所示。

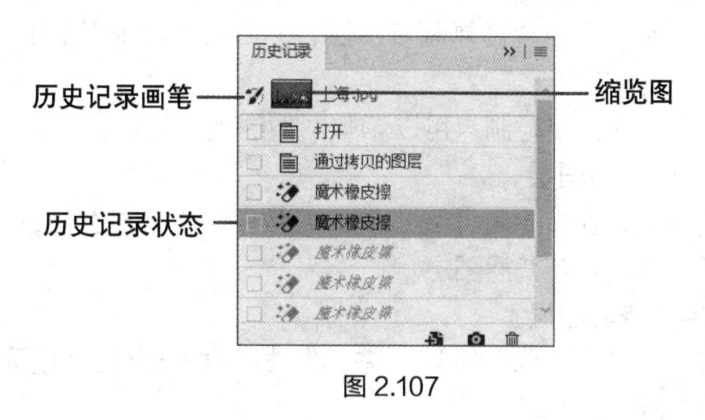

图 2.107

知识提示　选择【窗口】/【历史记录】菜单命令即可打开“历史记录”面板。默认情况下，“历史记录”面板会列出前 20 个状态，选择【编辑】/【首选项】/【性能】菜单命令，可在打开的“首选项”对话框中设置“历史记录”面板记录的状态数。关闭或重新打开图像后，“历史记录”面板将清除上一个工作会话里的所有状态。

2.5　图层与通道的应用

图层在 Photoshop 中的运用十分广泛，对图像的编辑基本上都是在不同的图层中完成的。通道在 Photoshop 中可以建立选区、表示不透明度和颜色信息，是存储色彩、选区和颜色信息的容器。下面介绍图层和通道的应用。

2.5.1　常用类型图层的创建

在 Photoshop 中，可根据需要创建多种类型的图层，如普通图层、调整图层、填充图层、文字图层、形状图层等。

1．创建普通图层

普通图层的默认背景颜色是透明的，在普通图层上绘制图像时可以通过普通图层的透明区域看到下面图层的内容。在 Photoshop 中创建普通图层是经常进行的操作，对于复杂的图像，创建多个普通图层可以对图像中的各种内容进行归类整理，方便后期调整。创建普通图层的方法主要有以下 4 种。

（1）通过“图层”面板创建图层

通过“图层”面板创建图层是创建图层的常见操作，其方法是在“图层”面板中单击“新建图层”按钮，系统将使用默认的设置创建新图层，并赋予新图层“图层 1”“图层 2”“图层 3”等名称。双击图层名称可以对图层名称进行更改。

知识提示

选择【图层】/【新建】/【图层】菜单命令，在打开的对话框中设置新图层的名称、模式、不透明度等也可创建普通图层。

（2）通过粘贴创建普通图层

在Photoshop中通过粘贴创建图层可以节省操作时间，提高工作效率，其方法是选择需要复制的图层，按【Ctrl+C】组合键复制该图层，然后按【Ctrl+V】组合键粘贴该图层，创建一个新图层。

按【Ctrl+T】组合键并拖曳控制点可以调整图像的大小与位置。

（3）通过拖曳创建普通图层

选择需要复制的图层，在按【Alt】键的同时长按鼠标左键对图层进行拖曳，被拖曳的图层会复制原图层内容并生成一个普通图层。

（4）将选区转换为普通图层

要将图像中的某一部分作为新的图层，需要先选择这一部分，再通过“图层”菜单项进行操作，其方法主要有两种。

- 选择【图层】/【新建】/【通过拷贝的图层】菜单命令，直接将所选的图像创建为新图层。
- 选择【图层】/【图层】/【通过剪切的图层】菜单命令，所选图像将从背景图层中被剪切出来，成为一个新图层。

2．创建调整图层

通过调整图层可以对图像的颜色和色调进行调整，利用色阶和色彩平衡等命令制作的效果可单独放在调整图层中，调整图层像一层透明膜一样，下面的图像会透过它显示出来，而原图并未真正改变。后续只需简单地打开或关闭调整图层，即可对图像施加或撤销某一种或多种调整效果。

下面对“故宫.jpg”素材文件的颜色进行调整，其具体操作如下。

STEP 1 在Photoshop CC 2018中打开素材文件（配套资源:\素材文件\第2章\故宫.jpg），如图2.108所示。

STEP 2 选择【图层】/【新建调整图层】/【曲线】菜单命令，在打开的对话框中保持默认设置，单击确定按钮，系统将打开“属性”面板，在其中进行适当设置，如图2.109所示。

STEP 3 完成后的图像效果（配套资源:\效果文件\第2章\故宫.psd）如图2.110所示，此时“图层”面板如图2.111所示。

图2.108

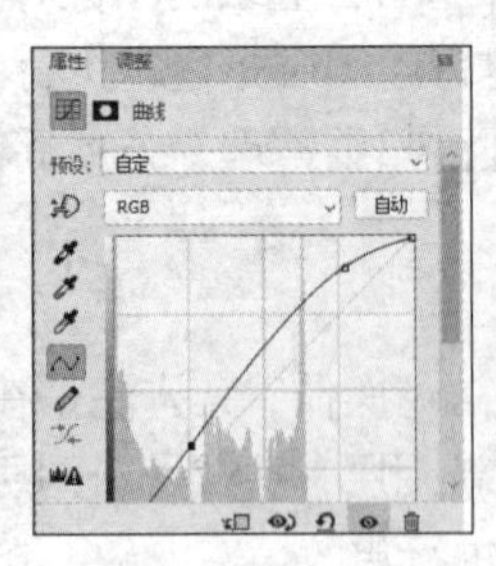

图2.109

图2.110

图2.111

STEP 4 单击“曲线”图层左侧的眼睛图标，可使调整效果不可见。如果不满意调整后的效果，则在选择该调整图层后，在“属性”面板中重新进行设置。

3．创建填充图层

填充图层是Photoshop中的一种带蒙版的图层，填充图层有3种：纯色、渐变和图案。

填充图层的功能主要有：随时更换其中的内容、可转换为调整图层、通过编辑蒙版制作融合效果。

下面在“冰淇凌.jpg”素材文件中创建渐变填充图层以美化其视觉效果，其具体操作如下。

STEP 1 在Photoshop CC 2018中打开“冰淇凌.jpg”素材文件（配套资源:\素材文件\第2章\冰淇凌.jpg），如图2.112所示。

STEP 2 选择【图层】/【新建填充图层】/【渐变】菜单命令，在打开的对话框中设置模式为“柔光”，如图2.113所示，单击确定按钮。

STEP 3 打开“渐变填充”对话框，在“渐变填充”对话框中选择“浅色谱”并设置渐变参数，如图2.114所示。

STEP 4 单击确定按钮，再单击“图层”面板中的蒙版图层，此时图像效果如图2.115所示（配套资源:\效果文件\第2章\冰淇凌.psd），“图层”面板如图2.116所示。

图2.112

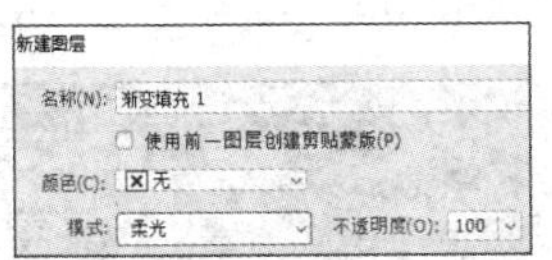

图2.113

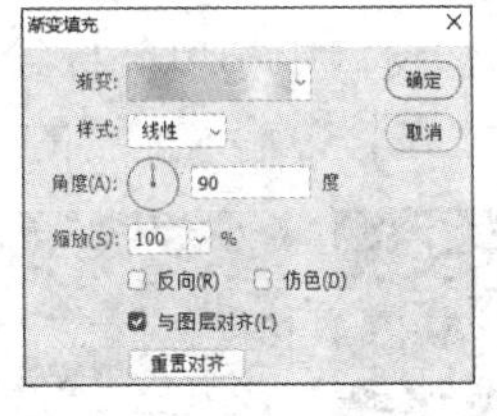

图2.114

图2.115

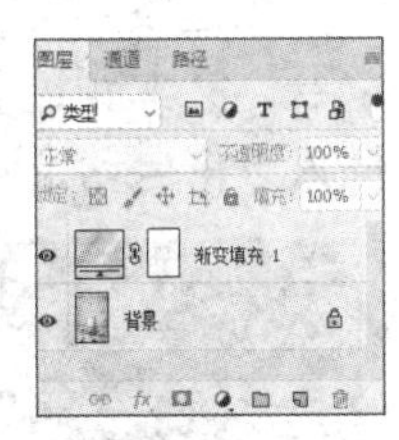

图2.116

知识提示　如果希望编辑填充图层，则选择【图层】/【图层内容选项】菜单命令，或双击“图层”面板中的填充图层的缩略图，再次打开“渐变填充”对话框，在对话框中重新进行设置即可。

4．创建文字图层

在Photoshop中可以通过文字图层添加或编辑文本内容，并对该文字图层应用图层命令，丰富图像效果。创建文字图层的3种方法是创建点文字、创建段落文字和创建路径文字。

（1）创建点文字

创建点文字时，每一行文字会随着文本内容的长短来改变行的长度，且不会自动换行。

创建点文字的方法：在图像中新建图层，选择文字工具，如直排文字工具IT，在工具属性栏中设置字体、字号、文本颜色等属性，如图2.117所示；单击图像定位插入点，如图2.118所示；输入文本，插入点中的线条标记是文字的基线，即文字的中心轴，如图2.119所示；在工具属性栏中单击✓按钮完成输入，选择移动工具✥对文字位置进行调整，完成后的效果如图2.120所示。

图2.117

知识提示　将文本图层转换为普通图层后，可以像处理其他普通图层一样处理该图层，但是文本图层一旦转换为了普通图层，用户将无法再将转换后的普通图层转换为文本图层进行文本编辑。在输入文本时，按【Enter】键可以进行换行操作。

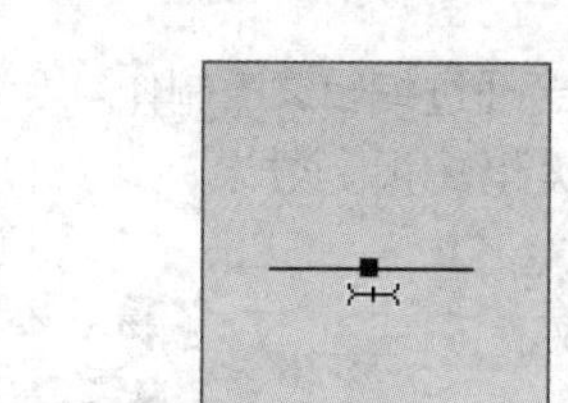

图 2.118　　图 2.119　　图 2.120

（2）创建段落文字

创建段落文字后可以对文本框的大小进行调整，输入的文字将在文本框内重新排列，方便快速处理大量的文字。

创建段落文字的方法：选择文字工具，如直排文字工具 ，在工具属性栏中设置字体、字号、文本颜色等属性后，在图像窗口中拖曳鼠标绘制一个文本框，如图 2.121 所示。文本插入点将自动定位到该文本框中，在其中输入需要的文字即可，如图 2.122 所示。

图 2.121　　图 2.122

（3）创建路径文字

路径文字可以沿着钢笔工具或形状工具创建的路径排列。创建路径文字需要先创建路径，再沿着路径输入文本，其具体操作如下。

STEP 1 在 Photoshop CC 2018 中打开“柠檬.jpg”素材文件（配套资源:\素材文件\第2章\柠檬.jpg）。

STEP 2 使用“钢笔工具” 绘制一条路径，如图 2.123 所示。单击工具箱中的“横排文字工具” ，设置字号为“90点”，文本颜色为“#ffffff”。在路径起始位置单击插入指示符，如图 2.124 所示。

STEP 3 输入文本“lemon·lemon·lemon”，其效果如图 2.125 所示（配套资源:\效果文件\第2章\柠檬.psd）。

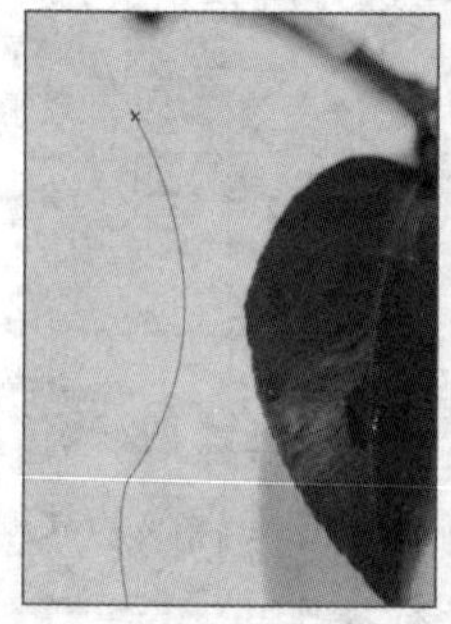

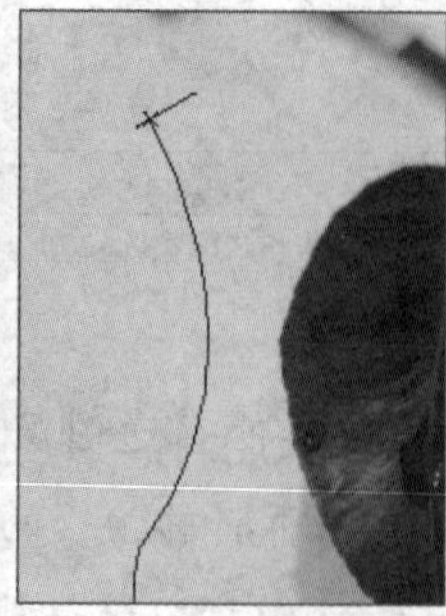

图 2.123　　图 2.124　　图 2.125

知识提示　　移动文字路径时，可以选择“直接选择工具” 或“移动工具” ，然后将路径拖动到新的位置。当移动路径或者更改路径形状时，路径上的文字也会随着路径的变化而变化。

5．创建形状图层

Photoshop 允许用户使用系统提供的形状工具来制作向量图形。将鼠标指针定位到工具箱中的矩形工具组上，长按鼠标左键可看到不同的形状工具，如矩形工具、圆角矩形工具、椭圆工具、多边形工具、直线工具、自定形状工具，如图 2.126 所示。

（1）矩形工具

矩形工具可用于绘制矩形或正方形。选择矩形工具，在图像窗口中拖曳鼠标即可绘制矩形，在拖曳鼠标的过程中按住【Shift】键可以绘制正方形，如图 2.127 所示。在矩形工具的工具属性栏中还可单击“设置其他形状和路径选项”按钮，在打开的下拉列表中对矩形的粗细、颜色、比例等进行设置，如图 2.128 所示。

图 2.126

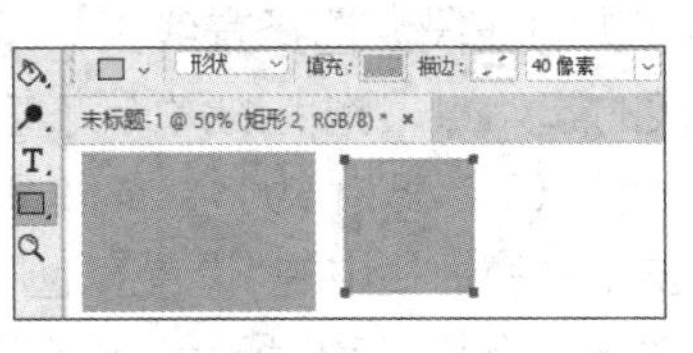

图 2.127

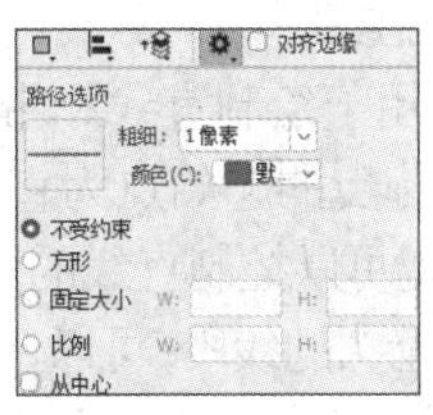

图 2.128

- **路径选项**：在路径选项中可对路径粗细和路径颜色进行设置。
- **不受约束**：拖曳鼠标可绘制任意大小的矩形。
- **方形**：拖曳鼠标可绘制正方形。
- **固定大小**：选中该单选项，在宽度和高度数值框内输入数值，如图 2.129 所示，在图像窗口中按住鼠标左键并拖曳鼠标可绘制矩形框，松开鼠标左键即可绘制矩形，如图 2.130 所示。
- **比例**：选中该单选项，在宽度和高度数值框中输入整数，得出比例。
- **从中心**：选中该单选项，拖曳鼠标可绘制以拖曳起点为中心的矩形。

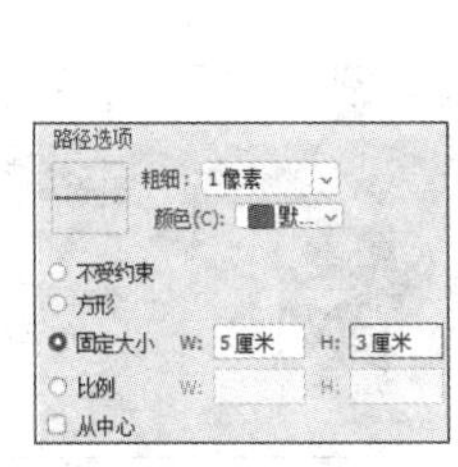

图 2.129

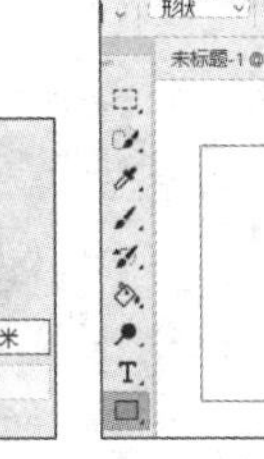
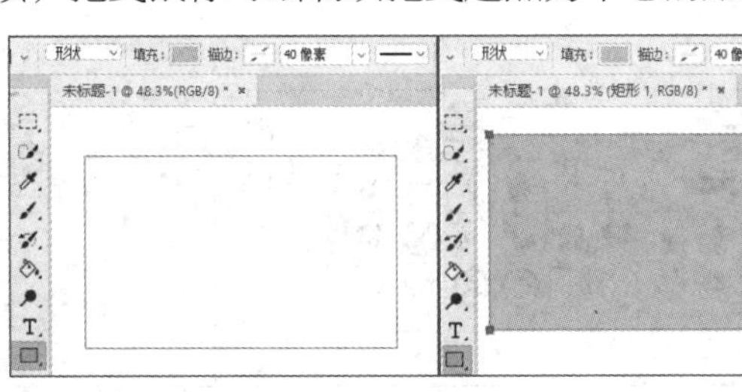

图 2.130

（2）圆角矩形工具

圆角矩形工具用于绘制带圆角效果的矩形。选择圆角矩形工具，在图像窗口中拖曳鼠标即可绘制圆角矩形。在工具属性栏中的“半径”数值框中输入数值可以调整圆角半径。

（3）椭圆工具

椭圆工具用于绘制椭圆和正圆。选择椭圆工具，在图像窗口中拖曳鼠标即可绘制椭圆，在拖曳鼠标的过程中按住【Shift】键可以绘制正圆。

（4）多边形工具

多边形工具用于绘制正多边形和星形。选择多边形工具 ，在图像窗口中拖曳鼠标即可绘制多边形，如图 2.131 所示。

在工具属性栏中单击“设置其他形状和路径选项”按钮 ，打开“路径选项”对话框，选中“星形”复选框，可绘制星形，如图 2.132 所示；选中“平滑拐角”复选框，可用圆角代替尖角，如图 2.133 所示。在工具属性栏中的“边”数值框中设置多边形的边数，如图 2.134 所示。

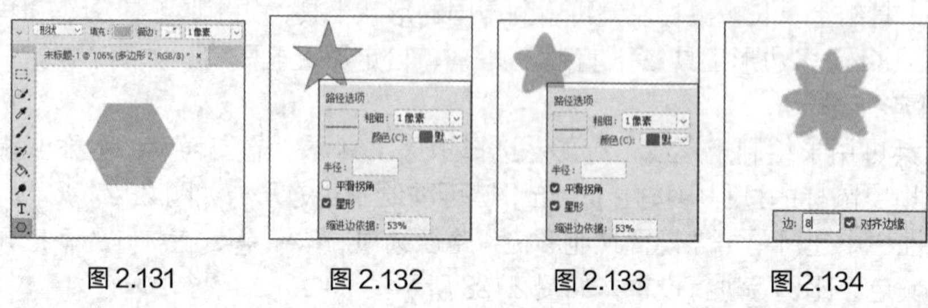

图 2.131　　图 2.132　　图 2.133　　图 2.134

（5）直线工具

直线工具用于绘制直线和带箭头的线段。选择直线工具 ，在图像窗口中拖曳鼠标即可绘制直线，拖曳的起始点为直线的起始点，拖曳的终点为直线的终点，如图 2.135 所示。按住【Shift】键可以控制直线的角度为 0°、45° 和 90°，如图 2.136 所示。

要绘制带箭头的线段，可以单击工具属性栏中的“设置其他形状和路径选项”按钮，选中“箭头”栏下的“起点”或“终点”复选框，如图 2.137 所示，可在图像窗口中绘制带箭头的线段。

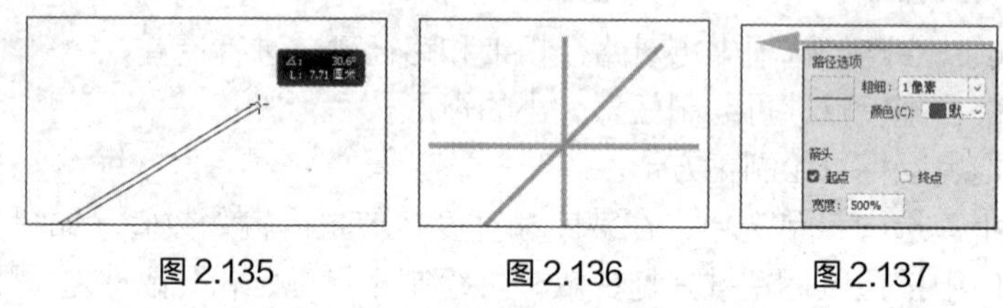

图 2.135　　图 2.136　　图 2.137

（6）自定形状工具

自定形状工具用于绘制多种形状。选择自定形状工具 ，在工具属性栏中单击“形状”下拉按钮，如图 2.138 所示。选择需要的形状，在图像窗口中拖曳鼠标可绘制相应的形状，如图 2.139 所示。

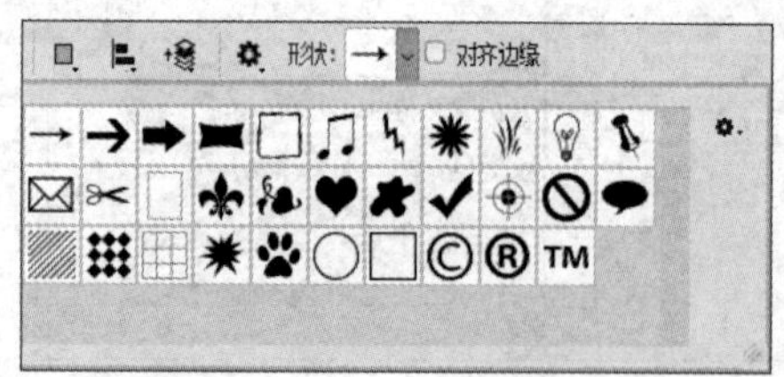

图 2.138

图 2.139

下面使用矩形工具组内的工具来制作名片，其具体操作如下。

STEP 1　按【Ctrl+N】组合键打开“新建文档”对话框，设置名称为“名片”，宽度为“92”，高度为“56”，分辨率为“300”，颜色模式为“CMYK 颜色”，如图 2.140 所示。单击 按钮新建文档。

微课视频
制作名片

STEP 2 选择“矩形工具”，在工具属性栏中选择“形状”选项，设置填充颜色为“#0068b7”，在图像窗口中拖曳鼠标绘制矩形，在按住【Alt】键的同时拖曳鼠标可以对矩形进行复制，按【Ctrl+T】组合键可调整矩形大小，如图 2.141 所示。

STEP 3 按【Ctrl+Shift+N】组合键新建图层，选择“圆角矩形工具”，在工具属性栏中设置无填充颜色，描边颜色为“#0068b7”，描边宽度为“2 像素”，半径为“10 像素”。按【Shift】键在画布中拖曳鼠标绘制圆角正方形，将“二维码”素材文件（配套资源 :\ 素材文件 \ 第 2 章 \ 二维码 .jpg）拖入其中并调整大小，如图 2.142 所示。

STEP 4 在“图层”面板中单击“新建图层”按钮，新建图层，选择“圆角矩形工具”，绘制圆角矩形并按住【Alt】键进行拖曳，复制 2 个矩形，如图 2.143 所示。

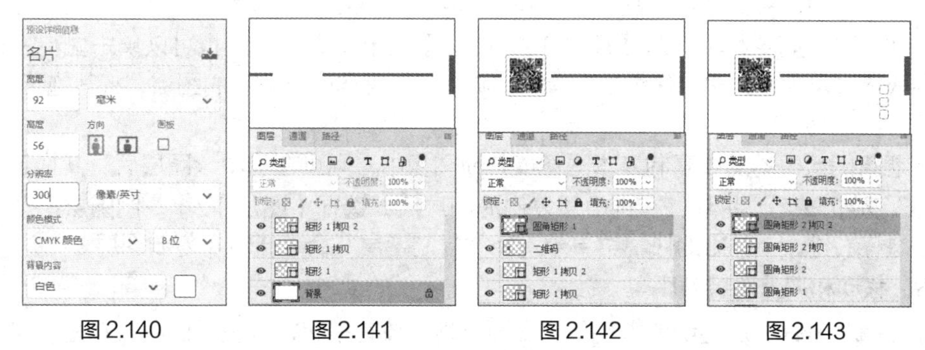

图 2.140　　图 2.141　　图 2.142　　图 2.143

STEP 5 再次新建图层，选择“自定形状工具”，在工具属性栏的“形状”下拉列表框中单击“设置”按钮，在打开的列表中选择“全部”命令，在打开的提示框中单击 确定 按钮，加载完毕，依次选择“电话 2”“邮件”“主页”形状，在矩形框内按住鼠标左键和【Shift】键绘制等比例大小的图形，如图 2.144 所示。

STEP 6 新建图层，选择“横排文字工具”T，在工具属性栏中设置字体为“Adobe 黑体 Std”，字号为“8.33”，文本颜色为“#322f2f”，在图像窗口中输入文本，并使用“移动工具”调整文本位置，效果如图 2.145 所示（配套资源 :\ 效果文件 \ 第 2 章 \ 名片 .psd）。

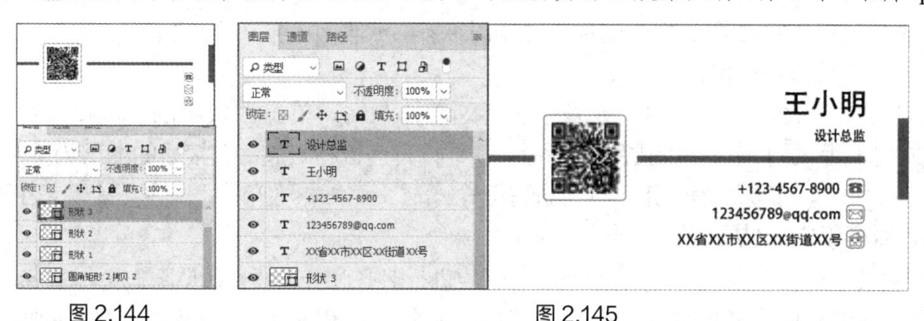

图 2.144　　图 2.145

2.5.2 图层的操作

图层操作主要包括显示和隐藏图层、删除和复制图层、移动和调整图层顺序、链接图层、对齐和分布图层，以及合并图层等。此外，还可根据需要在普通图层与背景图层之间转换。

1. 显示和隐藏图层

在 Photoshop 中处理具有多个图层的图像时，常需要查看一个图层或几个图层的效果，而把其他图层暂时隐藏起来。单击“图层”面板上图层缩略图左侧的按钮，可使该图层在图像窗口隐藏，如图2.146所示。隐藏后该按钮变为，单击按钮，隐藏的图层将显示出来，如图2.147所示。

图2.146

图2.147

2．删除和复制图层

要删除不再需要的图层，用户只需在“图层”面板中选中该图层，然后单击下方的“删除”按钮或选择【图层】/【删除】/【图层】菜单命令即可。也可以单击鼠标右键，在弹出的快捷菜单中选择“删除图层”命令。此外，还可选中要删除的图层，将其拖至“删除”按钮上。

若想将图像中的图层复制到本图像或其他图像中，则可在选中该图层后将其拖至“创建新图层”按钮上。另外，在选中要复制的图层后，选择【图层】/【复制图层】菜单命令或单击鼠标右键，在弹出的快捷菜单中选择“复制图层”命令，也可复制图层。

3．移动和调整图层顺序

图层就像是许多层透明的玻璃纸自上而下地叠放在一起，且上面的图层总是覆盖下面的图层，位于下面的图层只能透过上面图层的透明区域显示出来，因此调整图层的排列顺序可以改变各图层间的覆盖关系。在编辑图像时，调整图层的排列顺序可获得不同的图像处理效果。通常使用拖曳鼠标的方法来调整图层的排列顺序，其具体操作如下。

STEP 1 在图像窗口打开具有多个图层的图像文件，选择要移动的图层。

STEP 2 向上或向下拖曳鼠标，当显示移动的横线到达需要的位置后，松开鼠标左键即可；还可以利用【图层】/【排列】菜单命令调整图层的排列顺序。

4．链接图层

若要同时处理多个图层中的图像，如同时变换、调整颜色、设置滤镜等，则可将这些图层链接在一起后再进行操作。

在“图层”面板中选中两个或多个需要处理的图层，单击面板中的“链接图层”按钮，或选择【图层】/【链接图层】菜单命令，可将其链接在一起，链接后的图层为一个整体，如图2.148所示。若要取消链接，则可选择一个图层，然后再次单击“链接图层”按钮。

5．对齐和分布图层

在处理图像的过程中，有时需要对多个图层进行对齐和分布操作，使图像更加整齐。其中，对齐可以对图层进行排列对齐操作，分布可以使3个以上图层中的图像保持适当的间隔。其方法是选择移动工具，工具属性栏提供了6个对齐按钮和6个分布按钮，如图2.149所示；在“图层”面板中同时选中2个或2个以上图层，单击对齐或分布按钮，图层中的图像将进行对应的操作，图2.150所示为对齐和分布前的图像效果，图2.151所示为单击“垂直居中对齐”按钮后的图像效果，图2.152所示为单击“水平居中分布”按钮后的图像效果。

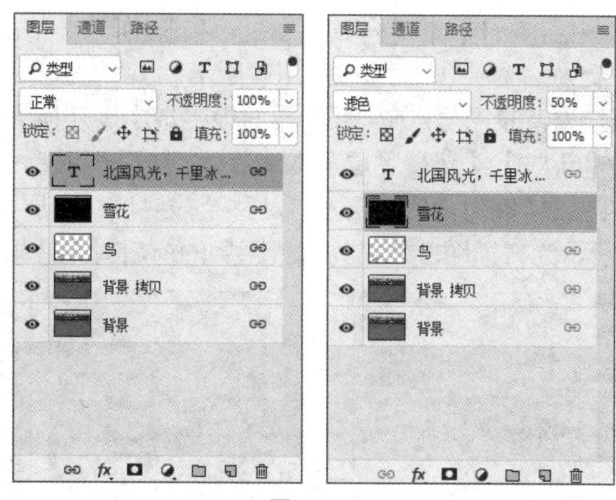

图 2.148

图 2.149

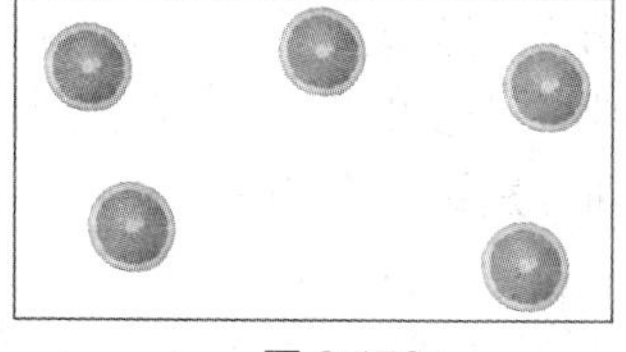

图 2.150

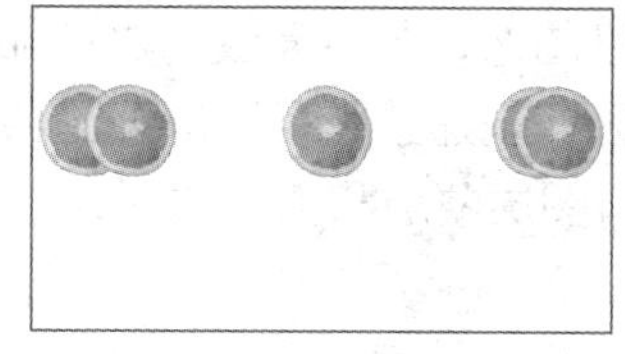

图 2.151

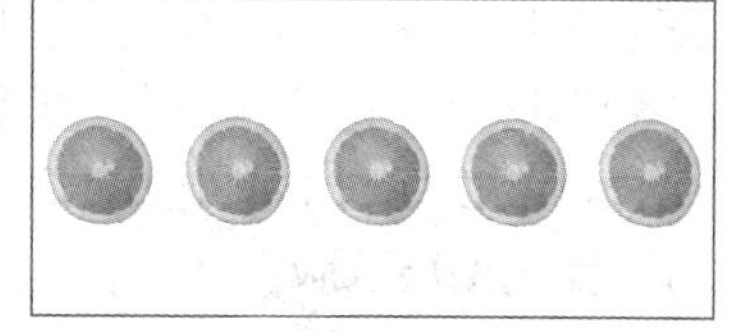

图 2.152

知识提示

对齐按钮包含“顶对齐”按钮、“垂直居中对齐”按钮、“底对齐”按钮、“左对齐”按钮、“水平居中对齐”按钮和“右对齐”按钮。

分布按钮包含“按顶分布”按钮、“垂直居中分布”按钮、“按底分布”按钮、“按左分布”按钮、“水平居中分布”按钮和“按右分布”按钮。

6．合并图层

Photoshop 允许用户创建多达 100 个图层，但是添加图层会增加图像文件占用的磁盘空间，因此，在每一个工作阶段都应该合并那些不必要的单独图层，以节省系统资源，提高操作速度。Photoshop 提供了以下 3 种合并图层的方式，用户可以根据需要选择。

- **与当前图层下方的图层合并**：确认需要合并的两个图层处于可见状态，在“图层”面板中选中较上方的一个图层，选择【图层】/【合并形状】菜单命令或按【Ctrl+E】组合键完成向下合并。
- **合并可见图层**：隐藏不希望合并的图层，选择【图层】/【合并可见图层】菜单命令或按【Ctrl+Shift+E】组合键合并所有可见图层。
- **拼合图像**：拼合图像是将所有选中的图层合并到背景层，选择【图层】/【拼合图像】菜单命令即可。

7．普通图层与背景图层之间的转换

在 Photoshop 中，背景图层和普通图层之间有许多不同之处，可以根据需要对二者进行转换。

- **将背景图层转换为普通图层**：在“图层”面板中单击需转换为普通图层的背景图层

右侧的“指示图层部分锁定”按钮，如图2.153所示。单击该按钮后，图层的名称由“背景”变为“图层0”，如图2.154所示。

- **将普通图层转换为背景图层**：在“图层”面板中选中需转换为背景图层的普通图层，选择【图层】/【新建】/【背景图层】菜单命令，打开“新建图层”对话框，单击“确定”按钮，该图层转换为背景图层并自动移至最底层，图层中的透明区域被底色填充。图2.155所示为普通图层转换为背景图层的前后对比效果。

图2.153　图2.154　图2.155

2.5.3　图层的蒙版特效

蒙版实际上是一幅256色的灰度图像，图层蒙版的白色部分为完全透明区，黑色部分为完全不透明区，灰色部分为半透明区。创建蒙版可以屏蔽图像中不需要的部分，制作出图像融合效果。图像处理中常用的蒙版有图层蒙版和剪贴蒙版，下面分别进行介绍。

1．使用图层蒙版

图层蒙版可以隐藏和显示图层上的部分区域，创建图层蒙版后可以使用画笔工具和选择工具在蒙版内进行编辑。

（1）创建蒙版显示或隐藏整个图层

创建蒙版显示或隐藏整个图层的方法：在“图层”面板中选择需要显示或隐藏的图层，单击“图层”面板下方的“添加图层蒙版”按钮或选择【图层】/【图层蒙版】/【显示全部】菜单命令，显示整个图层，如图2.156所示；按住【Alt】键并单击“添加图层蒙版”按钮可隐藏整个图层，如图2.157所示。

（2）创建蒙版显示或隐藏图层的某个部分

创建蒙版显示或隐藏图层的某个部分的方法：在“图层”面板中选择需要隐藏某部分的图层，在画布中需要隐藏或显示的区域建立选区，并选择【图层】/【图层蒙版】/【显示选区】或【隐藏选区】菜单命令即可。图2.158所示为隐藏选区，图2.159所示为显示选区。

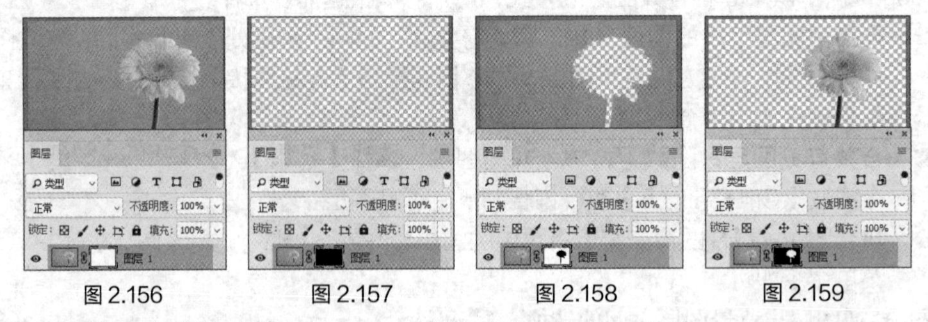

图2.156　图2.157　图2.158　图2.159

（3）停用或启用图层蒙版

停用或启用图层蒙版的方法：在“图层”面板中选择需要停用或启用蒙版的图层，选中图层蒙版缩览图并单击“属性”面板下方的“停用 / 启用蒙版”按钮，或选择【图层】/【图层蒙版】/【停用】或【启用】菜单命令即可。

在“图层”面板中，被停用的蒙版的图层蒙版缩览图上出现红色的“×”标记，图像窗口中将显示不带蒙版效果的内容。

（4）应用或删除图层蒙版

在图层蒙版缩览图单击鼠标右键，在弹出的快捷菜单中选择“应用图层蒙版”命令，可以应用添加的图层蒙版。

在图层蒙版缩览图单击鼠标右键，在弹出的快捷菜单中选择“删除图层蒙版”命令，可以删除图层蒙版。

（5）显示图层蒙版通道

按住【Alt】键并单击图层蒙版缩览图，进入图层蒙版通道，再次按住【Alt】键并单击图层蒙版缩览图可返回图层画面。按住【Alt+Shift】组合键并单击图层蒙版缩览图，在图像窗口中将显示红色蒙版。

知识提示

对背景图层启用蒙版时需要先将背景图层转换为普通图层。

下面使用图层蒙版，将“动物 .jpg”素材文件中的图像显示在“沙漠 .jpg”素材文件中，其具体操作如下。

STEP 1 在 Photoshop CC 2018 中打开“动物 .jpg”和“沙漠 .jpg”素材文件（配套资源 :\ 素材文件 \ 第 2 章 \ 动物 .jpg、沙漠 .jpg），如图 2.160 所示。

STEP 2 使用“椭圆选框工具”为“动物 .jpg”图像窗口中的长颈鹿创建选区，按住【Ctrl】键，将该选区拖入“沙漠 .jpg”图像窗口中，如图 2.161 所示。

STEP 3 在“图层”面板中选择“图层 1”图层，单击“添加图层蒙版”按钮，为该图层创建一个蒙版。

STEP 4 选择“渐变工具”，在工具属性栏中设置渐变色为从上白到下黑，然后从长颈鹿腿的中间向下拖曳鼠标，即可看见蒙版特效，如图 2.162 所示。

STEP 5 使用“橡皮擦工具”擦除椭圆形内动物的背景，完成后的效果如图 2.163 所示（配套资源 :\ 效果文件 \ 第 2 章 \ 沙漠 .psd）。

图 2.160

图 2.161

图 2.162

图 2.163

2．使用剪贴蒙版

使用剪贴蒙版可以用下方的图层遮盖其上方的图层，产生的遮盖效果由下方图层的形状决定，产生的剪贴效果由上方图层的内容来显示。

剪贴蒙版主要由基底图层和顶层组成，可以使用多个连续图层。最下方的图层为基底图层，其上方的图层为顶层。剪贴蒙版中的基底图层名称带下划线，顶层的缩览图缩进。

（1）创建剪贴蒙版

在“图层”面板中将基底图层移至顶层的下方，选择“图层”面板中位于基底图层上方的图层，单击鼠标右键，在弹出的快捷菜单中选择“创建剪贴蒙版”命令或在按住【Alt】键的同时，将鼠标指针移至需要创建剪贴蒙版的两个图层的中间线上，鼠标指针变成形状时单击鼠标左键即可。完成后的效果如图 2.164 所示。

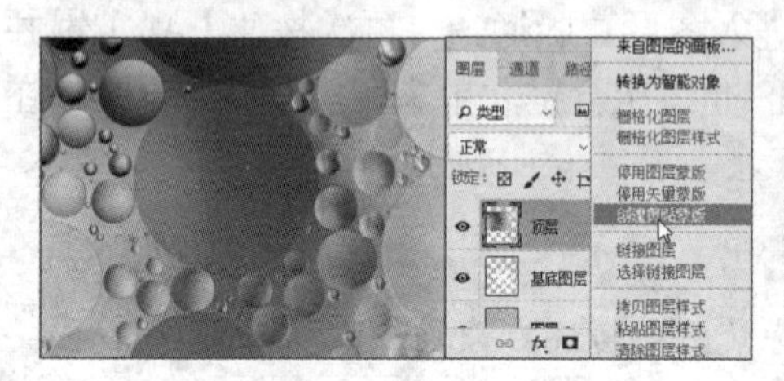

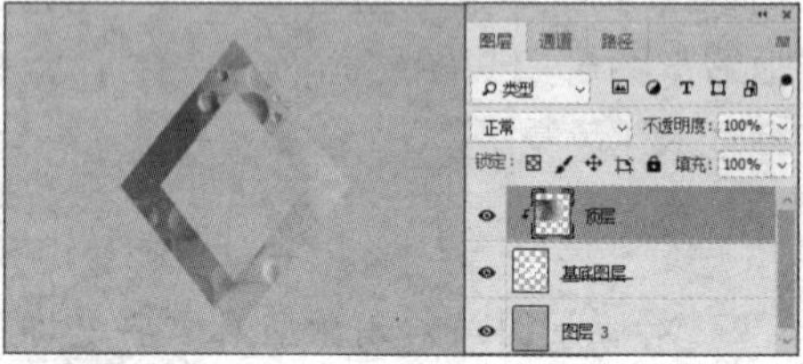

图 2.164

（2）释放剪贴蒙版

在“图层”面板中选择需要释放剪贴蒙版的基底图层，在其上方的图层上单击鼠标右键，在弹出的快捷菜单中选择“释放剪贴蒙版”命令或按【Alt+Ctrl+G】组合键即可释放剪贴蒙版。

2.5.4 图层的效果设置

Photoshop 是以图层叠加的方式来制作图像的，为了快速获得优质的图层效果，可以设置图层样式、图层混合模式和不透明度。这些图层效果不会破坏图层原本的内容，而且图层效果在设置后将与图层原本的内容互相连接，当再次对图层进行编辑或移动时，所连接的图层效果也会产生相应的变动。

1．图层样式

图层样式可以应用于一个或多个图层或图层组。选择【图层】/【图层样式】菜单命令，在打开的子菜单中选择一种效果命令，打开“图层样式”对话框；双击需要添加效果的图层右侧的空白部分，也可打开“图层样式”对话框。图 2.165 所示为“图层样式”对话框。

在“图层”面板中单击“添加图层样式”按钮 fx，在弹出的快捷菜单中选择相应的图层样式选项，可以快速制作出各种图层效果，如斜面和浮雕、描边、内阴影、内发光、光泽、颜色叠加、渐变叠加、图案叠加、外发光和投影。所有图层效果都会放在“图层”面板中，因此，可以像操作图层那样随时打开、关闭、删除、修改图层效果，如图 2.166 所示。下面对常见的图层样式进行介绍。

（1）混合选项图层样式

通过混合选项可以使图层与其下面图层的像素混合，调整图层的透明度与混合模式。“混合颜色带”通过隐藏或显示像素达到图像混合效果，适合处理烟花、云朵、火焰和闪电等主体物与背景色差异大的图像。

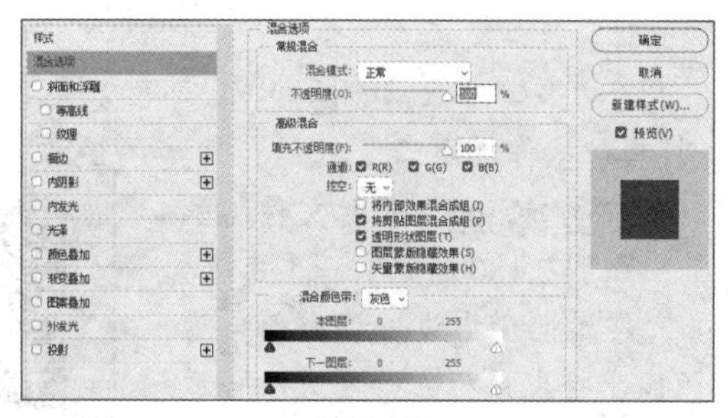

图 2.165

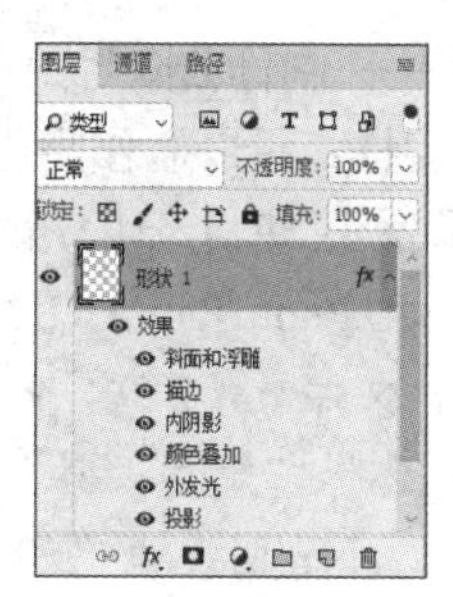

图 2.166

设置混合选项图层样式的方法：打开需要制作混合效果的图像，对其进行叠放，如图 2.167 所示；在“图层”面板中双击需要合成的图层右边的空白处，打开“图层样式”对话框，拖动“混合颜色带”栏中的滑块，调整数值，如图 2.168 所示；单击 确定 按钮，完成后的效果如图 2.169 所示。

图 2.167

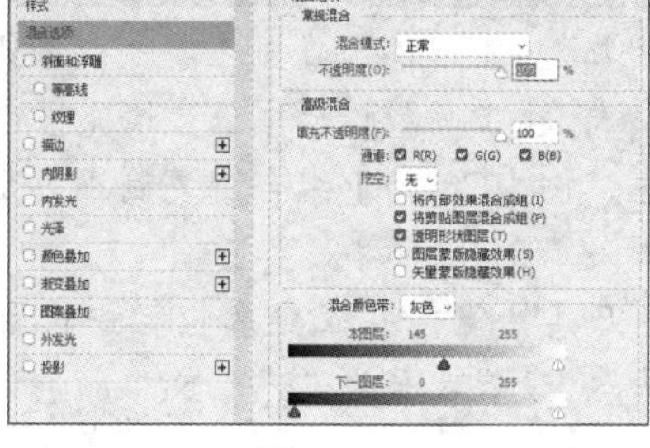

图 2.168

图 2.169

> **知识提示**
>
> 拖动“混合颜色带”栏中的“本图层”滑块可以设置当前图层所选通道中参与混合的像素范围，其取值范围为 0~255；拖动“下一图层”滑块可以设置当前图层的下一图层中参与混合的像素范围，其取值范围为 0~255。左右两个三角形滑块之间的像素就是参与混合的像素范围。

（2）其他图层样式

- **斜面和浮雕**：为图层内容添加各种高光与阴影的组合效果，如图 2.170 所示。
- **描边**：为图层内容添加描画轮廓的效果，如图 2.171 所示。
- **内阴影**：为图层内容的内边缘添加阴影效果，让图层内容产生凹陷感，如图 2.172 所示。
- **内发光**：为图层内容的内边缘添加发光效果，让图层内边缘发光，如图 2.173 所示。
- **光泽**：为图层内容添加光泽效果，如图 2.174 所示。
- **颜色叠加**：为图层内容添加颜色叠加效果，如图 2.175 所示。
- **渐变叠加**：为图层内容添加渐变叠加效果，如图 2.176 所示。
- **图案叠加**：为图层内容添加图案叠加效果，如图 2.177 所示。
- **外发光**：为图层内容的外边缘添加发光效果，让图层外边缘发光，如图 2.178 所示。
- **投影**：在图层内容的后面添加投影效果，让图层内容产生立体感，如图 2.179 所示。

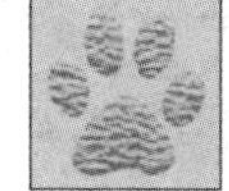
图 2.170

图 2.171

图 2.172

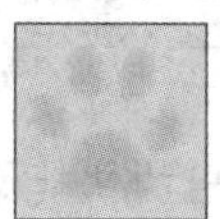
图 2.173

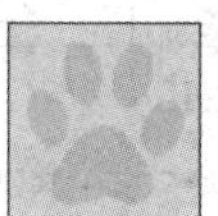
图 2.174

图 2.175

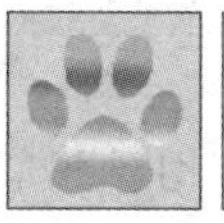
图 2.176

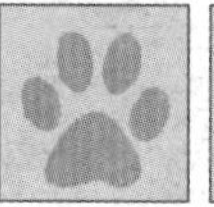
图 2.177

图 2.178

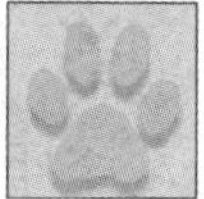
图 2.179

2. 实例——制作公众号封面

应用图层样式可以制作阴影效果，使图像产生立体感或透视感。下面为公众号封面图中的文字添加阴影，使其产生立体效果，其具体操作如下。

STEP 1 在 Photoshop CC 2018 中打开“荷叶.jpg”素材文件（配套资源:\素材文件\第2章\荷叶.jpg），如图 2.180 所示。

STEP 2 选择“矩形工具”，在工具属性栏中设置填充颜色为“#4d967b”，不透明度为“50”，在图像上拖曳鼠标，绘制大小合适的矩形，如图 2.181 所示。

图 2.180

图 2.181

STEP 3 选择“矩形工具”，在工具属性栏中设置填充描边颜色为“#ffffff”，按住【Shift】键并拖曳鼠标绘制正方形边框，按【Ctrl+J】组合键复制正方形边框图层，并调整正方形边框的位置，如图 2.182 所示。

STEP 4 选择“横排文字工具”T，在工具属性栏中设置字号为“48”，文本颜色为“#ffffff”，输入文本“小”“暑”；设置字号为“8”，文本颜色为“#ffffff”，输入文本“Lesser Heat”如图 2.183 所示。

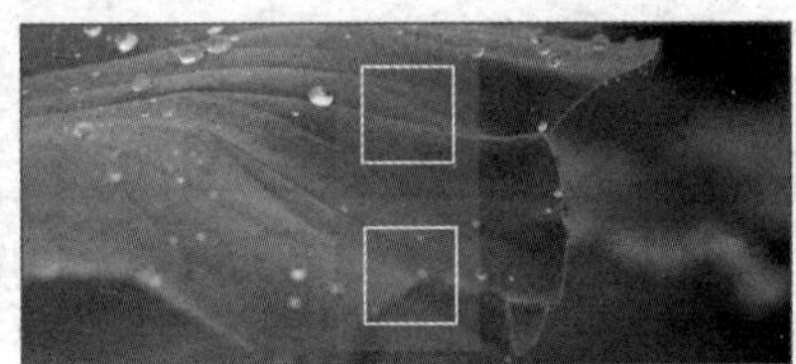
图 2.182

图 2.183

STEP 5 在“图层”面板中双击“小”文字图层右侧空白处，打开“图层样式”对话框，分别单击选中“斜面和浮雕”“外发光”和“投影”复选框并进行设置，如图 2.184 所示，单击 确定 按钮完成设置。

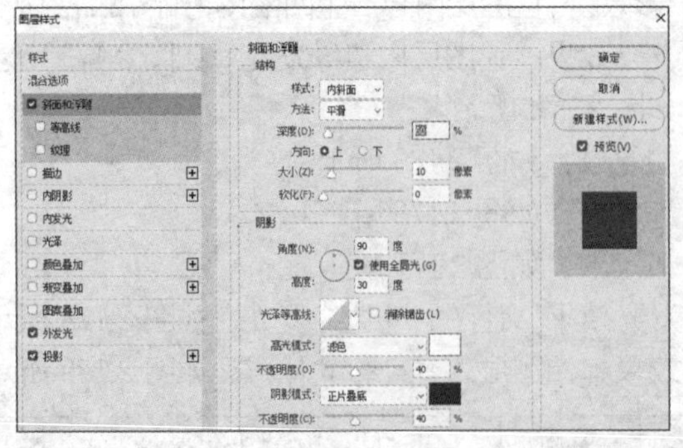

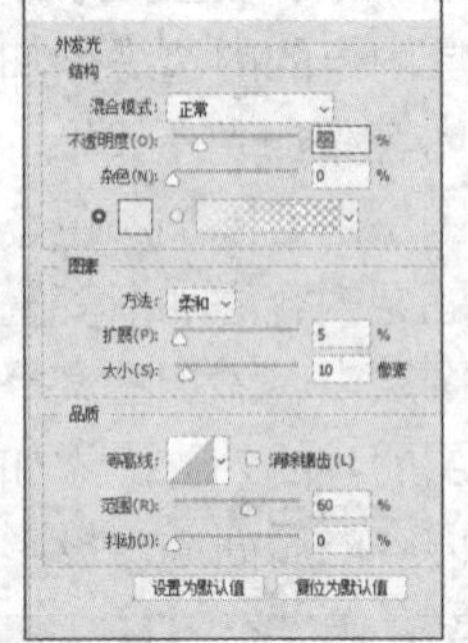

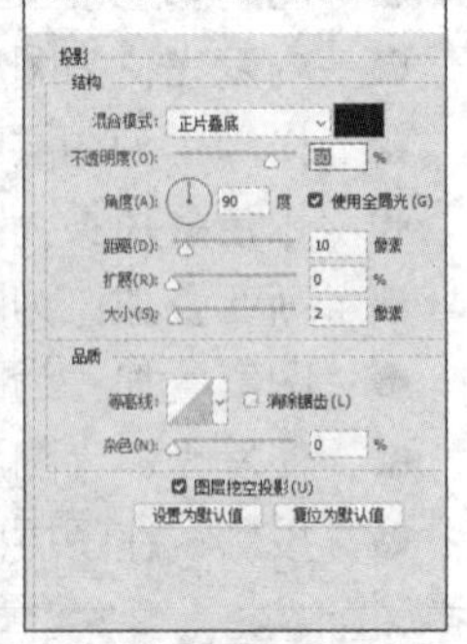

图 2.184

STEP 6 选择“小”文字图层并单击鼠标右键，在弹出的快捷菜单中选择“拷贝图层样式”命令；选择“暑”文字图层并单击鼠标右键，在弹出的快捷菜单中选择“粘贴图层样式”命令，完成后的效果如图 2.185 所示（配套资源 :\ 效果文件 \ 第 2 章 \ 公众号封面图 .psd）。

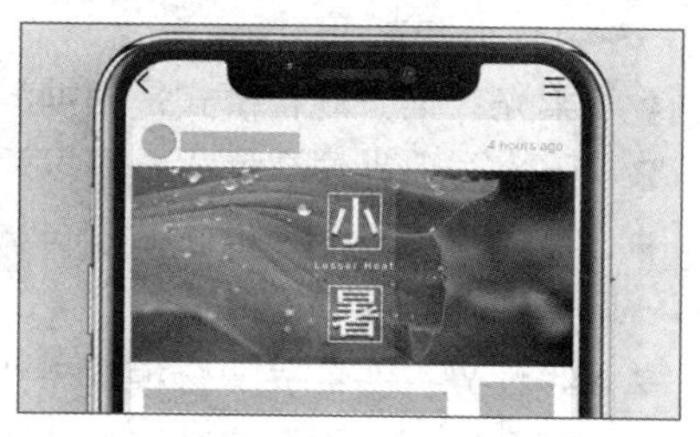

图 2.185

知识提示

要显示或隐藏某种效果，只需在“图层”面板中单击相应效果左侧的 ◉ 按钮即可。

在按住【Alt】键的同时将图层样式拖至需要应用样式的图层上可快速复制图层样式，若直接拖动图层样式则可移动图层样式。

3．图层的混合模式和不透明度

图层的混合模式是连续两个图层的像素进行混合的方式，设置图层的混合模式可以获得另一种图像的效果。

不透明度可以决定选定图层在画布中的显示程度，当不透明度为 100% 时，当前图层不显示；当不透明度为 0 时，当前图层完全显示。

（1）图层的混合模式

使用图层的混合模式可以创建各种特殊效果。默认情况下图层的混合模式为“正常”，在“图层”面板中单击 正常 按钮，在打开的下拉列表框中更改图层的混合模式，图像上会显示该混合模式的实时预览效果。下面对常见的图层混合模式进行介绍。

- **正常**：正常混合模式使编辑或绘制的每个像素都为结果色。
- **溶解**：溶解混合模式是由基色或者混合色的像素随机替换形成结果色，替换的程度为像素的不透明度。
- **变暗**：变暗混合模式是替换比混合色和基色亮的像素，选择基色或混合色中较暗的颜色作为结果色。
- **正片叠底**：正片叠底混合模式是对基色和混合色进行正片叠底，获得更暗的结果色。
- **颜色加深**：颜色加深混合模式是通过查看每个通道的颜色信息来提高对比度，使基色变暗并显示图层的混合色。
- **线性加深**：线性加深混合模式是降低亮度来使基色变暗并显示混合色。
- **深色**：深色混合模式是用当前混合色的饱和度覆盖基色中暗的像素，从而得到结果色。
- **变亮**：变亮混合模式是比较基色和混合色，并替换混合色中暗的像素，保留亮的像素。
- **滤色**：滤色混合模式是对基色和混合色的互补色进行正片叠底，产生较亮的结果色。
- **颜色减淡**：颜色减淡混合模式是降低对比度使基色变亮并显示混合色。
- **线性减淡**：线性减淡混合模式是提高亮度来使基色变亮并显示混合色。
- **浅色**：浅色混合模式是用混合色的饱和度覆盖基色中的亮色。

- **叠加**：叠加混合模式是对颜色进行正片叠底或滤色，混合色和基色相互叠加混合显示亮度或暗度。
- **柔光**：柔光混合模式是根据混合色的明暗来使颜色变亮或变暗。
- **强光**：强光混合模式是根据混合色的明暗来对颜色进行正片叠底或过滤。
- **亮光**：亮光混合模式是颜色减淡模式和颜色加深模式的组合，通过减少或增加对比度来加深或减淡颜色。
- **线性光**：线性光混合模式是线性减淡模式和线性加深模式的组合，通过减少或增加颜色亮度来加深或减淡颜色。
- **点光**：点光混合模式是根据混合色来替换颜色。
- **实色混合**：实色混合模式是对红色、绿色和蓝色颜色通道进行混合，并将混合色添加到基色的RGB中。
- **差值**：差值混合模式是根据颜色的亮度值变化来决定是从基色中减去混合色还是从混合色中减去基色。
- **排除**：排除混合模式是根据对比度来决定是从基色中减去混合色还是从混合色中减去基色。
- **减色**：减色混合模式是从基色中减去混合色，创建结果色。
- **划分**：划分混合模式是在基色中划分混合色。
- **色相**：色相混合模式是将基色的明度和饱和度与混合色的色相混合，创建结果色。
- **饱和度**：饱和度混合模式是将基色的明度和色相与混合色的饱和度混合，创建结果色。
- **颜色**：颜色混合模式是将基色的明度与混合色的色相和饱和度混合，创建结果色。
- **明度**：明度混合模式是将基色的色相和饱和度与混合色的明度混合，创建结果色。

知识提示

基色为图像中的原稿颜色，混合色为通过编辑或绘制后应用的颜色，结果色是应用图层混合模式后得到的颜色。

（2）图层的不透明度

图层的不透明度默认情况下为“100%”，在 100% 的数值框中输入数值即可调整图层的不透明度；单击按钮，打开横条并拖动滑块也可调整不透明度的数值。

2.5.5 通道的使用

通道主要用于保存颜色数据，还可以分别对各原色通道（R、G、B）进行明暗度和对比度的调整，甚至可对原色通道单独执行滤镜功能，制作特殊效果。

1．通道的组成

每幅Photoshop图像的通道都是由颜色通道、专色通道和Alpha通道组成的。下面分别对这几种通道进行介绍。

- **颜色通道**：颜色通道是由图像的不同颜色模式决定的，图像的颜色模式决定颜色通道数，如RGB颜色模式的图像有红色、绿色和蓝色3种颜色通道，CMYK颜色模式的图像有4种颜色通道，如图2.186所示。当打开新图像时会自动创建颜色通道。

- **专色通道**：专色通道是保存专色信息的通道，用于专色油墨印刷，可以为图片添加专色。在“通道”面板中选择需要填充的区域，按住【Ctrl】键并单击“通道”面板下方的“创建新通道”按钮，在打开的“新建专色通道”对话框中选择颜色即可创建专色通道，如图 2.187 所示。
- **Alpha 通道**：Alpha 通道用于保存和创建蒙版，可以将选区存储为灰度图像，其作用是让被屏蔽的区域不受任何编辑操作的影响，从而增强图像编辑的弹性。单击“通道”面板下方的“创建新通道”按钮即可创建 Alpha 通道，如图 2.188 所示。

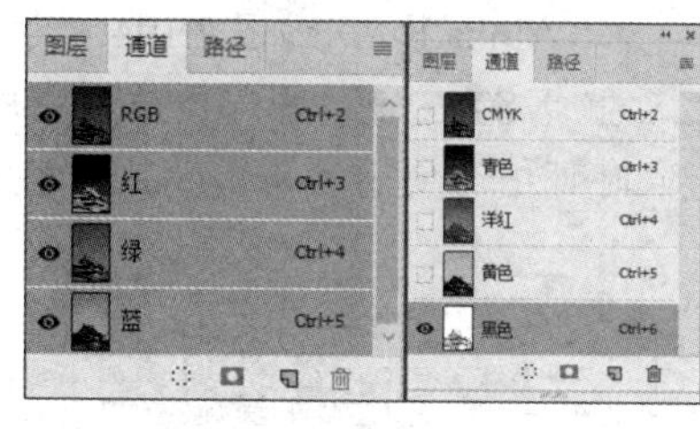
图 2.186

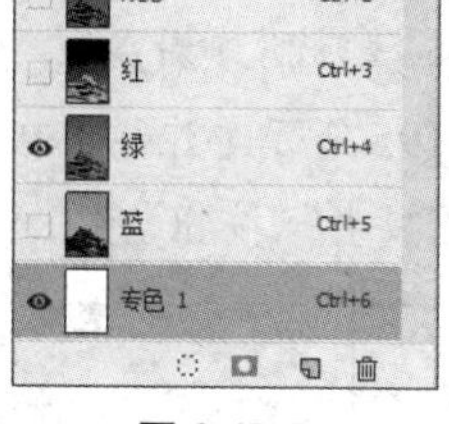
图 2.187

图 2.188

知识提示

删除不需要的专色通道和 Alpha 通道可以减少图像文件的大小。在“通道”面板中选择需要删除的通道，单击面板下方的按钮即可删除所选通道。

保留颜色通道时需要选择支持图像颜色的格式来存储文件，如 PSD、PDF、TIFF、PSB 和 RAW 格式可以保留 Alpha 通道，而 DCS 2.0 格式只可以保留专色通道。

2．认识通道混合器

通道混合器通过调整颜色通道的亮度来改变图像颜色。使用通道混合器的方法：打开需要调整颜色的图像，在“通道”面板中选中颜色通道，选择【图层】/【新建调整图层】/【通道混合器】菜单命令，打开“新建图层”对话框，单击 确定 按钮新建通道混合器图层，其“通道”面板和“图层”面板如图 2.189 所示；在“属性”面板的“输出通道”下拉列表框中选择通道，可改变图像颜色；如选择“红”通道，则“红色”的值为“100%”，“绿色”和“蓝色”的值为“0%”，如图 2.190 所示。拖动通道滑块可以改变该通道在输出通道中的比重，如图 2.191 所示。使用通道混合器前后的效果对比如图 2.192 所示。

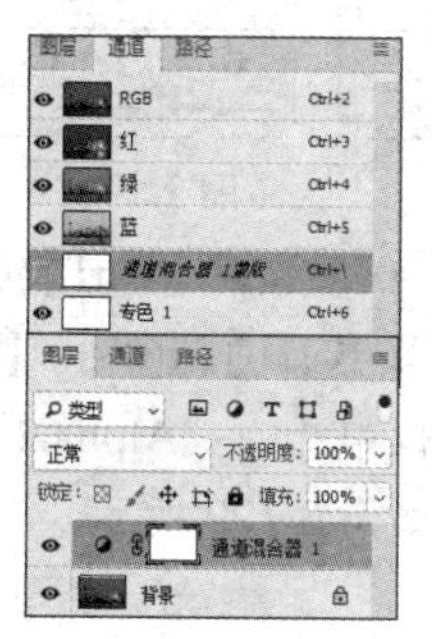
图 2.189

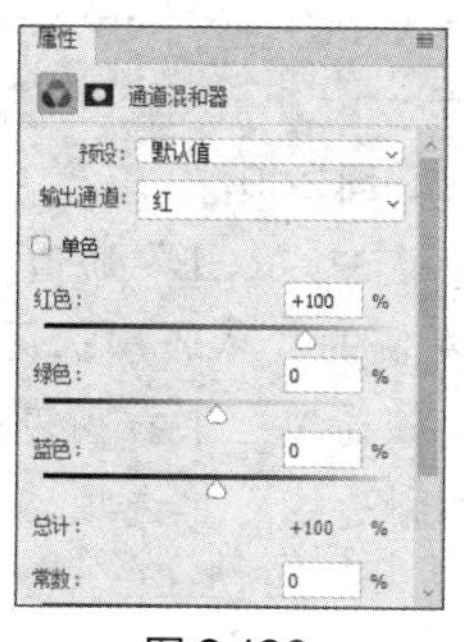
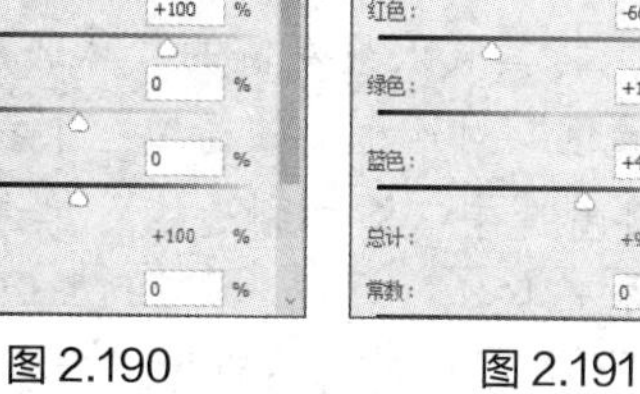
图 2.190

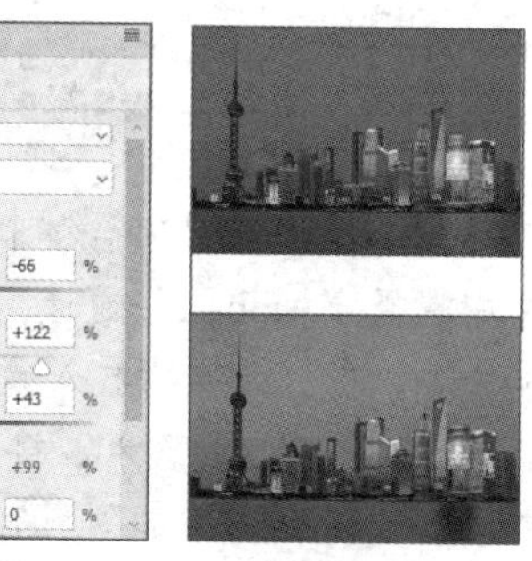
图 2.191　　图 2.192

3．给灰度图像着色

下面利用 Alpha 通道建立复杂选区并使用“色相 \ 饱和度”菜单命令给灰色图像着色，

其具体操作如下。

STEP 1 在Photoshop CC 2018中打开“灰度.jpg”素材文件（配套资源:\素材文件\第2章\灰度.jpg）。选择【图像】/【模式】/【RGB颜色】菜单命令，将图像由灰度模式转换为RGB模式，效果如图2.193所示。

STEP 2 选择“快速选择工具”，沿着第一个气球的轮廓拖曳鼠标建立选区。在“通道”面板中单击“将选区存储为通道”按钮，将气球轮廓选区保存为一个通道，系统自动将其命名为“Alpha 1”，如图2.194所示。

STEP 3 按【Ctrl+D】组合键取消现有选区，然后重复STEP 2的操作，分别完成剩下两个气球和手部的选取，如图2.195所示（注意：在选取时可结合使用当前属性工具栏中的“添加到选区”按钮和“从选区减去”按钮）。

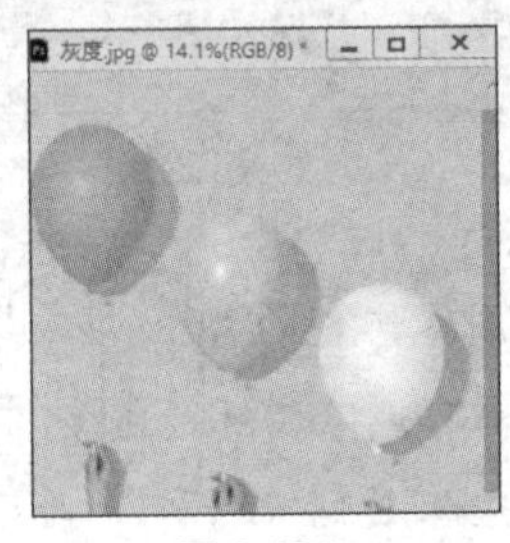

图2.193

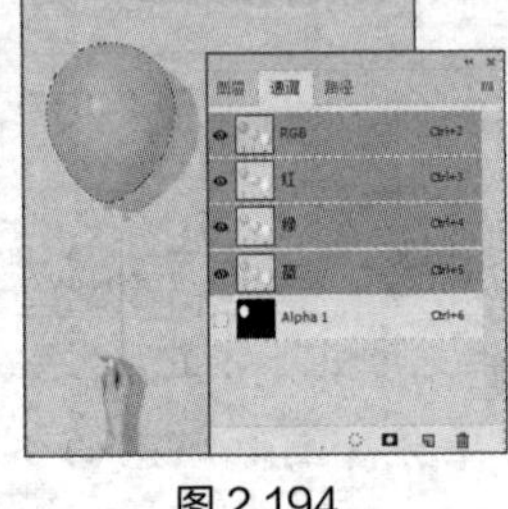

图2.194

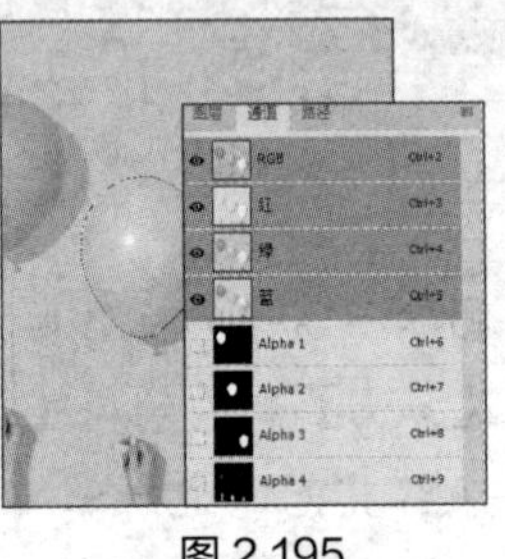

图2.195

STEP 4 在“通道”面板中选择“Alpha 2”通道，选择“魔棒工具”，单击气球内部建立选区，选择“RGB”通道显示颜色。选择【图像】/【调整】/【色相/饱和度】菜单命令，弹出“色相/饱和度”对话框，选中“着色”复选框，然后设置色相为“351”，饱和度为“44”，明度为“+1”，单击确定按钮，如图2.196所示，将灰气球变成粉气球。

STEP 5 重复STEP 4的操作，将其他两个气球由灰色变成黄色和红色，其具体数值如图2.197所示。将手由灰色变成正常肤色，其具体数值如图2.198所示。

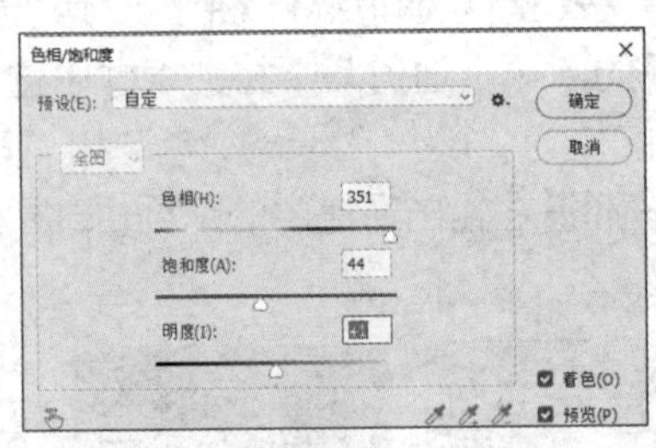

图2.196

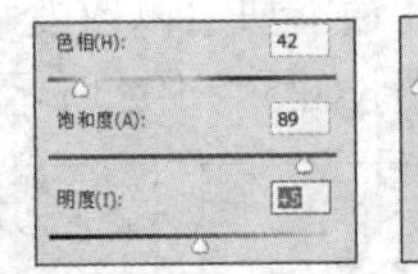

图2.197

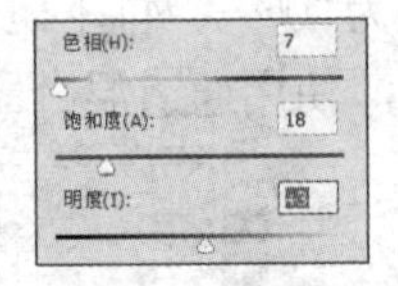

图2.198

STEP 6 按【Ctrl+D】组合键取消现有选区，选中“RGB”通道，然后按住【Ctrl】键在“通道”面板中选择“Alpha 1”通道，将其载入最左侧的气球轮廓选区。选择【选择】/【载入选区】菜单命令，在打开的“载入选区”对话框的“通道”下拉列表框中选择“Alpha 2”选项，指定将Alpha 2气球选区载入，接着选中“添加到选区”单选项，如图2.199所示，单击确定按钮，载入的气球选区添加到现有选区。

STEP 7 重复STEP 6的操作，依次载入剩余的气球和手，按【Ctrl+Shift+I】组合键反选选区，选中背景区域，如图2.200所示。

STEP 8 选择【图像】/【调整】/【色彩平衡】菜单命令，打开“色彩平衡”对话框，拖动颜色滑块或在“色阶”数值框内分别填入“+41”“-40”“+3”，如图 2.201 所示，单击按钮。

STEP 9 按【Ctrl+D】组合键取消现有选区，完成给灰度图像着色的操作（配套资源 :\ 效果文件 \ 第 2 章 \ 气球 .psd）。

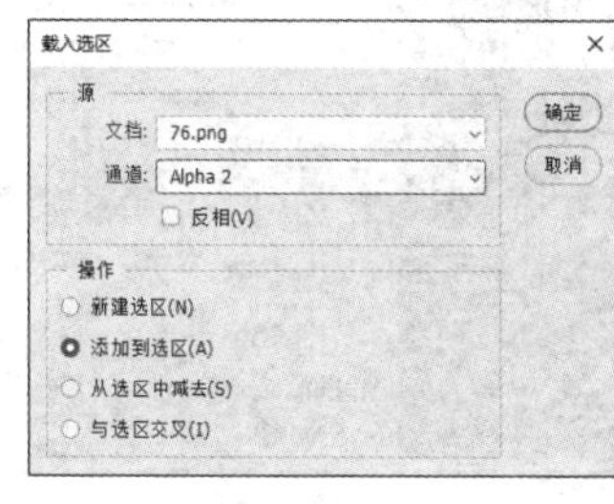

图 2.199

图 2.200

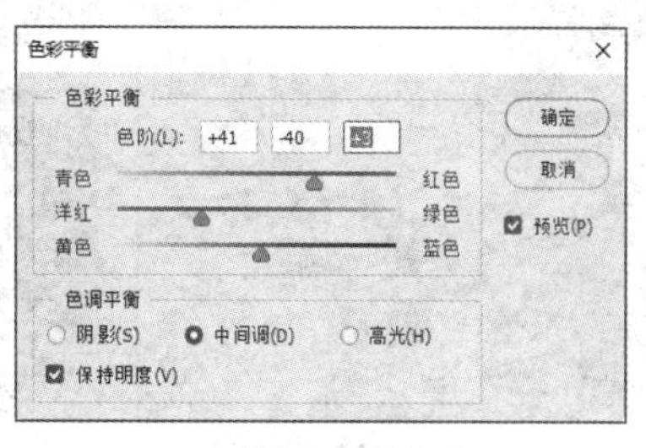

图 2.201

2.5.6 实例——制作日历海报

下面使用 Photoshop 中的矩形工具、钢笔工具、图层样式等制作日历海报，其具体操作如下。

微课视频
制作日历海报

STEP 1 在 Photoshop CC 2018 中选择【文件】/【新建】菜单命令，打开“新建文档”对话框，选择“打印”栏中的 A4 文档并更改文档标题为“海报日历”，如图 2.202 所示，单击“创建”按钮完成新建文档。

STEP 2 选择“矩形工具”绘制一个大小为 2 577 像素 ×3 610 像素的矩形，并双击“图层”面板中“矩形 1”图层的缩览图，设置填充颜色为“#d25d4a”描边为“无”，然后双击“矩形 1”图层名称将其改为“底色”，如图 2.203 所示。

STEP 3 按【Ctrl+J】组合键复制“底色”图层，按【Ctrl+T】组合键将“底色 拷贝”图层调整至画面中合适的位置，设置填充颜色为“#c52e16”，如图 2.204 所示。

STEP 4 单击“创建新组”按钮，更改组名称为“日历厚度”。

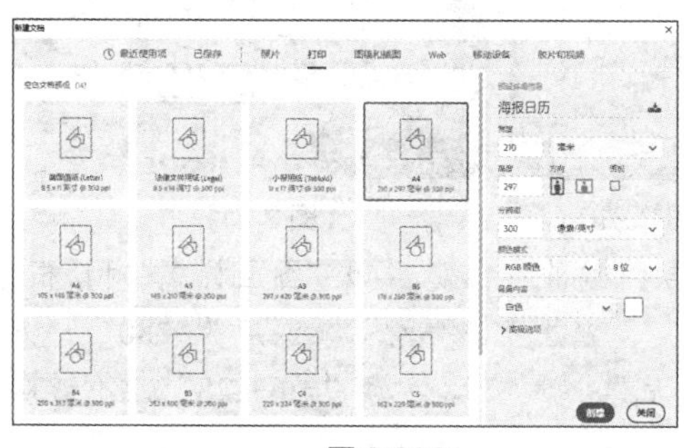

图 2.202

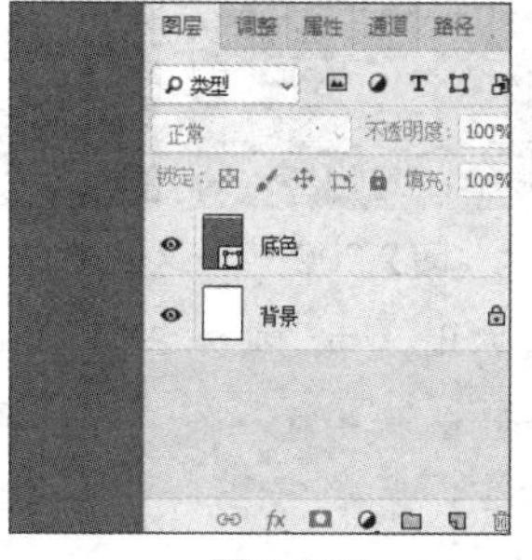

图 2.203

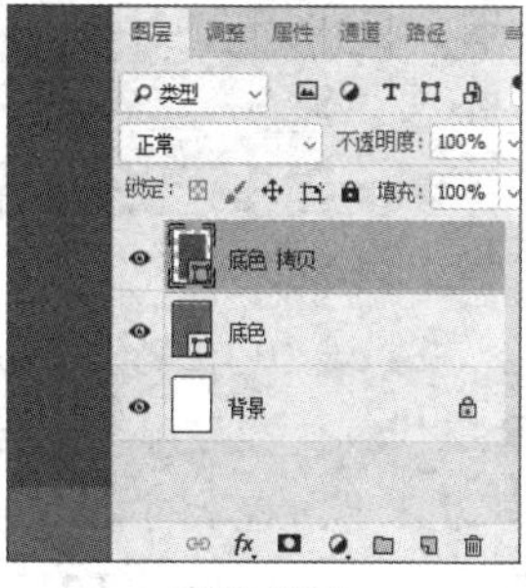

图 2.204

STEP 5 按【Ctrl+J】组合键复制“底色 拷贝”图层，按住鼠标左键将复制后得到的图层拖曳至“日历厚度”组中，并按【Ctrl+T】组合键调整图层至画面底部位置，设置填充颜色为“#b32c16”，如图 2.205 所示。

STEP 6 选择“直线工具”，在工具属性栏中设置填充颜色为“#f8a89b”，取消描边，设置粗细为“10 像素”，按住【Shift】键绘制水平直线，如图 2.206 所示。将鼠标指针移至直线处，按住【Alt】键并拖曳鼠标复制直线，按住【Shift】键水平拖曳直线至合适位置，如图 2.207 所示。

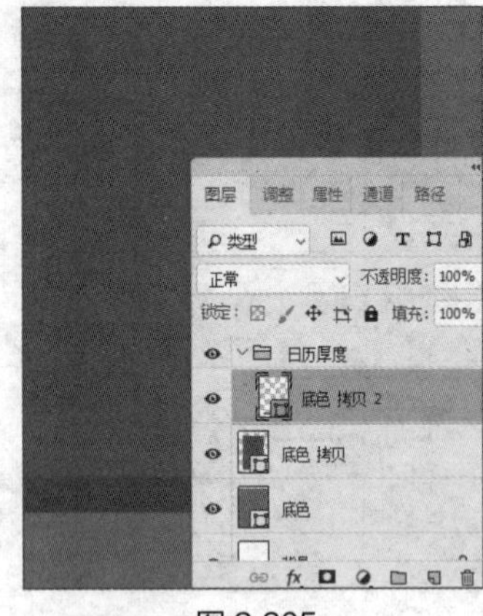

图 2.205

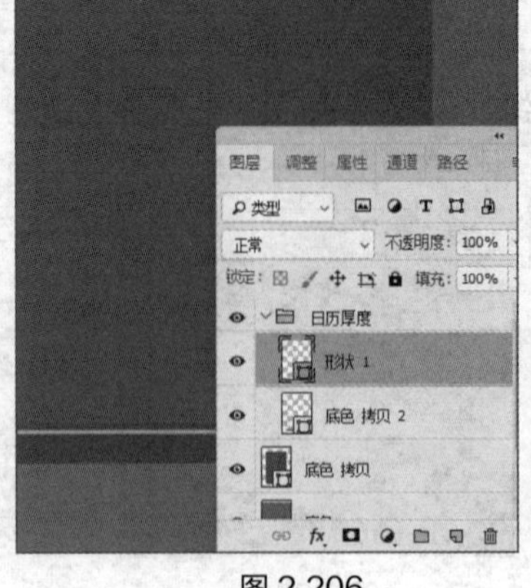

图 2.206

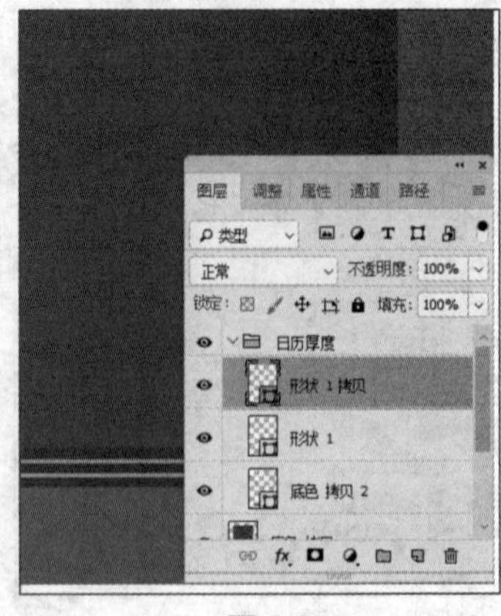

图 2.207

STEP 7 在“底色”图层上新建图层，命名为“阴影”，选择“矩形工具”绘制阴影并设置填充颜色为“#a63a28”，描边为“无”，按【Ctrl+T】组合键调整矩形位置，按住 [Ctrl] 键不放拖动控制点自由变换矩形，如图 2.208 所示。调整完成后按【Enter】键确认，完成阴影的绘制，效果如图 2.209 所示。

STEP 8 按【Ctrl+J】组合键复制“底色 拷贝”图层，按【Ctrl+T】组合键调整复制后得到的图层，并更改颜色为“#fff0ee”，如图 2.210 所示。

STEP 9 选择“圆角矩形工具”，绘制一个大小为 1 849 像素 ×422 像素的圆角矩形作为日历的上半部分，在“属性”面板中设置填充颜色为“#f48f7e”，取消描边，设置左上角和右上角的半径为“0 像素”，左下角和右下角的半径为“100 像素”，如图 2.211 所示。

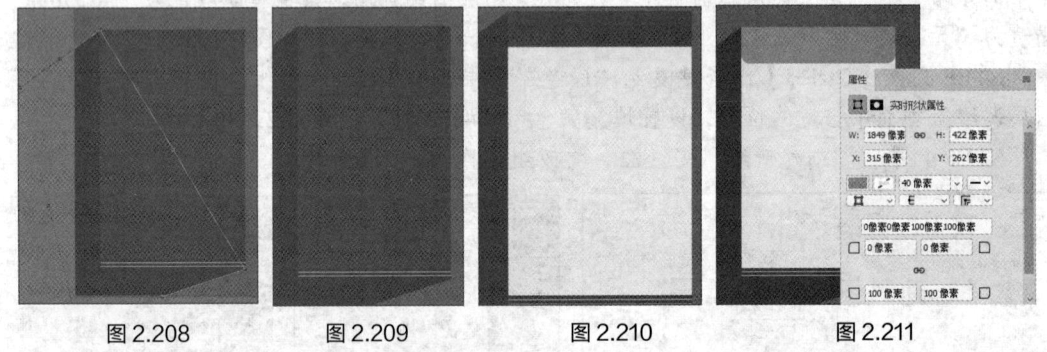

图 2.208　图 2.209　图 2.210　图 2.211

STEP 10 在“图层”面板中双击“圆角矩形 1”图层右边的空白处，打开“图层样式”对话框，选中“斜面和浮雕”复选框，设置样式为“内斜面”，方法为“平滑”，深度为“80”，方向为“上”，大小为“15”，阴影模式为“正片叠底”，填充颜色为“#a63a28”，不透明度为“45”，如图 2.212 所示。

STEP 11 选中“投影”复选框，设置混合模式为“正片叠底”，填充颜色为“#aa5243”，不透明度为“30”，角度为“90”，距离为“10”，扩展为“5”，大小为“25”，如图 2.213 所示，单击 确定 按钮。

STEP 12 选择“钢笔工具”，在工具属性栏中选择“形状”选项，设置填充颜色为“#fbe7e4”并取消描边，在图中绘制图 2.214 所示的形状。双击形状图层右边的空白处，打开“图层样式”对话框，选中“投影”复选框，设置混合模式为“正片叠底”，颜色为“#a63a28”，不透明度为“15”，距离为“5”，大小为“10”，如图 2.215 所示，单击 确定 按钮。

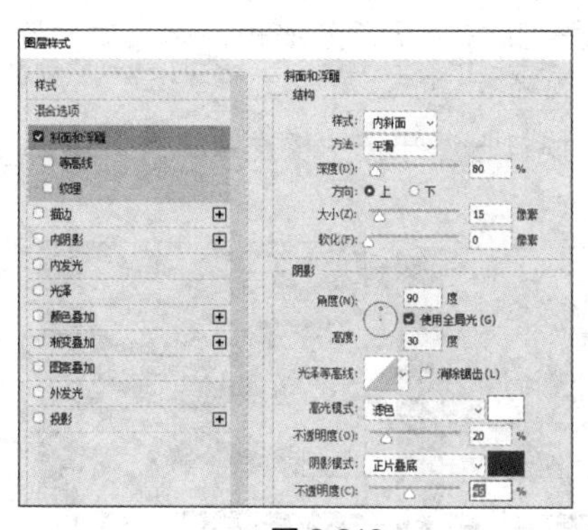

图 2.212

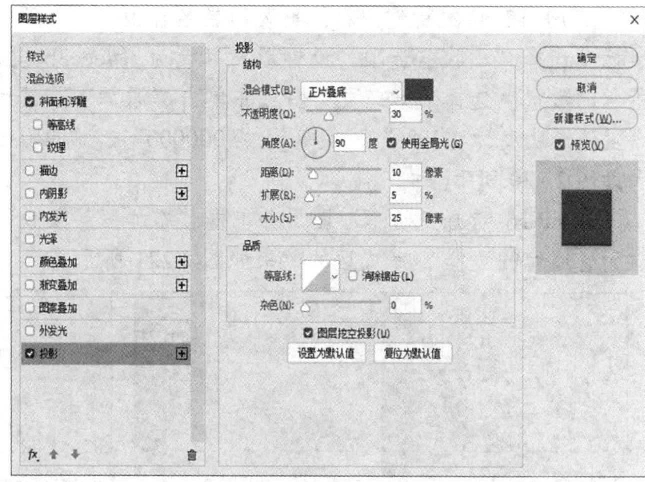

图 2.213

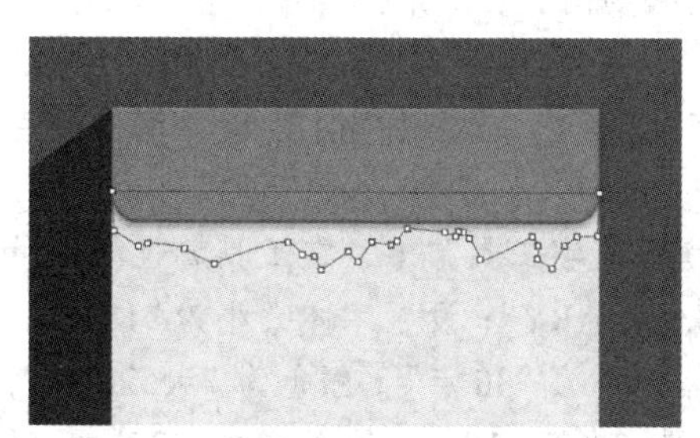

图 2.214

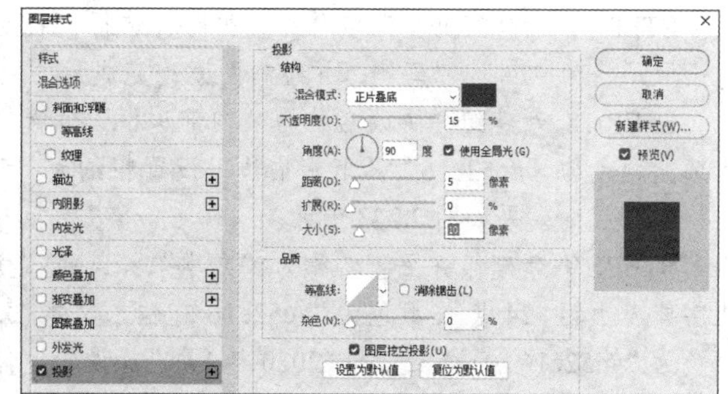

图 2.215

STEP 13 新建图层，选择“矩形工具”，在工具属性栏中选择“形状”选项，取消填充，设置描边为“#a63a28、5 像素”，绘制一个大小为 1 508 像素 ×2 044 像素的矩形，如图 2.216 所示，更改图层名称为“边框”。

STEP 14 选择“钢笔工具”，在工具属性栏中选择“形状”选项，设置填充颜色为“#fff0ee”，取消描边，在图中绘制页面卷曲形状，如图 2.217 所示。在“图层”面板中双击形状图层右侧的空白处，打开“图层样式”对话框，选中“内阴影”复选框，设置混合模式为“正片叠底”，颜色为“#a63a28”，不透明度为“10”，大小为“130”；选中“颜色叠加”复选框，设置混合模式为“正常”，颜色为“#f7e2de”；选中“投影”复选框，设置混合模式为“正片叠底”，颜色为“#a63a28”，不透明度为“40”，距离为“20”，大小为“40”，单击 确定 按钮，效果如图 2.218 所示。

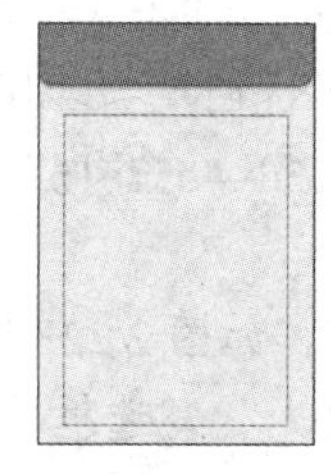

图 2.216

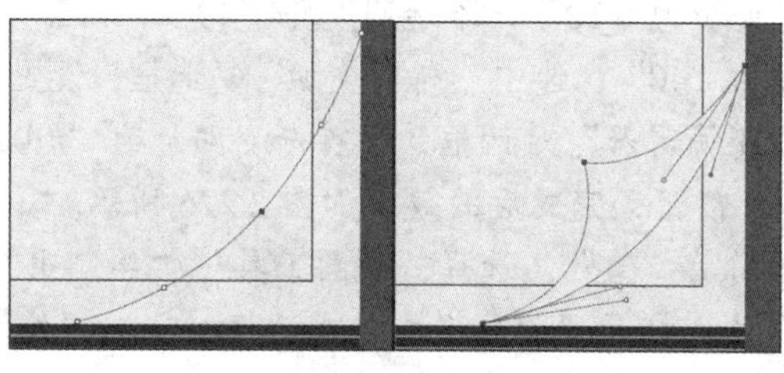

图 2.217

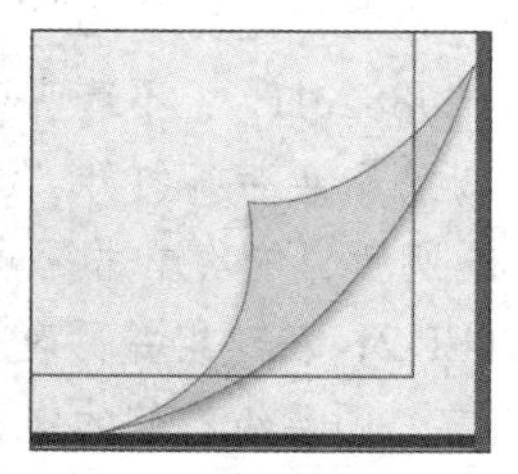

图 2.218

STEP 15 再次新建图层，更改图层名称为“第二页”。选择“钢笔工具”，在工具属性栏中选择“形状”选项，设置填充颜色为“#ecc3bc”，取消描边，在图中绘制如图2.219所示的形状。选择“第二页”图层并单击“添加图层蒙版”按钮。选择“画笔工具”，设置不透明度为“30%”，颜色为“#000000”，拖曳鼠标擦除右下角部分形状，完成后的效果如图2.220所示。

STEP 16 选择“边框”图层并单击“添加图层蒙版”按钮。选择“橡皮擦工具”，擦除卷边处的边框，完成后的效果如图2.221所示。

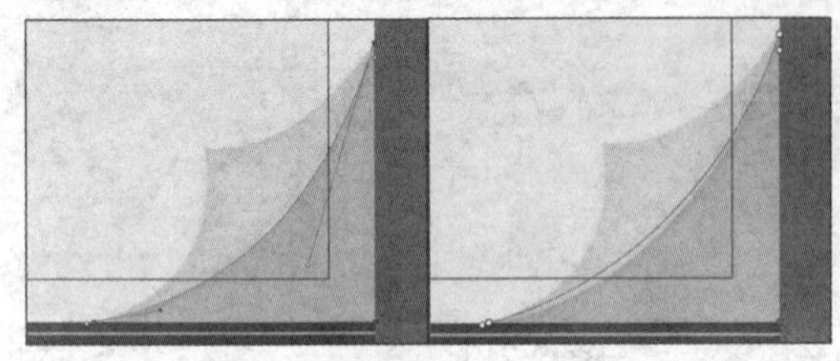

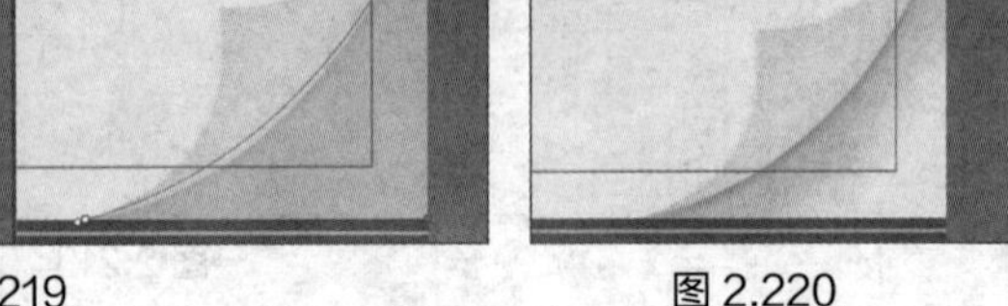

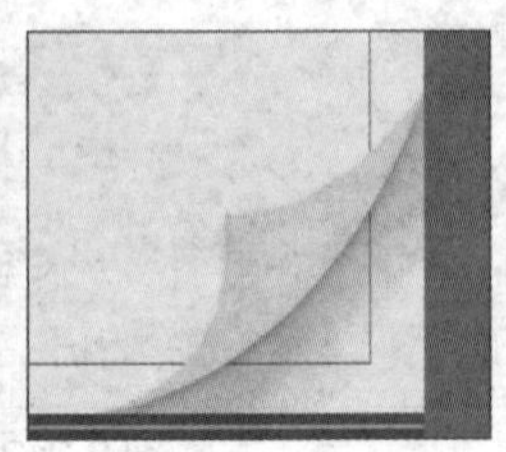

图2.219　　图2.220　　图2.221

STEP 17 新建组并更改名称为“画”，选择“自定义形状工具”，在工具属性栏中依次设置形状为“树”“草”，并绘制图案，完成后的效果如图2.222所示。

STEP 18 新建组并更改名称为“内部边框”。选择“直线工具”，在工具属性栏中设置填充颜色为“#c52e16”，取消描边，设置粗细为“5像素”，按住【Shift】键绘制水平直线，完成后的效果如图2.223所示。

STEP 19 新建组并更改名称为“文本”。选择“横排文字工具”，在工具属性栏中设置字体大小为“24点”，颜色为“#c52e16”，输入文本“JANUARY”；设置字体大小为“18点”，颜色为“#c52e16”，输入文本“2020年1月”；设置字体大小为“30点”，颜色为“#c52e16”，输入文本“春节”；设置字体大小为“210点”，颜色为“#c52e16”，输入文本“25”，完成后的效果如图2.224所示。

图2.222

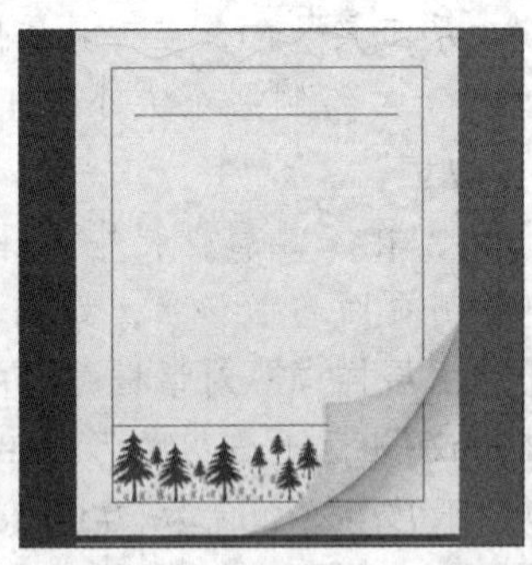

图2.223

图2.224

STEP 20 双击“25”文字图层右侧的空白处，打开“图层样式”对话框，选中“斜面和浮雕”复选框，设置深度为“60”，大小为“10”，不透明度为“40”，阴影模式为“正片叠底”，颜色为“#882e1f”，不透明度为“40”；选中“渐变叠加”复选框，设置不透明度为“100”，双击“渐变”色带，打开“渐变编辑器”对话框，设置渐变颜色为“#f0715d~#c52e16”，如图2.225所示，依次单击确定按钮，完成后的效果如图2.226所示。

STEP 21 新建组并更改名称为“雪”。选择“椭圆工具”绘制雪花，如图2.227所示。双击“雪”图层组右侧的空白处，打开“图层样式”对话框，选中“外发光”复选框，设置不透明度为“35”，大小为“25”，范围为“60”，如图2.228所示，单击确定按钮。

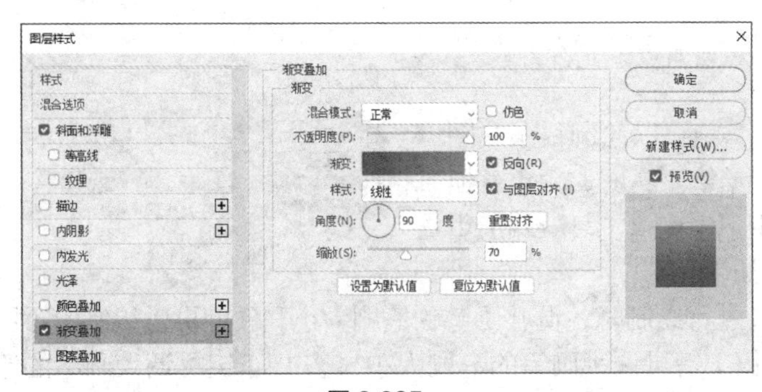

图 2.225

图 2.226

图 2.227

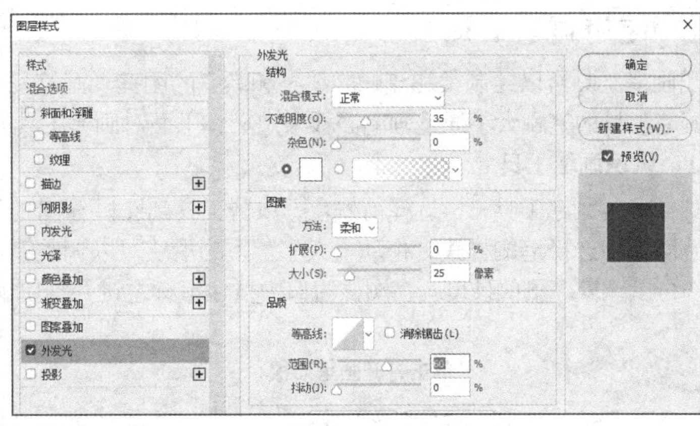

图 2.228

STEP 22 新建图层并更改图层名称为“雪 02”。选择“钢笔工具”，在工具属性栏中选择“形状”选项，设置填充颜色为“#ffffff”并取消描边，双击“雪 02”图层右侧的空白处，打开“图层样式”对话框，选中“斜面和浮雕”复选框，设置深度为“60”，大小为“20”，不透明度分别为“50”“30”；选中“外发光”复选框，设置不透明度为“20”，大小为“25”，范围为“60”；选中“投影”复选框，设置混合模式为“正片叠底”，不透明度为“40”，距离为“20”，大小为“40”，如图 2.229 所示，单击按钮，完成设置，完成后的效果如图 2.230 所示（配套资源 :\ 效果文件 \ 第 2 章 \ 日历海报 .psd）。

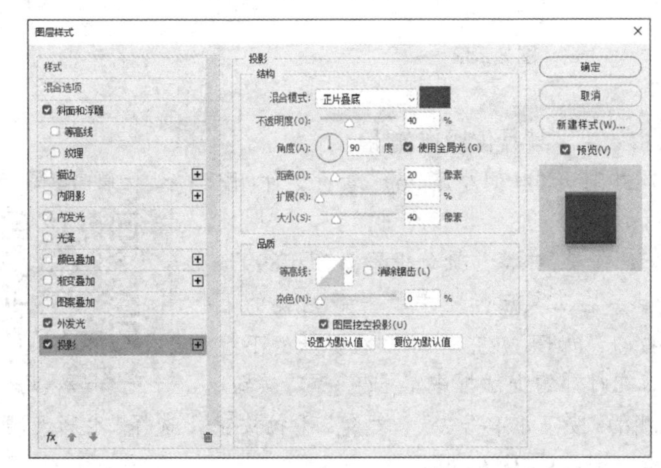

图 2.229

图 2.230

2.6 画笔的应用

利用Photoshop提供的画笔工具组可以绘制线条或图画。画笔工具组包括画笔工具、铅笔工具、颜色替换工具、混合器画笔工具、历史记录画笔工具和历史记录艺术画笔工具，如图2.231所示。

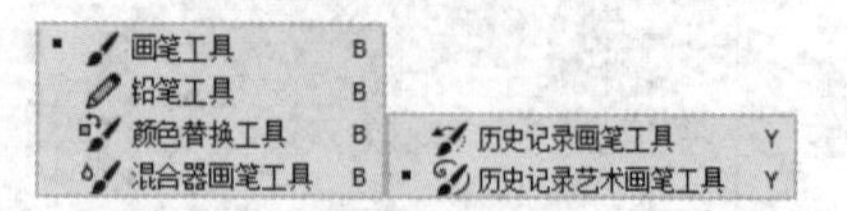

图2-231

在使用画笔工具组中的各工具进行绘制时，调整画笔的笔刷大小和硬度可以绘制出不同的效果。在输入法为英文时，按【[】键可调小画笔的笔刷大小，按【]】键可调大画笔的笔刷大小；按【Shift+[】键可调小画笔的笔刷硬度，按【Shift+]】键可调大画笔的笔刷硬度。

2.6.1 使用画笔工具

用画笔工具可以绘制柔和流畅的线条和漂亮的图案。画笔工具的颜色由当前的前景色决定，画笔工具的笔刷大小通过画笔面板来定义，下面对画笔工具的使用方法进行详细介绍。

1．认识画笔工具

选择一种画笔工具，再选择前景色，单击工具属性栏旁的下拉按钮，打开画笔面板。在画笔面板中选择笔刷样式，拖动“大小”下的滑块可以调整笔刷的直径，拖动“硬度”下的滑块可以调整笔刷的硬度。在图像窗口中按住鼠标左键并拖曳鼠标可绘制形状，如图2.232所示。

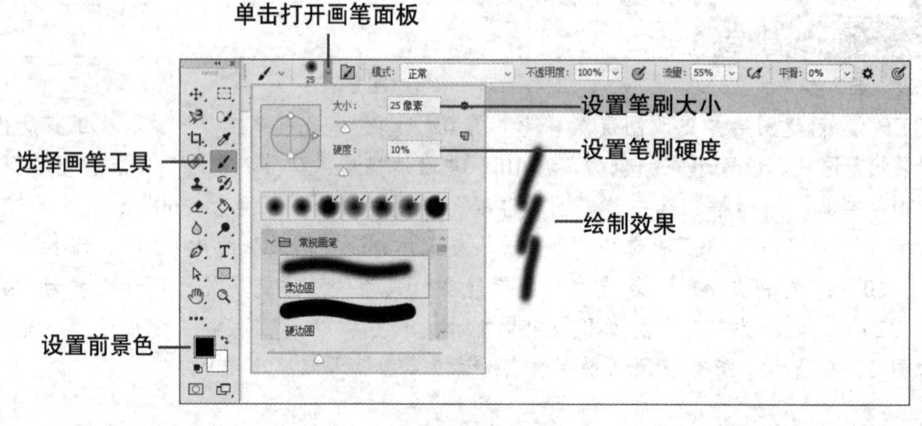

图2.232

2．实例——绘制萤火虫

下面使用画笔工具绘制萤火虫效果，其具体操作如下。

STEP 1 在Photoshop CC 2018中打开“林间小路.jpg”素材文件（配套资源:\素材文件\第2章\林间小路.jpg）。

STEP 2 新建图层，更改名称为“前景”并将前景色设置为“#aff899”。

STEP 3 选择“画笔工具”，在工具属性栏中单击右侧的下拉按钮，在画笔面板中单击按钮，如图2.233所示。在打开的下拉列表框中选择“旧版画笔”选项，在打开的提示框中单击确定按钮。

STEP 4 单击“旧版画笔”左侧的按钮并单击“默认画笔”下拉按钮，选择“水彩大溅滴”选项，设置笔刷大小为“300像素”，如图2.234所示。

STEP 5 选择“前景”图层，在图像下方拖曳鼠标绘制形状，完成后的效果如图2.235所示。

STEP 6 新建图层，并更改名称为“远景”，设置画笔颜色为“#21eb47”。

STEP 7 在当前的工具属性栏中单击●右侧的下拉按钮⌄，打开画笔面板，单击选择“水彩小溅滴”选项，设置笔刷大小为“300 像素”。

STEP 8 选择“远景”图层，在图像中间拖曳鼠标绘制形状，完成后的效果如图 2.236 所示（配套资源 :\ 效果文件 \ 第 2 章 \ 林间小路 .psd）。

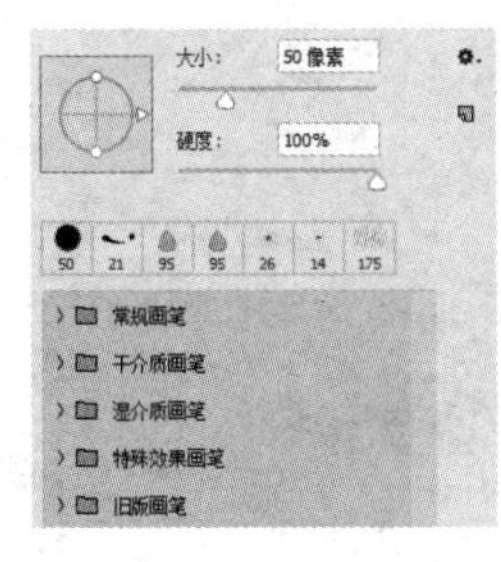

图 2.233

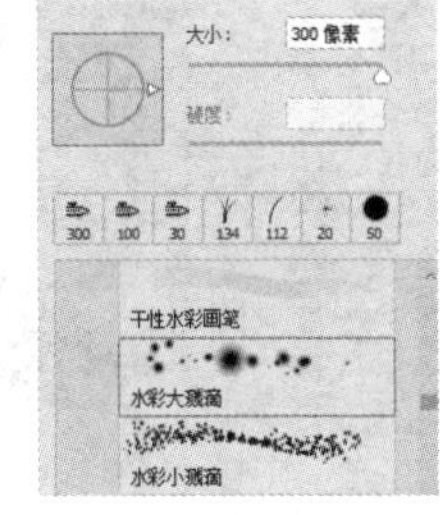

图 2.234

图 2.235

图 2.236

从以上的操作可以看出，选择合适的笔刷可以快速制作出复杂的效果：如星空、下雪、草地等，让形状绘制更加简单。

3．设置画笔工具

在 Photoshop 工具箱中选择画笔工具🖌，在工具属性栏中单击“切换画笔设置面板”按钮或按【F5】键打开“画笔设置”面板，该面板提供了一些动态画笔选项，如图 2.237 所示。选择相应的选项可以使画笔的大小、间距等参数自动发生变化，从而绘制出动态效果图。

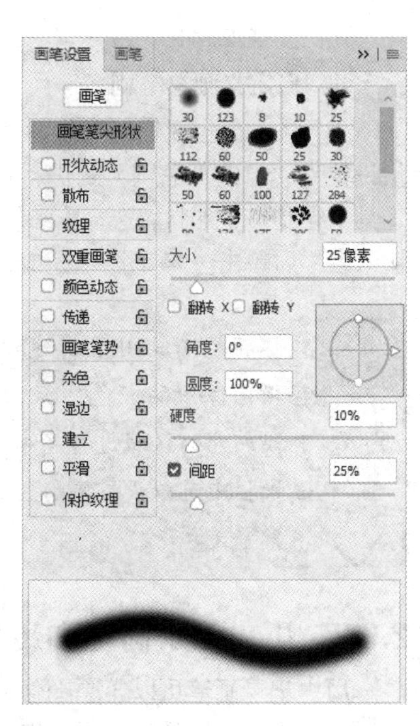

图 2.237

在“画笔设置”面板中经常会用到“形状动态”“颜色动态”和“传递”，下面分别进行介绍。

- 在“画笔设置”面板中选中“形状动态”复选框，切换到形状动态页面，页面中显示有关形状动态的选项，可以按实际需要拖动其中的“大小抖动”滑块、“角度抖动”滑块、“圆度抖动”滑块等对形状动态进行设置，如图 2.238 所示。
- 在“画笔设置”面板中单击选中“颜色动态”复选框，切换到颜色动态页面，页面中显示有关颜色动态的选项，可以按实际需要拖动其中的“前景 / 背景抖动”滑块、“色相抖动”滑块、“饱和度抖动”滑块、“亮度抖动”滑块、“纯度”滑块等对颜色动态进行设置，如图 2.239 所示。
- 在“画笔设置”面板中选中“传递”复选框，切换到传递页面，页面中显示有关传递的选项，可以按实际需要拖动其中的“不透明度抖动”滑块、“流量抖动”滑块，改变笔刷的可见度。如果使用数位板绘制，则可以在“控制”下拉列表框中选择“钢笔压力”，模拟真实画笔压感，如图 2.240 所示。

图 2.238

图 2.239

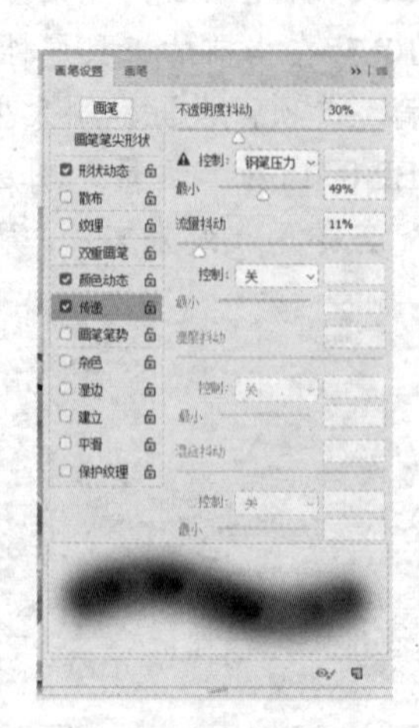

图 2.240

滑块对应的数值越大，动态效果越明显。

在绘制过程中，笔尖的随机角度抖动效果如图 2.241 所示，笔尖的随机圆度抖动效果如图 2.242 所示，不透明度动态画笔的绘制效果如图 2.243 所示。

图 2.241　　图 2.242　　图 2.243

4．自定义画笔笔刷

使用 Photoshop 处理图像时，如果需要大面积重复使用一些特殊形状，就可以将特殊形状设置为“自定义笔刷”来进行批量绘制，节约绘制时间。其方法是，新建图层，选择画笔工具绘制一个形状，选择【编辑】/【定义画笔预设】菜单命令，打开“画笔名称”对话框，输入名称后单击 确定 按钮完成自定义画笔。

> **知识提示**
>
> 铅笔工具用于创建硬边直线，其使用方法与画笔工具相同。颜色替换工具可替换图像中的颜色，只需更改前景色，然后选择颜色替换工具，在图像中需要替换颜色的区域进行绘制即可。混合器画笔工具可模拟绘画的笔触效果，在其工具属性栏中可以设置混合图像颜色和绘画的湿度。这些工具的操作都较为简单，这里不再赘述。

2.6.2 历史记录画笔和历史记录艺术画笔

历史记录画笔可以还原图像未经操作时的状态，对图像进行恢复。历史记录艺术画笔是使用指定的历史记录来进行风格化的绘制，两者的不同之处在于历史记录画笔是将图像还原为编辑过程中的某一状态，而历史记录艺术画笔可创建不同的颜色和艺术风格。

1．历史记录画笔

使用历史记录画笔可以还原图像在编辑过程中的某一状态，从而突出画面的重点。历史记录画笔和“历史记录”面板搭配使用可以将图像恢复到历史处理过程中的某个阶段。

当需要突出一张图像中的主体物时，可以先对图像进行去色和模糊处理，再使用历史记录画笔对主体物进行色彩还原，从而达到预期效果，其具体操作如下。

微课视频
历史记录画笔

STEP 1 在 Photoshop CC 2018 中打开“猫 .jpg”素材文件（配套资源 :\ 素材文件 \ 第 2 章 \ 猫 .jpg）。

STEP 2 选择【图像】/【调整】/【去色】菜单命令，将图像转换为灰度图像。选择【滤镜】/【模糊】/【高斯模糊】菜单命令，打开“高斯模糊”对话框，输入数值“10”，单击 确定 按钮模糊图像，如图 2.244 所示。

STEP 3 选择“快速选择工具”，沿主体物拖曳鼠标建立选区。选择“历史记录画笔工具”，在“历史记录”面板中单击“去色”记录左侧的按钮，开始在选区内使用“历史记录画笔工具”对其进行涂抹，去掉高斯模糊，如图 2.245 所示。

STEP 4 重复 STEP 3 的操作。在“历史记录”面板中单击“打开”记录左侧的按钮，选择“历史记录画笔工具”对其进行涂抹，恢复原本的颜色，按【Ctrl+D】组合键取消现有选区，完成后的效果如图 2.246 所示（配套资源 :\ 效果文件 \ 第 2 章 \ 猫 .jpg）。

图 2.244

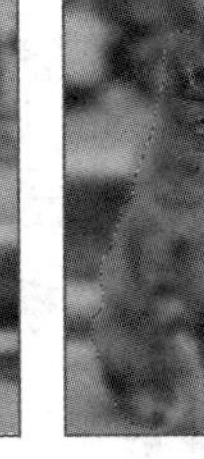
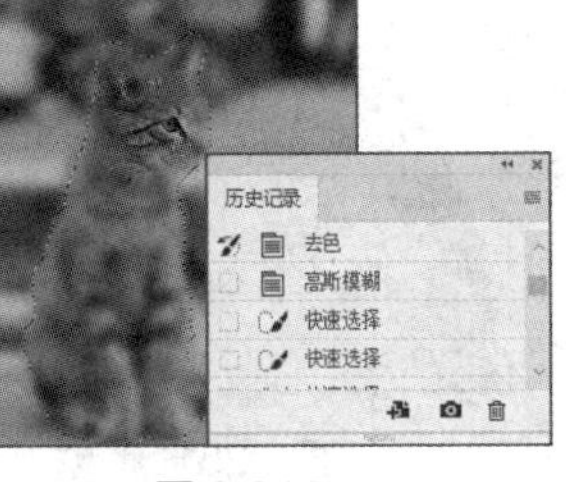

图 2.245

图 2.246

2．历史记录艺术画笔

使用历史记录艺术画笔的操作与历史记录画笔的操作相同，也是与“历史记录”面板结合使用。历史记录艺术画笔不仅可以将图像恢复到操作前，还可以在工具属性栏中对历史记录艺术画笔设置不同的属性参数与画笔样式，如图 2.247 所示，在操作过程中使图像呈现不同的绘画风格，如图 2.248 所示。

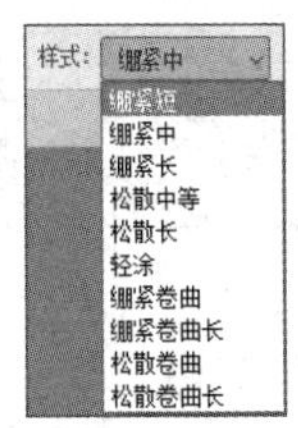

图 2.247

图 2.248

2.6.3 实例——制作自定义气泡笔刷

下面使用椭圆选框工具绘制气泡并将其保存为自定义画笔笔刷，为“女孩 .jpg”素材文件营造梦幻的氛围，其具体操作如下。

STEP 1 在 Photoshop CC 2018 中打开“女孩 .jpg”素材文件（配套资源 :\ 素材文件 \ 第 2 章 \ 女孩 .jpg）。

STEP 2 按【Ctrl+N】组合键打开“新建文档”对话框，设置高为

“400像素”，宽为“400像素”，分辨率为“300”，新建文档。

STEP 3 按【Ctrl+Shift+N】组合键新建图层，并更改图层名称为“气泡”，设置前景色为“#000000”。

STEP 4 在工具箱中选择“椭圆选框工具”，按住【Shift】键拖曳鼠标在图像窗口中绘制正圆形。

STEP 5 按【Alt+Delete】组合键填充前景色，其效果如图2.249所示。

STEP 6 单击鼠标右键，在弹出的快捷菜单中选择“羽化”命令，打开“羽化选区”对话框，在“羽化半径”数值框中中输入“25”，单击确定按钮，如图2.250所示。按【Delete】键删除填充颜色。

STEP 7 按【Ctrl+D】组合键取消选区，使用“椭圆工具”绘制图2.251所示的形状，选择【滤镜】/【模糊】/【高斯模糊】菜单命令，打开“高斯模糊”对话框，在“半径”数值框中输入数值“4”，如图2.252所示，单击确定按钮。

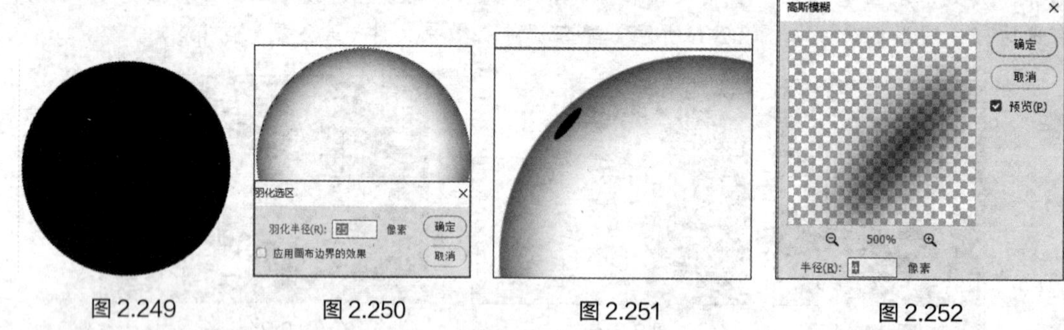

图2.249　　图2.250　　图2.251　　图2.252

STEP 8 完成后的气泡如图2.253所示，同时保存文件（配套资源：\效果文件\第2章\气泡画笔.psd）。选择【编辑】/【定义画笔预设】菜单命令，打开“画笔名称”对话框，更改画笔名称为“气泡画笔”，单击确定按钮，如图2.254所示。

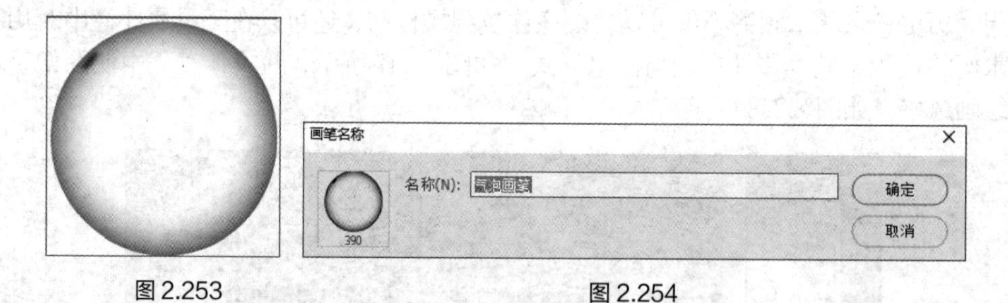

图2.253　　图2.254

STEP 9 打开“女孩”图像，选择“画笔工具”，在画笔面板内选择“气泡”，设置大小为“150像素”，前景色为“#ffffff”，如图2.255所示。

STEP 10 按【F5】键打开“画笔设置”对话框，选中“形状动态”复选框，设置大小抖动为“76%”，最小直径为“18%”；选中“散布”复选框，设置散布为“1000%”；选中“传递”复选框，设置不透明度抖动为“80%”，控制为“渐隐”，最小为“50%”，如图2.256所示。

STEP 11 在图像上绘制气泡，完成后的效果如图2.257所示（配套资源:\效果文件\第2章\女孩与气泡.psd）。

图2.255

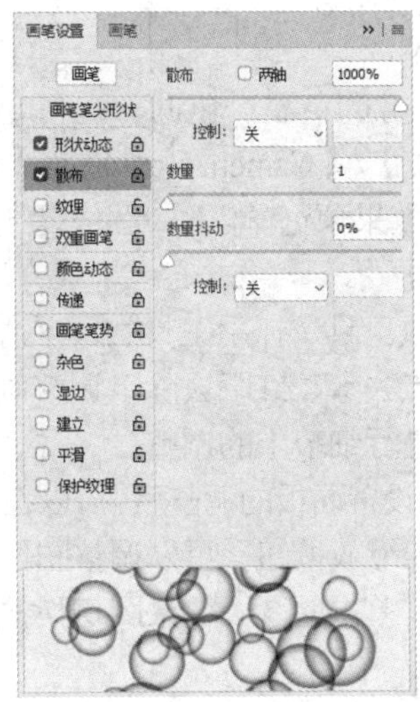

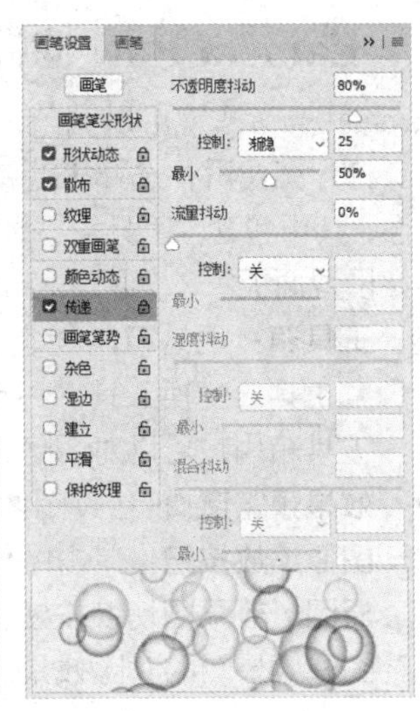

图 2.256

图 2.257

2.7 滤镜效果

在 Photoshop 中使用“滤镜”菜单命令可以修饰图像，为图像增加各种特殊的艺术效果。在灰色模式、索引模式、CMYK 模式和双色通道模式下，大部分滤镜都无法使用，当滤镜不可用时，可以将图像模式转换为 RGB 模式再进行滤镜操作。

一个图像可以应用多个滤镜，在“图层”面板中可以对滤镜进行打开、关闭、更改顺序等操作：通过拖曳可以对已经应用的滤镜进行排列、排序，使图像形成不同的视觉效果；单击滤镜左边的👁按钮，可以对滤镜进行显示或隐藏操作；选择“图层”面板中需要删除的滤镜并单击鼠标右键，在弹出的快捷菜单中选择“删除智能滤镜”命令可以对滤镜进行删除操作。

为图像添加滤镜可以使图像达到更好的视觉效果，下面对常见的滤镜进行介绍。

知识提示

智能滤镜应用于智能对象图层上方的图层，可以对其进行无破坏性的调整、删除和隐藏等操作。

在 Photoshop 中，8 位图像可以应用所有滤镜，在可见图层或选区内可以应用滤镜。用户还可以下载安装第三方的滤镜插件作为增效工具，丰富 Photoshop 的滤镜库。

2.7.1 Camera Raw 滤镜

Camera Raw 滤镜可以调整图像的色温、色调、饱和度、对比度，达到调色、增加质感的效果。打开图像后，选择【滤镜】/【Camera Raw 滤镜】菜单命令，打开“Camera Raw”操作页面，其中包含“工具箱”“效果预览窗口”“图像缩放按钮”“原图 / 效果图切换按钮”和“图像设置面板”，如图 2.258 所示。

- **工具箱**：工具箱包含缩放工具、抓手工具、白平衡工具、颜色取样器工具、目标调整工具、变换工具、污点去除、红眼去除、调整画笔、渐变滤镜和径向滤镜。通过工具箱用户可以对图像进行细节上的调整。
- **效果预览窗口**：经过图像设置面板的调整后，可以在效果预览窗口中看到图像的效果。
- **图像缩放按钮**：单击图像缩放按钮，可以调整图像预览窗口中图像的大小。
- **原图 / 效果图切换按钮**：单击原图 / 效果图切换按钮可以在图像预览窗口中看到原图和效果图的对比效果。

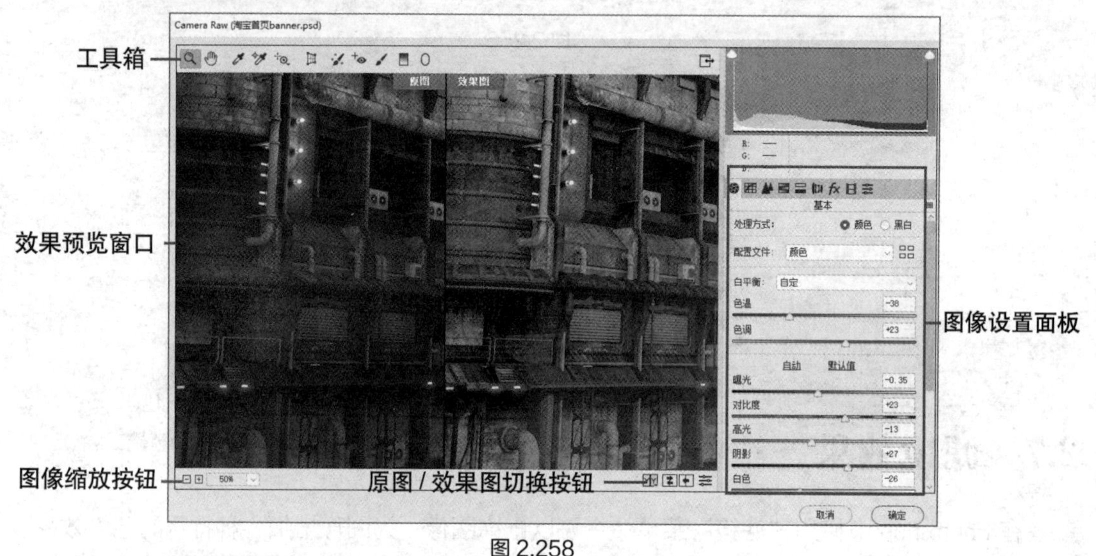

图 2.258

- **图像设置面板**：图像设置面板包括基本、色调曲线、细节、HSL 调整、分离色调、镜头校正效果、校准和预设设置面板。通过图像设置面板，用户可以对图像进行设置，选择不同的设置面板可以使图像达到不同的效果。

2.7.2 滤镜库

滤镜库提供了各种具有特殊效果的滤镜，选中需要应用滤镜的图像所对应的图层，选择【滤镜】/【滤镜库】菜单命令，打开“滤镜库”操作页面，其中包含“效果预览窗口”“滤镜类型”“显示或隐藏滤镜类型按钮”“滤镜选项面板”“滤镜排列表”和“新建 / 删除效果图层”，如图 2.259 所示。

- **效果预览窗口**：对图像添加滤镜效果后，可以在效果预览窗口中查看图像效果。
- **滤镜类型**：滤镜类型包含风格化、画笔描边、扭曲、素描、纹理和艺术效果滤镜。滤镜名称上为滤镜缩览图，通过滤镜缩略图，用户可以直观地看到不同滤镜在图像中的效果。
- **显示或隐藏滤镜类型按钮**：单击显示或隐藏滤镜类型按钮可以对滤镜组进行显示或隐藏，方便观察图像。

- **滤镜选项面板**：当为图像选择滤镜后，对应滤镜的设置参数将会出现在滤镜选项面板中，调整面板中的参数可以改变滤镜的效果。
- **滤镜排列表**：在滤镜排列表中可以对图像当前选择的滤镜进行排列，其功能和“图层”面板功能相似，方便对滤镜进行管理。
- **新建 / 删除效果图层**：新建 / 删除效果图层用于为图像添加或删除滤镜效果。

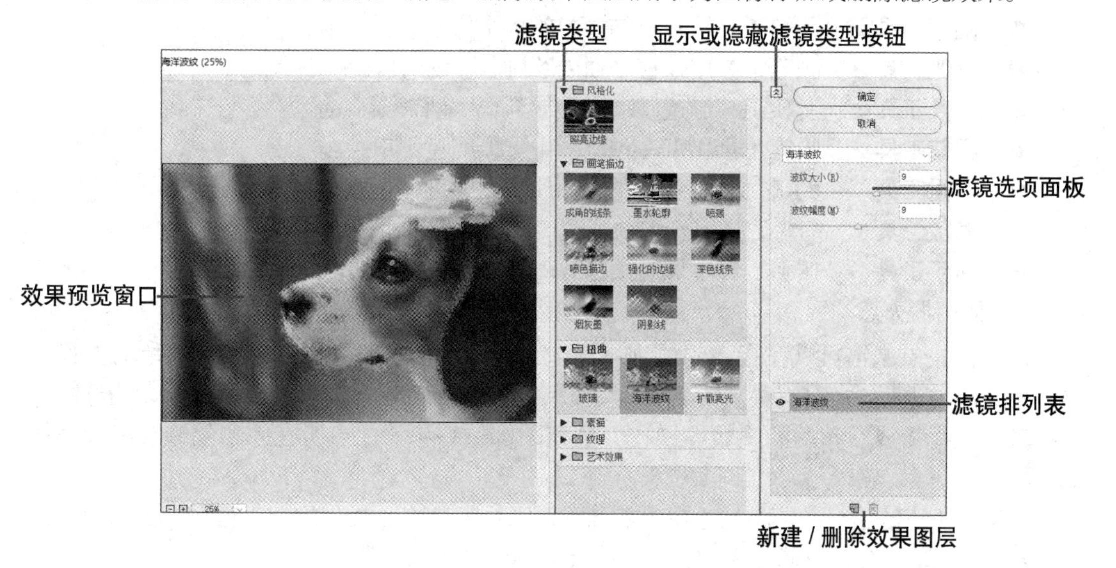

图 2.259

2.7.3 消失点

消失点滤镜是根据透视平面改变图像中物体的位置，对图像进行透视校正和编辑的一种滤镜。消失点滤镜适用于处理有空间感的图像。

1．了解消失点操作界面

选择【滤镜】/【消失点】菜单命令，打开“消失点”操作页面，在工具箱中有编辑平面工具、创建平面工具、选框工具、图章工具、画笔工具、变换工具、吸管工具、测量工具、缩放工具和抓手工具，如图 2.260 所示。

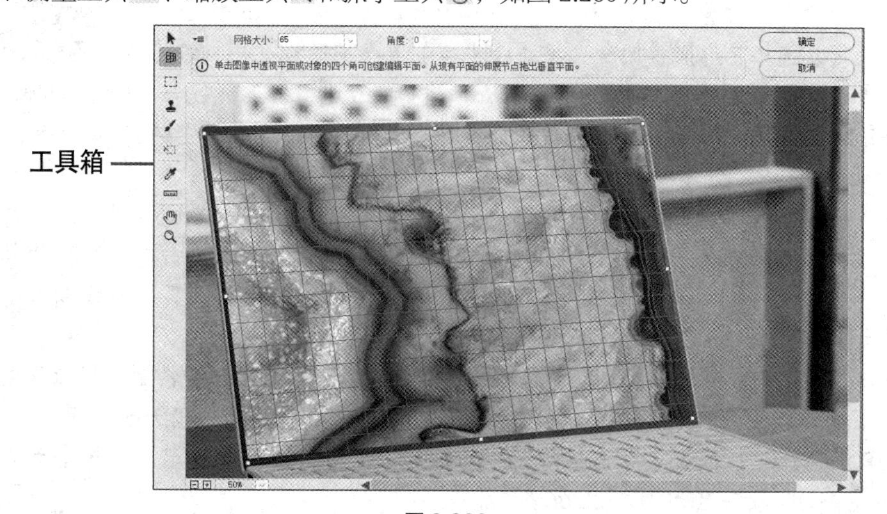

图 2.260

- **编辑平面工具** ：编辑平面工具可以用来选择、移动、编辑和调整平面大小。
- **创建平面工具** ：创建平面工具可以用来自定义平面的4个角节点，按住鼠标左键拖曳出新的平面并调整平面的大小与形状。
- **选框工具** ：选框工具可以用来建立矩形选区并移动选区，双击平面可以选择整个平面。
- **图章工具** ：图章工具用来对图像中的一个样本进行绘画。
- **画笔工具** ：画笔工具用来在平面内绘画。
- **变换工具** ：变换工具通过移动和缩放外框手柄来调整选区。
- **吸管工具** ：吸管工具用来在预览图中吸取颜色用于绘画。
- **测量工具** ：测量工具用来在预览图的平面中进行距离和角度的测量。
- **缩放工具** ：缩放工具用来对预览窗口中的图像进行放大和缩小。
- **抓手工具** ：抓手工具用来对预览窗口中的图像进行移动。

2．使用消失点滤镜

使用消失点滤镜可以在指定的透视平面内进行绘画、复制和粘贴等操作，所有的操作都在该平面内进行。当在消失点中粘贴剪贴板中的图像后，该图像将变成一个浮动的选区，可以对其进行缩放、移动和旋转等操作，且该图像始终与消失点所在图像的透视平面保持一致。

使用消失点滤镜可以让图像透视更加准确，从而使视觉效果更真实。使用消失点滤镜时，为了方便后面的操作可以新建图层，将消失点的结果放入新图层中。

知识提示

当需要拉出其他平面时，可以使用创建平面工具并在按住【Ctrl】键的同时拖曳边缘的角节点。

在消失点平面中粘贴的图像必须为栅格化图像。

下面使用消失点滤镜把海报贴入公交站广告板上，以达到立体的效果，其具体操作如下。

STEP 1 在Photoshop CC 2018中打开“公交站台.jpg”“日历海报.jpg”素材文件（配套资源:\素材文件\第2章\公交站台.jpg、日历海报.jpg）。选择日历海报图像，按【Ctrl+A】组合键进行全选，按【Ctrl+C】组合键将选中的图像复制到剪贴板中。

STEP 2 在“图层”面板中单击 按钮新建图层，选择【滤镜】/【消失点】菜单命令，打开“消失点”对话框。

STEP 3 选择“创建平面工具” ，在预览图像窗口中找到需要进行操作的广告平面，单击该平面中的一个角创建第一个角节点，如图2.261所示。依次单击广告平面的其余3个角完成剩余3个角节点的创建，如图2.262所示。使用“编辑平面工具” 拖曳对角节点以对其进行调整，如图2.263所示。

STEP 4 调整完成后的效果如图2.264所示。按【Ctrl+V】组合键粘贴日历海报图像，此时粘贴的日历海报图像位于预览图像窗口左上角的浮动选区中，如图2.265所示。

STEP 5 选择“选框工具” ，将需要粘贴的日历海报图像拖曳至广告板平面内，使该图像与透视平面保持一致，如图2.266所示。

图 2.261　　图 2.262　　图 2.263

图 2.264　　图 2.265　　图 2.266

STEP 6 按【Ctrl+T】组合键对日历海报图像进行缩放调整，如图 2.267 所示。单击 确定 按钮，最终效果如图 2.268 所示（配套资源 :\ 效果文件 \ 第 2 章 \ 公交站台 .psd）。

图 2.267　　图 2.268

知识提示

在粘贴图像后，除了将粘贴的图像移动到平面外，选择选框工具后，不能单击图像中的任何位置，否则其他位置会取消选择浮动选区并将图像永久粘贴在其中。

有效的透视平面的网格和外框为蓝色，如果网格和外框为红色或黄色，则是无效的平面，此时，可以使用编辑平面工具对角节点进行调整直至网格和外框变为蓝色。

2.7.4　滤镜组

滤镜是用来实现图像特殊效果的，在滤镜组中选择相应的菜单命令即可应用相应的滤镜。常用的滤镜组有风格化、模糊、扭曲、锐化、像素化、渲染、杂色和其他，下面分别进行介绍。

1．风格化滤镜组

风格化滤镜组通过增加图像的对比度和置换像素来对图像进行创作，以强化色彩边缘，使用风格化滤镜组中的滤镜可以增加图像的对比度，使图像生成印象派的效果。风格化滤镜组中的滤镜有以下 9 种。

- **查找边缘**：查找边缘滤镜可以根据图像中主体颜色的变化区域突出其边缘，生成轮廓效果。

- **等高线**：等高线滤镜可以根据图像主要亮度区域在其边缘绘制一条细线，生成和等高线图中线条相似的效果。
- **风**：风滤镜可以通过为图像增添一定数量的水平线模拟风吹物体的画面效果，需注意该滤镜只作用于水平方向。
- **浮雕效果**：浮雕效果滤镜可以根据图像的边缘轮廓进行绘制并降低周围的色值来生成凹陷和凸出效果。
- **扩散**：扩散滤镜可以对图像进行扩散，生成一种磨砂质感。
- **拼贴**：拼贴滤镜可以将图像分割为多块后再拼贴在一起。
- **曝光过度**：曝光过度滤镜可以混合正片与负片，增加图像光线强度，使图像生成过曝效果。
- **凸出**：凸出滤镜可以对图像添加3D纹理，使图像生成立体效果。
- **油画**：油画滤镜可以为图像增加油画肌理效果。

下面使用风滤镜和凸出滤镜对图像进行处理，其具体操作如下。

STEP 1 在Photoshop CC 2018中打开“彩色.jpg”素材文件（配套资源:\素材文件\第2章\彩色.jpg），按【Ctrl+N】组合键新建“艺术海报”文档。选择“彩色.jpg”素材文件，按【Ctrl】键将其拖曳至艺术海报中，如图2.269所示。按【Ctrl+J】组合键复制图层进行备份。

STEP 2 选择【滤镜】/【风格化】/【风】菜单命令，打开“风”对话框，设置方法为“大风”，方向为“从右”，如图2.270所示，单击 确定 按钮。

STEP 3 按【Ctrl+Alt+F】组合键对彩色图像多次添加风滤镜效果，如图2.271所示。

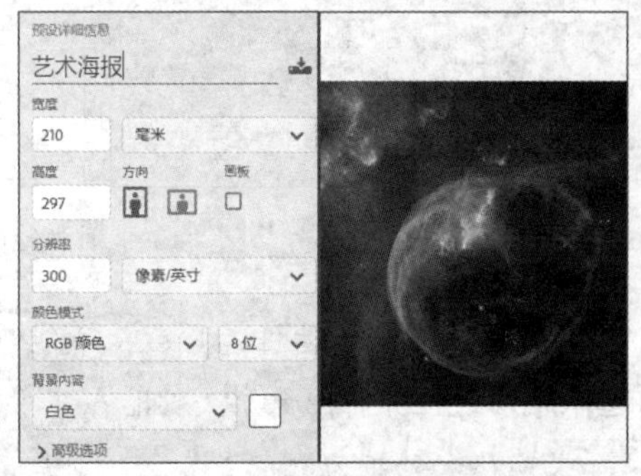

图2.269

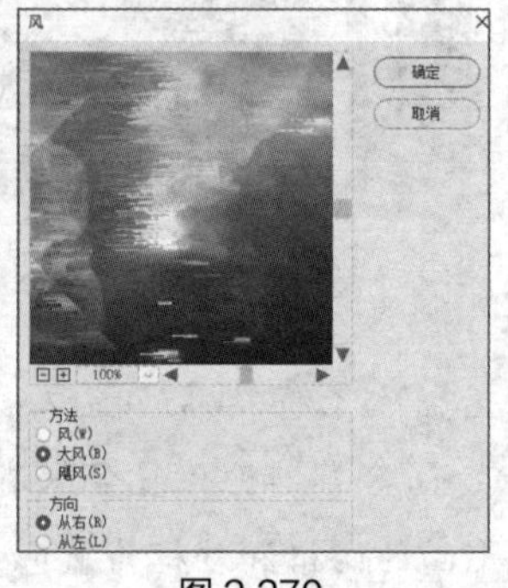

图2.270

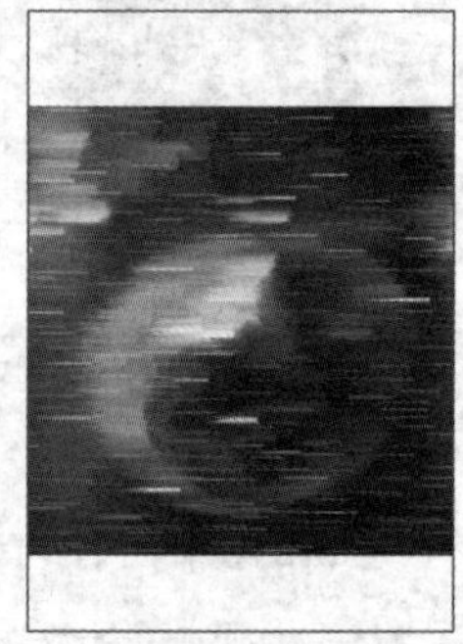

图2.271

STEP 4 选择【滤镜】/【风格化】/【凸出】菜单命令，打开“凸出”对话框，设置类型为“块”，大小为“5”，深度为“80”，如图2.272所示，单击 确定 按钮。

STEP 5 按【Ctrl+T】组合键调整图像的大小与位置，完成后的效果如图2.273所示。

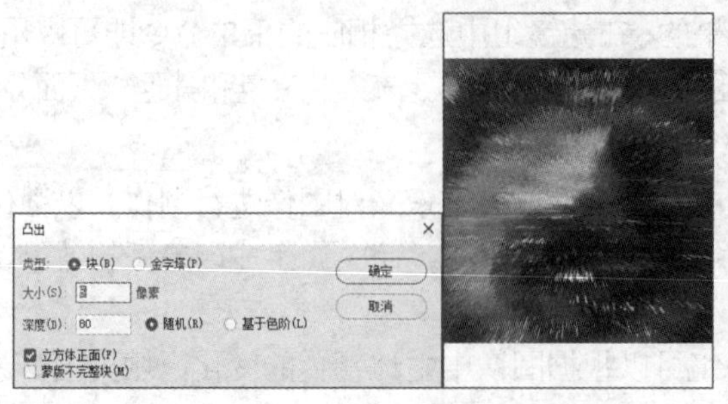

图2.272

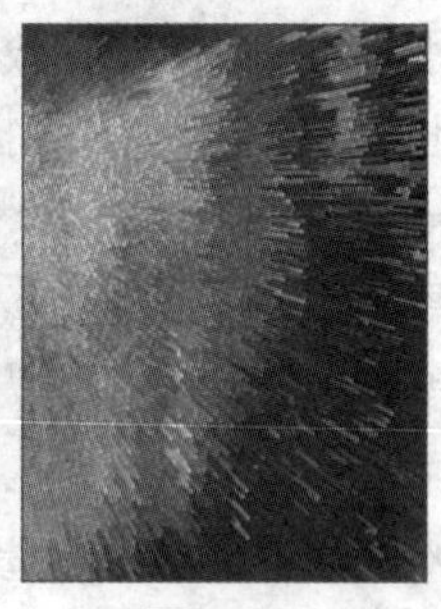

图2.273

STEP 6 选择【图像】/【调整】/【亮度 / 对比度】菜单命令，打开“亮度 / 对比度”对话框，设置亮度为“10”，对比度为“35”，如图 2.274 所示，单击 确定 按钮。

STEP 7 选择【图像】/【调整】/【色彩平衡】菜单命令，打开“色彩平衡”对话框，具体设置如图 2.275 所示，单击 确定 按钮。

STEP 8 按【Shift+Ctrl+N】组合键新建图层，选择“矩形工具”，在工具属性栏中设置描边为“#ffffff”，填充为“无”，像素为“40”，为海报添加白色边框，如图 2.276 所示。

STEP 9 新建图层，选择“横排文字工具” T，在工具属性栏中设置字体颜色为“#ffffff”，依次输入文本内容，最终效果如图 2.277 所示（配套资源 :\效果文件\第 2 章\艺术海报 .psd）。

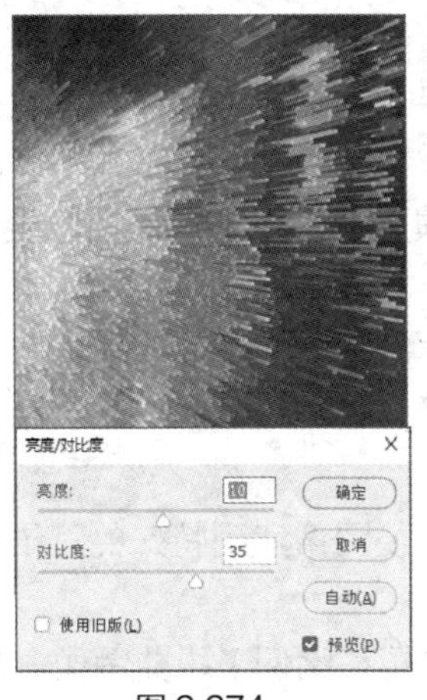

图 2.274

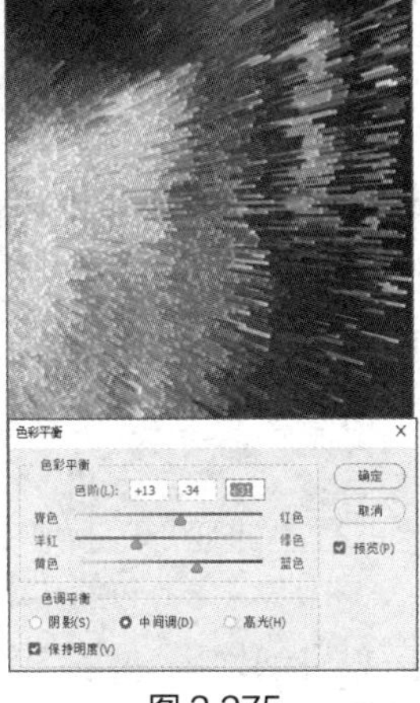

图 2.275

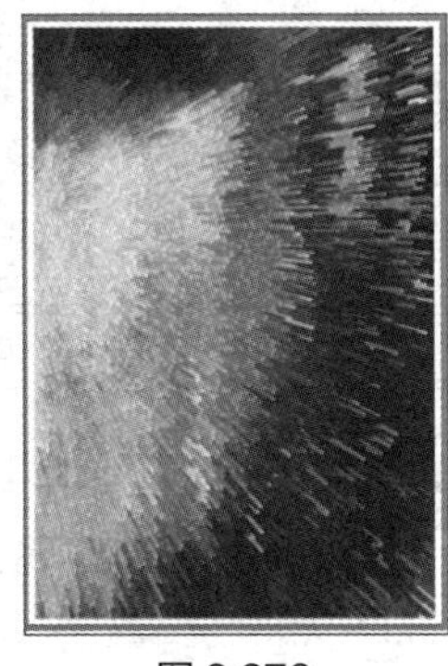

图 2.276

图 2.277

2．模糊滤镜组

使用模糊滤镜组可以对图像中的清晰像素进行柔和处理，平衡图像中的线条，使整体画面模糊。模糊滤镜组包含如下几种滤镜。

- **表面模糊**：表面模糊滤镜可以在保留边缘的同时去除图像中的杂色，其中“半径”选项是指图像需要模糊的大小。
- **动感模糊**：动感模糊滤镜可以对图像沿着设置的方向进行模糊，并且能对模糊的强度进行设置。应用动感模糊滤镜前后的对比效果如图 2.278 所示。

图 2.278

- **方框模糊**：方框模糊滤镜可以利用图像中像素之间的平均颜色对图像进行模糊处理，输入的半径值越大，生成的模糊效果越好。
- **高斯模糊**：高斯模糊滤镜可以减少图像的细节层次，达到均匀模糊的效果。应用高斯模糊滤镜后的效果如图 2.279 所示。
- **进一步模糊**：进一步模糊滤镜可以在原有模糊滤镜的基础上进一步增加模糊的效果。
- **径向模糊**：径向模糊滤镜可以通过设置模糊数值和模拟旋转或缩放的模糊方法使图

像生成一种带有冲击力的视觉效果。应用径向模糊滤镜后的效果如图 2.280 所示。

图 2.279

图 2.280

- **镜头模糊**：镜头模糊滤镜可以为图像增加景深效果，模糊背景，突出主体物。
- **模糊**：模糊滤镜可以对图像中有明显颜色变化的地方去除杂色，使图像产生更加柔和的效果。
- **平均**：平均滤镜可以对图像中的平均颜色进行查找并将其填充至图像中，使图像生成均匀的颜色效果。
- **特殊模糊**：特殊模糊滤镜通过设置半径、阈值和模糊品质达到精准的模糊效果。
- **形状模糊**：形状模糊滤镜通过自定义形状来创建模糊效果。

3．扭曲滤镜组

使用扭曲滤镜组可以通过几何原理对图像进行扭曲变形等操作，使图像达到特殊的三维视觉效果。扭曲滤镜组中包含以下 9 种滤镜。

- **波浪**：波浪滤镜可以通过设置波浪生成器的数量、波长、波幅和比例来扭曲图像。
- **波纹**：波纹滤镜可以在图像中创建如水波纹起伏的图案，通常与波浪滤镜结合起来使用。
- **极坐标**：极坐标滤镜可以对图像的坐标进行转换，由平面坐标转换为极坐标或由极坐标转换为平面坐标。应用极坐标滤镜前后的对比效果如图 2.281 所示。

图 2.281

- **挤压**：挤压滤镜可以通过设置正值和负值的数值来挤压图像。
- **切变**：切变滤镜可以通过拖曳调整框中的线条控制图像的扭曲程度。
- **球面化**：球面化滤镜可以通过设置数量来使图像具有 3D 效果。
- **水波**：水波滤镜可以通过设置数量和起伏来对图像进行扭曲操作。
- **旋转扭曲**：旋转扭曲滤镜可以设置角度生成旋转扭曲图像，在旋转扭曲图像中，中心的旋转程度比边缘大。
- **置换**：置换滤镜可以将置换的图像添加在目标图像上，使其贴合在目标图像上。

4．锐化滤镜组

在模糊的图像中使用锐化滤镜组可以增加图像中像素之间的对比度，从而达到提高图像清晰度的目的。锐化滤镜组包含USM锐化、防抖、进一步锐化、锐化、锐化边缘和智能锐化这几种滤镜。

- **USM锐化**：USM锐化滤镜可以通过查找图像中颜色变化明显的区域对其进行锐化，调整图像边缘的对比度，生成一明一暗两条线，使图像边缘明显。
- **防抖**：防抖滤镜可以对因为拍摄抖动带来的图像模糊进行修复。
- **进一步锐化**：进一步锐化滤镜可以在原有锐化滤镜的基础上实现更强的锐化效果。
- **锐化**：锐化滤镜可以增加图像的清晰度。
- **锐化边缘**：锐化边缘滤镜可以锐化图像的边缘。
- **智能锐化**：智能锐化滤镜可以对锐化量等进行细微的设置，同时可以对颜色通道单独进行锐化，降低杂色和光晕效果。应用“智能锐化”滤镜前后的对比效果如图2.282所示。

图2.282

5．像素化滤镜组

使用像素化滤镜组可以使图像中具有相似颜色的像素进行结合，增强图像的表现效果并遮掩图像中的缺陷，制作出彩块、点状、晶格、马赛克、碎片和铜版雕刻等特殊效果。

- **彩块化**：彩块化滤镜可以将纯色或颜色相近的像素结成相近颜色的像素块，常用来制作手绘图像、抽象派绘画等艺术效果。
- **彩色半调**：彩色半调滤镜可以将图像划分为矩形并用圆形对其进行替换。
- **点状化**：点状化滤镜可以将图像中的颜色分解并随机分散成网点。
- **晶格化**：晶格化滤镜可以将图像中的像素变为纯色多边形效果。
- **马赛克**：马赛克滤镜可以将图像中的像素变为方块效果，用方块颜色概括图像颜色。应用马赛克滤镜前后的对比效果如图2.283所示。
- **碎片**：碎片滤镜可以将图像中的像素变为4个平均的副本并产生偏移效果。
- **铜版雕刻**：铜版雕刻滤镜可以将图像转换为黑白的图案或者彩色的随机图案。

图2.283

6．渲染滤镜组

使用渲染滤镜组可以为图像增加立体火焰、图片框、树和云彩，应用光照、镜头光晕等效果。

- **火焰**：火焰滤镜是基于图像中的路径生成的滤镜，在“火焰”对话框中可以对火焰的类型、强度、颜色、大小和火焰样式等参数进行设置。应用“火焰”滤镜前后的对比效果如图 2.284 所示。
- **图片框**：图片框滤镜可以为图像添加图片框，在“图片框”对话框中有 47 种预设可供选择。
- **树**：树滤镜可以为图像添加树，在“树”对话框中可以设置树的类型、光照方向、叶子数量、叶子大小、树枝高度和树枝粗细等参数。应用“树”滤镜前后的对比效果如图 2.285 所示。

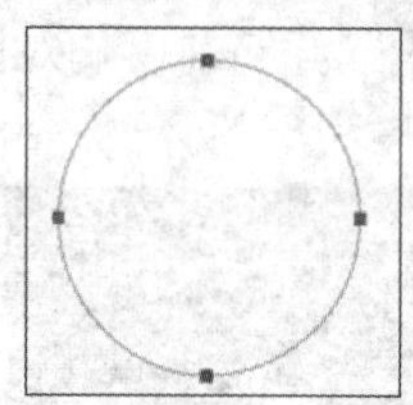
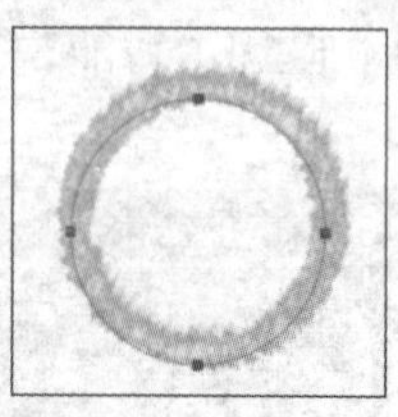

图 2.284

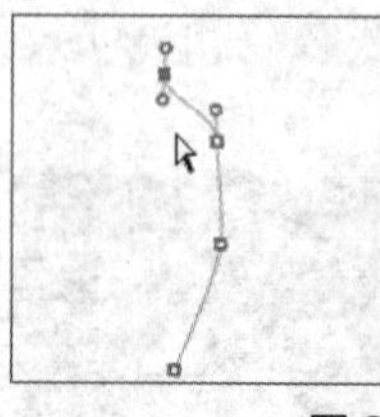

图 2.285

- **分层云彩**：分层云彩滤镜可以在图像中随机生成云彩图案，云彩的颜色介于前景色和背景色之间。
- **光照效果**：光照效果滤镜可以在图像中模拟光照的效果，在“光照效果”操作面板中可以选择 17 种光照样式、3 种光照类型、4 套光照属性和为图像添加纹理制作 3D 效果。应用“光照效果”滤镜前后的对比效果如图 2.286 所示。
- **镜头光晕**：镜头光晕滤镜可以在图像中模拟光亮照射到相机镜头中所生产的折射光晕，在“镜头光晕”对话框中单击或拖曳图像缩览图中的十字线可以指定镜头光晕产生的位置。应用“镜头光晕”滤镜前后的对比效果如图 2.287 所示。
- **纤维**：纤维滤镜可以通过图像中的前景色和背景色创建纤维，纤维的颜色可以拖动“纤维”对话框中的“差异”滑块来调整，拖动“强度”滑块可以调整每根纤维的外观。
- **云彩**：云彩滤镜可以在图像中生成柔和的云彩图案，当需要色彩丰富的云彩图案时，按住【Alt】键选择【滤镜】/【渲染】/【云彩】菜单命令即可。

图 2.286

图 2.287

7．杂色滤镜组

杂色滤镜组可以对图像随机添加或减少杂色，增加图像质感，校正图像中的瑕疵。杂色滤镜组包含减少杂色、蒙尘与划痕、去斑、添加杂色和中间值滤镜，下面分别进行介绍。

- **减少杂色**：减少杂色滤镜可以减少图像中的杂色，降低图像的不自然感并为图像保留边缘。
- **蒙尘与划痕**：蒙尘与划痕滤镜可以改变图像中不同的像素从而减少杂色，既锐化了图像又隐藏了图像瑕疵。应用“蒙尘与划痕”滤镜后的效果如图2.288所示。

- **去斑**：去斑滤镜可以对图像中颜色变化明显的区域进行模糊从而减少杂色，并保留图像细节。
- **添加杂色**：添加杂色滤镜可以将随机生成的像素添加到图像中，使用添加杂色滤镜可以增加图像的真实感。“添加杂色”对话框中的“平均分布”可以使用随机数值来分布杂色，“高斯分布”可以使用曲线分布杂色使图像产生斑点效果。应用“添加杂色”滤镜前后的对比效果如图2.289所示。
- **中间值**：中间值滤镜可以对图像中亮度相近的像素进行搜索以移除差异大的像素，从而减少杂色，中间值滤镜适用于去除动感效果的图像。

图2.288

图2.289

8．其他滤镜组

其他滤镜组可以快速调整颜色、对图像进行位移和允许创建自定义滤镜，下面分别进行介绍。

- **HSB/HSL**：HSB/HSL滤镜可以对图像的颜色模式进行转换。应用“HSB/HSL”滤镜前后的对比效果如图2.290所示。
- **高反差保留**：高反差保留滤镜可以对图像中指定半径内的图像边缘细节进行保留。半径数值的大小是过渡边缘的大小。应用“高反差保留”滤镜后的效果如图2.291所示。
- **位移**：位移滤镜可以使图像按照在“位移”对话框中输入的数值进行水平或垂直方向的移动。
- **自定**：自定滤镜可以设计滤镜，对图像中的像素进行数学运算并更改其亮度，使图像产生锐化、模糊和浮雕的效果，还可以将设置的效果参数进行储存方便后续使用。
- **最大值和最小值**：最大值滤镜可以对图像中的亮区进行扩大，对暗区进行缩小；最小值滤镜可以对图像中的亮区进行缩小，对暗区进行扩大。

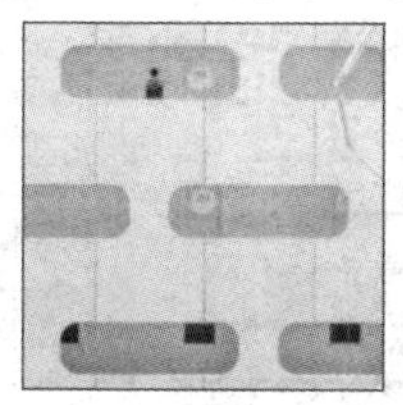
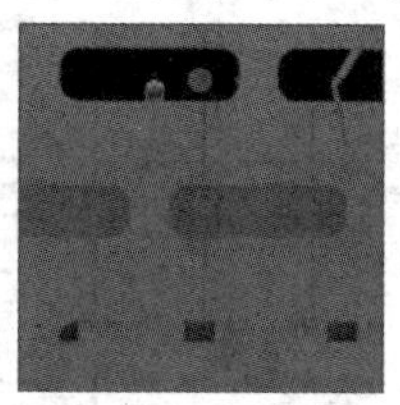

图2.290

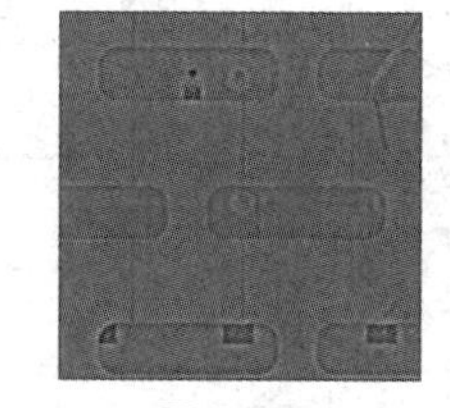

图2.291

2.7.5 实例——制作淘宝首页Banner

下面使用Camera Raw滤镜、锐化滤镜和模糊滤镜调整图像的颜色，使图像呈现出良好的艺术效果，还使用文字图层并添加图层样式，使其与图像匹配，其具体操作如下。

STEP 1 在Photoshop CC 2018中打开“天猫Logo.png”“矩形网

格 .png”“夜市 .jpg”素材文件（配套资源 :\ 素材文件 \ 第 2 章 \ 天猫 Logo.png、矩形网格 .png、夜市 .jpg）。选择“夜市”图像，按【Ctrl+J】复制图层进行备份。

STEP 2 选择【滤镜】/【转换为智能滤镜】菜单命令，将图像转换为智能滤镜，如图 2.292 所示。

图 2.292

STEP 3 选择【滤镜】/【Camera Raw 滤镜】菜单命令，打开“Camera Raw 滤镜”对话框。

STEP 4 在“Camera Raw 滤镜”对话框中单击“基本”选项卡，设置色温为“−38”，色调为“+23”，曝光为“−0.35”对比度为“+23”，高光为“−13”，阴影为“+27”，白色为“−26”，黑色为“+6”，清晰度为“+67”，去除薄雾为“+41”，自然饱和度为“+28”，饱和度为“+10”，如图 2.293 所示。

STEP 5 单击“HSL 调整”选项卡，设置图像的色相、饱和度和明亮度，具体数值如图 2.294 所示。

STEP 6 单击“校准”选项卡，对图像的颜色进行处理，具体数值如图 2.295 所示。单击 确定 按钮确认设置。

图 2.293

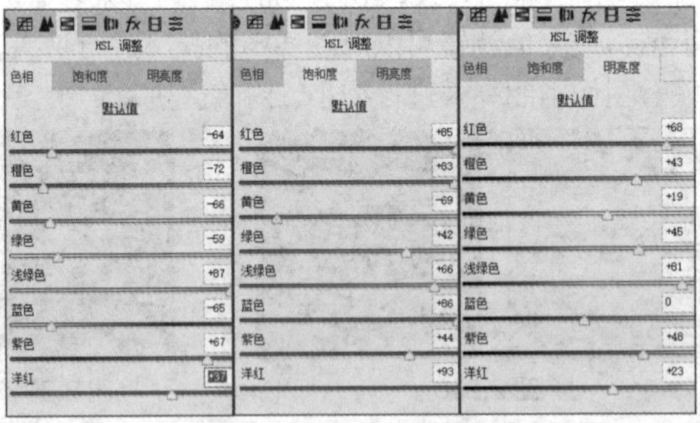

图 2.294

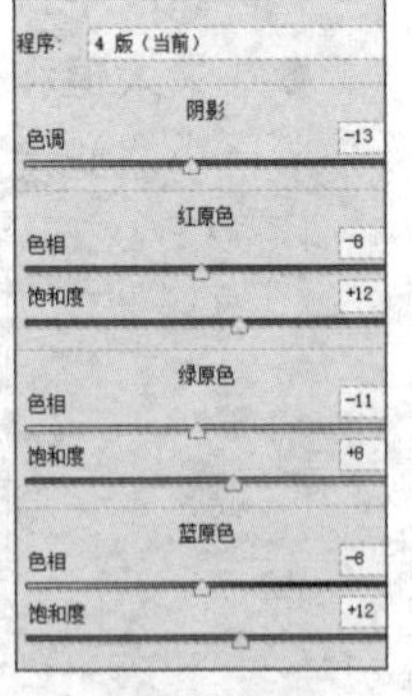

图 2.295

STEP 7 单击“图层”面板下方的“创建新的填充或调整图层”按钮，在打开的下拉列表中选择“曲线”选项，在打开的“属性”面板中调整图像对比度，具体设置如图 2.296 所示。

STEP 8 单击“图层”面板下方的“创建新的填充或调整图层”按钮，在打开的下拉列表中选择“纯色”选项，为图像设置填充颜色，打开“拾色器（纯色）”面板，设置颜色为“#fa38f8”，单击 确定 按钮确认设置。

STEP 9 选择“颜色填充 1”图层，在“图层”面板上方的“设置图层混合模式”下拉列表框中选择“滤色”选项，设置图层的不透明度为“20%”，“图层”面板如图 2.297 所示，完成后的图像效果如图 2.298 所示。

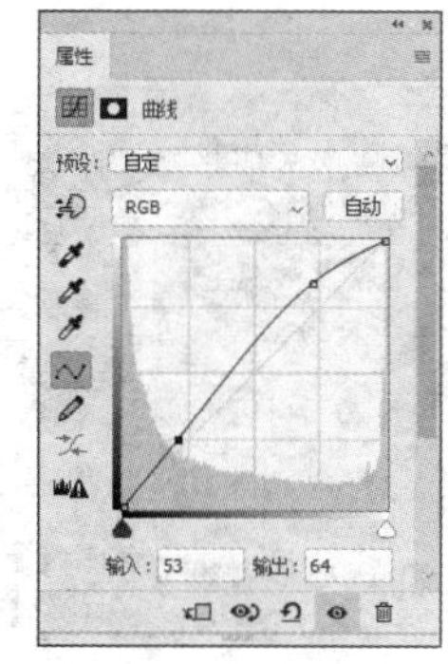

图 2.296

图 2.297

图 2.298

STEP 10 按【Shift+Ctrl+Alt+E】组合键盖印图层，方便修改图像。

STEP 11 选择【滤镜】/【锐化】/【USM 锐化】菜单命令，打开“USM 锐化”对话框，设置数量为“140”，半径为“1.0”，阈值为“2”，如图 2.299 所示。

STEP 12 在“图层”面板中按住【Shift】键并单击鼠标左键将图层全部选中，单击“图层”面板下方的“创建新组”按钮创建组。双击组的名称，将其改为“背景”，如图 2.300 所示。

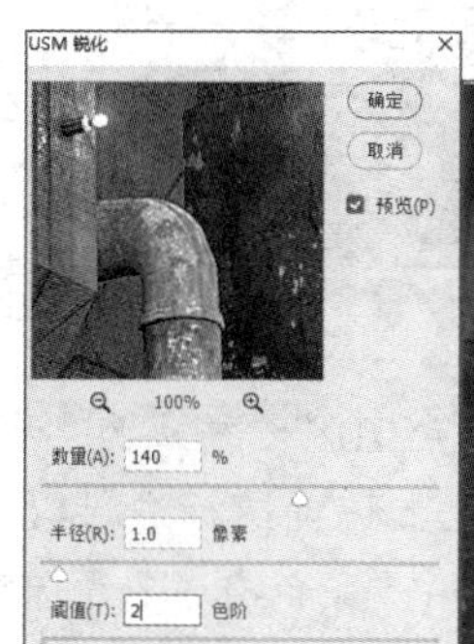

图 2.299

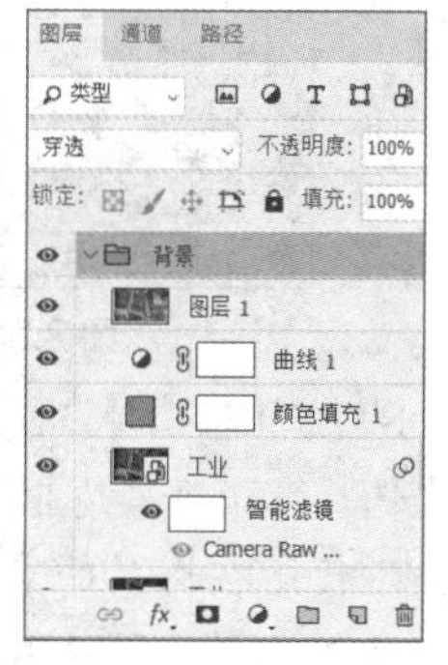

图 2.300

STEP 13 选择“圆角矩形工具”，在工具属性栏中设置填充颜色为“#242989”，半径为“50 像素”，在“图层”面板中设置不透明度为“70”，绘制一个大小为 1 470 像素 ×850 像素的圆角矩形，如图 2.301 所示。

STEP 14 选择“矩形网格”图像，按住【Ctrl】键将其拖曳至“夜市 .jpg”图像文件中，按【Ctrl+T】组合键调整图像大小，如图 2.302 所示。

图 2.301

图 2.302

STEP 15 选择“圆角矩形工具” ，在工具属性栏中设置描边为“#ffffff、15像素”，填充为“无”，半径为“50像素”，双击“图层”面板中该圆角矩形的图层名称，更改其名称为“外框”，双击名称右侧的空白处，打开“图层样式”对话框，选中“外发光”复选框，相应参数设置如图2.303所示。完成后的效果如图2.304所示。

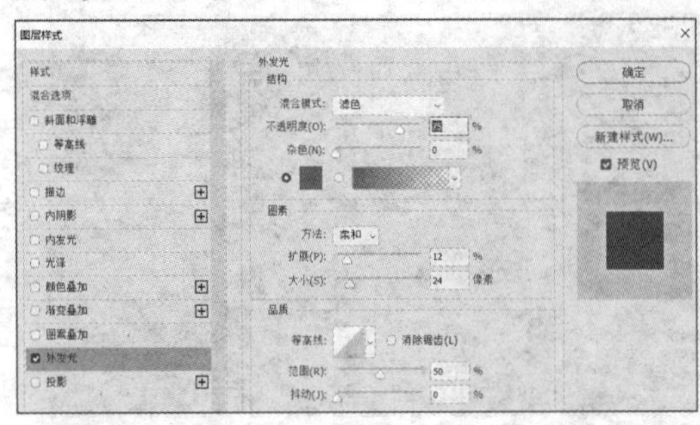

图2.303

图2.304

STEP 16 在图像中按住【Alt】键选中STEP 15 创建的圆角矩形并拖曳，复制圆角矩形图层，如图2.305所示。打开“属性”面板，设置描边为“5像素”，按【Enter】键确认设置，按【Ctrl+T】组合键调整复制的圆角矩形的大小，其效果如图2.306所示。

图2.305

图2.306

STEP 17 选择“自定形状工具” ，在工具属性栏中设置填充为“#ffffff”，描边为“无”，依次选择“五角星边框”和“新月形边框”形状，按住【Shift】键在图像上拖曳鼠标进行绘制。双击形状所在图层的名称右侧的空白处，打开“图层样式”对话框，选中“颜色叠加”复选框，相应参数设置如图2.307所示，再选中“外发光”复选框，相应参数设置如图2.308所示。

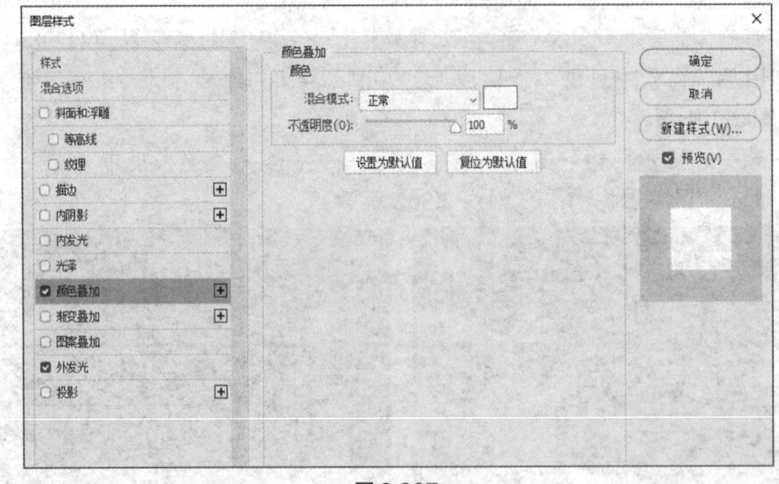

图2.307

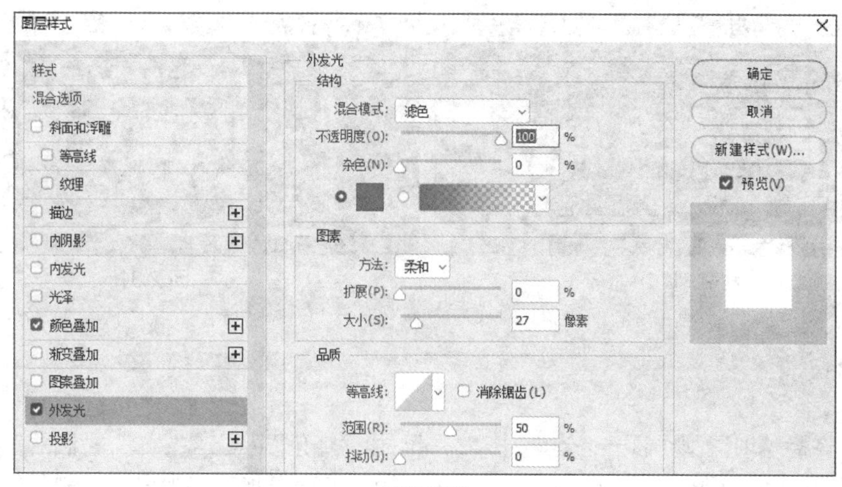

图 2.308

STEP 18 选择形状图层，按【Ctrl+J】键复制图层，在复制的图层上单击鼠标右键，打开快捷菜单，在其中选择“栅格化图层样式”命令，将图层栅格化。选择【滤镜】/【模糊】/【高斯模糊】菜单命令，打开“高斯模糊”对话框，在其中设置半径为“3”，对图像进行模糊处理。选择【滤镜】/【像素化】/【彩色半调】菜单命令，打开“彩色半调”对话框，在其中输入图 2.309 所示的数值。完成后的效果如图 2.310 所示。

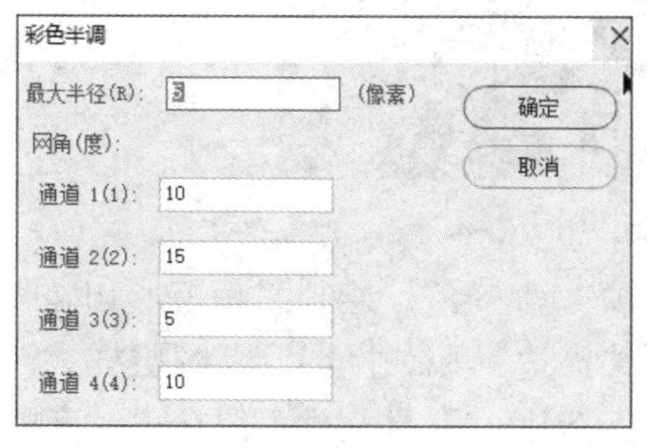

图 2.309

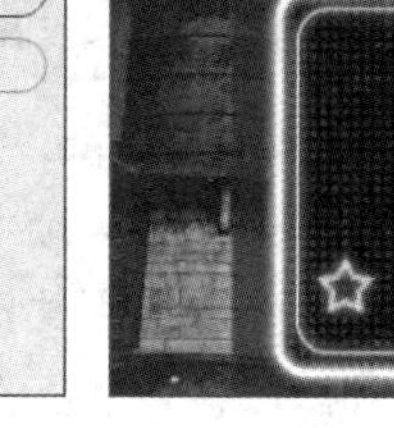

图 2.310

STEP 19 选中形状图层、外框图层、矩形网格图层和圆角矩形背景图层，单击“图层”面板下方的“创建新组”按钮创建组，并将其名称改为“框”。

STEP 20 新建组并更改其名称为“文案”，选择“横排文字工具” T，在工具属性栏中设置字体大小为“200 点”，颜色为“#ffffff”，在图像窗口中单击以定位文本插入点，输入“国庆黄金周”文本。选择“外框”图层并复制其图层样式，在“国庆黄金周”文字图层上单击鼠标右键，在打开的快捷菜单中选择“粘贴图层样式”命令，完成后的效果如图 2.311 所示。

STEP 21 选择“横排文字工具” T，在工具属性栏中设置字体大小为“100 点”，颜色为“#ffffff”，在图像窗口中单击，定位文本插入点，输入“全场商品任性 5 折”文本，并在该文字图层上单击鼠标右键，在弹出的快捷菜单中选择“粘贴图层样式”命令。

STEP 22 选择“天猫 Logo”图像，按住【Ctrl】键并拖曳至“夜市 .jpg”图像文件中，按【Ctrl+T】组合键调整图像大小。选择【文件】/【存储为】菜单命令，打开“另存为”对话框，选择存储位置，在文件名后输入“淘宝首页 Banner”，单击 保存(S) 按钮保存文件，最终效果如图 2.312 所示（配套资源 :\ 效果文件 \ 第 2 章 \ 淘宝首页 Banner.psd）。

图 2.311

图 2.312

2.8 习题

1. 为直播培训课制作Banner。制作时，先添加“音乐图标”“铅笔”“圆规”等素材，并绘制椭圆和圆角矩形，然后填充颜色，为其应用“渐变叠加”“内发光”和“外发光”等图层样式，最后输入文本。完成后的参考效果如图2.313所示（配套资源 :\ 素材文件 \ 第2章 \ 培训课素材 .psd、效果文件 \ 第 2 章 \ 培训课 Banner.psd）。

图 2.313

2. 制作直播专区 banner。制作时，新建文件并填充背景色，绘制圆角矩形和椭圆并填充颜色，然后在背景上添加 banner 素材，为其应用“描边”和“投影”等图层样式，最后输入文本，完成后的参考效果如图 2.314 所示（配套资源 :\ 素材文件 \ 第 2 章 \ 直播专区 banner 素材 .psd、效果文件 \ 第 2 章 \ 直播专区 banner.psd）。

图 2.314

第 3 章 音频制作

本章要点

- 认识音频
- Audition CC 2018 基本操作
- 编辑单轨音频文件
- 编辑多轨音频文件
- 添加音频效果
- 导出音频文件

素养目标

- 提高获取、分析和处理音频信息的能力，创新思维方式，提高音乐素养。

3.1 认识音频

音频是携带信息的声音媒体，它与图像和视频有机结合在一起，共同承载着制作者所要表达的思想和情感，因此音频是多媒体技术的一个主要分支。在多媒体应用系统中，音频可以直接表达或传递信息、制造某种效果和气氛，下面通过了解声音、了解音频、音频质量的影响因素、音频的常见格式和音频的获取来进一步介绍音频。

3.1.1 了解声音

人从外部世界所获取的信息中，有 20% 是通过听觉获得的。人的听觉范围为 20Hz ~ 20kHz，这个频率范围内的信号被称为声音。多媒体技术主要研究的是这部分信号的使用。频率范围小于 20Hz 的信号被称为亚音频，这个范围内的信号人们一般听不到；频率范围高于 20kHz 的信号被称为超音频或超声波，它们具有很强的方向性，并且可以形成波束，利用这种特性，人们制造了超声波探测仪、超声波焊接设备等。另外，人的发声器官可以发出频率范围为 80Hz ~ 3400Hz 的声音，人们平时说话的频率范围为 300Hz ~ 3 000Hz。

声音是由物体振动所引发的一种物理现象。在多媒体技术中，人们通常将处理的声音媒体分为 3 类。

- **波形声音**：波形声音实际上已经包含了所有声音形式，这是因为计算机可以将任何声音信号通过采样和量化进行数字化，在必要的时候，还可以准确地将其恢复。
- **语音**：人的语音也是一种波形声音，它可以通过语气、语速、语调携带比文本更加丰富的信息。这些信息往往可以通过特殊的软件进行抽取，所以人们把它作为一种特殊的媒体单独研究。

- **音乐**：音乐是一种符号化的声音，这种符号就是乐谱，乐谱是一种以印刷或手写制作，用符号来记录音乐的方法。

从听觉角度讲，声音具有 3 个要素，即音调、音强、音色。

- **音调**：音调与声音的频率有关，频率越高，音调就越高。所谓声音的频率，是指每秒声音信号变化的次数，用 Hz（赫兹）来表示。
- **音强**：音强又称为响度，取决于声音的振幅，振幅越大，声音就越响亮。
- **音色**：音色是由波形和泛音的不同所带来的一种声音属性。如钢琴、提琴、笛子等各种乐器发出的声音不同，是由它们音色的不同决定的。

3.1.2 了解音频

当说话声、歌声、乐器声和噪声等声音被录制后，就可以通过数字音乐软件进行处理，转换为音频。下面介绍声音转化为音频的过程和常见的音频压缩编码方式，帮助大家进一步了解音频。

1．声音转化为音频的过程

当把声音变成音频时，需要在时间轴上每隔一个固定时间对波形曲线的振幅进行一次取值，称为采样，采样的时间间隔称为采样周期。

音频是一个数据序列，在时间上是断续的。当用数字表示音频幅度时，只能把无穷多个电压幅度用有限个数字表示。把某一幅度范围内的电压用一个数字表示，称为量化。

采样量化的结果是用所得到的数值序列表示原始的模拟声音信号，这就是将模拟声音信号数字化的基本过程，如图 3.1 所示。

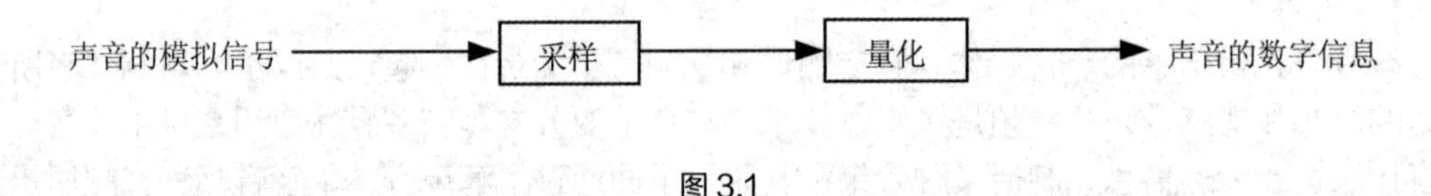

图 3.1

音频是通过采样技术进行记录的。采样就是将模拟量表示的音频电信号转换成由许多二进制数组成的数字音频文件。采样过程所用的主要硬件是模拟 / 数字转换器（A/D 转换器），它可以完成音频信号的采样工作。在数字声音回放时，再由数字 / 模拟转换器（D/A 转换器）将数字信号转换为原始电信号。声卡的主要部分之一就是 A/D 和 D/A 转换器及其相应的电路。

2．常见的音频压缩编码方式

在多媒体的运用中，通过提高计算机本身的性能和通信信道的带宽，并对音频进行有效的压缩，可以解决音频信号数据的大容量存储和实时传输问题，提高音频质量并丰富听觉效果。常用的音频压缩编码方式有波形编码方式、音频参数编码方式、混合编码方式 3 种。

（1）波形编码方式

波形编码方式针对音频波形进行编码，使重建音频的波形能保持原波形的形状。脉冲编码调制（Pulse Code Modulation，PCM）是简单且基本的编码方法。波形编码方式没有进行压缩，因此所需的存储空间较大。为了减小存储空间，人们利用音频样本值的幅度分布规律和相邻样本值具有相关性的特点，提出了差分脉冲编码调制（Differential Pulse Code Modulation，DPCM）、自适应差分脉冲编码调制（Adaptive Differential Pulse Code Modulation，ADPCM）、自适应预测编码（Adaptive Predictive Coding APC）、自适应变换编码（Adaptive Transform Coding，ATC）等算法，实现了数据压缩。波形编码方式适应性强，音频质量好，但压缩比不大，且易受量化噪声影响，进一步降低编码率也较困难。

（2）音频参数编码方式

音频参数编码方式通过对音频数字信号进行分析，提取其特征参数，然后进行编码，使重建音频能保持原音频的特性，故又称参数编码。其编码率为0.8kbit/s ~ 4.8kbit/s，属于窄带编码。典型的采用音频参数编码方式的声码器有通道声码器、同态声码器、共振峰声码器、线性预测声码器等。这种编码方式的优点是数据的码率低，但重建音频信号的质量较差、自然度低。

（3）混合编码方式

混合编码方式是将上述两种编码方式结合起来，以在较低的编码率（4.8kbit/s ~ 9.6kbit/s）上得到较高的音质。典型的混合编码方式有码本激励线性预测编码（Codebook Excited Linear Predictive，CELP）。

3.1.3 音频质量的影响因素

音频的质量主要取决于采样频率、取样大小、声道数3个因素。

1．采样频率

采样频率，又称取样频率、采样率，是指将模拟的声音波形转换为音频时，每秒所抽取声波幅度样本的次数。采样频率越高，经过离散数字化的声波就越接近于其原始的波形，也就意味着音频的保真度越高，音频的质量也越好。目前通用的标准采样频率有11.025kHz、22.05kHz、44.1kHz。

2．取样大小

取样大小，又称量化位数，是每个采样点能够表示的数据范围。如8位量化位数可以表示为2^8，即256个不同的量化值；16位量化位数则可表示为2^{16}，即65 536个不同的量化值。量化位数决定了音频的动态范围，即被记录和重放的最高音频与最低音频之间的差值。当然，量化位数越高，音频质量越好，数据量也越大。在实际使用中，经常要在波形文件的大小和音频回放质量之间进行权衡。

3．声道数

声道数是指所使用的音频通道的数量，表明音频记录是只产生一个波形（即单音或单声道）还是产生两个波形（即立体声或双声道）。立体声听起来要比单音更丰富，但需要两倍于单音的存储空间。

3.1.4 音频文件的常用格式

在计算机音频制作与处理系统中，存储、传输、处理音频信息的文件格式有多种。

下面主要讲解以下7种常用的音频文件格式。

1．WAV格式

WAV格式是Windows平台广泛使用的波形声音文件格式，WAV格式来源于对声音模拟波形的采样。用不同的采样频率对声音的模拟波形进行采样，可以得到一系列离散的采样点，以不同的量化位数（8位或16位）把这些采样点的值转换成二进制数，然后存入磁盘，就产生了 WAV 格式的声音文件，即波形文件。

WAV 格式的文件是由采样数据组成的，所以它需要的存储空间很大。用下列公式可以简单地推算出 WAV 格式文件所需的存储空间。

WAV 格式的音频文件每秒的字节数 = 采样频率（Hz）× 量化位数（位）× 声道数（个）÷8。

如果对音频质量要求不高，则可以降低采样频率，采用较低的量化位数或利用单音来录制 WAV 格式的音频文件。

2．AIFF 格式

AIFF 格式是苹果公司开发的一种音频文件格式，得到 Macintosh 平台及其应用程序的支持，Netscape 浏览器中的 LiveAudio 也支持 AIFF 格式。AIFF 是苹果电脑的标准音频格式，属于 QuickTime 技术的一部分。AIFF 格式虽然是一种很优秀的文件格式，但由于它是苹果电脑的格式，因此在 PC 平台上并不是很流行。不过由于苹果电脑多用于多媒体制作、出版行业，因此大部分的音频编辑软件和播放软件都支持 AIFF 格式。

3．APE 格式

APE 格式是一种无损压缩音频格式。将音频文件压缩为 APE 格式后，其文件大小要比压缩为 WAV 格式减小一半多，在网络上传输时可以节约很多时间。更重要的是，APE 格式的文件只要还原成未压缩状态，就能毫无损失地保留原有的音质。

4．ASF/ASX/WAX/WMA 格式

ASF/ASX/WAX/WMA 格式都是由微软公司开发的新一代网上流式数字音频压缩技术。以 WMA 格式为例，它采用的压缩算法使音频文件比 MP3 格式的文件小，但在音质上却毫不逊色。它的压缩比一般可以达到 18 ：1，现有的 Windows 操作系统中的媒体播放器或 Winamp 都支持 WMA 格式，Windows Media Player 7.0 还增加了直接把 CD 格式的音频数据转换为 WMA 格式的功能。

5．MP3 格式

MP3 是指 MPEG 标准中的音频部分，也就是 MPEG 音频层。根据压缩质量和编码处理的不同分为 3 层，分别对应“*.mp1”“*.mp2”“*.mp3”。需要注意的是，MPEG 音频文件的压缩是一种有损压缩，MPEG3 音频编码具有 10 ：1~12 ：1 的高压缩比，基本保持低音频部分不失真，但牺牲了音频文件中 12kHz~16kHz 的高音频部分的质量，相同长度的音频文件用“*.mp3”格式来储存，一般所需的存储空间只有“*.wav”文件的 1/10，但音质却要次于 CD 格式或 WAV 格式的音频文件。

6．OGG 格式

OGG 格式是一种非常先进的音频格式，可以不断地进行所需存储空间和音质的改良，而不影响原有的编码器或播放器。OGG 格式采用有损压缩，但使用了更加先进的声学模型，从而减少了损失，因此，以同样位速率（BitRate）编码的 OGG 格式文件与 MP3 格式文件相比，听起来效果会更好一些，因而使用 OGG 格式的好处是可以用更小的文件获得更好的音频质量。

7．MIDI 格式

MIDI 是由世界上主要的电子乐器制造厂商建立起来的一个通信标准，以规定计算机音乐程序、电子合成器、其他电子设备之间交换信息与控制信号的方法。MIDI 格式包含音符、定时，以及多达 16 个通道的乐器定义，每个音符包括键、通道号、持续时间、音量、力度等信息。所以 MIDI 格式的文件记录的不是乐曲本身，而是一些描述乐曲演奏过程的指令。

由于 MIDI 格式的文件记录的是一系列指令而不是数字化后的波形数据，因此它占用的存储空间比 WAV 格式的文件要小得多。所以预先装入 MIDI 格式的文件比装入 WAV 格式的文件更容易。但是 MIDI 格式的文件的音频录制比较复杂，需要学习一些使用 MIDI 格式进行创作并改编作品的专业知识，并且必须有专门工具，如键盘合成器。

知识提示　无损压缩格式主要有 WAV、APE、AIFF 等。有损压缩格式是基于心理声学的模型，除去人类很难或根本听不到的声音，例如，一个音量很高的声音后面紧跟着一个音量很低的声音，MP3 格式就属于这一类格式。有损压缩格式主要有 MP3、WMA、OGG 等。

3.1.5　音频的获取

要获取音频信息，首先需要通过有音频数字化接口的录音设备将声音直接录制或转录到有音频卡的计算机中。下面对获取音频所需的硬件设备和获取数字音频的常用途径进行具体介绍。

1. 获取音频所需的硬件设备

要获取音频信息，首先需要具备相应的硬件设备，如音频卡、麦克风、MIDI 设备等，其中音频卡是最重要也是必备的设备，因为计算机必须配备音频卡才能实现音频信息的处理，并且麦克风、MIDI 等设备也都需要通过音频卡与计算机相连。

音频卡上一般都有线性输入（Line-in）插孔、话筒输入（Microphone，MIC）插孔、线性输出（Line-out）插孔、扬声器输出（Speaker）插孔、游戏端口 /MIDI（Game Port/MIDI）插孔等，其连接示意图如图 3.2 所示。

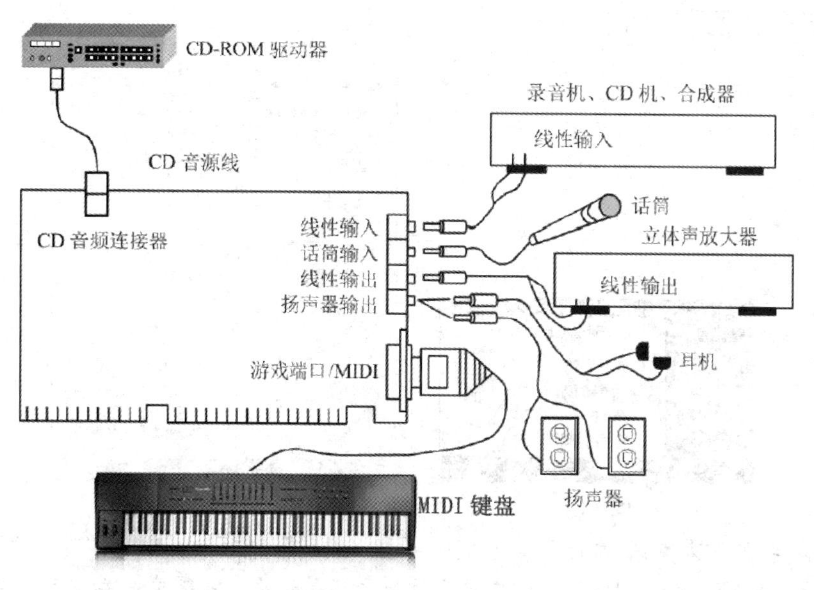

图 3.2

音频卡的功能主要包括以下 3 个部分。

- **录制与播放**：录制是将外部的声音信号通过音频卡录入计算机，并以文件的形式进行保存的过程，其信号源可以选择话筒输入和线性输入两种方式。选择话筒输入时，需要将话筒插头插入音频卡的话筒输入插孔中。如果需要转录其他音源的声音信息，如录音机、CD 机、合成器等，就需要使用音频卡提供的线性输入插孔与设备相连。在需要播放时，只需调出相应的声音文件即可。如果将音频卡与 CD-ROM 驱动器相连，则可以直接播放 CD 音乐。
- **编辑与合成处理**：编辑与合成处理是对声音文件进行多种特殊效果的处理，包括倒播、增加回音、饶舌、淡入与淡出、交换声道、声音由左向右移位或声音由右向左移位等。
- **MIDI**：音频卡中的 MIDI 能够为电子乐器等演奏装置（如合成器）定义各种音符或弹奏码，容许电子乐器、计算机、手机或其他的舞台演出设备彼此连接、调整和同步，以即时交换演奏资料。

2. 获取数字音频的常用途径

常用的数字音频获取途径有通过 Windows 10 的录音机录制声音，通过数码录音笔录制声音，通过手机、数码相机和摄像机获取音频，以及通过音频素材网站下载等。

（1）通过 Windows 10 的录音机录制声音

微课视频

通过 Windows 10 的录音机录制声音

下面以话筒作为输入源，通过 Windows10 提供的录音机录制声音，其具体操作如下。

STEP 1 将话筒插头插入音频卡提供的标有“MIC”或话筒图形的插口，并确认已连接好。

STEP 2 在屏幕右下角的图标上单击鼠标右键，在弹出的快捷菜单中选择“录音设备”命令，如图 3.3 所示。

STEP 3 在打开的“声音”对话框中单击“录制”选项卡，选择“麦克风”选项，如图 3.4 所示，然后单击属性(P)按钮。

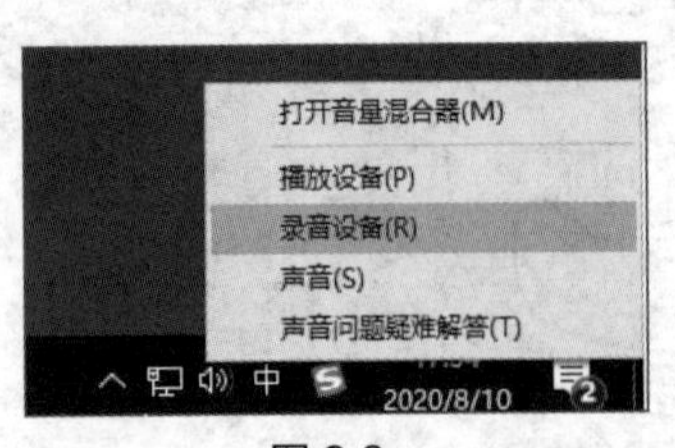

图 3.3

图 3.4

STEP 4 打开“麦克风 属性”对话框，单击“级别”选项卡，拖动“麦克风”滑块调整录音的音量，通常设置为“100”，如果录音的音量还是过小，就需要向右拖动“麦克风加强”滑块以增大音量，如图 3.5 所示。

STEP 5 单击“增强”选项卡，在其中选中“噪音抑制”“回声消除”复选框，如图 3.6 所示，完成后单击 确定 按钮关闭对话框。

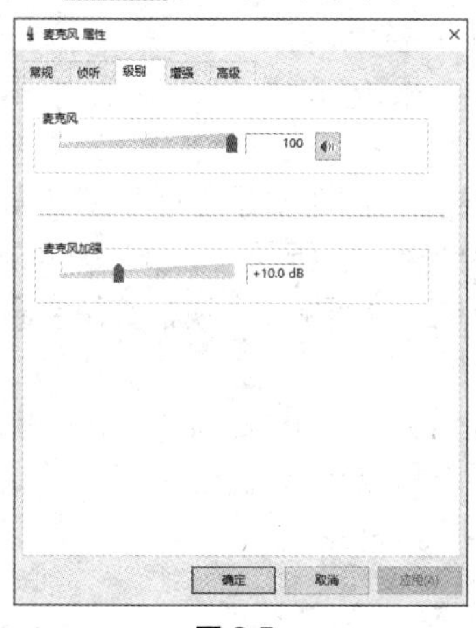

图 3.5

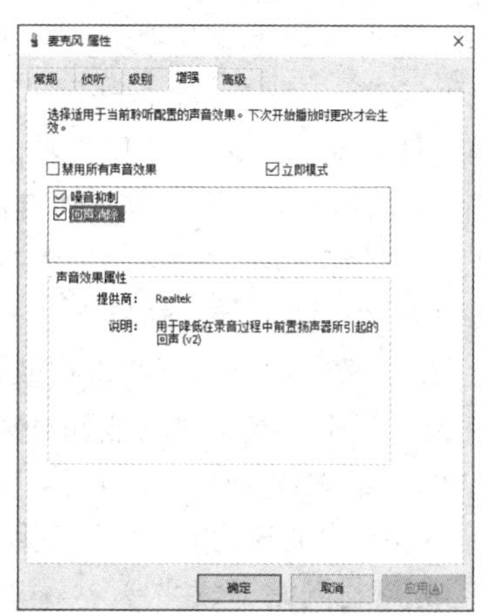

图 3.6

STEP 6 在 Windows 的搜索框中输入“语音录音机”文本，进入“语音录音机”界面，如图 3.7 所示。

STEP 7 单击按钮开始录音，录制到 20s 时，单击按钮暂停录音，如图 3.8 所示。然后单击按钮停止录音，此时录制的音频会自动保存，如图 3.9 所示。

图 3.7

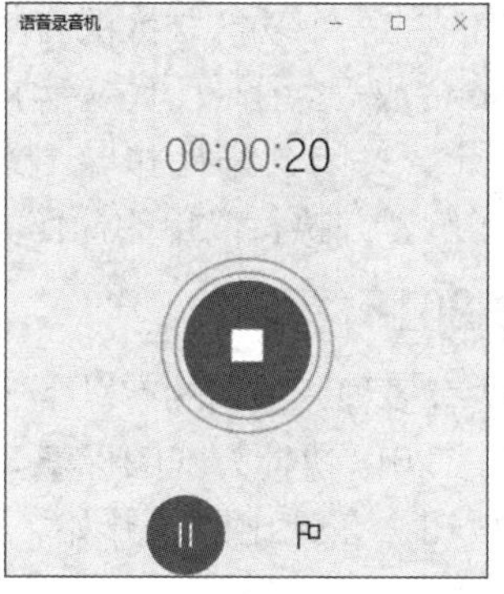

图 3.8

图 3.9

STEP 8 选择刚录制的“录音”文件选项，单击鼠标右键，在弹出的快捷菜单中选择“打开文件位置”命令，如图 3.10 所示。对录音文件的存储位置进行更改，如图 3.11 所示。

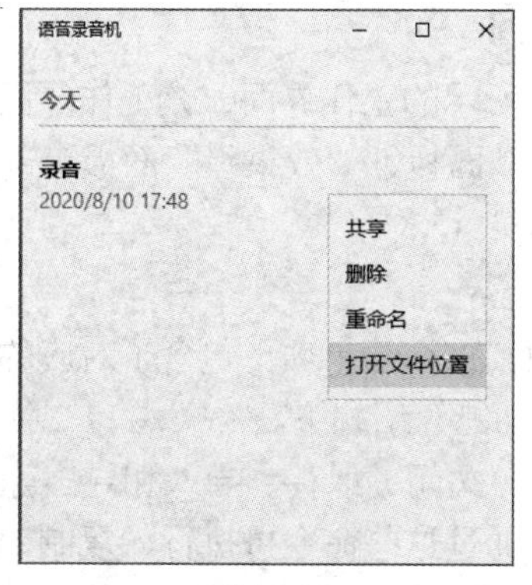

图 3.10

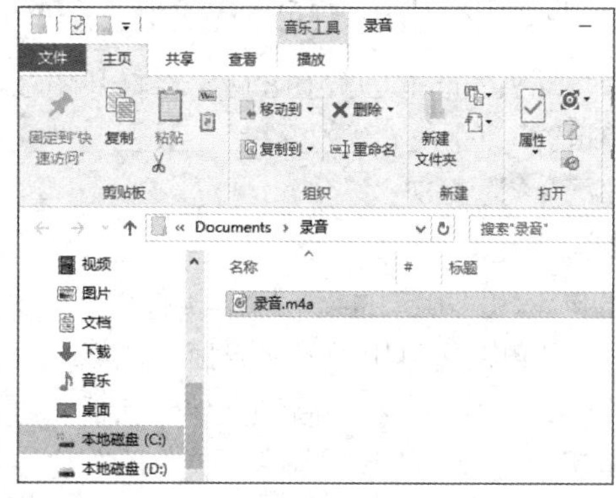

图 3.11

（2）通过数码录音笔录制声音

通过数码录音笔录制声音的操作十分简单，其往往包括录制、停止、播放、快进和快退等按键，在录音时通常只需要按下“录音”键即可进行录制。

对于普通用户来说，录音笔是录制会议信息、采访信息、讲课实况的工具，但是由于要进行长时间录制，所以录音笔不能使用传统的音频压缩格式存储音频文件。例如，录制的未压缩的音频文件每分钟要占去约10MB的存储空间，而即便是经过MEPG算法压缩而成的MP3格式的文件，每分钟也要占去约1MB的存储空间。所以，各个品牌的录音笔通常都使用自己研发的特殊音频格式，其共同特点是高质量、高压缩率、所需存储空间小。

（3）通过手机、数码相机和摄像机获取音频

通过手机、数码相机和摄像机获取的音频通常存储在手机、数码相机和摄像机的存储器中，可以通过数据连接线将手机、数码相机和摄像机与计算机相连，将其中的文件传输到计算机中。通过手机自带的录音功能也可以获取音频。

（4）通过音频素材网站下载

当需要给视频添加各种丰富的音效时，可以通过音频素材网站下载。常用的音频素材网站有淘声网、耳聆网、爱给网和Freesound等。

3.2 Audition CC 2018基本操作

Audition是美国Adobe公司出品的一个功能强大的音频编辑软件，能高质量地完成音频的制作，包括录音、编辑、剪辑、合成等。下面通过启动Audition CC 2018，认识Audition CC 2018的工作界面，新建、打开、关闭、保存和导出音频文件，以及使用Audition CC 2018录音等对该软件进行基本的了解，并执行简单的操作。

3.2.1 启动Audition CC 2018

启动Audition CC 2018的方法有多种，常用的有以下3种。

- 双击桌面上的Audition CC 2018快捷方式图标Au。
- 单击桌面左下角的⊞按钮，在弹出的“开始”菜单中选择“Adobe Audition CC 2018”命令。
- 选中音频文件，单击鼠标右键，在弹出的快捷菜单中选择【打开方式】/【Adobe Audition CC 2018】命令。

3.2.2 认识Audition CC 2018的工作界面

当用户启动Audition CC 2018后，将打开图3.12所示的工作界面，该工作界面主要由菜单栏、“编辑器”面板、播放控件、工具栏、“文件”面板、“效果组”面板等部分组成。下面分别进行介绍。

1．菜单栏

在Audition CC 2018的菜单栏中共有9个菜单项，每个菜单项下包含了对应的一系列菜单命令，这些菜单命令可用于处理音频。各菜单项的功能介绍如下。

- **文件**：在其中可执行音频文件的新建、打开、关闭、保存、导入和导出等操作。
- **编辑**：包含一些基本的音频文件操作命令，通过这些命令可执行如复制、粘贴、混合粘贴、插入和标记等操作。

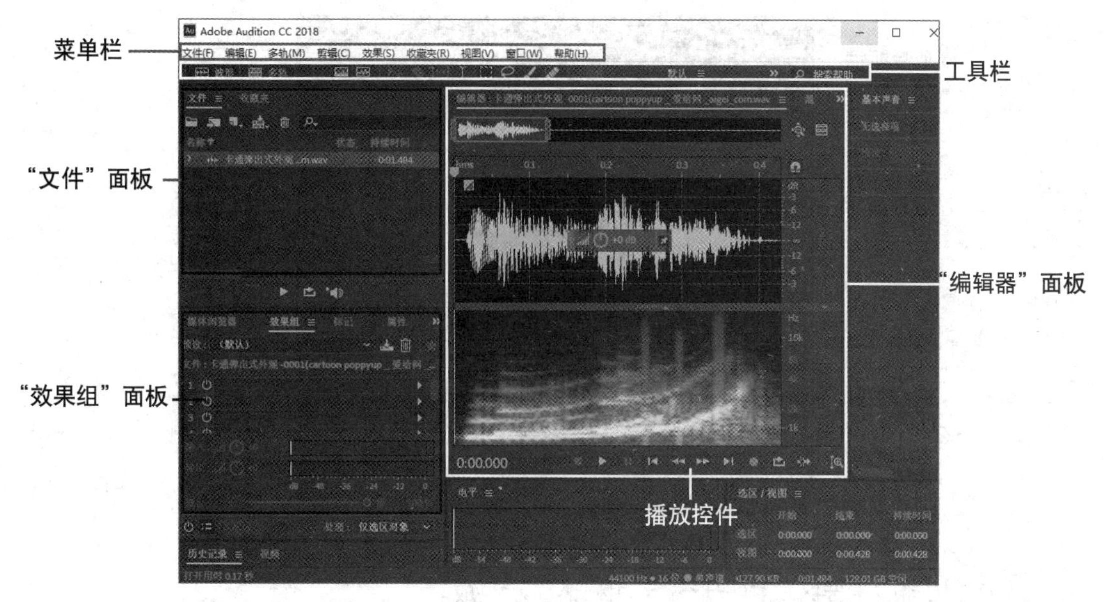

图 3.12

- **多轨**：主要用于添加不同的轨道和节拍器等。
- **剪辑**：主要包含拆分、合并剪辑、自动语音对齐、静音和淡入淡出等命令。
- **效果**：包含了多个效果命令，可对音频效果进行设置，如设置反相、反向、静音、降噪 / 恢复、混响、特殊效果等。
- **收藏夹**：可以保存创建的收藏，并将其快速重新应用到波形编辑器中。
- **视图**：主要用于放大（时间）、缩小（时间）、缩小重设（时间）、完整缩小（选定轨道）、显示 HUD 操作等。
- **窗口**：用于显示和隐藏 Audition CC 2018 工作界面中的各个面板。
- **帮助**：通过该菜单项可快速访问 Audition CC 2018 的帮助手册和相关教程，下载声音效果和了解关于 Audition CC 2018 的相关法律声明和系统信息等。

2．"编辑器"面板

"编辑器"面板是用来显示音频和编辑音频的地方。在"编辑器"面板中拖动鼠标滚轮可以进行任意的缩放操作，了解编辑器的类型可以方便编辑音频文件。

编辑器有两种类型，分别为波形编辑器和多轨编辑器，在处理音频文件时通常是将波形编辑器和多轨编辑结合在一起使用，下面分别进行介绍。

（1）波形编辑器

波形编辑器只能创建并编辑单个音频文件，如图 3.13 所示。反相、反向、降噪、声音移除等效果只能在波形编辑器中应用。

波形编辑器的各部分的含义如下。

- **缩放导航器**：将鼠标指针移至缩放导航器中的滑块上，拖动滑块缩放音频。
- **分贝**：用于表示音频的强度。
- **左声道**：显示左声道对应的音频。
- **右声道**：显示右声道对应的音频。
- **赫兹**：物理上频率的测量单位，指每秒发生一个周期波动。

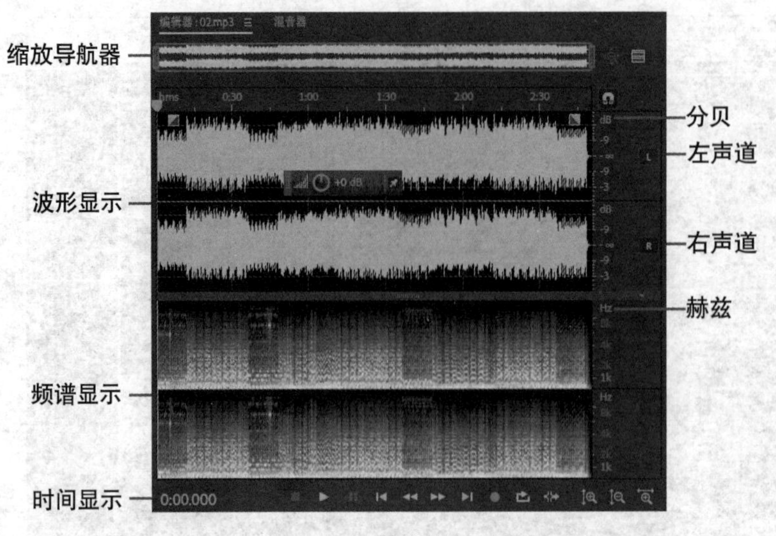

图 3.13

波形编辑器的主要区域由波形显示和频谱显示组成。

- **波形显示**：波形显示将音频显示为一系列正负峰值，如图 3.14 所示，水平标尺衡量时间，垂直标尺衡量振幅，即音频信号的响度。自定义波形显示可以通过设置增益控件中的数值更改垂直比例。
- **频谱显示**：频谱显示通过其频率分量显示波形，如图 3.15 所示，水平标尺衡量时间，垂直标尺衡量频率。在频谱中可以对音频数据进行分析（频谱显示的颜色越亮表示振幅分量越大），选择【编辑】/【首选项】/【频谱显示】菜单命令可以显示频谱。在频谱显示中单击鼠标右键，在弹出的快捷菜单中选择“增加频率分辨率”命令可以增加频谱分辨率，帮助观察音频数据。

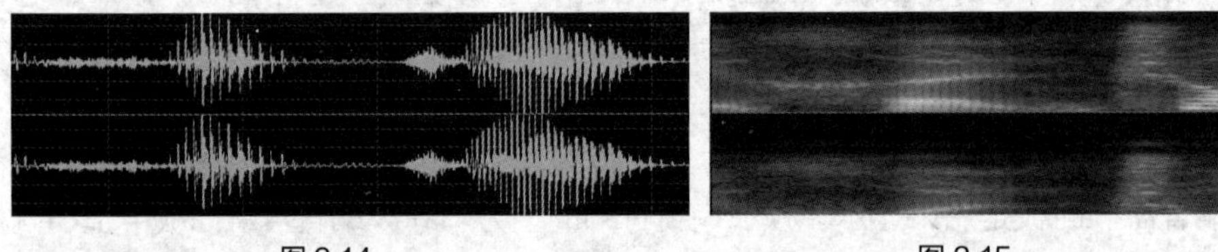

图 3.14　　　　图 3.15

知识提示

由于波形显示能清晰地显示出振幅变化，因此适合于识别乐器等的敲击变化。例如，要查找特定的口语词，只需寻找第一个音节的峰值和最后一个音节的谷值即可。

频谱显示容易发现杂声，适用于消除不想要的声音，如咳嗽声。

- **时间显示**：当前时间指示器在时间轴中的位置。

（2）多轨编辑器

在多轨编辑器中可以创建多个音轨并编辑多个音频文件，如图 3.16 所示。在多轨编辑器中双击某个音频文件可以打开波形编辑器进行编辑。

多轨编辑器的各部分的含义如下。

- **缩放导航器**：将鼠标指针移至缩放导航器中拖动灰色滑块对音频进行移动，调整灰色滑块的大小对音频进行缩放。
- **轨道控件**：调整轨道控件可对音频进行设置，如单击“监视输入”按钮，表示需要听到音轨效果；单击“独奏”按钮，表示只播放当前音轨；单击“静音”按钮，表示只静音当前音轨。

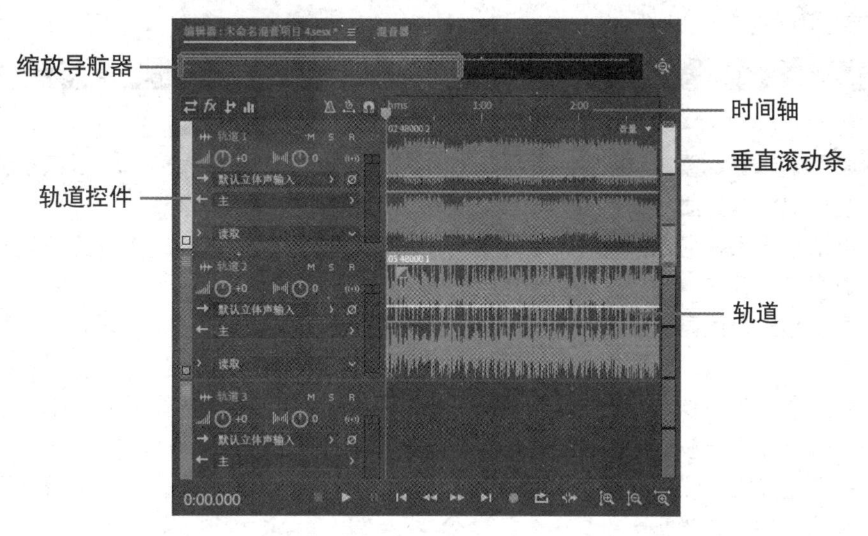

图 3.16

- **时间轴**：时间轴中的时间轴标尺可以对时间进行定位，方便对音频进行剪辑。
- **垂直滚动条**：拖动垂直滚动条可以调整波形显示的大小。
- **轨道**：轨道用于放置音频，在轨道中可以对音频进行剪辑处理。

在多轨编辑器音轨上单击鼠标右键，在弹出的快捷菜单中选择【剪辑】/【组合颜色】选项，在打开的“音轨颜色”对话框中可设置音频颜色，如图 3.17 所示。

图 3.17

3．播放控件

播放控件和其他音频类软件的播放控件一致，从左至右依次是“停止”按钮、“播放”按钮、“暂停”按钮、“将播放指示器移至上一个”按钮、“快退”按钮、“快进”按钮、“将播放指示器移至下一个”按钮、“录制”按钮、“循环播放”按钮和“跳过所选项目”按钮。

4．工具栏

在工具栏中单击“波形编辑器”按钮和“多轨编辑器”按钮将会激活不同的

编辑器及其工具，方便用户编辑和剪辑音频文件。

（1）波形编辑器工具栏

在导入音频文件后单击工具栏中的“波形编辑器”按钮和“显示频谱频率显示器”按钮会激活时间选择工具、框选工具、套索选择工具、画笔选择工具和污点修复画笔工具。单击“显示频谱音调显示器”按钮则只激活时间选择工具，如图3.18所示。下面分别进行介绍。

图3.18

- **波形编辑器**：波形编辑器用于对单个音频文件进行操作，单击该按钮可进入波形编辑器界面。
- **显示频谱频率显示器**：单击“显示频谱频率显示器”按钮，可以在“编辑器”面板中显示频谱，方便查看音频的频谱频率。
- **显示频谱音调显示器**：单击“显示频谱音调显示器”按钮，可以在“编辑器”面板中显示音调，方便查看音频的音调。
- **时间选择工具**：时间选择工具用于在“编辑器”面板中选择时间范围，是唯一一个同时适用于波形编辑器和多轨编辑器的工具，如图3.19所示。
- **框选工具**：使用框选工具可在“编辑器”面板中的频谱编辑区内框选需要的音频数据，如图3.20所示。
- **套索选择工具**：使用套索选择工具可在“编辑器”面板中的频谱编辑区内灵活选取所需的音频数据，如图3.21所示。
- **画笔选择工具**：使用画笔选择工具可在“编辑器”面板中的频谱编辑区内绘制选区，以选择所需的音频数据，如图3.22所示。
- **污点修复画笔工具**：使用污点修复画笔工具可在“编辑器”面板中的频谱编辑区内对需要修改的区域进行涂抹，以修复该区域的音频，该工具适用于消除噪声，如图3.23所示。

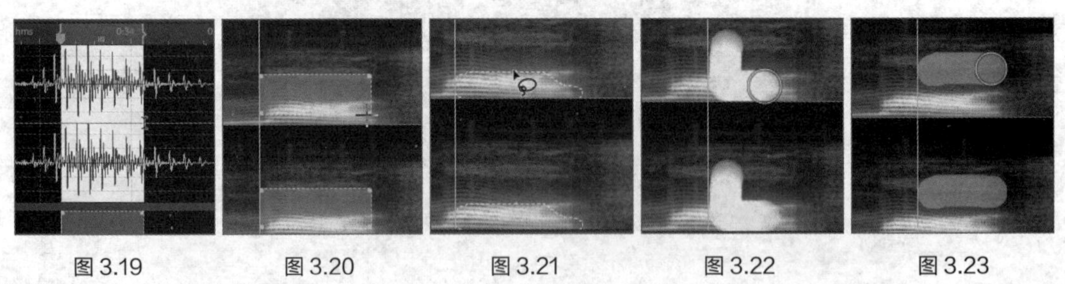

图3.19　图3.20　图3.21　图3.22　图3.23

（2）多轨编辑器工具栏

在工具栏中单击“多轨编辑器”按钮会激活移动工具、切断所选剪辑工具、滑动工具和时间选择工具，如图3.24所示。下面分别进行介绍。

图3.24

- **多轨编辑器**：使用多轨编辑器可对多个音频文件进行操作，单击该按钮可进入多轨编辑器界面。

- **移动工具**：使用移动工具可在“编辑器”面板中单击选择音频文件，按住鼠标左键对音频文件进行移动操作，如图 3.25 所示。
- **切断所选剪辑工具**：使用切断所选剪辑工具可在“编辑器”面板中单击对音频文件进行切割操作，如图 3.26 所示。
- **滑动工具**：使用滑动工具可在保持音频文件持续时间不变的情况下改变音频的入点和出点，如图 3.27 所示。

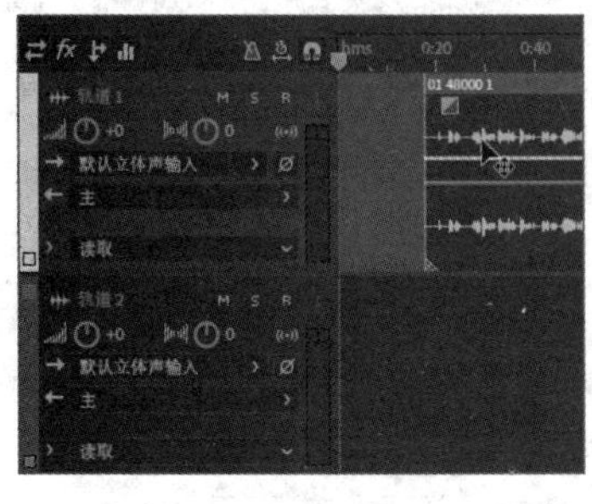

图 3.25

图 3.26

图 3.27

5. “文件”面板

“文件”面板用于显示打开的音频和视频文件，是放置文件的素材库。在这里可以单击“导入文件”按钮或双击文件列表中的空白区域，打开“导入文件”对话框导入音频文件。

在“文件”面板中可以选择音频文件并将其拖曳到“编辑器”面板中进行编辑。双击“文件”面板中的音频文件，会打开波形编辑器。

6. “效果组”面板

“效果组”面板是为音频文件或音轨添加音频效果器的地方，最多可以添加16个效果器。在“效果组”面板中单击每一行最右边的图标会打开效果器列表，每个列表包含若干个效果器，单击效果器名称即可为音频文件添加音频效果器，如图 3.28 所示。

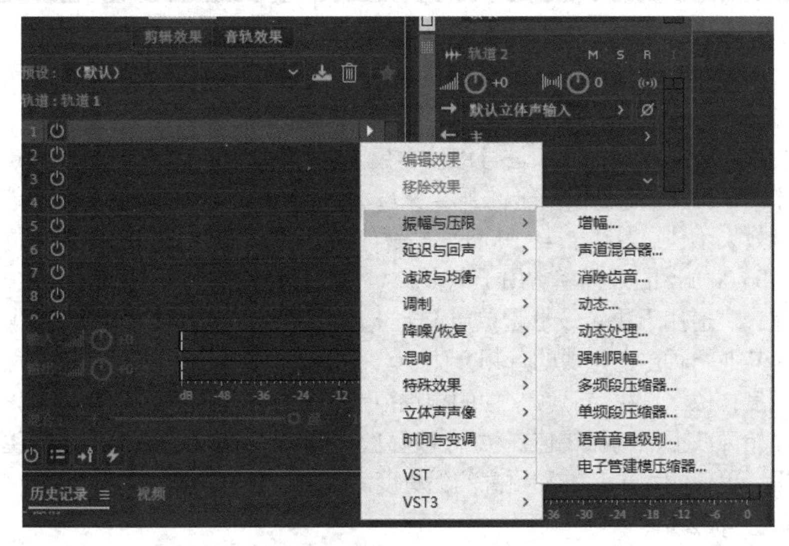

图 3.28

知识提示　　在“效果组”面板中单击某个效果的“切换开关状态”按钮可以开关效果，在“效果组”面板左下方单击“切换全部效果的开关状态”按钮可以开关当前应用的所有效果。

3.2.3 新建、打开、关闭、保存和导出音频文件

新建、打开、关闭、保存和导出音频文件是处理音频文件的基本操作，下面分别对其操作方法进行详细介绍。

1．新建音频文件

要处理音频文件，应该先新建音频文件，新建音频文件可以通过新建空白音频文件和新建多轨会话完成，下面分别进行介绍。

（1）新建空白音频文件

新建空白音频文件适用于录制新的音频或粘贴音频文件。新建空白音频文件的方法：选择【文件】/【新建】/【音频文件】菜单命令，打开“新建音频文件”对话框，输入文件名，设置采样率、声道和位深度，单击 确定 按钮新建空白音频文件，如图3.29所示。

图3.29

“新建音频文件”对话框包含采样率、声道和位深度，对其设置的数值不同，音频文件的大小也不同，下面分别进行介绍。

- **采样率**：采样率是指音频信号每秒的数字快照数，决定了音频文件的频率范围。采样率高，会更接近原始模拟波形；采样率低则会限制音频录制的频率范围，使录音表现效果不佳。其中，44 100Hz的采样率常用于CD，48 000Hz的采样率常用于电视，96 000Hz的采样率常用于电影。
- **声道**：声道用于决定波形是单声道、立体声还是5.1环绕声，单声道生成的音频文件比其他两种声道生成的音频文件小。
- **位深度**：位深度决定音频文件的振幅范围。采样声波时，需要为每个采样指定最接近原始声波振幅的振幅值。位深度越高，提供更多可能的振幅值，产生更大的动态范围、更低的噪声基准和更高的保真度。当然，位深度越大，音频文件也越大。

（2）新建多轨会话

新建多轨会话可以同时处理多个音频文件，会话本身不包含音频数据，需要将音频文件

拖入其中进行处理。

新建多轨会话的方法：选择【文件】/【新建】/【多轨会话】菜单命令，打开“新建多轨会话”对话框，输入会话名称，设置文件夹位置、模板、采样率、位深度和主控，单击 确定 按钮新建多轨会话，如图 3.30 所示。

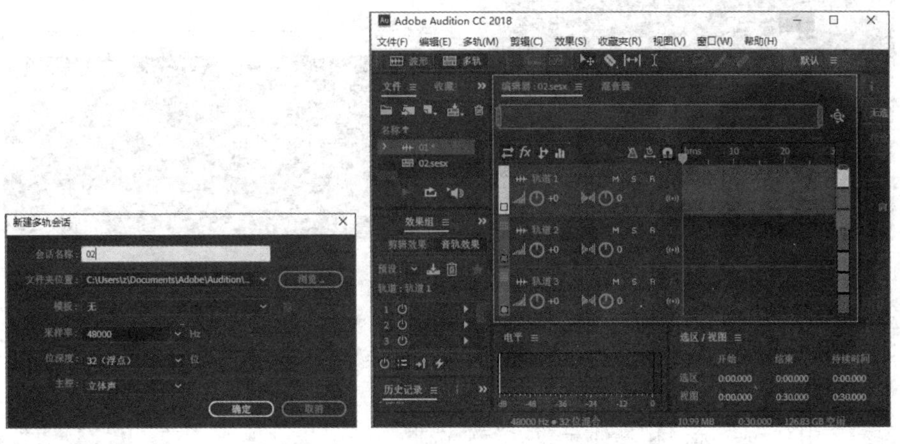

图 3.30

2．打开和关闭音频文件

在编辑音频文件前需要先打开音频文件，结束编辑后需要关闭音频文件。

（1）打开音频文件

可以通过“打开”菜单命令和“文件”面板打开音频文件。

- 选择【文件】/【打开】菜单命令，打开“打开文件”对话框，选择需要编辑的音频文件，单击 打开(O) 按钮即可。
- 单击“文件”面板中的“导入文件”按钮，打开“导入文件”对话框，选择一个或多个音频文件进行导入，所导入的音频文件会显示在“文件”面板中，需要将其拖曳到“编辑器”面板中，才能编辑该音频文件。

（2）关闭音频文件

关闭音频文件的方法有以下 3 种。

- 单击图像窗口标题栏最右端的“关闭”按钮 × 。
- 选择【文件】/【关闭】菜单命令或【文件】/【全部关闭】菜单命令。
- 按【Ctrl+W】组合键。

3．保存和导出音频文件

在新建或编辑音频文件后，必须对该文件进行保存和导出。下面分别介绍保存和导出音频文件的方法。

（1）保存音频文件

保存音频文件的方法主要有以下 3 种。

- 选择【文件】/【保存】菜单命令直接保存音频文件。
- 在波形编辑器中选择【文件】/【另存为】菜单命令，打开“另存为”对话框，输入文件名，设置位置、格式、采样类型、格式设置，选中“包含标记和其他元数据”复选框，如图 3.31 所示，单击 确定 按钮。
- 在多轨编辑器中选择【文件】/【另存为】菜单命令，打开“另存为”对话框，输入文件名，设置位置、格式、采样类型，选中“包含标记和其他元数据”复选框，如图3.32所示，单击确定按钮即可。

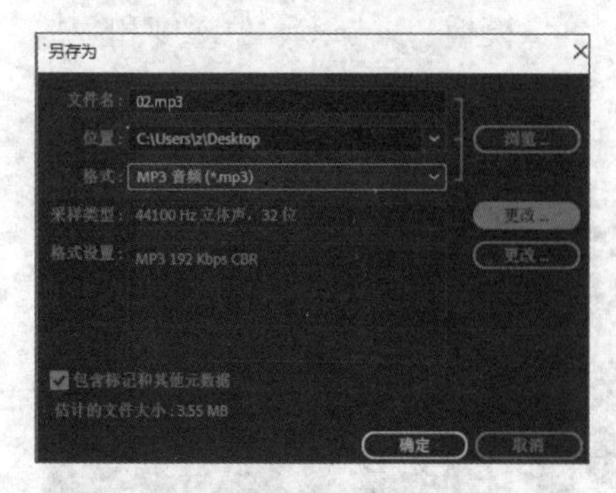

图3.31

图3.32

（2）导出音频文件

在波形编辑器中可通过“导出”菜单命令导出音频文件。其方法是选择【文件】/【导出】/【文件】菜单命令，打开“导出文件”对话框，输入文件名，设置位置、格式、采样类型和格式设置，选中“包含标记和其他元数据”复选框，如图3.33所示，单击确定按钮。

在多轨编辑器中可通过“导出”菜单命令导出音频文件。其方法是选择【文件】/【导出】/【导出到Adobe Premiere Pro】菜单命令，打开“导出到Adobe Premiere Pro”对话框，输入文件名，设置位置、采样率、选项等，如图3.34所示，单击导出按钮即可。

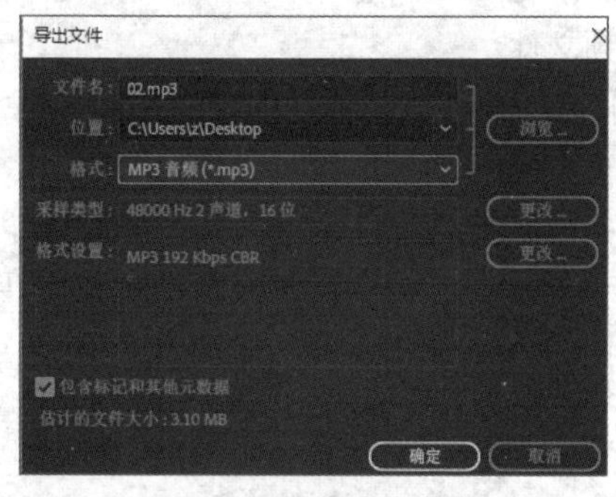

图3.33

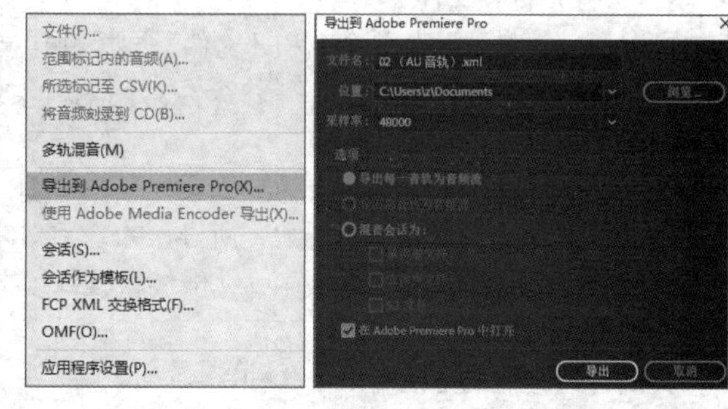

图3.34

3.2.4 使用Audition CC 2018录音

Audition CC 2018支持多种音频格式，声音录制后可存储为高质量的音频，避免音频质量下降。下面使用Audition CC 2018录制一段音频。

1．在波形编辑器中录制音频

在波形编辑器中录制音频的具体操作如下。

STEP 1 在Audition CC 2018中单击“编辑器”面板中的“录制”按钮，打开“新建音频文件”对话框，设置文件名、采样率、声道和位深度，如图3.35所示，单击确定按钮。

STEP 2 开始录音后，在“编辑器”面板中会显示声音的波形，如图3.36所示。

STEP 3 录制完成后再次单击“录制”按钮停止录制。

微课视频

在波形编辑器中录制音频

STEP 4 选择【文件】/【另存为】菜单命令，打开“另存为”对话框，在其中设置文件的文件名、位置、格式等，单击确定按钮保存文件。

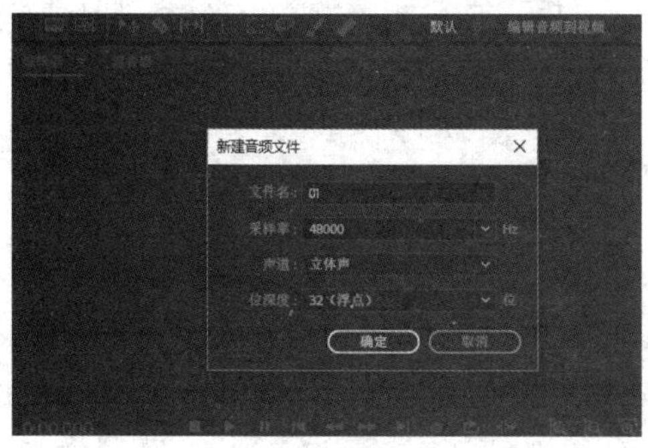

图3.35

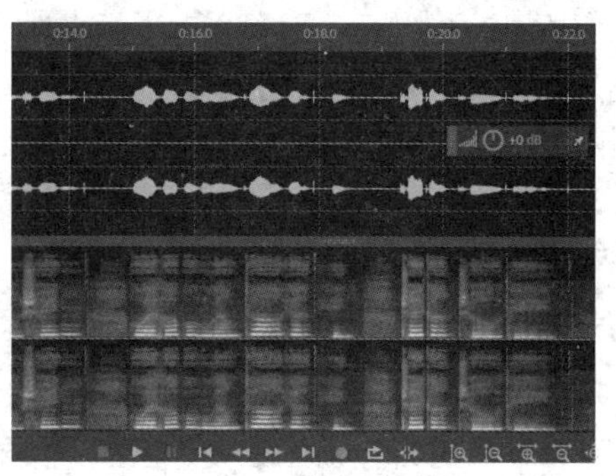

图3.36

知识提示 声卡在录音时可能会有轻微的偏因径系数（Deflection Coefficient，DC）偏移，DC偏移可在音频文件的开头和结尾产生咔嗒声或爆音。在波形编辑器中选择【收藏夹】/【修复DC偏移】菜单命令即可清除咔嗒声或爆音。在音频录制的过程中，单击⏸按钮可暂停音频的录制，再次单击⏸按钮可继续录音。暂停录音后，音频容易出现卡顿，在处理音频时需要将其删除。

2. 在多轨编辑器中录制音频

在多轨编辑器中录制音频的具体操作如下。

STEP 1 在Audition CC 2018中单击工具栏中的“多轨编辑器”按钮多轨，打开“新建多轨会话”对话框，设置声音文件的格式，单击确定按钮。

STEP 2 选择“编辑器”面板中的一条轨道，单击轨道左侧的“录制准备”按钮R获得音轨，如图3.37所示。

STEP 3 设置时间指示器的起始点为录制音频的起始点，如图3.38所示。单击“录制”按钮●，开始录制，如图3.39所示，再次单击“录制”按钮●结束录制。

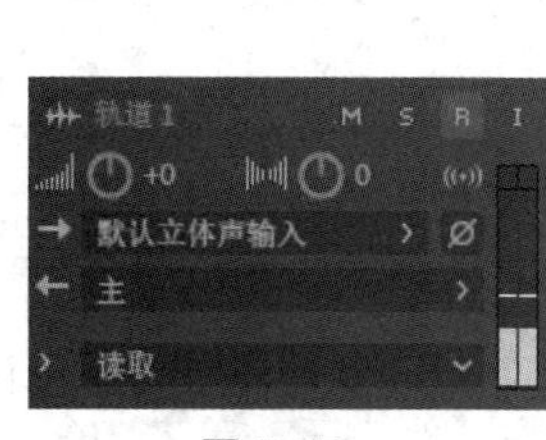

图3.37

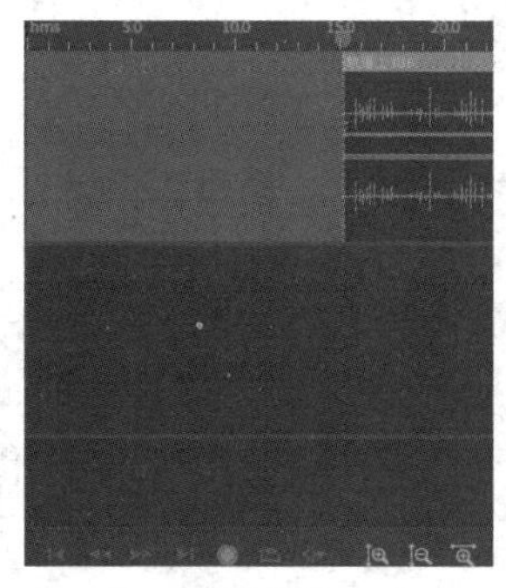

图3.38

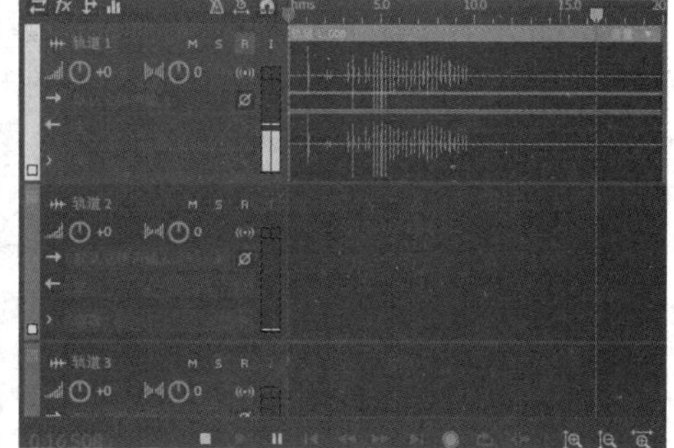

图3.39

STEP 4 选择【文件】/【另存为】菜单命令，打开“另存为”对话框，输入文件名，设置位置、格式、采样类型等，单击确定按钮保存音频文件。

3.3 编辑单轨音频文件

完成录音操作后，通常会对音频文件进行编辑和剪辑处理。因为在录制音频时，受环境干扰，音频文件中可能会出现嗡嗡声、爆破声和电流声等杂音，对其进行处理后可方便其在不同领域中应用。编辑单轨音频文件需要在波形显示器中进行，常见的编辑操作有匹配音频响度，标记音频，选择、复制、粘贴、裁剪和删除音频数据，选取并编辑音频数据选区，修复并编辑音频数据选区，淡化和增益音频，以及创建静音，下面分别进行介绍。

3.3.1 匹配音频响度

不同的国家或地区有不同的响度标准。在 Audition CC 2018 中可以对音频文件的响度进行校正，使其符合当前国家或地区的响度标准。其方法是选择【窗口】/【匹配响度】菜单命令，打开“匹配响度”面板，将音频文件从“文件”面板拖入“匹配响度”面板中，如图 3.40 所示；单击“扫描”按钮对当前选中的音频文件的响度值进行分析；单击匹配响度设置按钮打开音频文件的响度参数组，如图 3.41 所示；分别输入符合标准的响度数值，如图 3.42 所示，单击运行按钮。

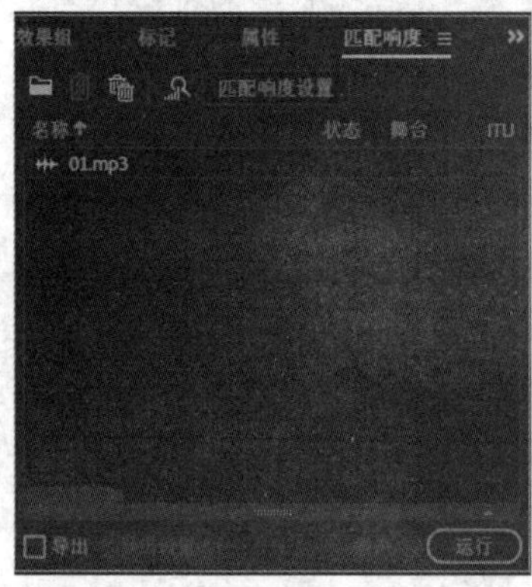

图 3.40

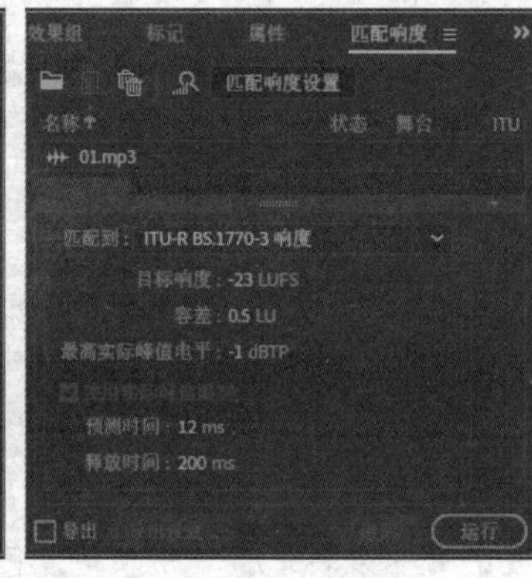

图 3.41

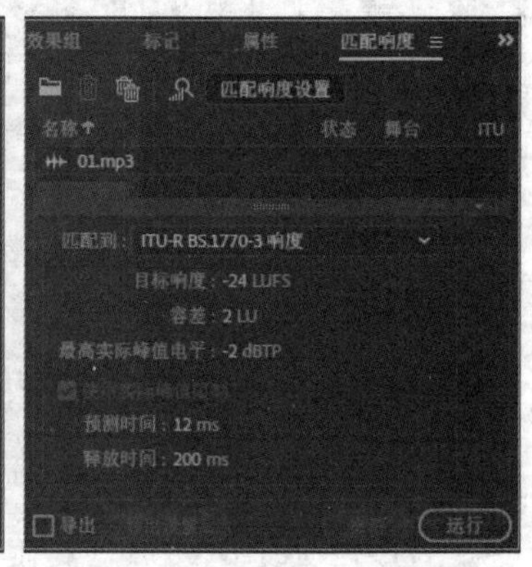

图 3.42

知识提示

我国国家广播电视总局规定的标准响度为 −24LKFS，容差标准为 ±2 LU（Loudness Units），峰值电平标准是 −2 dBTP。在非特殊要求的情况下，响度为 −18LKFS 就能满足绝大多数场合。

3.3.2 标记音频

在 Audition CC 2018 中，标记是指标记音频中的某个点或某个范围，标记点是指使用标记选择音频文件中特定的时间点，如音频文件播放至 1:50 这个时间点，如图 3.43 所示。标记范围是指使用标记进行定位和导航，方便选择、编辑和回放音频。标记在“编辑器”面板时间轴的下方，选择并拖动标记可调整标记位置，在标记的灰色手柄上单击鼠标右键可以对标记进行操作，如图 3.44 所示。

使用标记的方法：选择【窗口】/【标记】菜单命令，打开“标记”面板；在“编辑器”面板中将时间指示器拖动到需要标记的位置，单击“标记”面板中的“添加标记”按钮可在音频上添加标记点；在标记点上单击鼠标右键，在弹出的快捷菜单中选择“变换为范围”

命令，可将标记点变换为标记范围。“标记”面板如图 3.45 所示。

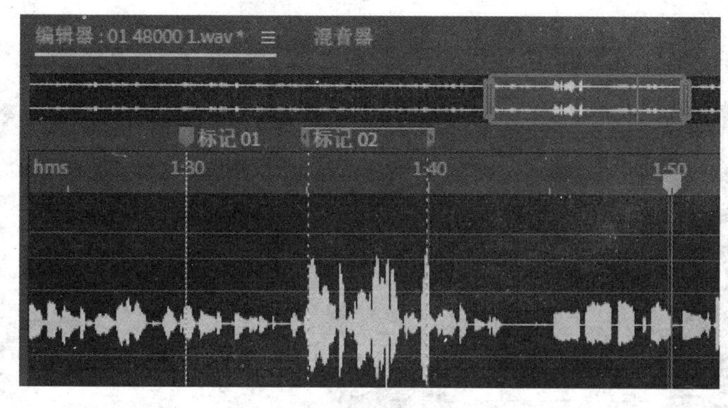

图 3.43

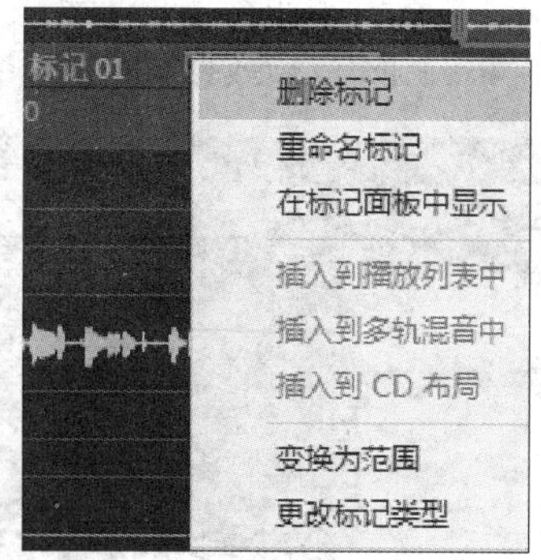

图 3.44

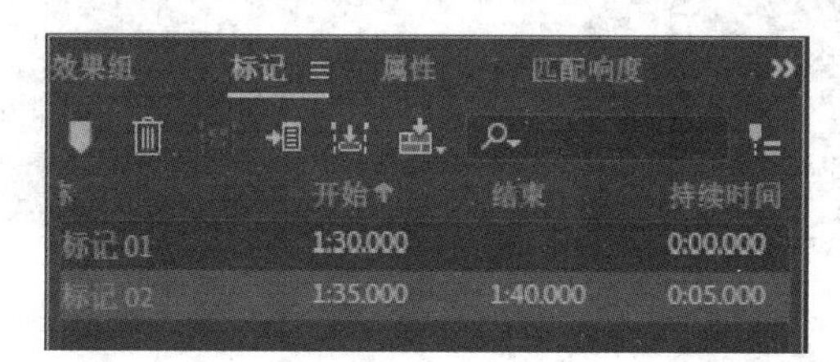

图 3.45

知识提示

在“标记”面板中选择需要修改的标记，为标记点输入新的“开始”数值，为标记范围输入新的“开始”和“结束”数值，即可修改标记。

在“标记”面板中单击“导出音频”按钮，设置使用标记名称作为文件名的前缀可以将所选标记范围的音频导出为单独文件。

3.3.3 选择、复制、粘贴、裁剪和删除音频数据

对音频文件进行选择、复制、粘贴、裁剪和删除等操作可以使音频文件符合使用要求。

- **选择音频数据**：在波形编辑器中选择时间选择工具，再选中需要剪辑的音频数据即可。
- **复制和粘贴音频数据**：选择需要复制的音频数据，选择【编辑】/【复制】菜单命令，将需要复制的音频数据复制到剪切板中，效果如图 3.46 所示；选择【编辑】/【复制到新文件】菜单命令，可将音频数据复制并粘贴到新文件中；选择需要粘贴音频数据的文件，将时间指示器拖至要插入音频数据的位置，或选择时间选择工具，再选中需要替换的现有音频，选择【编辑】/【粘贴】菜单命令可粘贴音频数据，效果如图 3.47 所示。

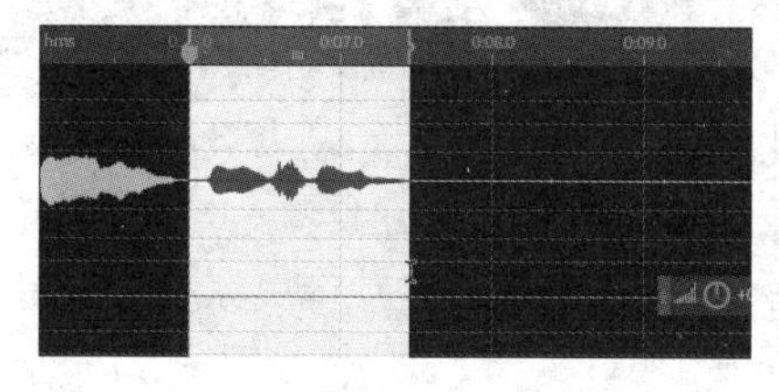

图 3.46

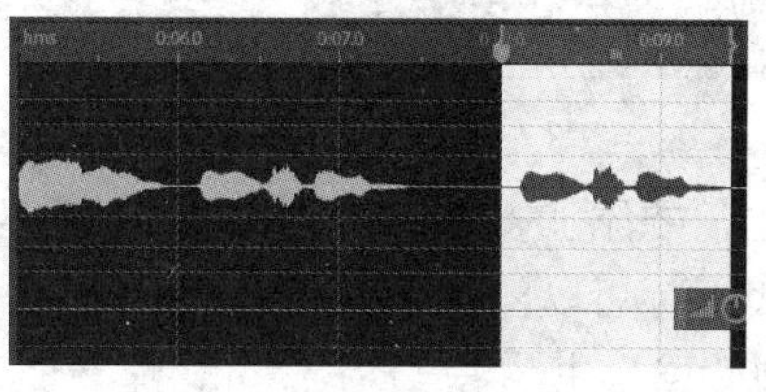

图 3.47

- **裁剪音频数据**：选择【编辑】/【裁剪】菜单命令可对不需要保留的音频数据进行裁剪，如图 3.48 所示。
- **删除音频数据**：选择【编辑】/【删除】菜单命令，可删除选中的音频数据。

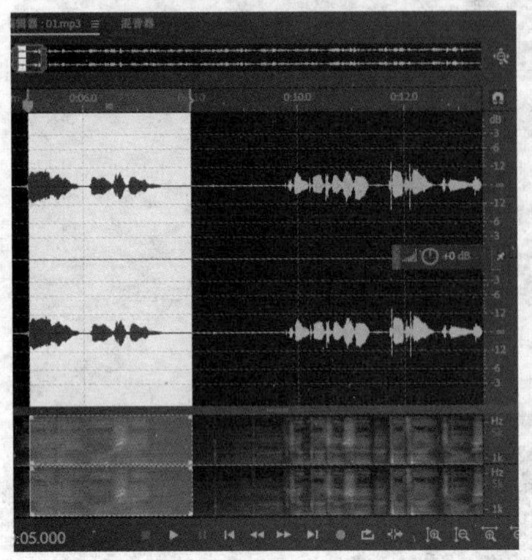

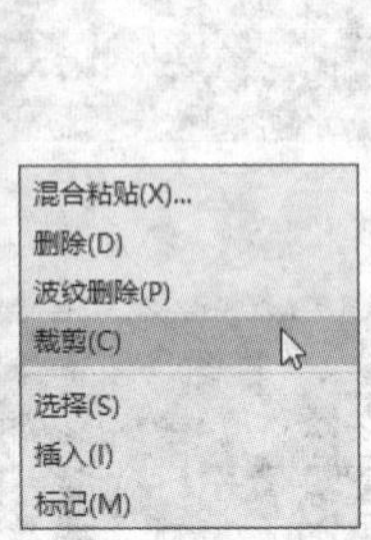

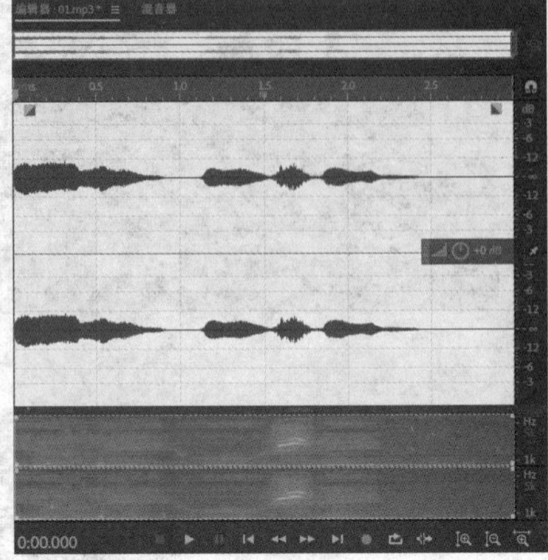

图 3.48

3.3.4 选取并编辑音频数据选区

在 Audition CC 2018 中打开音频文件，在波形编辑器的频谱显示中建立选区以选择音频数据，对选取的音频文件进行编辑或修复，可以快速对其进行处理以达到预期效果。

选取音频数据的方法：选择框选工具、套索选择工具或画笔选择工具，在波形编辑器中的频谱显示中拖曳鼠标，选取需要的音频数据，并调整其位置、选区大小等。

- 将鼠标指针移至选区中，按住鼠标左键将选区拖曳到需要更改的位置，如图 3.49 所示。
- 将鼠标指针移至选区的边缘处，按住鼠标左键并拖曳可以调整选区的大小，如图 3.50 所示。
- 选择画笔选择工具，在调整工具栏中设置画笔大小，以调整选区大小，如图 3.51 所示。

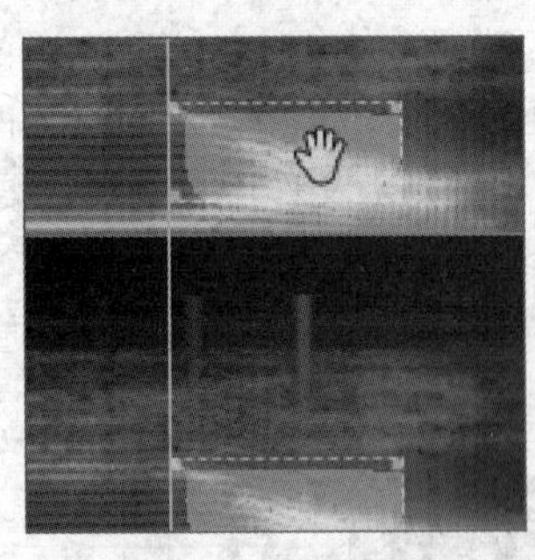

图 3.49

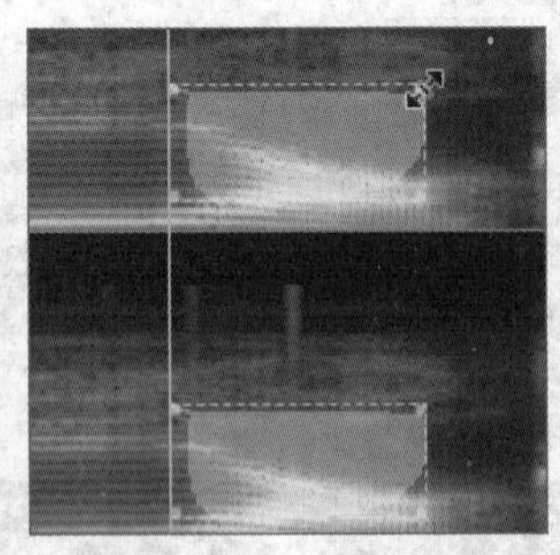

图 3.50

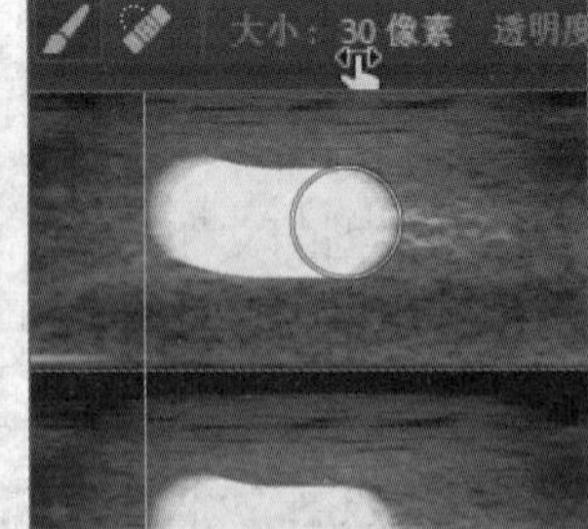

图 3.51

- 当需要添加多个选区时，选择框选工具或画笔选择工具，按住【Shift】键并拖曳鼠标可以添加选区，如图 3.52 所示。按住【Alt】键并拖曳鼠标可以减去选区，如图 3.53 所示。

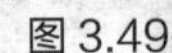

- 在调整工具栏中设置画笔的“不透明度”可以调整画笔效果的强度。不同不透明度

的画笔的对比效果如图 3.54 所示。不透明度高的画笔对音频的遮盖效果强，反之，对音频的遮盖效果弱。

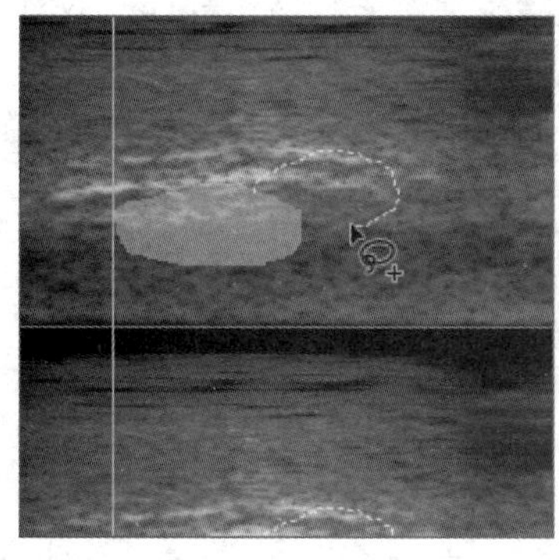
图 3.52

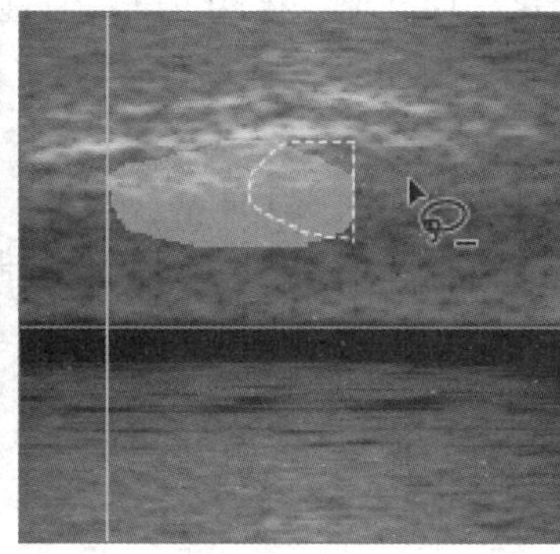
图 3.53

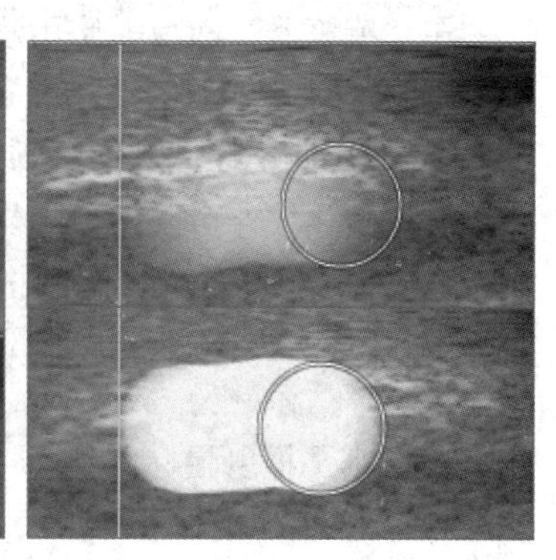
图 3.54

知识提示

在“编辑器”面板的波形显示中双击可以选择波形的可视范围，单击 3 次可以选择所有波形。

在“编辑器”面板的右侧单击振幅标尺中的声道按钮可以选择左声道或右声道，并对其进行单独编辑。

3.3.5 修复并编辑音频数据选区

修复音频数据是指修复音频数据中较小的音频伪声，音频伪声是在音频录制中产生的咔嗒声或爆裂声，修复音频伪声可以使音频文件的播放效果更好。其方法是选择污点修复画笔工具，设置像素直径、大小，在“编辑器”面板的频谱显示中按住鼠标左键进行拖曳以覆盖音频伪声。选择污点修复画笔工具后消除音频伪声的过程如图 3.55 所示。

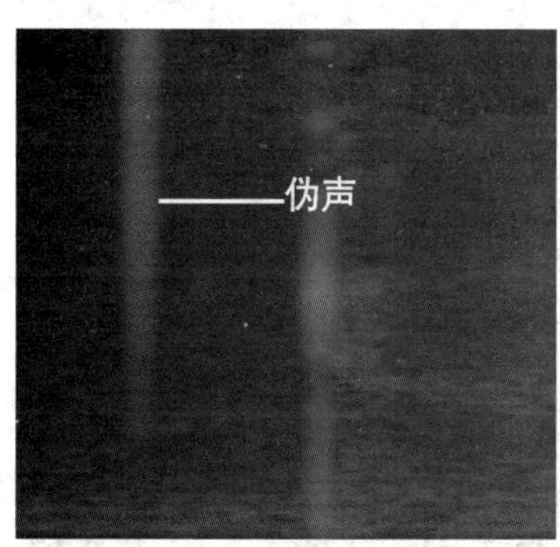

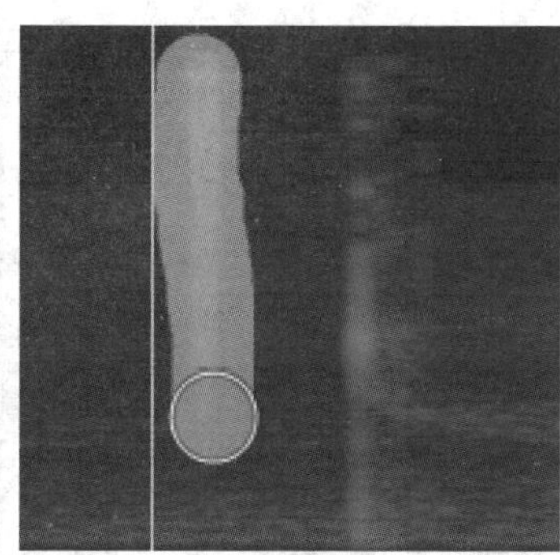

图 3.55

知识提示

对音频进行编辑就是对一部分波形进行改变，在处理一段音频时，难免会将该段音频中的其他正常音频一同处理，从而出现失真的情况，因此，需要控制处理音频的力度。同时，波形的改变往往是无法完全还原的，在为音频做特效处理前需备份原始文件。

3.3.6 淡化和增益音频

在“编辑器”面板中使用淡化控件和增益控件可以快速且精确地淡化和增益音频，下面分别进行介绍。

1. 使用淡化控件淡化音频

使用淡化控件可以使音频文件产生淡入淡出的播放效果，其方法是在波形显示的左上角或右上角单击淡化控件，向内拖曳“淡入”或“淡出”控制柄。

Audition CC 2018提供了3种淡化类型，分别是“线性”淡化、“对数”淡化和“余弦”淡化。

- 水平拖曳鼠标可创建“线性”淡化，适用于对大部分音频文件进行均衡音量变化的操作，如图3.56所示。
- 上下拖曳鼠标可创建“对数”淡化，使音频文件的音量产生先缓慢平稳，再快速更改的变化，如图3.57所示。
- 按住【Ctrl】键并拖曳鼠标可创建“余弦”淡化，使音频文件的音量产生先缓慢平稳，再快速更改，最后在结束时缓慢更改的变化，如图3.58所示。

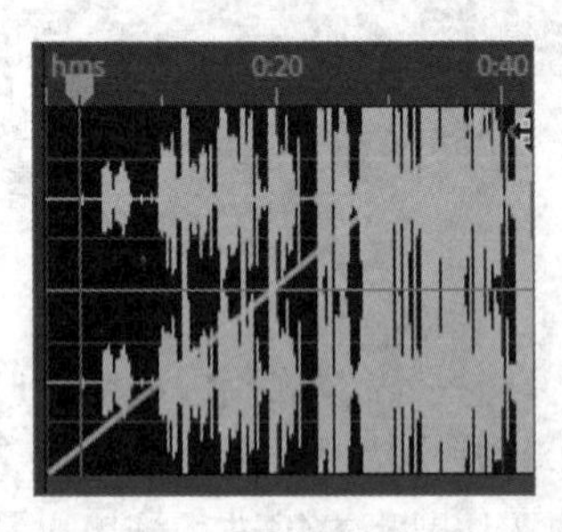

图3.56

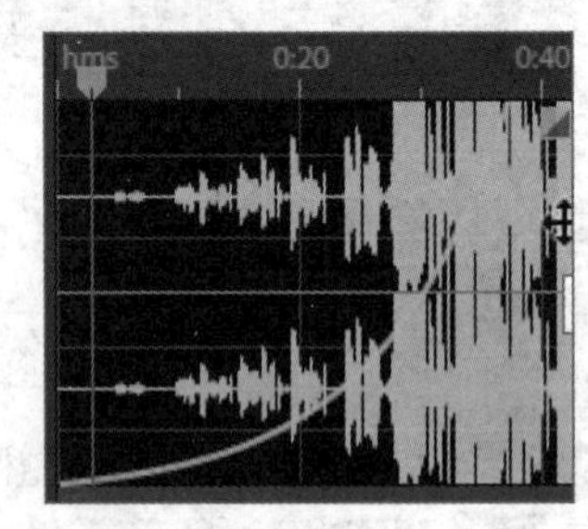

图3.57

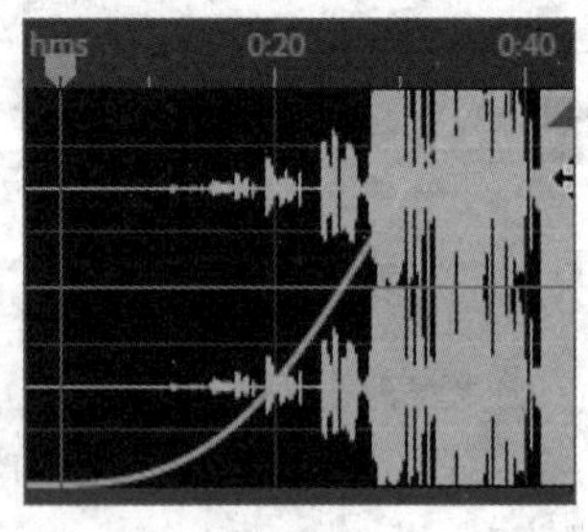

图3.58

2. 使用增益控件增益音频

浮动在“编辑器”面板上方的为增益控件。使用增益控件可以更改选区内的音量，直观地提高或降低振幅。其方法是在“编辑器”面板的波形显示中使用时间选择工具选择特定音频，或不选择任何内容以调整整个音频文件，如图3.59所示。在增益控件中拖曳旋钮或输入数值对音频文件进行调整，如图3.60所示。

增益控件中的数值表示新振幅与现有振幅的比较情况。释放鼠标左键后数值将变回到0dB，如图3.61所示，之后可以进一步调整。

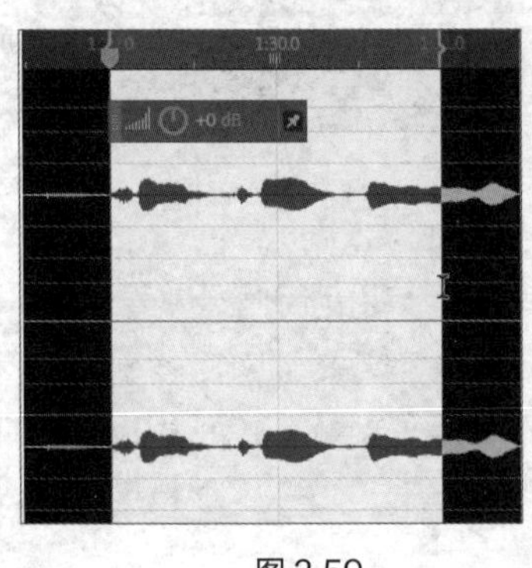

图3.59

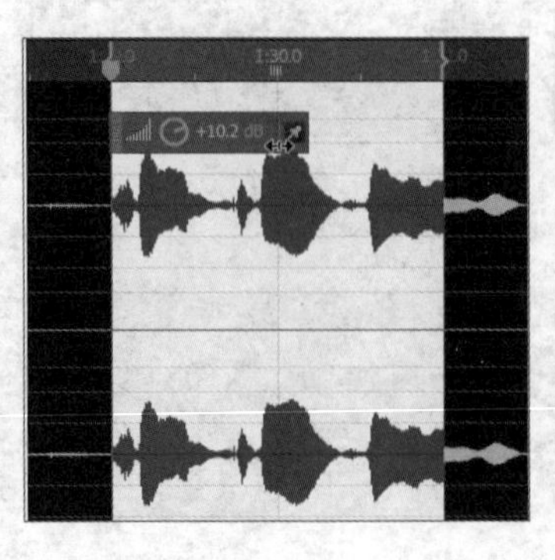

图3.60

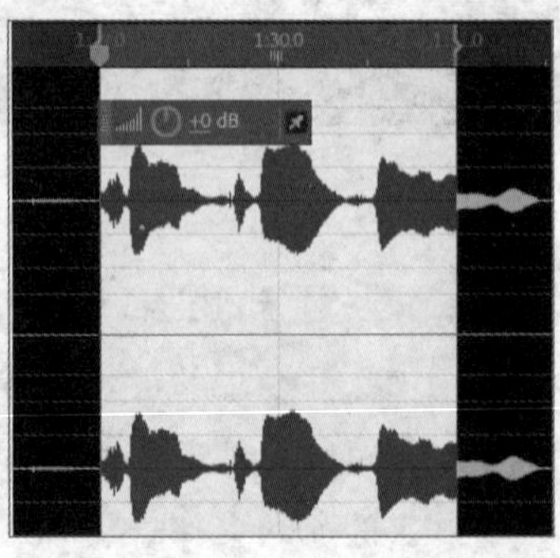

图3.61

知识提示

在波形编辑器中对音频文件进行淡化操作会永久更改音频数据。

在“编辑器”面板中单击“定位”按钮可以将增益控件锁定在一个位置。选择【视图】/【显示HUD】菜单命令可以显示或隐藏增益控件。

3.3.7 创建静音

创建静音可以使选择的音频静音，适用于制作停顿效果。其方法是在“编辑器”面板中选取需要进行静音操作的音频范围，选择【编辑】/【插入】/【静音】菜单命令打开“插入静音”对话框，输入静音的持续时间，如图3.62所示。单击确定按钮，效果如图3.63所示。

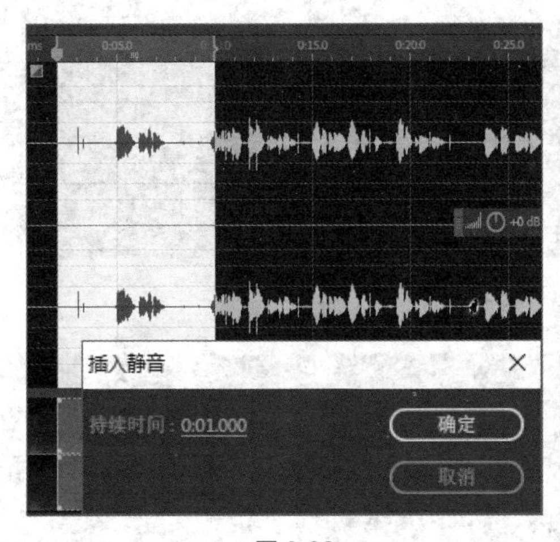

图3.62

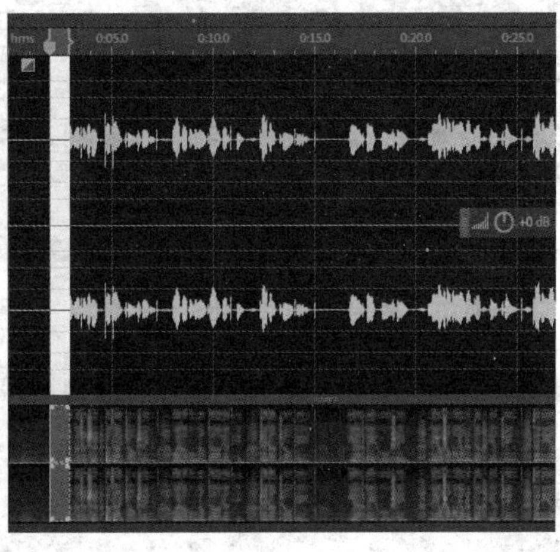

图3.63

3.3.8 实例——编辑课件录音

下面通过在Audition CC 2018中匹配音频文件响度、使用标记、选取音频、删除音频、淡化和增益音频来编辑课件录音，其具体操作如下。

STEP 1 在Audition CC 2018中单击“文件”面板中的“打开文件”按钮，在打开的“打开文件”对话框中打开“课件录音.mp3”素材文件（配套资源:\素材文件\第3章\课件录音.mp3）。

STEP 2 选择【窗口】/【匹配响度】菜单命令，打开“匹配响度”面板，对音频文件进行匹配响度操作。

STEP 3 单击“播放”按钮播放音频文件进行检查。

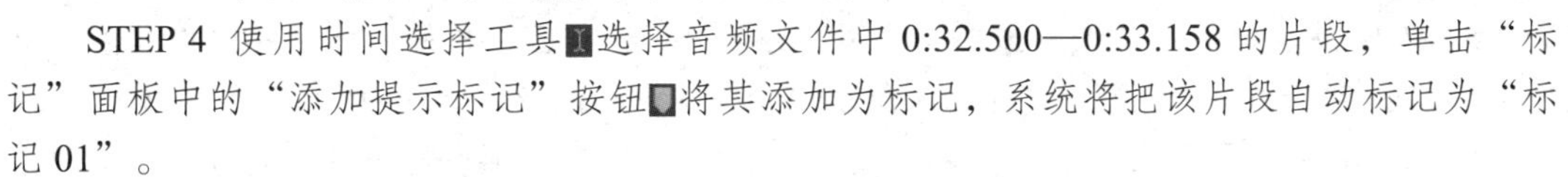

STEP 4 使用时间选择工具选择音频文件中0:32.500—0:33.158的片段，单击“标记”面板中的“添加提示标记”按钮将其添加为标记，系统将把该片段自动标记为“标记01”。

STEP 5 重复STEP 4的操作，标记所有需要编辑的音频，效果如图3.64所示。

STEP 6 选择框选工具，在频谱显示的标记处按住鼠标左键进行拖曳，绘制矩形选框，如图3.65所示。

STEP 7 在矩形选框中单击鼠标右键，在弹出的快捷菜单中选择“删除”命令，如图3.66所示。

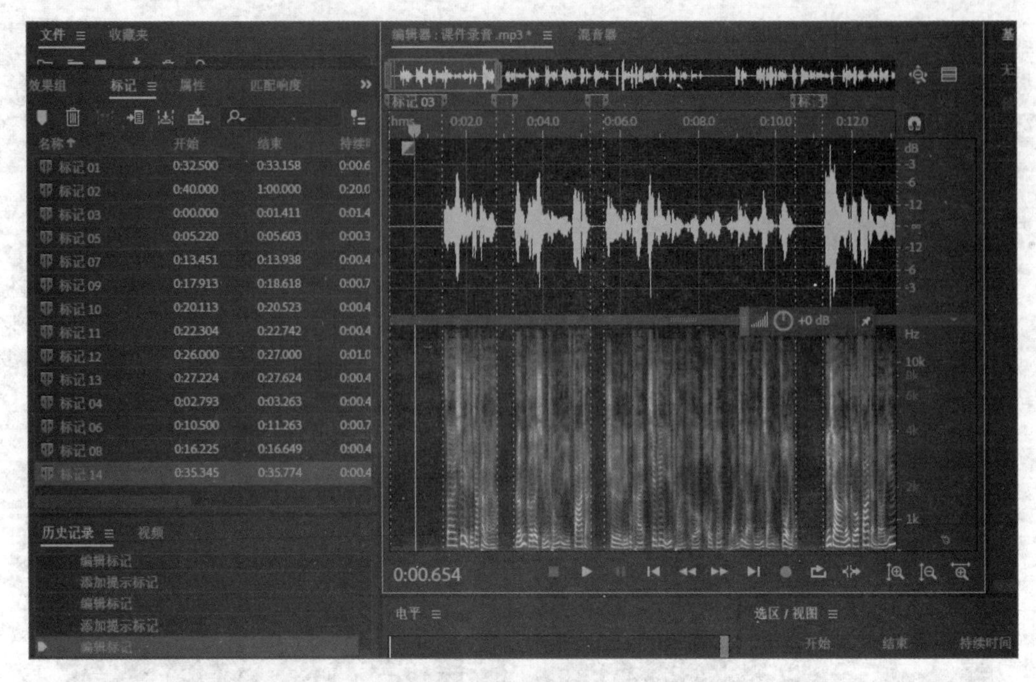

图 3.64

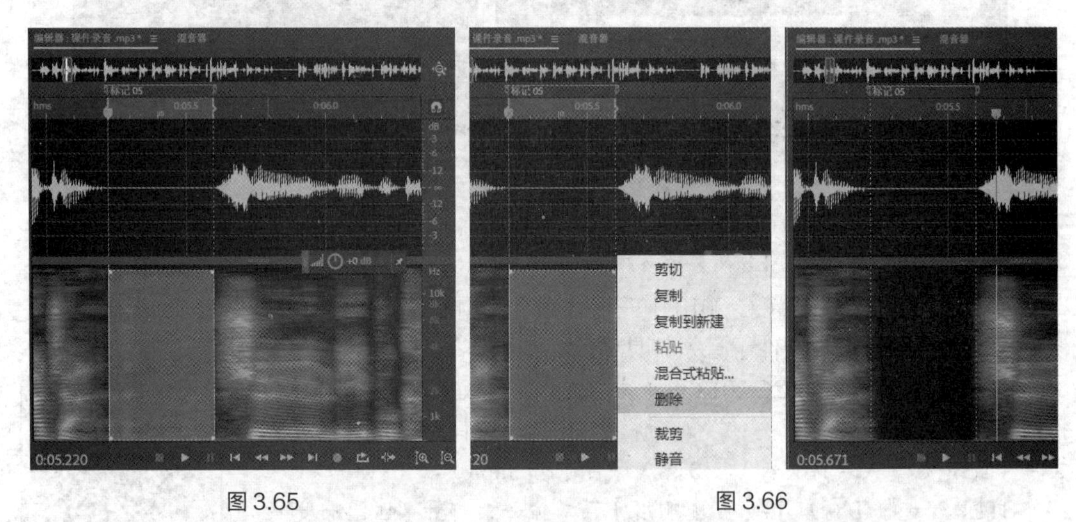

图 3.65　　　　图 3.66

STEP 8 依次选择音频文件中 0:37.188 之前的标记范围并将其删除，效果如图 3.67 所示。

STEP 9 使用时间选择工具选中“标记 02”的标记范围，单击鼠标右键，在弹出的快捷菜单中选择“删除”命令，如图 3.68 所示，删除多余的课件录音。

STEP 10 将时间指示器拖动到课件录音起始处，按住【Ctrl】键并向右拖动淡化控件，如图 3.69 所示。将时间指示器拖动到课件录音结尾处，按住【Ctrl】键并向左拖动淡化控件，如图 3.70 所示。

STEP 11 选择【文件】/【另存为】菜单命令，打开“另存为”对话框，设置文件名、位置和格式，单击 确定 按钮即可（配套资源 :\ 效果文件 \ 第 3 章 \ 课件录音 .mp3）。

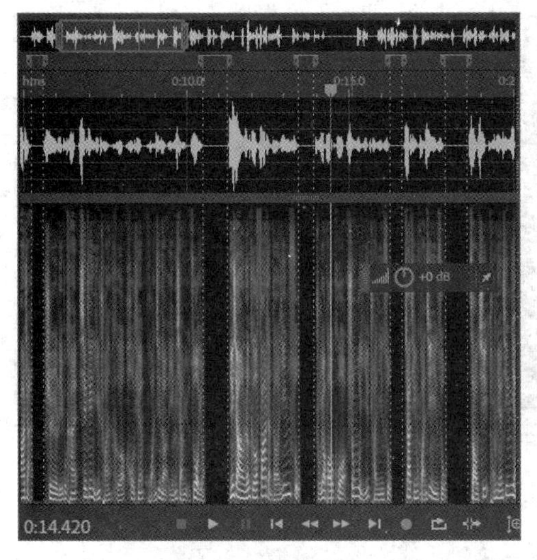

图 3.67

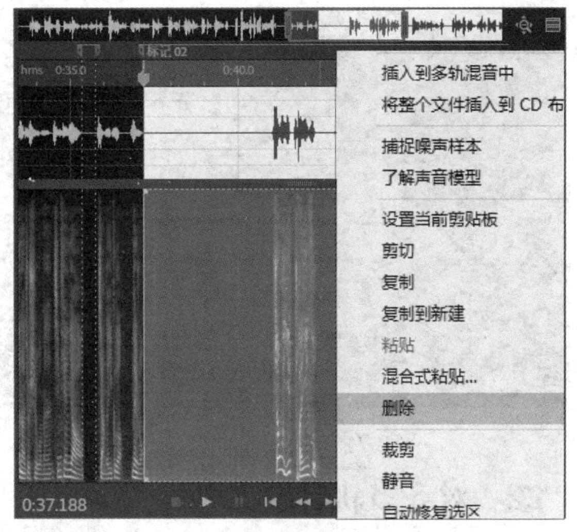

图 3.68

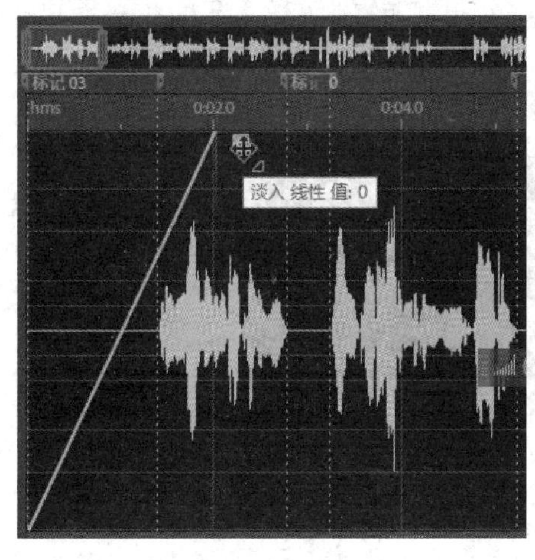

图 3.69

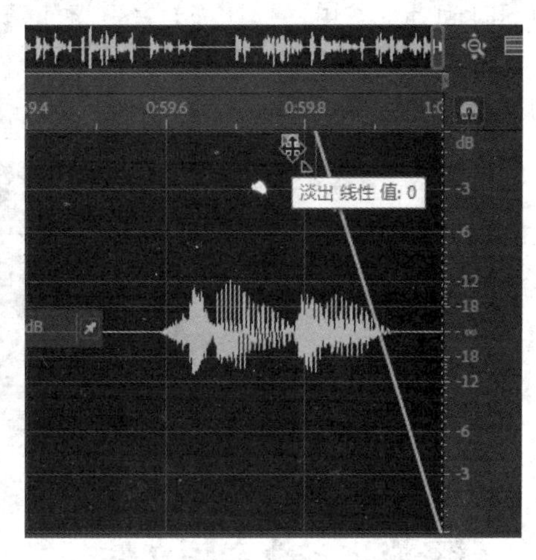

图 3.70

3.4 剪辑多轨音频文件

剪辑音频是按照用户的需要对音频进行适当的剪裁，将不需要的部分删除。在 Audition CC 2018 中剪辑音频文件需要在多轨编辑器中进行，在多轨编辑器中可以对多个音频轨道进行混音，每个轨道都可以单独进行剪辑。用户可以在多轨编辑器中执行选择并剪辑，对齐，交叉淡化，复制，修剪，扩展和移动，以及拆分等操作来对音频文件进行剪辑，下面分别进行介绍。

3.4.1 选择并剪辑多轨音频文件

在多轨编辑器中可以对音频文件进行选择并剪辑操作，其方法是选择切断所选剪辑工具，在多轨编辑器中选中需要剪辑的音轨，在音频文件上单击以绘制剪切线，如图 3.71 所示。选择移动工具，在多轨编辑器中选中剪辑后的音频数据，拖曳鼠标可移动其位置，如图 3.72 所示。单击选中并按【Delete】键可删除该音频数据，如图 3.73 所示。

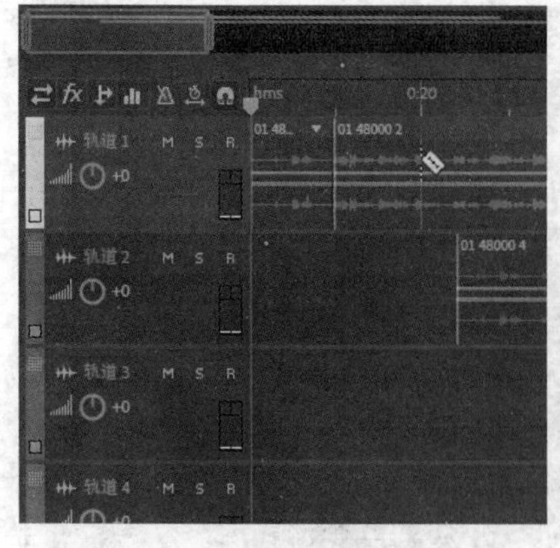

图 3.71

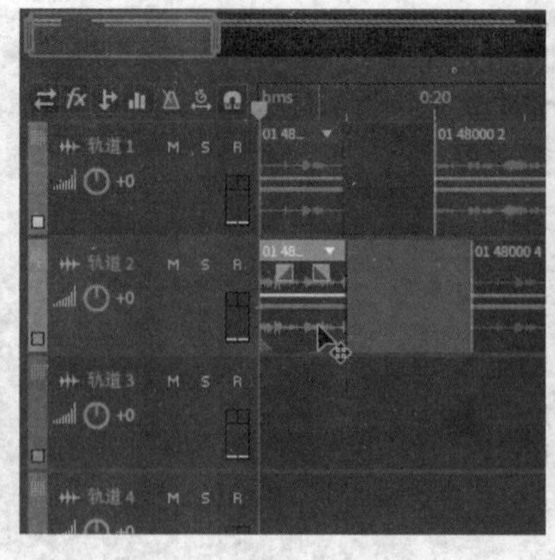

图 3.72

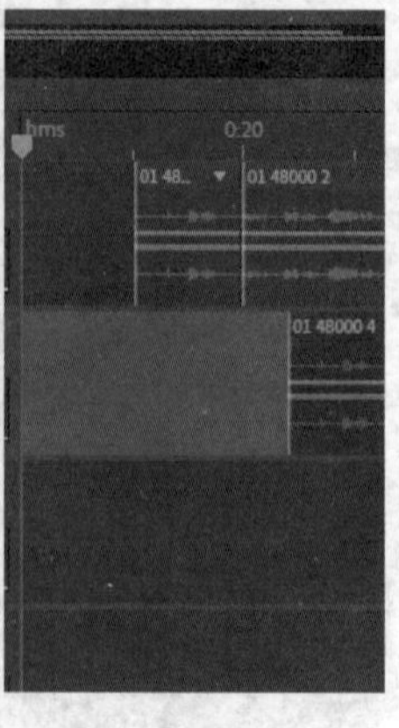

图 3.73

3.4.2　对齐多轨音频文件

在多轨编辑器中使用对齐功能可以使剪辑后的音频文件与其他文件对齐，其方法是在多轨编辑器时间轴下方单击“切换对齐”按钮，选择【编辑】/【对齐】/【对齐到剪辑】菜单命令，拖曳音频文件到对齐点时，在多轨编辑器中会显示一条蓝色的标线，此时释放鼠标左键即可对齐剪辑后的音频文件，如图 3.74 所示。

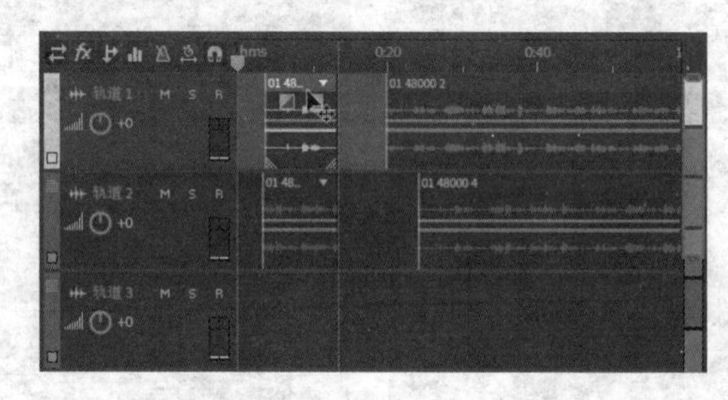

图 3.74

3.4.3　交叉淡化多轨音频文件

在多轨编辑器中选择交叉淡化，可以使同一音轨上的两段音频文件重叠后过渡自然，其方法是选择相同的轨道，移动其中一个音频文件使它们重叠，并确定过渡区域的大小，如图 3.75 所示。在重叠后的区域中拖曳“淡化”按钮以调整淡化曲线，如图 3.76 所示。

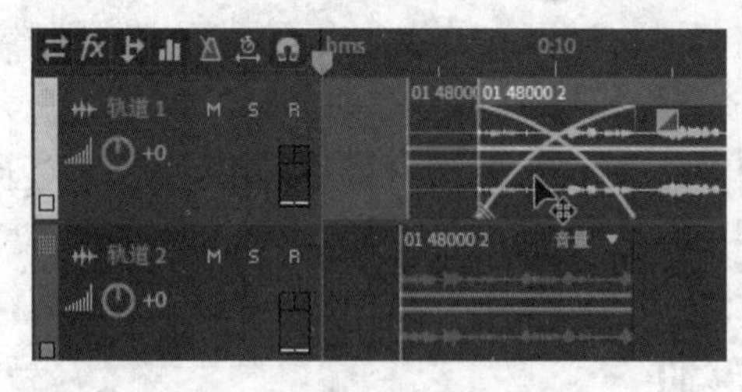

图 3.75

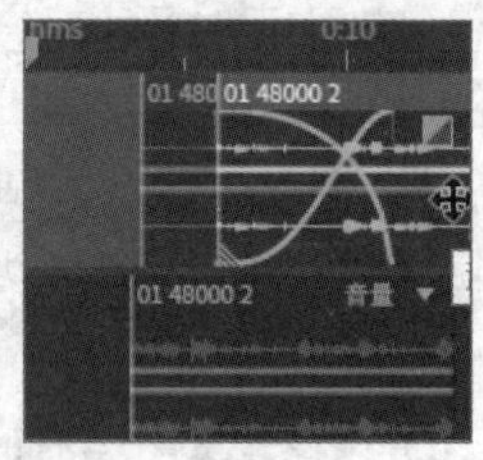

图 3.76

3.4.4　复制多轨音频文件

在多轨编辑器中复制剪辑后的音频文件，可制作具有重复声音的音频文件，如铃声等，其方法是选择移动工具，在剪辑后的音频文件上按住鼠标右键并将其拖曳至目标位置，释放鼠标左键，在弹出的快捷菜单中选择“复制到当前位置”命令即可，如图 3.77 所示。

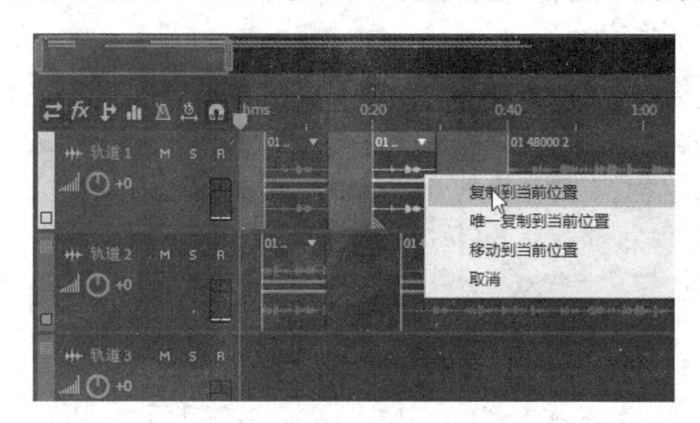

图 3.77

3.4.5 修剪、扩展和移动多轨音频文件

在多轨编辑器中进行的剪辑都是非破坏性的，下面分别介绍修剪、扩展和移动音频文件的具体操作。

1. 修剪多轨音频文件

在剪辑过音频文件的轨道上会出现空白区域，使用时间选择工具拖曳选中的空白区域，再单击鼠标右键，在弹出的快捷菜单中选择【波纹删除】/【间隙】命令，可删除剪辑后的间隙，对音频文件进行修剪，如图 3.78 所示。

2. 扩展和移动多轨音频文件

扩展或移动音频文件可以使其符合混合音频的需求。

扩展的方法：选择移动工具，在“编辑器”面板中将鼠标指针定位到剪辑区域的右边缘处，当鼠标指针呈形状时，向右拖曳鼠标即可扩展剪辑，如图 3.79 所示。

移动的方法：选择滑动工具，在剪辑中左右拖曳鼠标可移动剪辑区域内的音频内容，如图 3.80 所示。

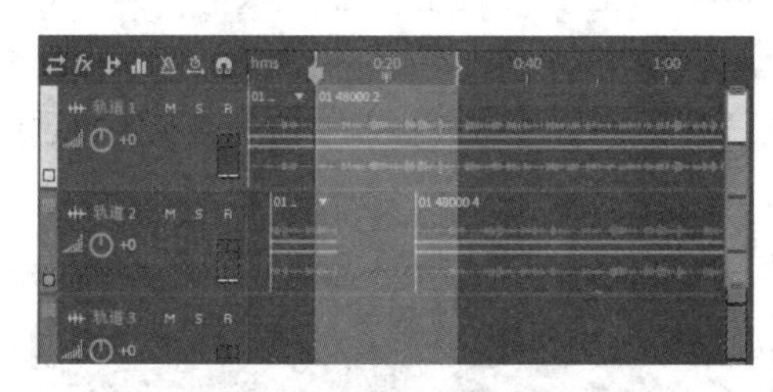

图 3.78

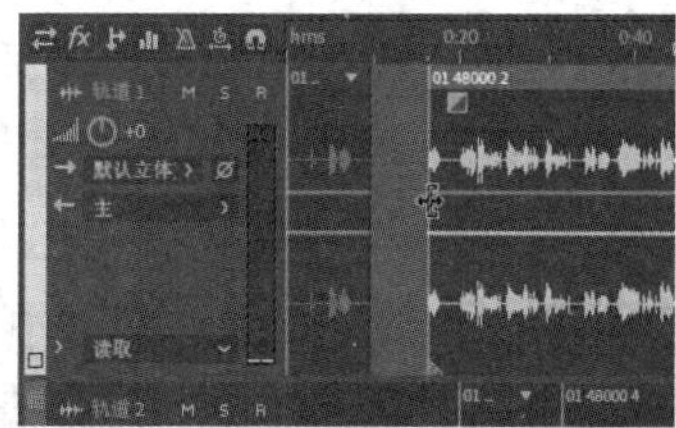

图 3.79

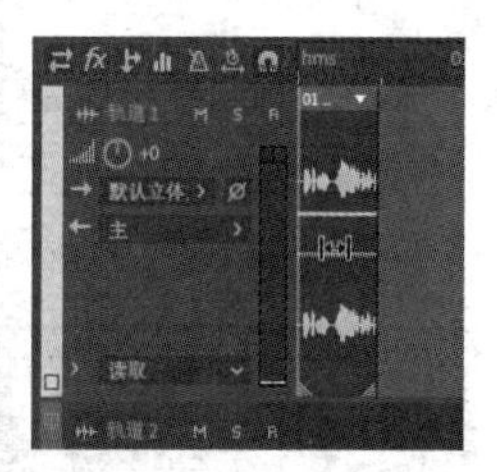

图 3.80

3.4.6 拆分多轨音频文件

在“编辑器”面板中对剪辑后的音频文件进行拆分可以将其分割为能单独移动和编辑的剪辑文件。其方法是单击“切断所选剪辑工具”按钮，在“编辑器”面板中对需要剪辑的音频文件进行拆分。

> **知识提示** 长按“切断所选剪辑工具”按钮，在弹出的快捷菜单中可以切换为“切断所有剪辑工具”按钮，使用该按钮可以拆分多轨编辑器中的所有音频。

3.4.7 实例——剪辑课件录音

下面在Audition CC 2018中进行剪辑并选择、扩展剪辑、交叉淡化和复制剪辑来编辑课件录音，其具体操作如下。

STEP 1 在Audition CC 2018中，将“课件录音.mp3”“背景音乐.mp3”素材文件（配套资源:\素材文件\第3章\课件录音.mp3、背景音乐.mp3）添加到“文件”面板中。单击“多轨编辑器”按钮 多轨，打开“新建多轨会话”对话框，设置文件名为“课件录音02”，格式为“mp3”，创建多轨音频文件。

STEP 2 在“文件”面板中选中“课件录音”文件，将其拖曳到多轨编辑器的轨道1中，选中“背景音乐”文件，将其拖曳到轨道2中，如图3.81所示。

STEP 3 选中“课件录音”文件，选择切断所选剪辑工具，对文件中的空白音频进行剪切，选中剪切文件按【Delete】键删除多余的音频部分。

STEP 4 选择移动工具，将剪切后的录音文件拖曳至音频文件起始位置的第5秒处，在录音文件的起始位置处留出5秒的空白，用于播放背景音乐，如图3.82所示。

图3.81

图3.82

STEP 5 选择移动工具，拖曳剪切后的录音文件，调整录音文件之间的空隙，统一语音停顿的时长，如图3.83所示。

STEP 6 选择切断所选剪辑工具，在“背景音乐”文件的第6秒处进行剪切，按【Delete】键删除多余的音频部分，如图3.84所示。

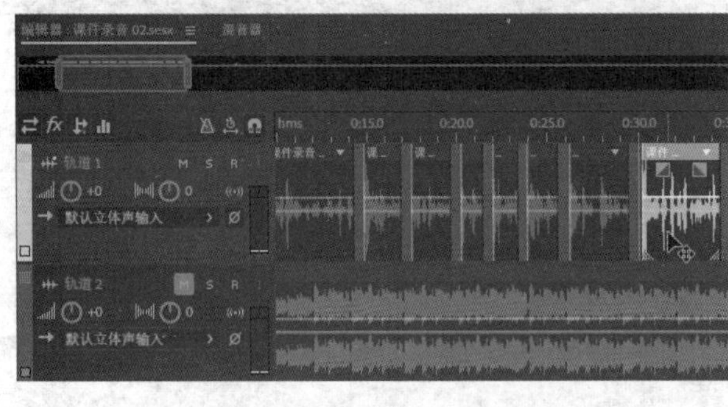

图3.83

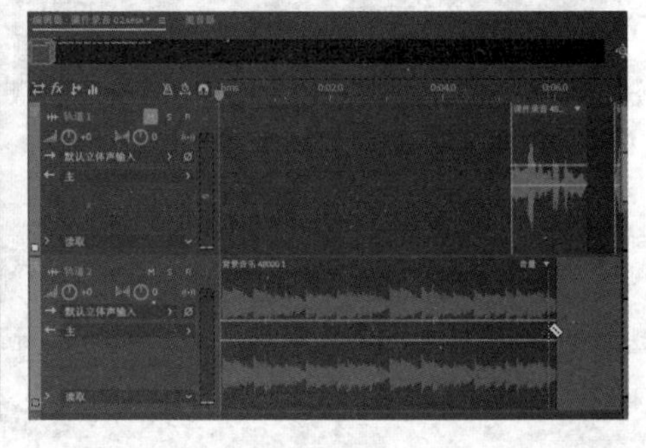

图3.84

STEP 7 选择移动工具，按住鼠标右键将剪辑后的“背景音乐”文件拖曳至“课件录音”文件结尾处并释放鼠标左键，在弹出的快捷菜单中选择“复制到当前位置”命令，如图3.85

所示，完成“背景音乐”文件的复制剪辑。

STEP 8 选择移动工具，将“背景音乐”拖曳至“课件录音”文件开始处进行交叉淡化，如图 3.86 所示。

STEP 9 单击淡化控件并按住【Ctrl】键进行拖曳，以调整淡化效果。

STEP 10 将时间指示器拖曳到“课件录音”文件结尾处，重复 STEP 8 和 STEP 9，如图 3.87 所示。

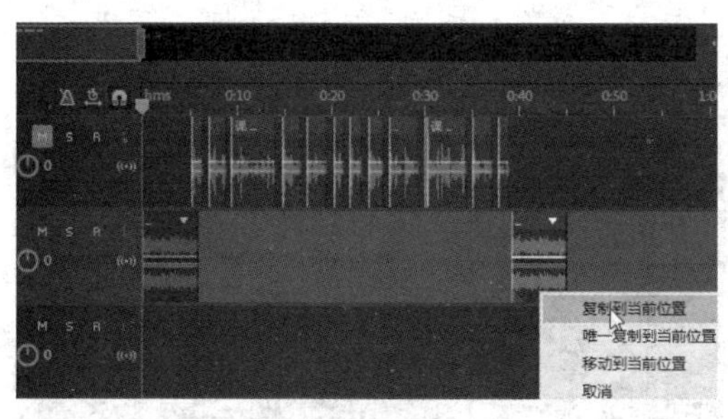

图 3.85

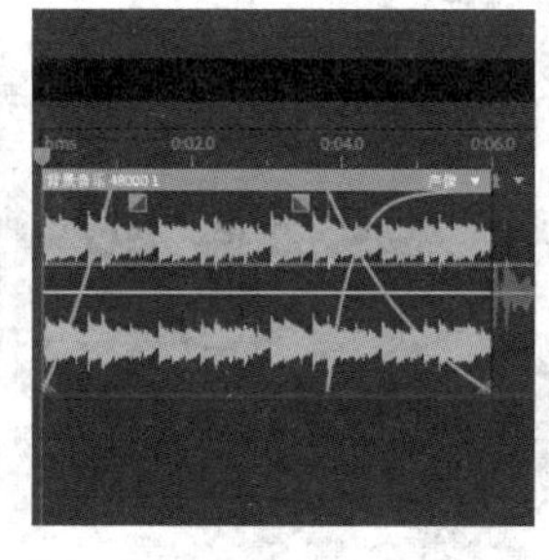

图 3.86

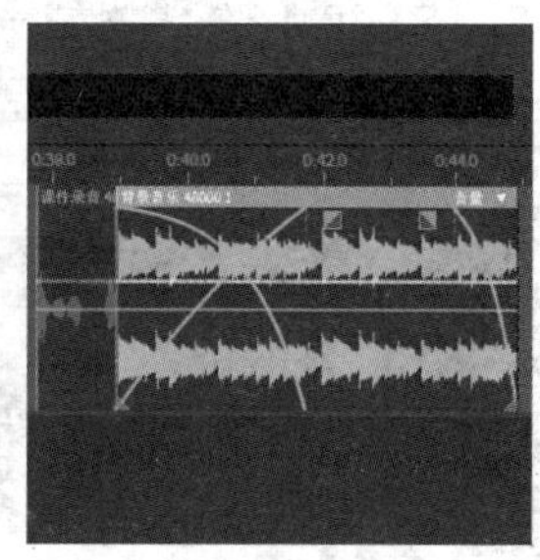

图 3.87

STEP 11 完成交叉淡化后的效果如图 3.88 所示。选择【文件】/【导出】/【会话】菜单命令，打开“导出混音项目”面板，设置文件名、位置、格式，单击确定按钮即可（配套资源 :\ 效果文件 \ 第 3 章 \ 课件录音 02.mp3）。

图 3.88

3.5 添加音频效果

利用 Audition CC 2018 中的效果组对音频进行处理可减少噪声，添加特殊音频效果可美化音频，如添加淡入、淡出等音效，使音频过渡柔和。

Audition CC 2018 提供了大量音频效果处理命令，包括生成、振幅与压限、延迟与回声、诊断、滤波与均衡、调制、降噪、特殊效果。根据不同的需求，每个效果命令又有多个子效果命令，因此能够对不同情况下的多媒体音频进行处理。下面对一些常用的音频效果进行简单介绍。

3.5.1 生成语音效果

生成语音效果是指在对话框中粘贴或键入文本，生成真实的画外音或旁白音频轨道。“语音”菜单命令可创建视频、游戏和音频作品的合成声音。

下面以波形编辑器为例，使用“语音”菜单命令生成语音音频文件，其具体操作如下。

STEP 1 在 Audition CC 2018 中的“文件”面板空白处单击鼠标右键，在弹出的快捷菜单中选择【新建】/【音频文件】命令以新建文件。

STEP 2 双击打开“预测编码技术 .txt”素材文件（配套资源 :/ 素材文件 / 第 3 章 / 预测编码技术 .txt），按【Ctrl+A】组合键对文档内容进行全选，按【Ctrl+C】组合键对其进行复制。

STEP 3 选择【效果】/【生成】/【语音】菜单命令，打开“效果 - 生成语音”对话框，按【Ctrl+V】组合键将文档内容粘贴在对话框内，如图 3.89 所示。

STEP 4 在“效果 - 生成语音”对话框中设置语言、性别、说话速率和音量，完成后单击 确定 按钮即可。完成语音生成后的“编辑器”面板如图 3.90 所示。

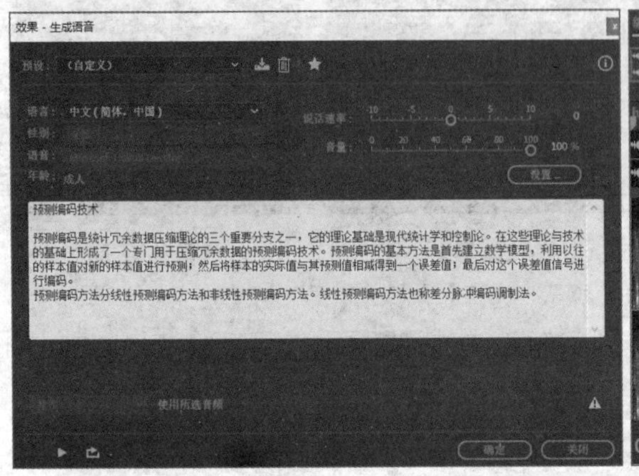

图 3.89

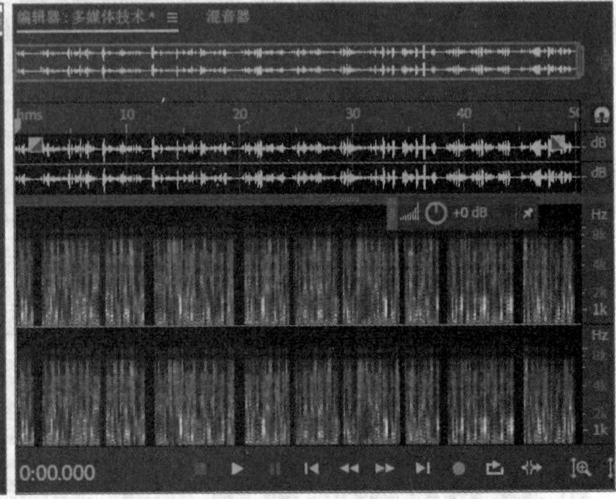

图 3.90

3.5.2 强制限幅效果

强制限幅是一个压缩率非常大的压缩器，它能将信号幅度强制限定在一定范围内，以保证不会出现过大或过小的音量，同时，能较好地控制起始时间和峰值，达到理想的波形效果。添加该效果的方法：选择【效果】/【振幅与压限】/【强制限幅】菜单命令，打开“效果 - 强制限幅”对话框，如图 3.91 所示。其中，各参数的含义介绍如下。

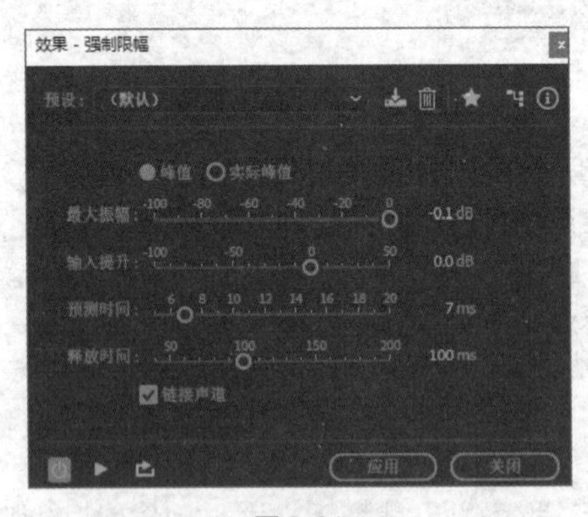

图 3.91

- **最大振幅**：它以 dB 为单位，用于控制最大音量。起始值为 0dB，如将其调整至 -10dB，则超过 -10dB 的音量将不显示。
- **输入提升**：与最大振幅相反，它用于控制最小音量。起始值为 0dB，如将其调整至 10dB，则低于 10dB 的音量将不显示。需要注意的是，即使将输入提升调至最大，也不会超过最大振幅。

- **预测时间**：用于设置在到达最大峰值之前减弱音频的时间量，该值过小，会出现扭曲效果。通常情况下，应保证该值大于 5ms。
- **释放时间**：用于设置音频减弱向回反弹 12dB 所需的时间，若该值过大，则音频可能会保持安静，并在一定时间内不会恢复到正常音量。通常情况下，应保证该值为 100ms。
- **链接声道**：用于链接所有声道的响度，保持立体声或环绕声平衡。

3.5.3 延迟效果

设置不同参数的延迟效果，能够产生不同效果的回声。Audition CC 2018 自带 14 种延迟效果，直接选择预设栏中的效果能够快速设置延迟，也可对参数进行设置，调整出想要的延迟效果。添加该效果的方法：选择【效果】/【延迟与回声】/【延迟】菜单命令，打开“效果 - 延迟”对话框，如图 3.92 所示。其中，各参数的含义介绍如下。

- **延迟时间**：左声道和右声道中均有延迟时间，若延迟时间的参数均为 0，则此时没有延迟效果；若将参数调整至正数，则延迟参数所示的时间；若将参数调整至负数，则提前参数所示的时间。
- **混合**：用于设置混合到最终输出经过处理的湿信号与原始的干信号的比率。若设置为 50，则平均混合；若大于 50，则湿信号占比高；反之则干信号占比高。

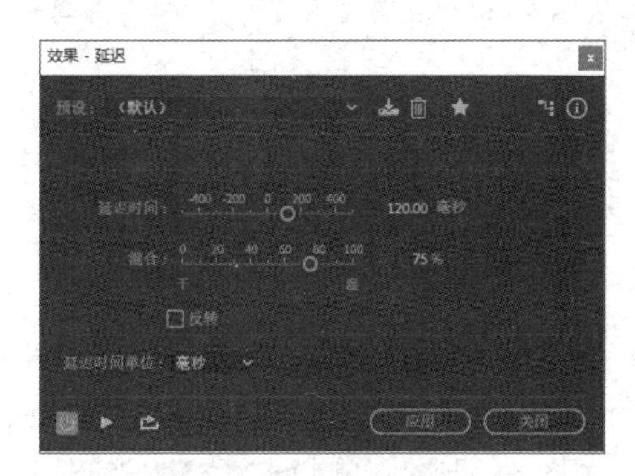

图 3.92

3.5.4 标准化效果

直接录制出来的音频文件的音量可能会过大或过小，这时需要调整音频的音量，在 Audition CC 2018 中可以调整音量的效果有很多，其中标准化效果是一个既简单又实用的效果。下面使用标准化效果调整音量，其具体操作如下。

STEP 1 在 Audition CC 2018 中打开“音乐 .mp3”素材文件（配套资源 :\ 素材文件 \ 第 3 章 \ 音乐 .mp3），选择【效果】/【振幅与压限】/【标准化（处理）】菜单命令。

STEP 2 打开“标准化”对话框，其中“标准化为”复选框用于调整波形的整体振动幅度，也就是音量，其后的文本框用于输入调整的量，“%”单选项和“dB”单选项用于选择是按百分比方式调整还是按分贝方式调整。这里保持默认设置不变，即将音量调整为 100%，如图 3.93 所示，单击 应用 按钮。

STEP 3 应用设置即可完成标准化效果的添加，完成后的“编辑器”

面板如图 3.94 所示（配套资源 :\ 效果文件 \ 第 3 章 \ 音乐 .mp3）。

图 3.93

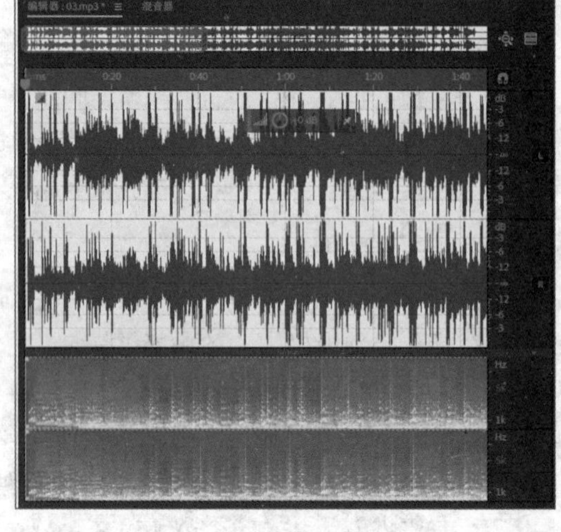

图 3.94

知识提示

选中“平均标准化所有声道”复选框，将对所有声道中的振幅进行平均处理。如果波形图的中心线不在正中，则还需要选中“DC 偏差调节”复选框对其进行调整。

3.5.5 诊断效果

诊断效果只适用于波形编辑器，它包含了杂音降噪器和爆音降噪器两个效果，下面分别进行介绍。

1．杂音降噪器

杂音降噪器可以消除音频文件中的无线麦克风、黑胶唱片等出现的咔嗒声。添加该效果的方法：在波形中选择需要消除杂音的音频，选择【效果】/【诊断】/【杂音降噪器】菜单命令，打开“诊断”面板，如图 3.95 所示。单击 扫描 按钮对选取的音频进行杂音扫描。完成扫描后单击 全部修复 按钮对扫描发现的问题进行修复，如图 3.96 所示。

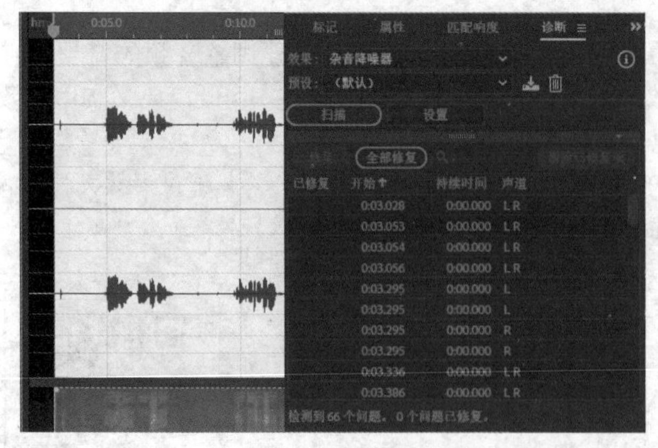

图 3.95

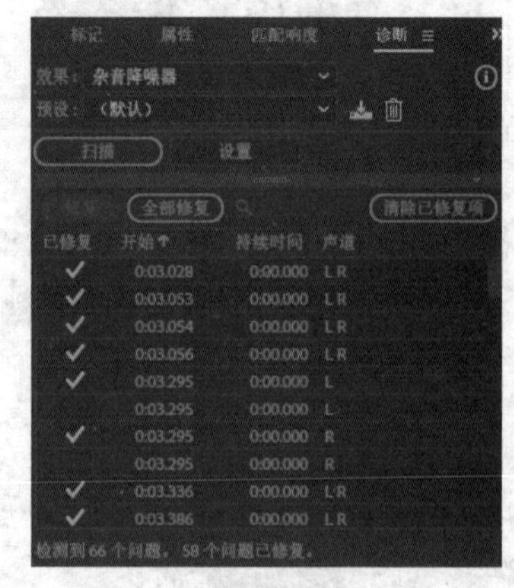

图 3.96

知识提示 在“诊断”面板中单击按钮可以设置阈值和复杂度。阈值能确定杂音灵敏度。设置的数值越小，能检测到的咔嗒声和爆音越多，但检测出的结果中可能会包含正常的音频。复杂度表示杂音复杂度，设置的数值越大，能处理的杂音越多，但可能会降低音频的质量。

2. 爆音降噪器

爆音是指在音频文件中出现的间歇性干扰声，可以在录制或播放期间通过观察电平表来监视。当出现爆音时，电平表最右侧的框将变红，如图 3.97 所示。添加爆音降噪器的方法：选择爆音出现的区域，选择【效果】/【诊断】/【爆音降噪器】菜单命令，打开“诊断”面板，单击按钮对选取的音频进行爆音扫描，完成扫描后单击按钮即可。

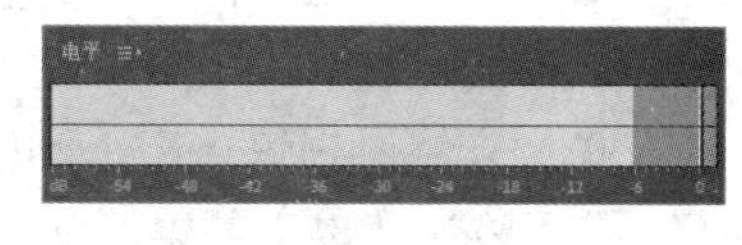

图 3.97

3.5.6 均衡器效果

Audition CC 2018 提供了 3 种图形均衡器，分别是图形均衡器 10 段、20 段、30 段。选择【效果】/【滤波与均衡】菜单命令，在弹出的子菜单中选择相应的命令即可，3 种均衡器的使用方法相同，只是频段数目不同。

图形均衡器（30 段）的使用方法：选择菜单【效果】/【滤波与均衡】/【图形均衡器（30 段）】菜单命令，打开“效果 - 图形均衡器（30 段）”对话框，如图 3.98 所示。拖动相应的滑块可调整该滑块对应频率的音量或单击“预设”下拉列表框选择不同的均衡器效果。单击“播放”按钮试听效果，试听满意后单击按钮应用设置即可。其中，各参数的含义介绍如下。

- **范围**：定义滑块控件的范围。
- **准确度**：准确度级别越高，在低范围的频率响应越好，但需要更多的处理时间。
- **主控增益**：为选定的频段设置准确的增强或减弱值。

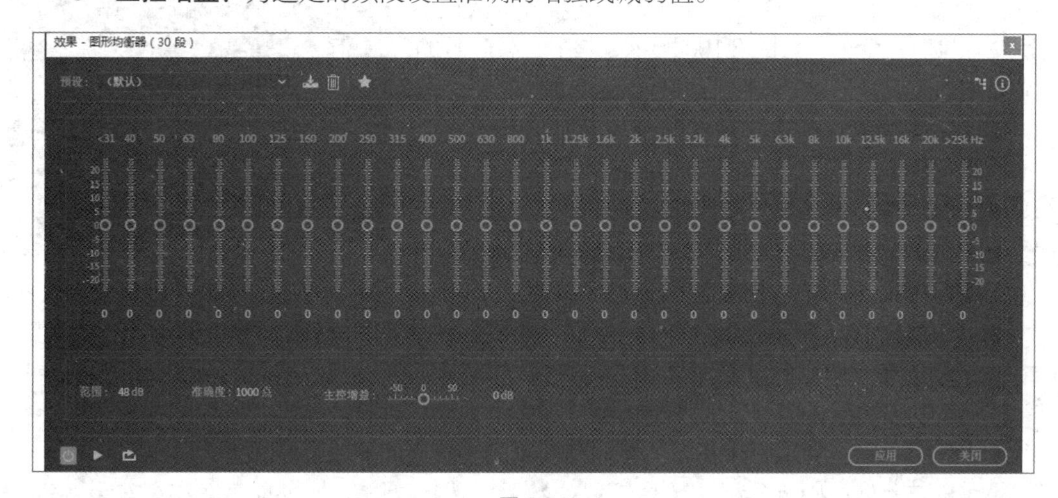

图 3.98

3.5.7 镶边效果

镶边是通过将延迟混合到原始信号中而产生的音频效果，可对参数进行设置，调整出想要的镶边效果。镶边效果的使用方法：选择【效果】/【调制】/【镶边】菜单命令，打开“效果 - 镶边”对话框，如图 3.99 所示。其中，各参数的含义介绍如下。

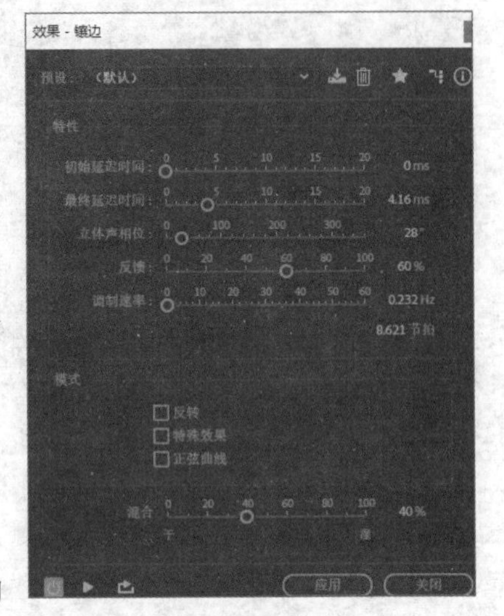

图 3.99

- **初始延迟时间**：设置在原始信号之后开始镶边的点，通过随时间从初始延迟设置循环到另一个延迟设置来产生镶边效果。
- **最终延迟时间**：设置在原始信号之后结束镶边的点。
- **立体声相位**：用不同的值设置左右声道延迟，以°（度）为单位。
- **反馈**：确定反馈回镶边中的镶边信号的百分比。如果没有反馈，则该效果将仅使用原始信号。添加反馈后，该效果将使用当前播放点之前的一定比例的受影响的信号。
- **调制速率**：确定延迟从初始延迟时间循环到最终延迟时间的速度，以 Hz（次数 / 秒）或节拍（节拍数 / 分钟）为单位进行测量。
- **反转**：反转模式可以延迟信号，定期抵消音频。
- **特殊效果**：特殊效果模式是指混合正常和反转的镶边效果模式。
- **正弦曲线**：正弦曲线模式可使初始延迟时间到最终延迟时间的过渡和回溯按照正弦曲线进行。
- **混合**：混合模式可以调整原始信号（干）与镶边信号（湿）的混合。

3.5.8 自适应降噪效果

自适应降噪效果可快速去除变化的宽频噪声，如咔嗒声、隆隆声或风声。添加该效果的方法：选择【效果】/【降噪 / 恢复】/【自适应降噪】菜单命令，打开“效果 - 自适应降噪”对话框，如图 3.100 所示。其中，各参数的含义介绍如下。

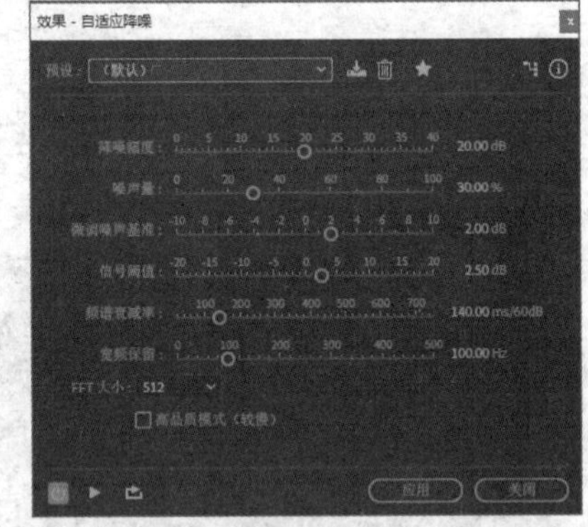

图 3.100

- **降噪幅度**：确定降噪的级别。通常情况下，该值为 6dB ~ 30dB。
- **噪声量**：表示包含噪声的原始音频的百分比。
- **微调噪声基准**：将噪声基准手动调整到自动计算的噪声基准之上或之下。
- **信号阈值**：将所需音频的阈值手动调整到自动计算的阈值之上或之下。
- **频谱衰减率**：确定噪声处理下降 60dB 的速度。微调该设置可达到更大程度的降噪而失真更少的效果。过小的值会产生发泡效果；过大的值会产生混响效果。
- **宽频保留**：保留介于指定的频段与找到的失真之间的所需音频。
- **FFT 大小**：确定分析的单个频段的数量。选择高设置，可提高频率分辨率；选择低设置，可提高时间分辨率。高设置适用于持续时间长的失真，如嗡嗡声；低设置适用于处理瞬时失真，如爆音。

● **高品质模式（较慢）**：选中“高品质模式”会提高整个音频的质量，但降噪速度较慢。

3.5.9 降噪效果

如果录音现场有无法抑制的噪声，则录制出的音频文件中会有很多噪声，从而影响音频的质量，这时需要使用降噪效果来处理包括磁带嘶嘶声、麦克风背景噪声、电线嗡嗡声或波形中任何恒定的噪声。下面使用降噪效果来处理“降噪.mp3”素材文件，其具体操作如下。

STEP 1 在 Audition CC 2018 中打开“降噪.mp3”素材文件（配套资源:\素材文件\第3章\降噪.mp3），将鼠标指针移动到“编辑器”面板中，向上滚动鼠标滚轮放大显示音频的波形图，从中可以看出，本应该没有声音的地方也有一点波形，这就是噪声的波形，拖曳鼠标选择一部分噪声的波形，如图3.101所示。

STEP 2 选择【效果】/【降噪/恢复】/【降噪（处理）】菜单命令，打开“效果－降噪”对话框，如图3.102所示。

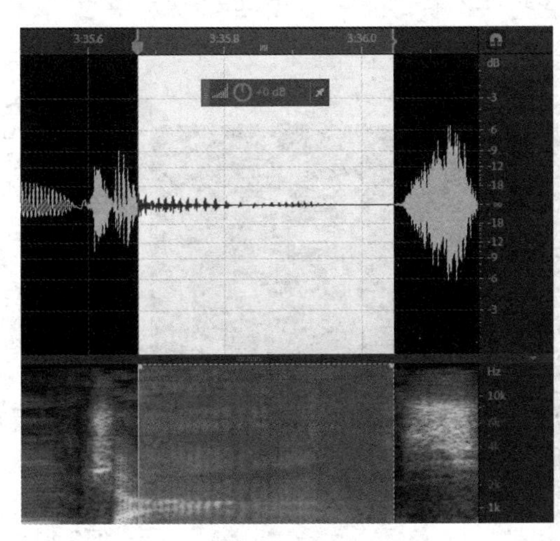

图3.101

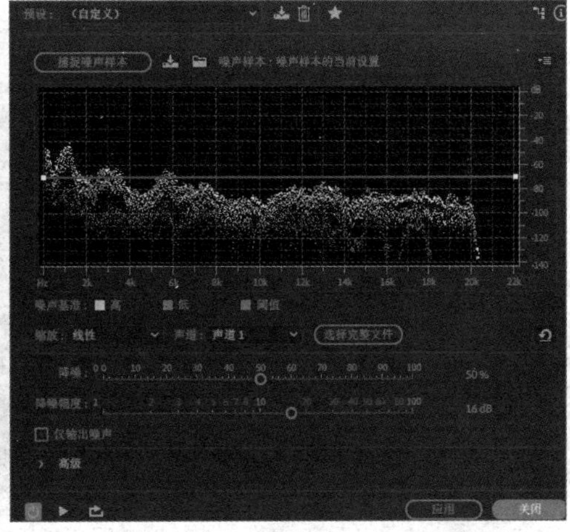

图3.102

STEP 3 单击 捕捉噪声样本 按钮将当前选择的部分作为噪声样本，再单击 选择完整文件 按钮，选择整个音频文件，以对整个音频进行处理，然后拖动“降噪”和“降噪幅度”滑块调整降噪的强度和数量。

STEP 4 单击“播放”按钮试听降噪后的效果，在试听的时候还可以单击“切换开关状态”按钮关闭和启用效果。完成后单击 应用 按钮应用设置即可。

3.5.10 特殊效果

特殊效果包含扭曲、多普勒换档器、吉他套件、母带处理、响度探测计和人声增强。其中多普勒换档器效果和人声增强效果适用于处理人声，可增强人声的立体感，下面分别进行介绍。

1．多普勒换档器效果

多普勒换档器会使人在听音频时产生对象在接近或远离自己的听觉感受，如警车开着警报器经过时，警报器的声音会增大和减小。当警车靠近时，声波会进行压缩，产生较高频的声音；当警车远离时，声波会进行伸缩，产生较低频的声音。添加该效果的方法：选择【效果】/【特殊效果】/【多普勒换档器】菜单命令，打开“效果－多普勒换档器”对话框，多普勒换档器中包含“直线”和“环形”选项，如图 3.103 所示。用户可根据需求设置，或直接应用“预设”下拉列表框中的选项，如图 3.104 所示。

“直线”选项中各参数的含义介绍如下。

- **开始距离**：设置效果的虚拟起始点（以 m 为单位）。
- **速度**：设置效果移动的虚拟速度（以 m/s 为单位）。
- **来自**：设置效果大致来自的虚拟方向（以°（度）为单位）。
- **前端通过**：设置效果大致在听者前方多远的距离处通过（以 m 为单位）。
- **右侧通过**：设置效果大致在听者右侧多远的距离处通过（以 m 为单位）。

“环形”选项中各参数含义介绍如下。

- **半径**：设置效果的环形尺寸（以 m 为单位）。
- **速度**：设置效果移动的虚拟速度（以 m/s 为单位）。
- **开始角度**：设置效果的起始虚拟角度（以°（度）为单位）。
- **前端中心通过**：设置声源在听者前方多远距离处（以 m 为单位）。
- **右侧中心通过**：设置声源在听者右侧多远距离处（以 m 为单位）。

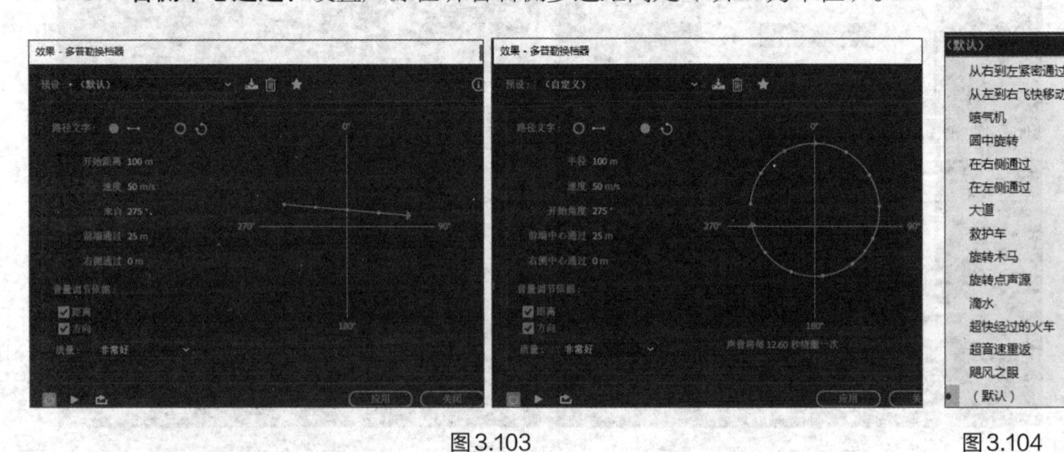

图 3.103　　图 3.104

2. 人声增强效果

人声增强效果可快速改善旁白类型的录音质量，自动减少爆音以及在录制过程中抓握麦克风所产生的噪音。添加该效果的方法：选择【效果】/【特殊效果】/【人声增强】菜单命令，打开“效果 - 人声增强”对话框对参数进行设置即可。

在“效果 - 人声增强”对话框中，“男性”模式可以优化男声的音频，“女性”模式可以优化女声的音频，“音乐”模式可以对音乐或背景音频进行压缩和均衡，优化音轨以便更好地补充旁白。

3.5.11　实例——为课件录音添加效果

下面在 Audition CC 2018 中对课件录音添加强制限幅、标准化、降噪和人声增强效果，其具体操作如下。

STEP 1 在 Audition CC 2018 中打开“课件录音 02.sesx”素材文件（配套资源 :\素材文件\第 3 章\课件录音 02\课件录音 02.sesx）。

STEP 2 在“文件”面板中双击“课件录音 .48000 1.wav”，打开“课件录音 .48000 1.wav”的波形编辑器，如图 3.105 所示。

STEP 3 在“编辑器”面板中双击波形显示选中整个录音文件，选择【效果】/【振幅与压限】/【强制限幅】菜单命令，打开“效果 - 强制限幅”面板，设置最大振幅为“- 5.0dB”，输入提升为“10.0dB”，预测时间为“6ms”，如图 3.106 所示，单击“预览播放停止”按钮播放添加强制限幅后的录音文件，检查录音文件的播放效果。单击 应用 按钮应用设置。

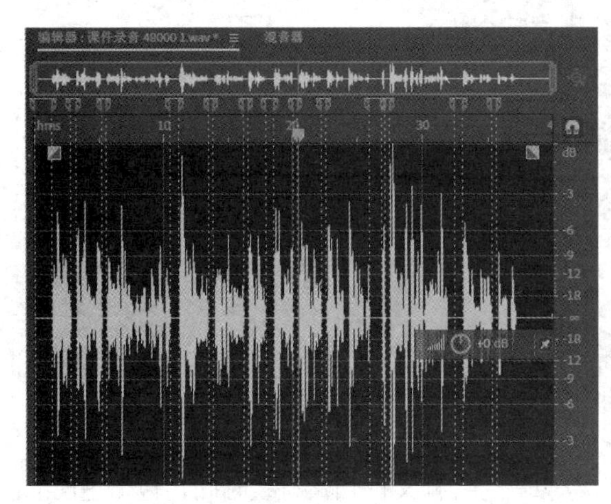

图 3.105

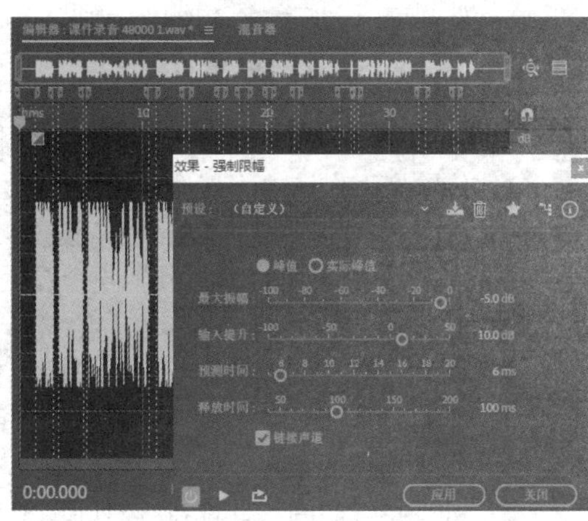

图 3.106

STEP 4 选择【效果】/【振幅与压限】/【标准化（处理）】菜单命令，打开“标准化”对话框，设置标准化为“70.0”，如图 3.107 所示，单击 应用 按钮应用设置。

STEP 5 使用时间选择工具选择录音文件中有噪音的音频。选择【效果】/【降噪 / 恢复】/【降噪（处理）】菜单命令，打开“效果 - 降噪”对话框，依次单击 捕捉噪声样本 按钮和 选择完整文件 按钮，对整个音频进行处理，如图 3.108 所示。单击 应用 按钮应用设置。

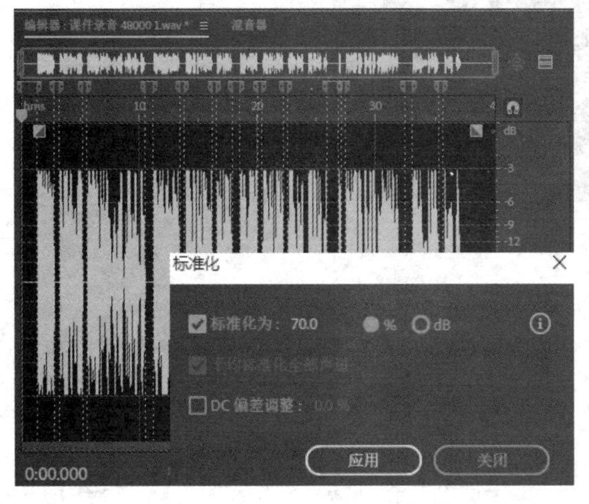

图 3.107

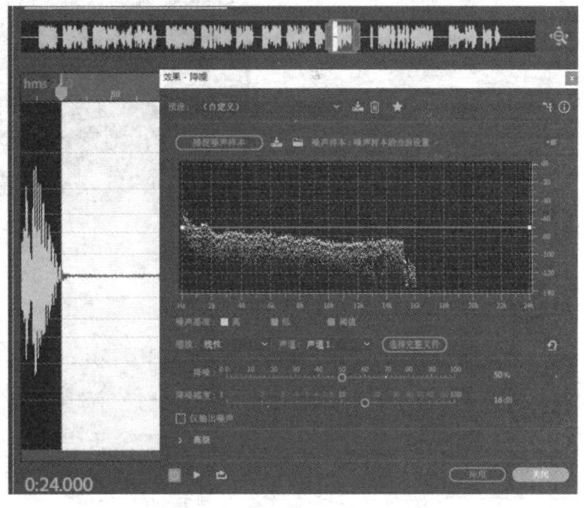

图 3.108

STEP 6 选择【效果】/【特殊效果】/【人声增强】菜单命令，打开“效果 - 人声增强”对话框，在“预设”中选择男性，单击 应用 按钮应用设置。

STEP 7 双击“文件”面板中的“课件录音 02.sesx”回到多轨编辑器中，选择【文件】/【导出】/【多轨混音】/【整个会话】菜单命令，打开“导出多轨混音”对话框，设置文件名、位置和格式，单击 确定 按钮即可（配套资源 :\ 效果文件 \ 第 3 章 \ 课件录音 03.mp3）。

3.6 导出音频文件

在导出编辑完成的音频文件时，可以根据实际需要选择不同的导出格式，在 Audition CC 2018 中导出音频文件的方式有导出 OMF 格式、导出会话模板、导出会话存档、导出多轨混音文件和导出为压缩的 MP3 格式，下面分别进行介绍。

3.6.1 导出 OMF 格式

OMF 格式是许多音频混合应用程序常用的多轨交换格式。导出 OMF 格式可以将完整的混音文件传输到工作流中的其他应用程序中。其方法是选择【文件】/【导出】/【OMF】菜单命令，打开“OMF 导出”对话框，设置文件名和位置，单击“OMF 设置”栏的更改...按钮打开“OMF 设置”对话框，其中包含媒体、媒体选项和处理持续时间，如图 3.109 所示。各参数的含义介绍如下。

- **媒体**：封装的媒体会将音频剪辑存储在 OMF 文件内，方便进行组织。引用的媒体会将音频剪辑存储在与 OMF 文件相同的文件夹中，方便脱机编辑。
- **媒体选项**：在媒体选项中可以选择将音频文件裁切为剪辑长度，或使用整个文件。
- **处理持续时间**：处理持续时间是指为剪切后的音频文件指定持续时间，包括超出的剪辑边缘。

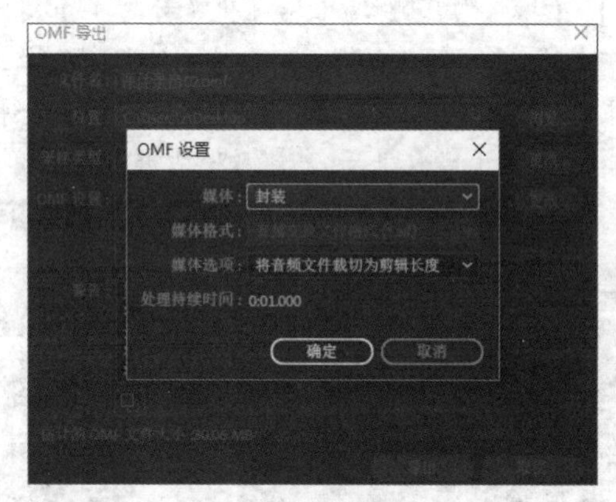

图 3.109

3.6.2 导出会话模板

会话模板包括所有多轨属性和剪辑，能够帮助用户快速完成需要进行类似设置的项目。模板包括几次相关演出所共有的介绍主题或背景环境。其方法是选择【文件】/【导出】/【会话作为模板】菜单命令，打开“将会话导出为模板”对话框，设置模板名称和位置即可。

如果要将该会话模板应用到新的会话中，则可以选择【文件】/【新建】/【多轨会话】菜单命令，打开“新建多轨会话”对话框，在“模板”下拉列表框中选择模板即可。

3.6.3 导出会话存档

将音频文件快速传输到其他计算机或其他存储设备时，需要结合会话和源文件导出会话存档。其方法是选择【文件】/【导出】/【会话】菜单命令，打开“导出混音项目”对话框，选中“保存关联文件的副本”复选框，单击“选项”按钮打开“保存副本选项”对话框；选中“变换文件”复选框以不同的格式保存源文件，并根据需要设置选项，在“媒体选项”下拉列表框中选择是复制整个源文件还是复制裁切为剪辑长度的源文件，如图 3.110 所示。

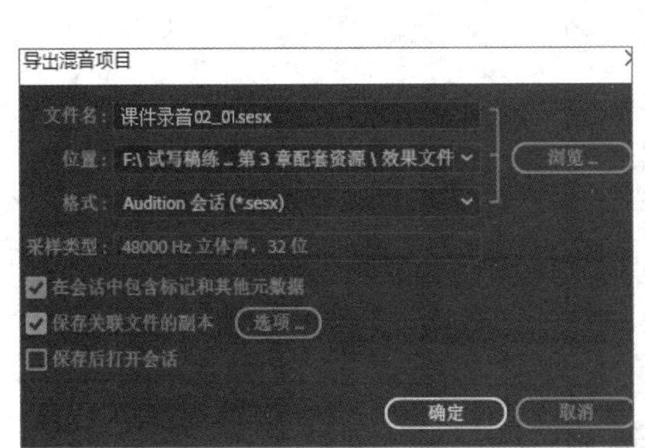

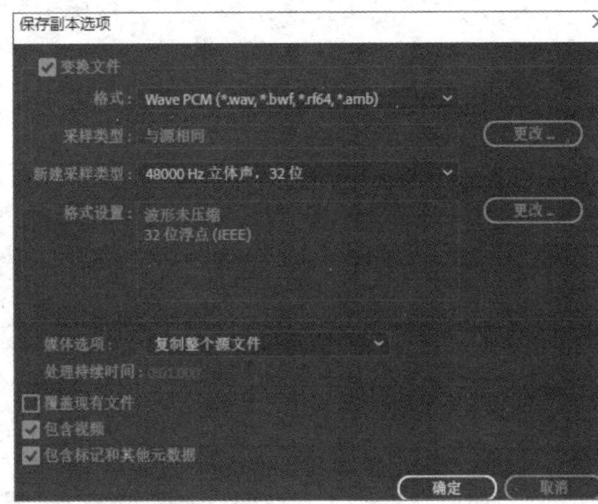

图 3.110

3.6.4　导出多轨混音文件

在对音频文件进行多轨编辑后可以导出该会话的全部或部分。导出时，所产生的文件会反映主音轨的当前音量、声像和效果设置。

导出一部分会话的方法：选择时间选择工具，选择需要单独导出的音频范围，再选择【文件】/【导出】/【多轨混音】/【所选剪辑】菜单命令，导出多轨会话的一部分。

导出全部会话的方法：选【文件】/【导出】/【多轨混音】/【整个会话】菜单命令，打开“导出多轨混音”对话框，设置文件名、位置和格式，如图 3.111 所示。其中，其余各参数的含义介绍如下。

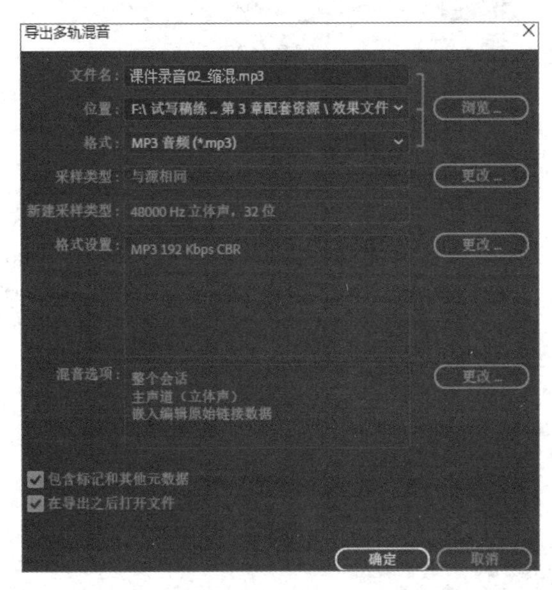

图 3.111

- **采样类型**：采样类型是指采样频率和位深度，单击按钮可以进行参数调整。
- **新建采样类型**：新建采样类型指在应用采样类型后，显示文件所生成的采样类型。
- **格式设置**：格式设置是指数据进行压缩和存储的模式。

- **混音选项**：混音选项是指导出范围、主声道和嵌入编辑原始链接数据。
- **包含标记和其他元数据**：包含标记和其他元数据是指保存的音频文件中“元数据”面板的音频标记和信息。
- **在导出之后打开文件**：选中该复选框后，在导出文件后，在 Audition CC 2018 中打开该文件。

3.6.5 导出为压缩的 MP3 格式

在保存或导出音频文件时，在大多数情况下会将解压缩音频保存为 AIFF 或 WAV 格式。而在使用 Web 或便携式媒体播放器创建文件时，会选择将音频文件保存或导出为压缩的 MP3 格式。其方法是在“另存为”或“导出”对话框中，单击“格式”右侧的下拉按钮，在打开的下拉列表框中选择“MP3 音频（*.mp3）”选项，如图 3.112 所示。

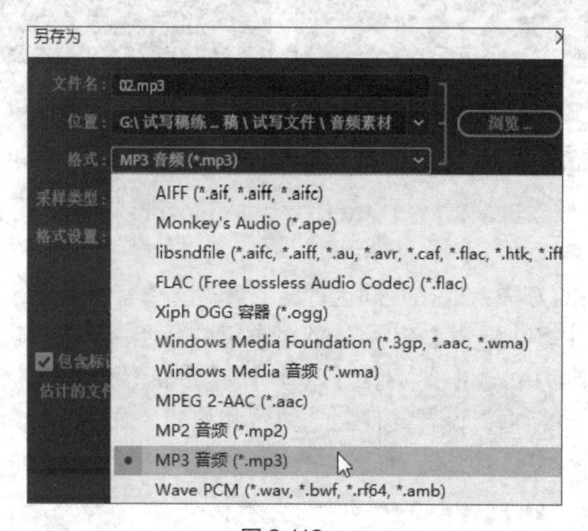

图 3.112

3.7 习题

1. 使用 Audition CC 2018 录制音频。打开 Audition CC 2018，录制一段产品介绍音频，以掌握音频的录制方法（配套资源 :\ 素材文件 \ 第 3 章 \ 产品介绍 .txt）。

2. 使用 Audition CC 2018 编辑并剪辑音频。打开习题 1 录制的产品介绍音频，根据音频存在的实际问题进行处理，去除音频中的回声、爆音和嗡嗡声等一切杂音。

第 4 章 动画制作

04

本章要点

- 了解动画
- Animate CC 2018 基本操作
- 元件与实例
- 帧与图层
- 基本动画
- 遮罩动画
- 引导层动画
- 骨骼动画
- 交互动画
- 测试和优化、发布和导出动画

素养目标

- 能够将图像、声音、动画巧妙结合，提升创新能力和设计表现能力。

4.1 了解动画

动画可以使没有生命的物体动起来，让它们就像被赋予了生命的活力一样。英国的动画艺术家约翰·汉斯曾指出：“运动是动画的本质。”也有人说：“动画是运动的艺术。”总之，动画与运动分不开。下面通过对动画的基本概念、动画的原理、动画的发展、动画的制作流程和了解网页动画 5 个方面的学习，对动画进行深入的了解。

4.1.1 动画的基本概念

动画的基本概念有以下两种。

- 动画是一门通过在连续多格的胶片上拍摄一系列单个画面，从而产生运动视觉的技术，这种视觉是通过将胶片以一定的速率放映的形式体现出来的。
- 动画是一种动态生成一系列相关画面的处理方法，其中的每一帧与前一帧都略有不同。

动画可以记录在胶片上，还可以记录在磁带、磁盘、光盘上；放映动画可以使用灯光投影到银幕上，还可以使用电视屏幕、计算机显示器等进行显示；动画中可以是实体在运动，也可以是颜色、纹理、灯光在不断变化。

4.1.2 动画的原理

动画是基于视觉原理产生的。当人的眼睛看一个事物时，这个事物会暂时停留在人的视觉里。因此，在制作一组只有细小差别并有连续性的图形时，往往第一张图形还没有从视觉里消失，下一张图形就显现出来了，给人的感觉就是画面在发生连续的变化。

例如，在黑暗的房间里，让两盏相距2米的小灯以25～400毫秒的时间间隔交替点亮和熄灭，观察者看到的就是一个小灯在两个位置之间跳来跳去的画面，而不是两盏灯分别点亮和熄灭的画面。这是由于一盏灯点亮时，这个画面会在观察者的视觉中停留一段十分短暂的时间，此时另一盏灯点亮，在视觉上就会将两盏灯混合为一盏灯，感觉只有一盏灯在跳来跳去，这就是视觉残留的原理。大型文艺晚会中使用彩灯产生流水似的视觉效果也是利用了这个原理。

4.1.3 动画的发展

动画的发展大致分为3个阶段：原始动画时代、传统动画时代和计算机动画时代。每个阶段的动画都有各自的风格及特点。

1．原始动画时代

据考古学家发现，在出土的几万年前的壁画上有一系列原始人祭神和跳舞的图案。可见那个时代的“画家”已经注意到了动画的基本规则，从而创作出了那些极富动感的图案。

在我国汉代时，民间出现了类似于现在的“皮影戏”的艺术，可以说这时的动画技术已经向前迈进了一大步。

在之后很长一段时间内，动画始终发展得非常缓慢，被称为原始动画时代。

2．传统动画时代

19世纪末，法国有一对名为卢米埃尔的兄弟发明了电影摄影机，从此以后，一部一部的动画片陆陆续续地诞生了。其后，动画制作公司华特·迪士尼制作了至今仍为人们津津乐道的动画片《米老鼠和唐老鸭》和《白雪公主》。

这个阶段的动画全部都是手工绘制的，因此称作传统动画时代。制作传统动画需要掌握动画片的生产过程，了解格、幅、关键帧和中间画的含义并会使用摄影特技。

（1）动画片的生产过程

动画片的生产过程分为故事板、设计、原画分镜、配音剪辑等环节。

（2）格、幅、关键帧和中间画

动画片的最小长度单位是格，在动画片中，常用两格拍摄同一幅画面（叫一拍二）或用三格拍摄同一幅画面（叫一拍三）。这样，同样长度的动画片所需的幅数减少为原来的1/2或1/3，但拍摄的格数总和不变，因此实际放映的时间不变。

关键帧表示动画中的关键画面。一旦关键帧确定之后，就可以画出中间画，顾名思义，中间画就是位于关键帧之间的过渡画，中间画不止一张，可能有若干张，能够使动作流畅自然。

（3）摄影特技

在传统动画中常常用到一些摄影特技，如摇移、推拉、翻转、渐显、渐隐、淡入淡出、划入划出等。

3．计算机动画时代

20世纪60年代，贝尔实验室制作了第一部计算机动画片。现在，计算机动画已经成为影视领域不可缺少的一部分了。计算机动画与影视完美地结合在一起，使观众充分体会到有计算机动画参与其中的影视的神奇之处。这个阶段的动画以计算机制作为主，称为计算机动画时代。随着计算机图形技术的迅速发展，计算机在动画中的应用不断扩大。计算机动画发展到今天，主要分为二维动画和三维动画两大类，二维动画也叫计算机辅助动画，三维动画也叫计算机生成动画。

（1）二维动画

传统动画时代的很多中间画都可以通过计算机来完成。当给出关键帧之间的插值规则时，计算机可以对中间画进行计算，不过这需要动画制作人员仔细规划，“帮助”计算机进行插值计算。在两个关键帧中间隐含着很多的信息，如果制作人员不能很好地提供这些信息，计算机就不能正确地进行计算。

二维动画是对传统动画的改进。使用计算机制作二维动画方便了动画的描线上色，其操作简单，颜色一致，不会出现颜料开裂或明片闪光等问题。而且绘制的图形非常准确，无须晾干，不会串色，改色方便，不会因层数增加而影响下层的颜色。从成本方面来说，使用计算机制作二维动画价格便宜；从技术方面来说，由于工艺环节少，无须进行胶片拍摄和冲印就能预演结果，发现问题可随时在计算机上改正，既方便又节省时间。

二维动画不仅可以模拟传统动画的制作功能，而且可以借助计算机对生成的图形进行复制、粘贴、翻转、放大、缩小、任意移位以及自动计算背景移动距离等操作，具有检查方便、保证质量、简化管理、生产效率高、有效缩短制作周期等优点。

二维动画的制作分为制作关键帧、制作中间帧、制作背景、着色、预演、后期处理6个步骤。

（2）三维动画

如果说二维动画对应传统动画，那么三维动画则对应木偶动画。同木偶动画中首先制作木偶、道具、景物一样，制作三维动画首先应在计算机中建立角色和景物等的三维数据。接着，让这些角色和景物等在三维空间里动起来，这可以借助径向接近、远离、旋转、移动、变形和变色等操作。再在计算机内部创建虚拟摄影机，调整好镜头，“打上”灯光，“贴上”材料，最后形成一系列栩栩如生的画面。三维动画也称计算机生成动画，这是因为参加动画的对象不是简单地由外部输入，而是根据三维数据在计算机内部生成，其运动轨迹和动作的设计也是在三维空间中考虑的。

三维动画与二维动画相比有一定的真实性，但其与真实物体相比又是虚拟的，即处于似与不似和像与不像之间，这构成了三维动画所特有的特性——虚拟真实性。

三维动画的制作相对来说比较复杂，分为造型、材质编辑、动画设计、成像、图像编辑和后期处理6个步骤。

4.1.4 动画的制作流程

动画的制作流程包括前期策划、搜集素材、制作动画、后期调试与优化、测试动画和发布动画，下面对动画的制作流程进行具体介绍。

1．前期策划

在制作动画前，首先应该明确制作这次动画的目的、所针对的用户群、动画的风格、动画的色调等，然后根据用户的需求制作一套完整的设计方案，对动画中出现的人物、背景、音乐及剧情等要素做具体的安排，以方便素材的搜集。

2．搜集素材

根据前期的策划有目的地搜集素材，完成素材的搜集后，可以将素材按一定的要求使用其他软件如Photoshop等进行编辑，以便于动画制作。

3．制作动画

制作动画是创建Animate作品最重要的一步，由于制作出来的动画效果的好坏将直接决定 Animate 作品成功与否，因此在制作动画时要注意动画的每一个环节，要随时预览动画以便及时观察动画效果，发现动画中的不足并及时调整与修改。

4．后期调试与优化

动画制作完毕，应对动画进行全方位的调试，调试的目的是使整个动画看起来更加流畅、紧凑，且按期望的效果进行播放。调试动画主要针对动画对象的细节、分镜头和动画片段的衔接、声音与动画播放是否同步等方面，以保证动画作品的最终效果与质量良好。

5．测试动画

动画制作完成并调试优化后，应对动画的播放及下载等进行测试，因为每个用户的计算机软硬件配置都不相同，所以在测试时应尽量在不同配置的计算机上进行，然后根据测试结果对动画进行调整和修改，使其在不同配置的计算机上均有很好的播放效果。

6．发布动画

发布动画是 Animate 动画制作过程的最后一步，用户可以对动画的格式、画面品质和声音等进行设置。在发布动画时，应根据动画的用途、使用环境等进行设置，而不是一味地追求较高的画面质量、声音品质，另外，还要避免因增加不必要的文件而影响动画的传输速度。

4.1.5 了解网页动画

网页动画具有简短、精巧的特点，因为受网络传输速度的限制，网页动画必须应用专门的格式，以便浏览者快速观看，这就要求有专门的网页动画格式和制作软件。

1．网页动画的格式

网页动画的格式主要有 GIF 格式和 Java 格式。

- **GIF 格式：**GIF 格式是一种流行的网页动画格式。GIF 动画由服务器一次性传输到 PC 端，在 PC 端打开，运行速度快，一般用户都可以使用，还支持离线浏览。此外，GIF 格式既可以存储静态画面，又可以存储动态画面。大多数浏览器都支持这种格式的动画。
- **Java 格式：**Java 格式是一种新兴的网页动画格式，它能被任何用户使用，运行速度特别快，还具有一些 GIF 格式不具备的功能。但是缺点也很明显，就是制作者必须懂得 Java 编程语言。

2．制作网页动画的常用软件

（1）三维动态文字软件——Ulead COOL 3D

友立（Ulead）公司开发的 Ulead COOL 3D 可以制作三维动态立体字，它体贴的设计和直观的操作界面给使用者带来了极大的便利。整个操作过程完全可视，且简单易用，适用于制作网页、文件、报告中精巧美观的 3D 标题。

（2）GIF 动画软件——Microsoft GIF Animator

Microsoft GIF Animator 是一款 GIF 动画制作软件，能够制作精巧美观的 GIF 动画。

（3）Animate 动画软件——Animate CC 2018

Animate CC 2018 是流行的交互式矢量动画制作工具，是 Web 设计人员和交互式媒体专业人员开发多媒体主题的理想工具，主要应用在网站设计、网络广告方面。用 Animate CC 2018 制作的文件很小，并且由于采用了流技术，因此其在网页上传输很方便。正是因为具有这些优点，Animate CC 2018 才会成为网页动画和网络多媒体制作的主流软件。

4.2 Animate CC 2018 基本操作

Animate CC 2018 是美国的 Adobe 公司推出的专业二维动画制作软件，其前身为大名鼎鼎的 Flash。由于 Flash 已经逐渐被淘汰，以及新的网页动画制作技术——HTML 5 的兴起，Adobe 公司对 Flash 进行了很多改进，并将其改名为 Animate，除了可以制作原有的以 ActionScript 3.0 为脚本的 SWF 格式的动画外，Animate 新增了以 JavaScript 为脚本的 HTML 5 Canvas 和 WebGL 动画格式，这两种动画格式不需要借助任何插件即可在各种浏览器中运行。

4.2.1 Animate CC 2018 动画设计简介

Animate 动画是一种交互式的多媒体动画形式，其之所以受到广大动画爱好者的喜爱，主要是因为以下 6 个方面。

- Animate动画一般由矢量图制作而成，无论将其放大多少倍都不会失真，且动画文件较小，利于传播，无论是在计算机、平板还是手机等设备上播放Animate动画，都可以有非常好的画质与动画效果。
- Animate动画具有交互性，即用户可以通过单击、选择、输入等方式与Animate动画进行交互，从而控制动画的运行过程与结果，这一点是传统动画无法比拟的，也是很多游戏开发者甚至很多网站使用Animate进行动画制作的原因。
- Animate动画制作的成本低。使用Animate制作动画能够大大减少人力、物力资源的消耗，同时节省制作时间。
- Animate动画采用先进的“流”式播放技术，用户可以边下载边观看，完全适应当前网络的需要。另外，在Animate的脚本中加入等待程序，可使动画在下载完毕再观看，从而解决了Animate动画下载速度慢的问题。
- Animate支持导入多种格式的文件，除了可以导入图片外，还可以导入视频、音频等。可导入的图片及视频格式非常多，如JPG、PNG、GIF、AI、PSD等，其中，导入AI、PSD等格式的图片时，还可以保留矢量元素及图层信息，方便在Animate中进行编辑。
- Animate的导出功能非常强大，不仅可以输出HTML网页格式，还可以输出SWF、GIF、MOV等多种文件格式。Animate的导出功能支持将Animate作品导出为多种版本，如导出为HTML网页格式，再将其放到互联网上，就可以通过网络观看Animate动画；或者将Animate动画导出为GIF动画格式，然后发到QQ群中，这样QQ好友们就可以观看动画效果了。

4.2.2 启动 Animate CC 2018

启动 Animate CC 2018 的方法有多种，常用的有以下 3 种。

- 双击桌面上的 Animate CC 2018 快捷方式图标An。
- 单击桌面左下角的⊞按钮，在弹出的“开始”菜单中选择“Adobe Animate CC 2018”命令。
- 双击计算机中后缀名为“.fla”的任意文件。

4.2.3 认识 Animate CC 2018 的工作界面

当用户双击桌面上的 Animate CC 2018 快捷方式图标An时，将打开 Animate CC 2018 的欢迎界面，如图 4.1 所示。

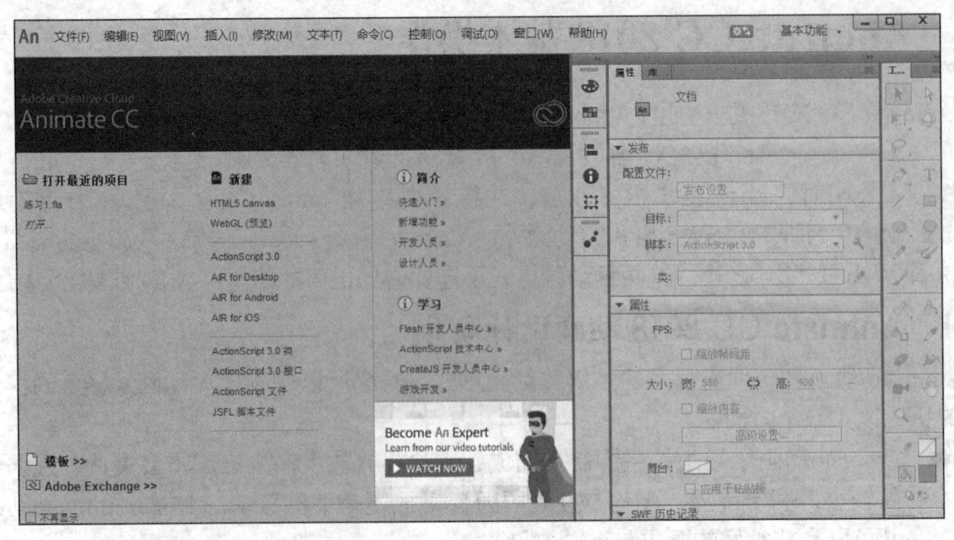

图 4.1

> **知识提示**　在欢迎界面左下方选中“不再显示”复选框，将隐藏启动界面。若想再次显示欢迎界面，则选择【编辑】/【首选参数】菜单命令，在打开的“首选参数”对话框中单击“常规”选项卡，再单击 重置所有警告对话框(R) 按钮即可。

单击“ActionScript 3.0”超链接即进入编辑窗口并自动新建一个空白Flash文档，Animate CC 2018的工作界面由菜单栏、面板组、工具栏、“属性”面板和“库”面板、场景和舞台，以及“时间轴”面板等部分组成，如图4.2所示。

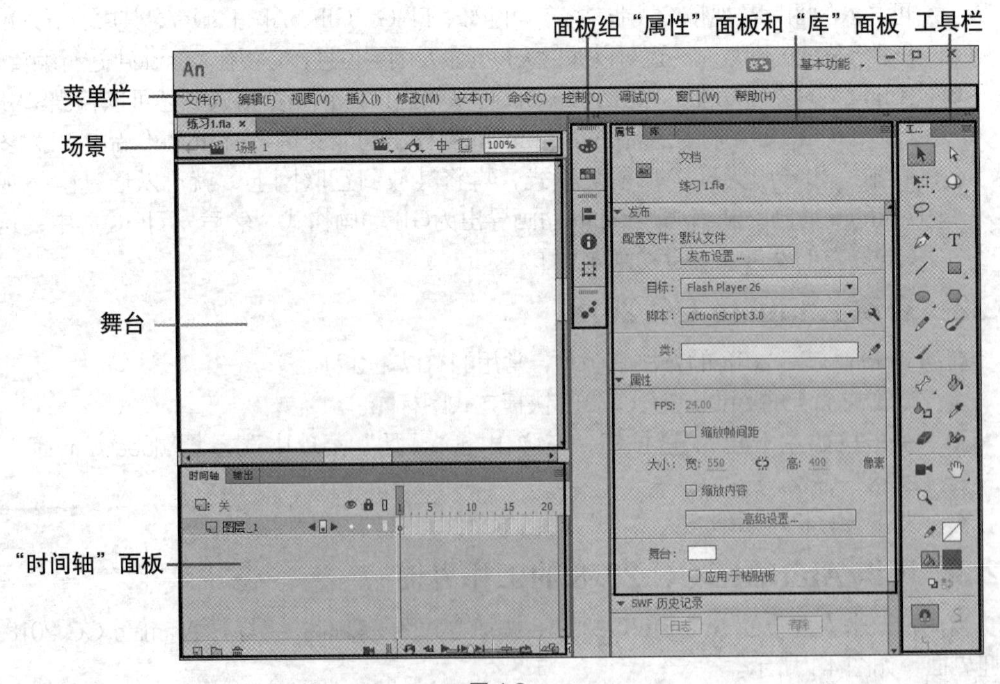

图 4.2

1. 菜单栏

Animate CC 2018 的菜单栏包括文件、编辑、视图、插入、修改、文本、命令、控制、调试、窗口和帮助菜单项，单击某个菜单项可弹出相应的菜单命令，若菜单命令后面有▸图标，则表明其下还有子菜单。菜单栏中各菜单项的含义如下。

- **文件**：用于进行文件的新建、打开、存储、导出、打印等操作。
- **编辑**：用于进行一些基本的文件操作，如剪切、复制、粘贴到中心位置、编辑时间轴、编辑元件等方面的操作。
- **视图**：用于进行舞台设置，如设置屏幕模式，缩小或放大图形的显示比例，显示或隐藏标尺、网格和辅助线等。
- **插入**：用于进行新建元件、创建补间形状、创建传统补间、在时间轴内插入帧等操作。
- **修改**：用于进行位图、元件、形状的变形、排列等操作。
- **文本**：用于进行文字的输入，文字大小、样式的设置等操作。
- **命令**：用于进行命令管理操作，如管理保存的命令、获取更多命令、运行命令等。
- **控制**：用于进行播放、后退、测试、循环播放动画等操作。
- **调试**：用于进行调试影片、结束调试会话等操作。
- **窗口**：用于显示和隐藏 Animate CC 2018 工作界面的各个面板。
- **帮助**：通过该菜单项可以快速访问 Animate CC 2018 的帮助手册和相关教程，了解 Animate CC 2018 的相关法律声明和系统信息。

2. 面板组

在 Animate CC 2018 中单击面板组中的不同按钮，可打开相应的调节参数面板，其中包括“颜色”按钮、“样本”按钮、“对齐”按钮、“信息”按钮、“变形”按钮、“动画预设”按钮。单击面板中的按钮，可收起面板。图 4.3 所示分别为“颜色”面板、“对齐”面板、“变形”面板和“动画预设”面板。

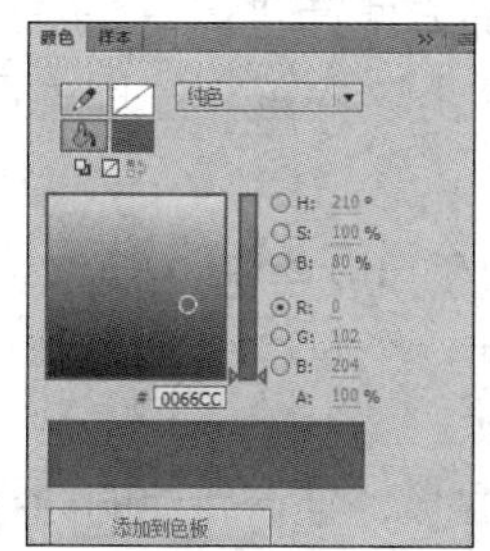

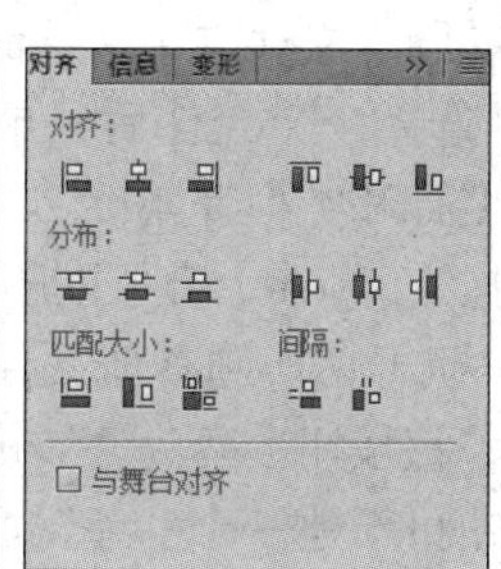

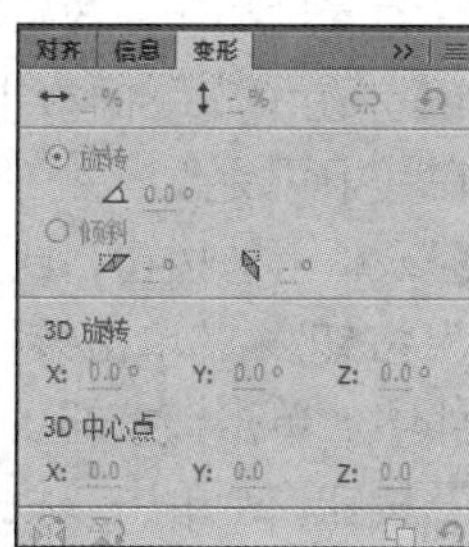

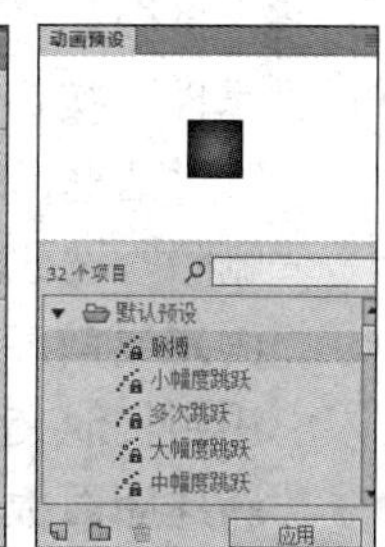

图 4.3

3. 工具栏

工具栏中的工具根据功能的不同可以分为“编辑绘图工具”“查看工具”“颜色设置工具”和“属性”。“编辑绘图工具”区域主要用于放置各种绘图工具及编辑工具；“查看工具”区域主要用于放置各种查看类工具；“颜色设置”区域主要用于设置笔触和填充颜色；“属性”区域主要用于设置当前工具的特殊选项和属性，图 4.4 所示为各工具的介绍。

在默认情况下工具栏呈单列显示，单击工具栏上方的按钮，可将工具栏折叠为按钮，此时按钮变为方向向左的按钮，单击打开(O)按钮即可展开工具栏。选择【窗口】/【工具】菜单命令或按【Ctrl+F2】组合键也可打开或关闭工具栏。

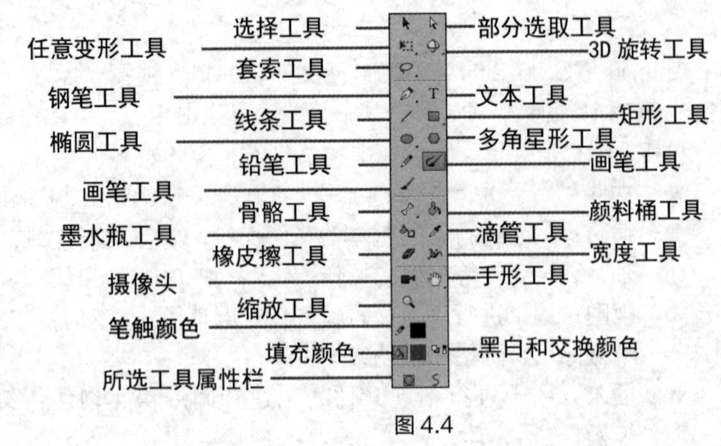

图 4.4

4．“属性”面板和“库”面板

“属性”面板用于设置各种绘制对象、工具及其他元素（如帧）的属性。调节“属性”面板中的参数，可对选定内容对应的属性进行更改。“属性”面板没有特定的参数选项时，会随着当前选择内容的不同出现不同的参数。选择【窗口】/【属性】菜单命令，或按【Ctrl+F3】组合键均可打开或关闭“属性”面板。

“库”面板主要用于存放和管理动画文件中的素材和元件，当需要某个素材或元件时，可直接从“库”面板中调用。选择【窗口】/【库】菜单命令，或按【Ctrl+L】组合键均可打开或关闭“库”面板，如图 4.5 所示。

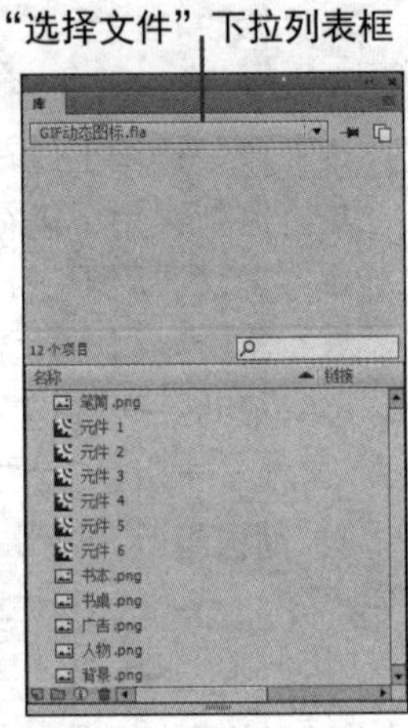

图 4.5

“库”面板中的参数介绍如下。

- **“选择文件”下拉列表框**：若在Animate CC 2018中打开了多个文件，则可在该下拉列表框中选择这些文件，使调用其他文件中的元件和素材变得便捷。
- **“新建元件”按钮**：单击该按钮可新建元件。
- **“新建文件夹”按钮**：当“库”面板中存在很多素材和元件时，可单击该按钮，在“库” 面板中新建文件夹，将相互关联的素材和元件放置在同一文件夹中，从而方便管理。
- **“属性”按钮**：在“库”面板中选择一个元件后，单击该按钮，打开“元件属性”对话框，在其中可更改元件的名称和类型等属性。
- **“删除”按钮**：单击该按钮，或按【Delete】键可以删除当前选择的元件。
- **“固定当前库”按钮**：单击该按钮可切换到其他文件，然后将固定库中的元件引用到其他文件中。单击该按钮后，该按钮会变为形状。
- **“新建库面板”按钮**：单击该按钮可新建一个“库”面板，且该新建的面板包含当前“库”面板中的所有素材和元件。

5．场景和舞台

在 Animate CC 2018 中，图形的制作、编辑和动画的创作都必须在场景中进行，且一个动画可以包括多个场景。中间的白色矩形区域为舞台，舞台四周为粘贴板，只有舞台中的内容才能在动画中显示出来。

当制作的动画需要多个场景时，每一个场景都会连接一个元件，其属性也从该元件中获得，不过每一个场景都拥有各自的图层和属性，并且可以独立编辑。在动画中可以用场景安排舞台内容，使动画效果更丰富。

下面在 Animate CC 2018 中创建新的场景，其操作步骤如下。

STEP 1 在 Animate CC 2018 中新建动画文件，选择【插入】/【场景】菜单命令，即新建一个场景 2，如图 4.6 所示。

STEP 2 若要添加或删除场景，则按【Shift+F2】组合键，打开“场景”面板，如图 4.7 所示。

STEP 3 单击面板底部的“添加场景”按钮或选择【插入】/【场景】菜单命令，可继续添加一个新场景。

STEP 4 单击面板底部的“重制场景”按钮，新的场景即出现在“场景”面板中，它的名称后面加上了“复制”两字。

STEP 5 选中要删除的场景，然后单击面板下方的“删除场景”按钮，Animate CC 2018 将打开一个信息对话框，提示将删除场景，如果确定要删除，则单击 确定 按钮，反之则单击 取消 按钮。

STEP 6 选择【视图】/【转到】菜单命令可查看其他场景，如图 4.8 所示。

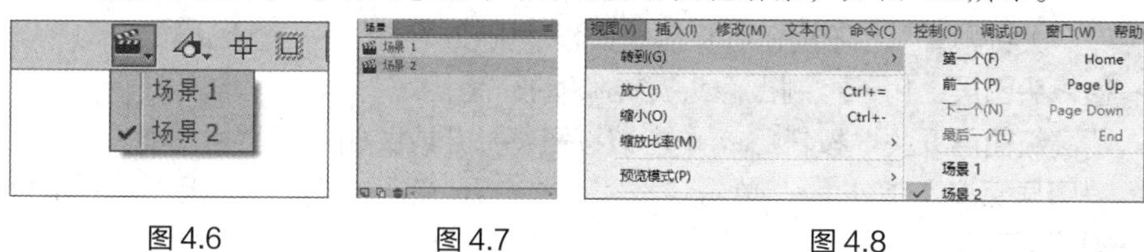

图 4.6　　图 4.7　　图 4.8

6．“时间轴”面板

用 Animate CC 2018 制作动画是在“时间轴”面板上对帧进行编辑实现的。在预设的状态下，“时间轴”面板呈显示状态，选择【窗口】/【时间轴】菜单命令可隐藏或显示“时间轴”面板。

在“时间轴”面板上的帧控制区中可以看到帧的状态，如新添加的标签、备注、交互等信息。在“时间轴”面板的最右端单击按钮，在打开的下拉列表中提供了控制帧显示状态的选项。“时间轴”面板的大小和位置是可以任意编辑的，将鼠标指针移至面板边缘处，当鼠标指针呈形状时，按住鼠标左键进行拖曳可以按工作需要自由更改其大小和位置。

“时间轴”面板主要用于控制动画的播放顺序，其左侧为图层区，该区域用于控制和管理动画中的图层，由于动画中往往有多个对象，而不同对象的出场时间和停留时间不同，为了更好地对每个对象进行管理，就要用到图层区；右侧为帧控制区，由播放头、帧、时间标尺、时间轴视图等部分组成，如图 4.9 所示。

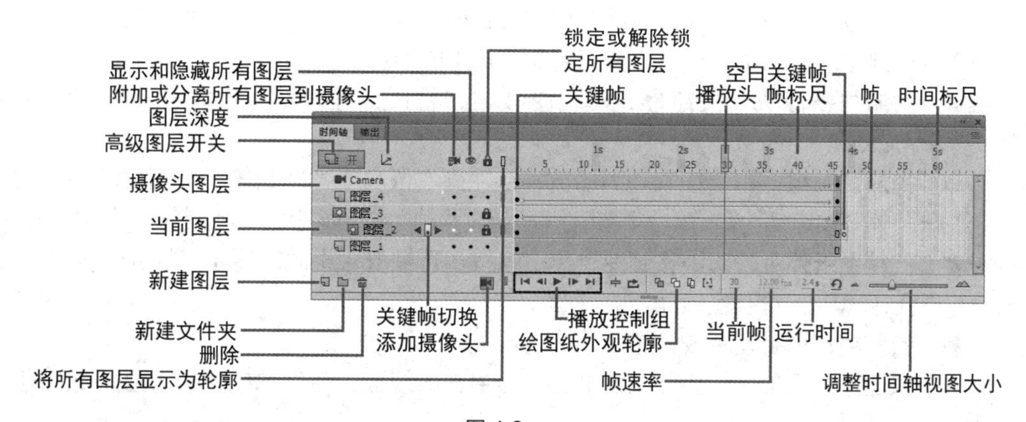

图 4.9

“时间轴”面板中各选项的含义如下。

- **帧**：Animate 动画最基础的组成部分，播放时 Animate 是以帧的排列顺序从左向右依次播放的，每帧都是存放于图层上的。
- **空白关键帧**：要在帧中创建图形，必须新建空白关键帧，此类帧在时间轴上以空心圆点显示。
- **关键帧**：在空白关键帧中添加元素后，空白关键帧将转换为关键帧。此时，空心圆点将转换为实心圆点。
- **帧标尺**：位于时间轴顶部，用于显示帧的编号，帮助用户快速定位帧的位置。
- **时间标尺**：位于帧标尺上方，用于显示当前位置的时间。
- **播放头**：用于标识当前的播放位置，用户可以随意地对其进行单击或拖曳操作。
- **当前图层**：当前正在编辑的图层。图层用于存放舞台中的元素，可在一个图层中放置一个元素，也可在一个图层中放置多个元素。
- **关键帧切换**：在当前图层中会显示，单击按钮可将播放头移动到该图层的上一个关键帧；单击按钮可将播放头移动到该图层的下一个关键帧。
- **摄像头图层**：用于控制摄像头旋转和缩放的图层。
- **“高级图层开关”按钮**：单击该按钮将打开或关闭高级图层功能。
- **“图层深度”按钮**：单击该按钮，将打开“图层深度”面板，在其中可以调整图层深度。
- **“附加或分离所有图层到摄像头”按钮**：单击该按钮可以将所有图层附加到摄像头，或从摄像头分离，附加到摄像头的图层会跟随摄像头图层一起旋转和缩放。
- **“显示和隐藏所有图层”按钮**：单击该按钮，所有图层都将隐藏，再次单击该按钮将显示所有图层。
- **“锁定或解除锁定所有图层”按钮**：单击该按钮，所有图层都将被锁定而不能操作，再次单击该按钮将解锁所有图层。
- **“将所有图层显示为轮廓”按钮**：单击该按钮，每个图层名称的最右边都会显示多个颜色块，表示该图层元素的轮廓色；再次单击该按钮，将会取消显示该轮廓色。显示图层轮廓色可以帮助用户更好地识别元素所在的图层。
- **“新建图层”按钮**：单击该按钮可新建一个图层。
- **“新建文件夹”按钮**：单击该按钮可新建一个文件夹，将相同属性和同一类别的图层放置在一个文件夹中以方便编辑管理。
- **“删除”按钮**：单击该按钮可删除选中的图层。
- **“添加摄像头”按钮**：单击该按钮，将在“时间轴”面板中添加一个摄像头图层。
- **播放控制组**：用于控制动画播放，从左到右依次为“转到第一帧”按钮、“后退一帧”按钮、“播放”按钮、“前进一帧”按钮和“转到最后一帧”按钮。
- **“绘图纸外观轮廓”按钮**：单击该按钮可在舞台中同时显示多帧的情况，一般用于编辑、查看有连续动作的动画。
- **当前帧**：用于显示或设置播放头的位置。
- **帧速率**：用于显示当前动画文档一秒播放的帧数，动作越细腻的动画需要的帧速率越高。
- **运行时间**：用于显示播放头所在位置的播放时间，也可以将播放头移动到相应的时间位置。

- **调整时间轴视图大小**：单击按钮，可以缩小时间轴视图，以显示更多的帧；单击按钮，可以放大时间轴视图，以显示更少的帧；拖动滑块，可以手动调整时间轴的视图大小；单击按钮可以将时间轴的视图大小恢复到默认状态。

4.2.4 新建和打开动画文件

在 Animate CC 2018 中新建和打开动画文件是制作动画的基本操作，下面分别对其操作方法进行详细介绍。

1. 新建动画文件

要制作动画，应该先新建动画文件，新建动画文件可以通过新建空白动画文件和创建模板文件完成。

（1）新建空白动画文件

在 Animate CC 2018 中制作动画前通常需要新建一个空白动画文件，其具体操作如下 。

STEP 1 在 Animate CC 2018 中选择【文件】/【新建】菜单命令，打开“新建文档”对话框。

STEP 2 在“新建文档”对话框中单击“常规”选项卡，如图 4.10 所示。在“类型”栏中选择文档类型，通常选择“HTML5 Canvas”，在“宽”“高”“帧频”数值框中输入数值以设置舞台的宽、高和帧频，选择背景颜色，完成文档设置。

STEP 3 完成文档设置后，单击确定按钮即可创建一个动画文件，如图 4.11 所示。

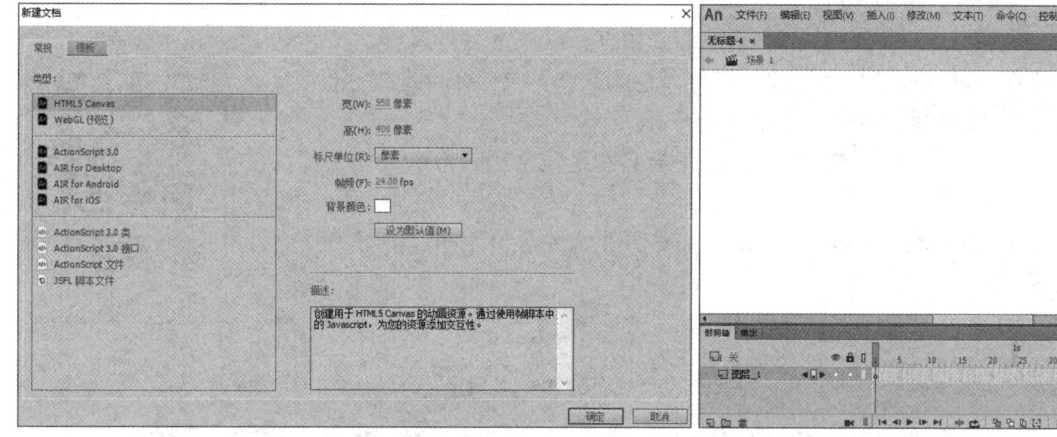

图 4.10　　　　图 4.11

> **知识提示**
>
> Animate 的各种动画类型之间可以相互转换，选择【文件】/【转换为】菜单命令，在弹出的子菜单中选择某个类型的选项，即可将文件的动画类型转换为对应的动画类型。帧频（fps）是指每秒放映或显示的帧或图像的数量，即每秒需要播放多少个画面，修改“fps”前面的数字即可修改帧频。

（2）创建模板文件

基于模板的动画文件需要在“模板”选项卡中创建。

STEP 1 在 Animate CC 2018 中选择【文件】/【新建】菜单命令，打开“新建文档”对话框，单击“模板”选项卡，如图 4.12 所示。

STEP 2 在“类别”列表框中选择一个模板类型，如范例文件、演示文稿、横幅、AIR for Android、AIR for iOS、HTML5 Canvas、WebGL 文档、广告、动画、媒体播放。

STEP 3 完成后单击【确定】按钮即可创建一个模板文件，如图 4.13 所示。

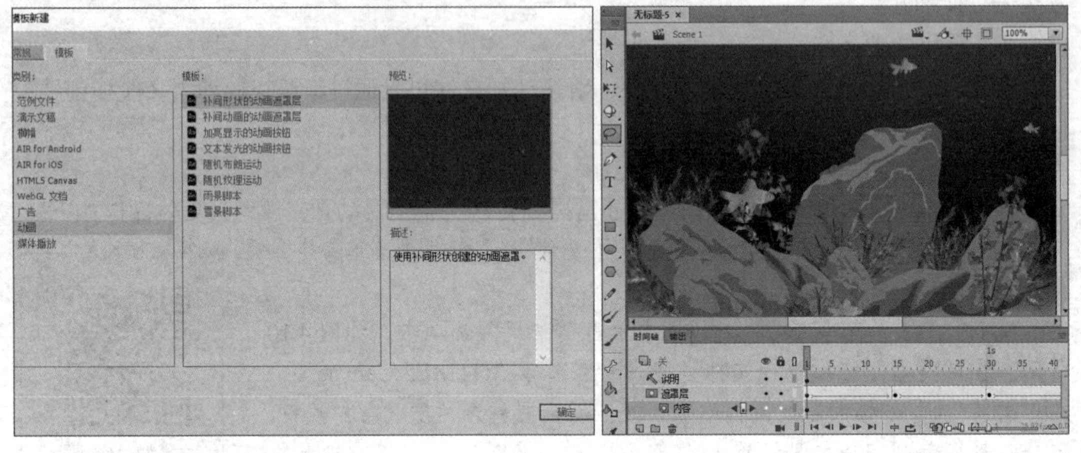

图 4.12　　　　图 4.13

2．打开动画文件

要修改和处理原有的动画，应使用打开动画文件的操作。打开动画文件可以选择“打开”或“打开最近的文件”菜单命令进行。

微课视频
使用“打开”菜单命令打开

（1）选择“打开”菜单命令打开

选择“打开”菜单命令打开动画文件是较常用的方法，其具体操作如下。

STEP 1 在 Animate CC 2018 中选择【文件】/【打开】菜单命令，打开“打开”对话框。

STEP 2 选择动画文件所在位置，然后在文件列表中选择要打开的动画文件，如图 4.14 所示。

STEP 3 单击【打开(O)】按钮，打开所选的一个或多个动画文件；单击【取消】按钮，取消打开动画文件的操作。

图 4.14

（2）选择“打开最近的文件”菜单命令打开

要打开最近打开过的文件，可通过菜单命令快速打开。其方法是选择【文件】/【最近打开文件】菜单命令，在弹出的子菜单中选择最近打开过的动画文件（系统默认为 10 个）。单击想要打开的动画文件的名称，即可迅速打开该文件。

知识提示　在 Animate 的欢迎界面中单击“打开最近的项目”栏中列出的最近打开过的动画文件，可直接将该动画文件打开；若该栏中没有要打开的动画文件，则可单击下方的“打开”按钮，在打开的“打开”对话框中选择文件，将其打开。

4.2.5　保存和关闭动画文件

在创建或修改动画文件后，必须保存动画文件，以防止断电或程序意外关闭造成损失；此外，完成修改后，还需要关闭动画文件。

1．保存动画文件

在 Animate CC 2018 中保存动画文件的方式有以下两种。

- **保存**：选择【文件】/【保存】菜单命令或按【Ctrl+S】组合键，将编辑过的动画文件按原路径、原文件名、原格式存入磁盘中，并覆盖掉原始的动画文件。
- **另存为**：选择【文件】/【另存为】菜单命令或按【Ctrl+Shift+S】组合键，在打开的“另存为”对话框中设置保存路径、文件类型、新文件名，然后单击 保存(S) 按钮，可以在保留原始动画文件的同时，保存修改后的动画文件。

2．关闭动画文件

关闭动画文件的方法有以下 3 种。

- 单击 Animate CC 2018 工作界面的标题栏最右端的“关闭”按钮 × 。
- 选择【文件】/【关闭】菜单命令或【文件】/【全部关闭】菜单命令。
- 按【Ctrl+W】组合键。

知识提示

打开动画文件后，按【Enter】键即可预览动画效果（单帧或脚本动画采用此方法无法预览。

4.2.6　导入素材文件

导入素材文件是将制作好的素材文件导入“库”面板或舞台中，方便后续运用，避免再次绘制，节省制作动画的时间。

1．导入一般位图

在 Animate CC 2018 中导入 JPG、PNG、BMP 等格式的图像非常简单，有下面 3 种方式。

- 选择【文件】/【导入】/【导入到舞台】菜单命令，选择需要导入的素材，如图 4.15 所示，单击 打开(O) 按钮将其导入舞台。
- 选择【文件】/【导入】/【导入到库】菜单命令，选择需要导入的素材，单击 打开(O) 按钮将其导入库，“库”面板如图 4.16 所示。
- 选择【文件】/【导入】/【打开外部库】菜单命令，选择需要导入的素材，单击 打开(O) 按钮将其导入外部库，如图 4.17 所示。

2．导入PSD文件

PSD 文件是指使用 Photoshop 制作的文件，Animate CC 2018 可以导入这类文件，并且保留图层、文本、路径等数据。

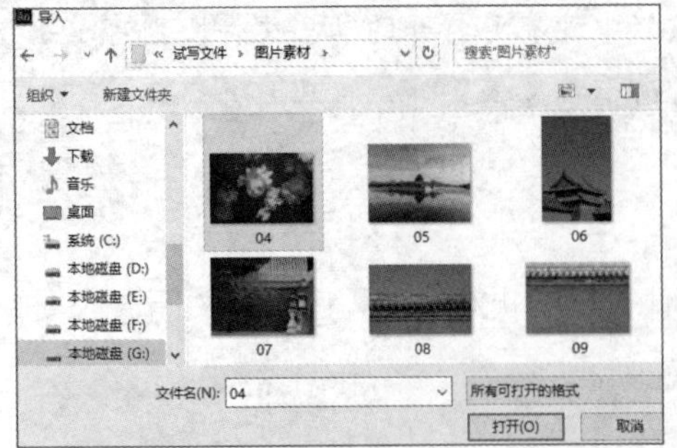

图 4.15

图 4.16

图 4.17

选择【文件】/【导入】/【导入到舞台】菜单命令或【文件】/【导入】/【导入到库】菜单命令，打开“导入”对话框，在其中选择 PSD 格式的文件，单击 打开(O) 按钮，打开图 4.18 所示的对话框。其中各选项的含义如下。

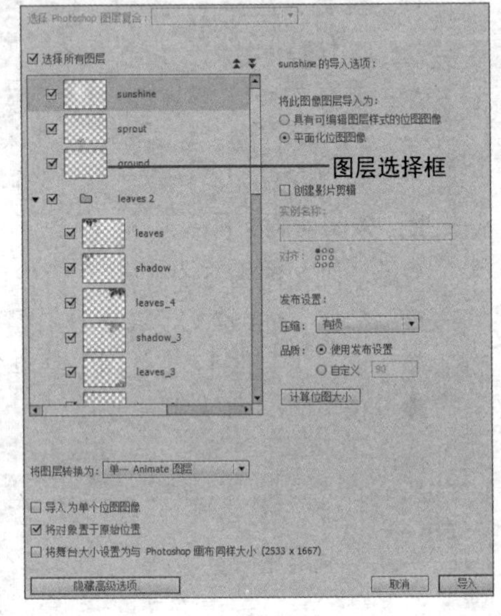

图 4.18

- **“选择所有图层”复选框**：选中该复选框，将导入PSD文件中的所有图层。
- **图层选择框**：在其中可以选择要导入的图层。
- **“具有可编辑图层样式的位图图像”单选项**：选中该单选项，将保留图层的样式效果，并且可以在Animate中可对其进行编辑。
- **“平面化位图图像”单选项**：选中该单选框，将图层转换为位图图像，路径和样式等效果将不可编辑。
- **“创建影片剪辑”复选框**：选中该复选框，将图层转换为影片剪辑元件，并可以设置其实例的名称和对齐位置。
- **发布设置**：设置图层图像的压缩方式和品质。
- **“将图层转换为”下拉列表框**：选择下拉列表框中的选项，设置图层的转换方式。如选择“Animate图层”选项，会将PSD文件中的每个图层都转换为Animate中的一个图层；选择“单一Animate图层”选项，只会建立一个Animate图层，PSD文件中所有图层的内容都放置在该图层中；选择“关键帧”选项，会为PSD文件中的每个图层都创建一个关键帧。
- **“导入为单个位图图像”复选框**：选中该复选框，将合并所有图层。
- **“将舞台大小设置为与Photoshop画布同样大小（2533×1667）”复选框**：选中该复选框，将设置Animate舞台的大小与Photoshop画布的大小相同。

3．导入AI文件

AI 文件是指使用 Illustrator 制作的文件，Animate CC 2018 可以导入这类文件，并且可以保留其图层、文本、路径等数据。

选择【文件】/【导入】/【导入到舞台】菜单命令或【文件】/【导入】/【导入到库】菜单命令，打开“导入”对话框，在其中选择 AI 格式的文件，单击 打开(O) 按钮后，打开图 4.19 所示的对话框。其中各选项的含义与导入 PSD 文件的类似，故不再赘述。

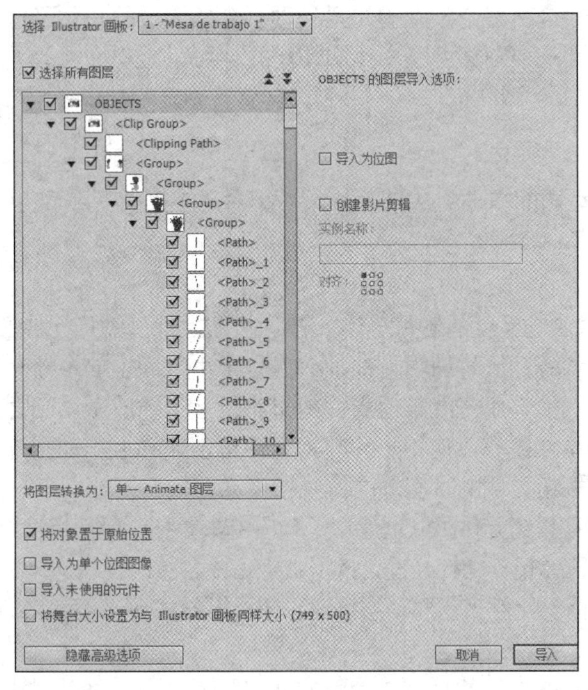

图 4.19

4．将位图转换为矢量图

有些位图在导入 Animate CC 2018 后，对其进行大幅度的放大操作会出现锯齿现象，影响动画的整体效果。Animate CC 2018 提供了将位图转换为矢量图的功能，方便更改图形。其方法是将位图文件导入舞台中，或从“库”面板拖曳到舞台中后，选择该位图文件，选择【修改】/【位图】/【转换位图为矢量图】菜单命令，打开“转换位图为矢量图”对话框，在其中设置相关参数，如图 4.20 所示，单击 确定 按钮即可进行转换。

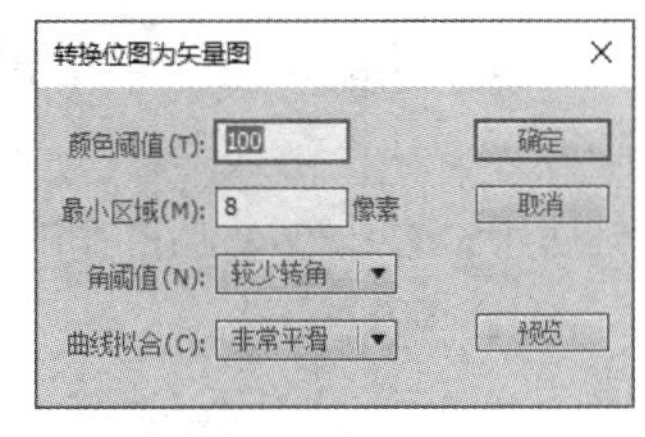

图 4.20

一般情况下，位图转换为矢量图后，文件的大小会减小，但是若导入的位图包含复杂的形状和许多颜色，则转换后的矢量图文件可能比原始的位图文件大，用户可调整对话框中的各个参数，找到文件大小和图像品质之间的平衡点。“转换位图为矢量图”对话框中的各参数介绍如下。

- **“颜色阈值”数值框**：在该数值框中输入数值可以设置颜色的阈值。
- **“最小区域”数值框**：在该数值框中输入数值可以设置为某个像素指定颜色需要考虑的周围像素的数量。
- **“角阈值”下拉列表框**：选择该下拉列表框中的选项，设置保留锐边或是进行平滑处理。
- **“曲线拟合”下拉列表框**：选择该下拉列表框中的选项，设置绘制轮廓的平滑程度。

4.3 元件与实例

在 Animate CC 2018 中可以将一些需要重复使用的元素转换为元件，以便调用，被调用的元素称为实例。元件是由多个独立的元素和动画合并而成的整体，每个元件都有一个唯一的时间轴和舞台，以及几个图层。在文件中使用元件可以减小文件的大小，还可以加快动画的播放速度。

4.3.1 元件

元件是 Animate 动画的重要组成部分。设置元件的各种属性，能够制作出内容复杂且画面丰富的动画。

1．认识元件

Animate CC 2018 中的元件有影片剪辑元件、按钮元件、图形元件 3 种类型。

- **影片剪辑元件**：影片剪辑元件拥有独立于主时间轴的多帧时间轴，在其中可包含交互组件、图形、声音或其他影片剪辑实例。当播放主动画时，影片剪辑元件也会随着主动画循环播放。使用影片剪辑元件可创建和重用动画片段，也可以将影片剪辑实例放在按钮元件的时间轴内，以创建动画按钮。
- **按钮元件**：按钮元件可以创建用于响应单击鼠标、鼠标指针滑过和其他动作的交互式按钮，包含弹起、指针经过、按下、点击 4 种状态。在这 4 种状态的时间轴中都可以插入影片剪辑元件来创建动态按钮，还可以给按钮元件添加脚本程序，使按钮具有交互功能。
- **图形元件**：图形元件是制作动画的基本元素之一，可以创建可反复使用的图形或连接到主时间轴的动画片段。该元件可以是静止的图片，也可以是由多帧组成的动画。图形元件与主时间轴同步运行，且交互式控件和声音在图形元件的动画序列中不起作用。

在 Animate CC 2018 中可以把编辑的对象都做成元件存入库中，再调用这些元件进行动画设计，从而形成一部完整的动画。在一部动画的制作中，可以将经常使用的元件放置在素材库中，以缩小动画占用的磁盘空间，提高其数据传输速度。

2．新建元件

微课视频

新建元件

在 Animate CC 2018 中可以直接创建元件且不同类型元件的创建方法是相同的，下面创建一个图形元件，其具体操作如下。

STEP 1 在 Animate CC 2018 中选择【插入】/【新建元件】菜单命令，打开“创建新元件”的对话框。

STEP 2 在对话框的“名称”文本框内输入元件名称，在“类型”下拉列表框中选择“图形”选项，将元件定义为图形元件，如图 4.21 所示。

STEP 3 单击 确定 按钮，即可在一个空白的元件中开始编辑元件，如图 4.22 所示。

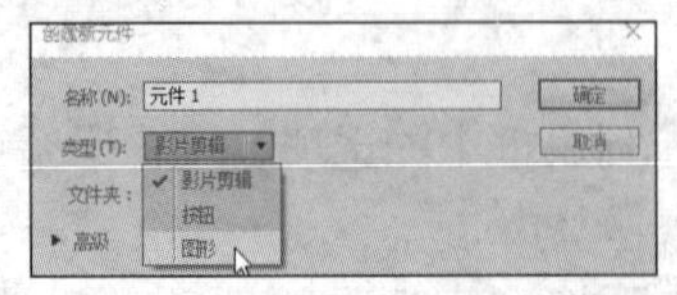

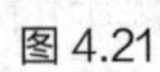
图 4.21

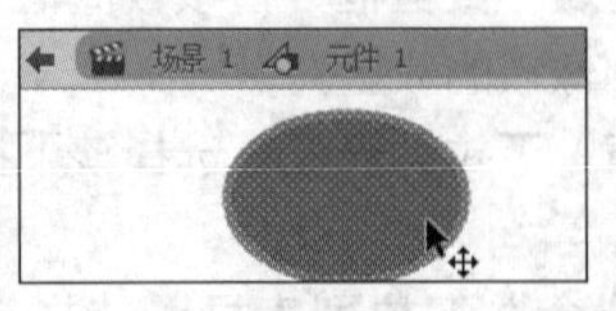

图 4.22

3. 将舞台中的对象转换为元件

在舞台中绘制的图形和一些导入舞台中使用的图形并不是元件，为了编辑和修改的需要，可以将其转换为元件。下面将舞台中的对象转移为元件，其具体操作如下。

STEP 1 在 Animate CC 2018 中打开“转换为元件.fla”素材文件（配套资源:\素材文件\第4章\转换为元件.fla）。

STEP 2 使用“选择工具”选中图片，选择【修改】/【转换为元件】菜单命令，打开“转换为元件”对话框，在对话框的“名称”文本框内输入元件的名称，在“类型”下拉列表框中选择“图形”选项，如图4.23所示。

STEP 3 单击确定按钮，舞台中的目标对象被转换为图形元件，转换后可以将原来非元件的目标对象删除，然后在“库”面板中将转换为元件的对象拖曳到舞台中，Animate CC 2018将自动为该元件建立一个实例，如图4.24所示。

图 4.23

图 4.24

4. 编辑元件

使用工具栏中的工具和菜单栏中的菜单命令可以对元件进行编辑。在编辑元件时，需要先进入元件编辑窗口，即元件编辑模式。进入元件编辑窗口的方法有很多，下面进行具体介绍。

- 在舞台中选择需要编辑的元件实例，然后选择【编辑】/【编辑元件】菜单命令。
- 在舞台中的元件实例上单击鼠标右键，在弹出的快捷菜单中选择“编辑元件”命令。
- 双击舞台中的元件实例上，即可进入元件编辑窗口。
- 在“库”面板中双击要编辑的元件名称，即可进入元件编辑窗口；也可以在元件名称上单击鼠标右键，在弹出的快捷菜单中选择“编辑”命令，进入元件编辑窗口。

4.3.2 实例

实例是指位于舞台上或嵌套在另一个元件内的元件副本。在Animate CC 2018中，元件是可以重复利用的图形、按钮和影片剪辑。将元件从“库”面板拖曳到舞台中后，该元件将自动生成一个实例。实例是元件在场景上的具体体现。用户可在舞台中的任意位置重复使用同一元件的实例，以减少文件占用的存储空间，因为无论用户为同一元件建立了多少个实例，Animate文件存储的都是元件，而只存储该元件实例的位置、大小、颜色等与元件不同的信息，因此，Animate文件会变得非常小，Animate动画在网络中下载的时间也会大大缩短。

4.3.3 元件与实例的区别

元件与实例的区别在于，在舞台内修改实例可以更改实例的颜色、大小、功能，但不能对“库”面板中这一实例的元件产生影响，如图4.25所示。相反，修改“库”面板中的元件，其结果将直接影响舞台中该元件的每一个实例，如图4.26所示。

所以在Animate CC 2018中修改同一元件的多个实例是十分方便的。因为实例具有其元件的一切特性，编辑元件会编辑它的所有实例。元件的使用范围只在动画的幕后区，在素材库中叫元件，将其从素材库中拖曳到舞台上，舞台中显现的只是该元件的实例。任何在舞台中引用的元件都被称为实例。

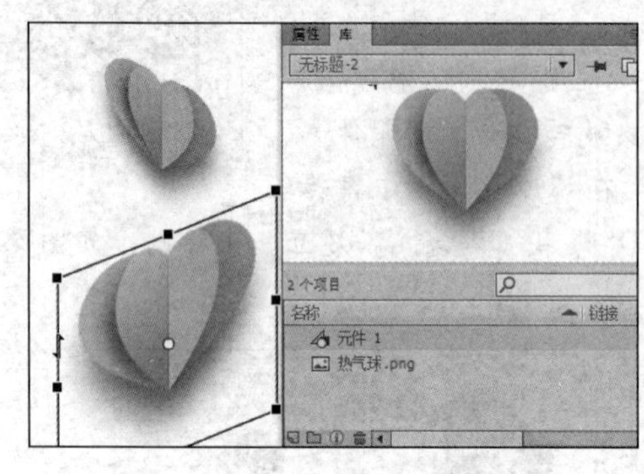

图4.25

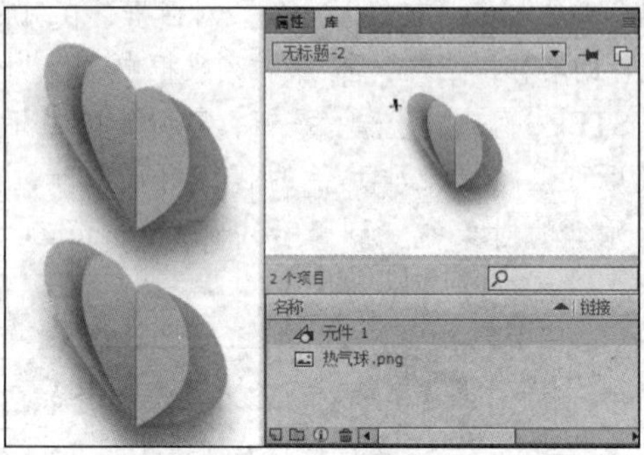

图4.26

4.3.4 调用其他动画中的元件

除了可以在动画中使用建立的元件外，用户还可以从其他的Animate动画中将已存在的元件调入当前动画来使用。其方法是打开其他动画的“库”面板，选择【文件】/【导入】/【打开外部库】菜单命令或按【Ctrl+Shift+O】组合键，打开“打开”对话框；选择其中后缀名为“.fla”的文件，然后单击打开(O)按钮，便可以打开“库”面板，该文件使用的任何元件都将保存在“库”面板中，用户可以在当前文件中使用它们。

4.3.5 实例——制作贺卡背景

下面从外部库文件中调用素材，并使用任意变形工具调整素材的大小和位置，使用矩形工具绘制图形来制作贺卡背景，其具体操作步骤如下。

微课视频

制作贺卡背景

STEP 1 在Animate CC 2018中新建一个400像素×500像素的HTML5 Canvas动画文件。

STEP 2 选择【文件】/【导入】/【打开外部库】菜单命令，在打开的“打开”对话框中选择“外部库”素材文件（配套资源:\素材文件\第4章\外部库.fla），单击打开(O)按钮，打开外部库。

STEP 3 从“库－外部库.fla”面板中将“背景.png”素材拖曳到舞台中。选择“任意变形工具”调整其大小和位置，使其与舞台一致，如图4.27所示。

STEP 4 在“时间轴”面板中单击“新建图层”按钮，新建“图层2”。

STEP 5 从“库－外部库.fla”面板中将“阴影.png”素材拖曳到舞台中，选择“任意变形工具”对其进行倾斜变形，如图4.28所示。

STEP 6 新建“图层3”，从“库－外部库.fla”面板中将“蛋糕.png”素材拖曳到舞台中，调整其位置，露出部分蛋糕和蜡烛的阴影，如图4.29所示。

STEP 7 新建“图层4”，使用“矩形工具”在蛋糕下方绘制一个矩形，并填充颜色“#BB372A”，如图4.30所示。

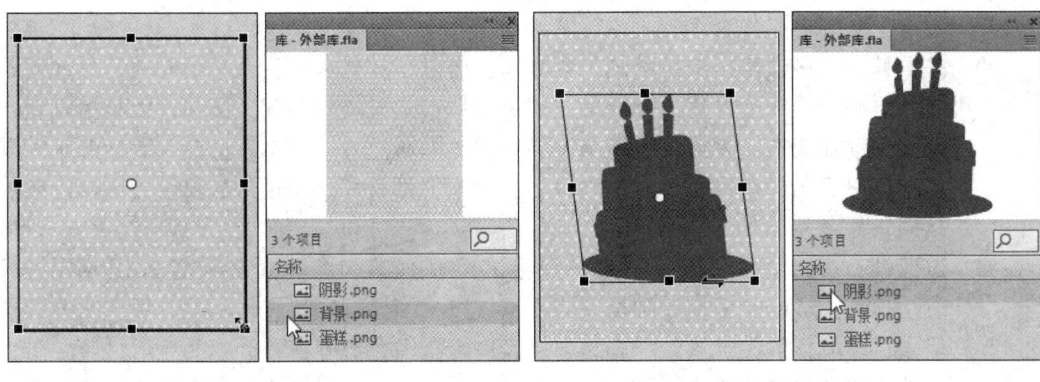

图 4.27　　　　图 4.28

STEP 8 将“图层 4”移动到“图层 2”的下方，将矩形移动到蛋糕和阴影图像下方，如图 4.31 所示。

STEP 9 选择【文件】/【保存】菜单命令打开“保存”对话框，选择存储位置后单击 保存(S) 按钮保存文件（配套资源 :\ 效果文件 \ 第 4 章 \ 蛋糕 .fla）。

图 4.29

图 4.30

图 4.31

> **知识提示**　在 Animate CC 2018 中可以将位图转换为矢量图，方法是选择【修改】/【位图】/【转换位图为矢量图】菜单命令。将矢量图转换为位图的方法是选择要转换为位图的矢量图，然后选择【修改】/【转换为位图】菜单命令。

4.4　帧与图层

Animate 动画是通过更改连续帧的内容来进行创建的，帧是动画制作的关键。将不同内容的帧放置在不同的图层中，可以方便对其进行修改与编辑。下面通过认识帧、编辑帧、认识图层和编辑图层对帧与图层进行讲解。

4.4.1　认识帧

与电影胶片相同，Animate CC 2018 中的“时间轴”面板中也将时长划分为多个帧。帧是组成 Animate 动画的最小单位。“时间轴”面板上的一个个方块就代表了不同的帧，帧连续播放便构成了动画。帧中的内容可以是图形、音频、视频等。根据用途的不同，可以将帧分为关键帧和过渡帧两种类型。

- **关键帧**：关键帧是指决定动画内容的帧，可以是在舞台上直接编辑的帧，其他帧都是关键帧的延续或变化。空白关键帧是在舞台上没有内容的关键帧，但其可以包含单独的动作脚本。关键帧的延续（静止帧）以灰色方格表示，空白关键帧的延续以空白方格表示，在每个关键帧的最后静止帧上都有一个小矩形，表示关键帧延续的结束，如图4.32所示。
- **过渡帧**：过渡帧可以显示两个关键帧间的中间效果，是Animate CC 2018利用推算算法自动生成的。根据动画类型的不同，过渡帧显示的状态也不同。黑色实心圆点代表一个静止的关键帧，空心圆点代表一个空白关键帧，补间中的变形过渡由带直线的箭头和淡绿色背景表示；补间中的运动过渡由直线箭头和灰紫色背景表示，一段具有蓝色背景的帧表示补间动画，如图4.33所示。当过渡帧序列出现错误时，带箭头直线将变为虚线。如果在动画的帧中指定了某种动作，该帧上就会标识一个小的"a"字，当鼠标指针移至该动画帧上时，浮动提示会显示其中的内容。

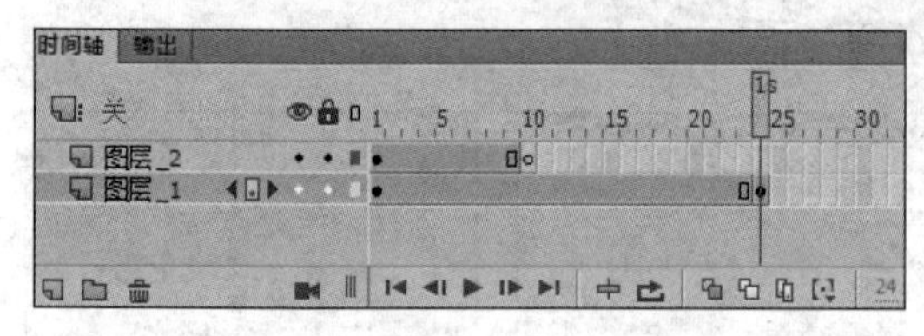

图4.32

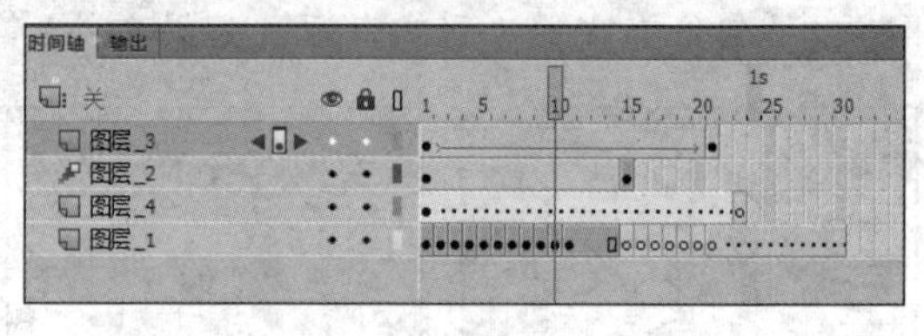

图4.33

每秒播放帧的数量被称为帧的播放速率。帧的播放速率决定动画播放的效果，动画中每秒播放的帧越多，动画的效果就越好。但并不是说帧的播放速率设置得越高越好，而应根据动画使用的不同媒体设置不同的播放速率。

4.4.2 编辑帧

在进行动画制作前，需要掌握帧的编辑与插入，在"时间轴"面板中使用帧来组织和控制文件的内容，放置帧的顺序将决定帧内对象在最终内容中的显示顺序。所以，帧的编辑在很大程度上影响着动画的最终效果。下面详细讲解选择帧，插入帧，删除帧，复制、粘贴帧，移动帧，转换帧，以及翻转帧的方法。

1. 选择帧

在对帧进行编辑前，需要对帧进行选择，图4.34所示右侧蓝色区域为被选择的帧。为了方便编辑，Animate CC 2018提供了多种选择帧的方法，下面分别进行介绍。

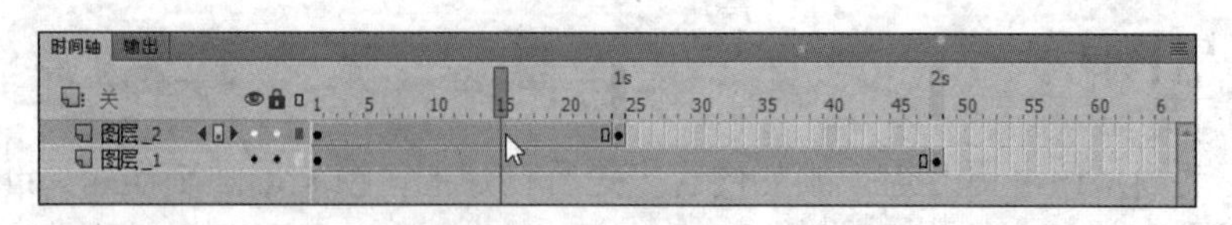

图4.34

- 要选择单个帧，可以单击该帧。
- 要选择多个连续的帧，可以在选择一个帧后，在按住【Shift】键的同时单击其他帧，或拖曳鼠标进行选择。
- 要选择多个不连续的帧，可以按住【Ctrl】键，单击要选择的帧。
- 要选择整个静态帧范围，可双击两个关键帧之间的帧。

- 要选择某一图层上的所有帧，可以单击该图层名称。
- 要选择所有帧，可以选择【编辑】/【时间轴】/【选择所有帧】菜单命令。

2．插入帧

选择插入不同类型的帧可以制作不同的动画效果，下面讲解常见的 3 种插入帧的方法。

- 要插入新的帧，可以选择【插入】/【时间轴】/【帧】菜单命令或按【F5】键。
- 要插入关键帧，可以选择【插入】/【时间轴】/【关键帧】菜单命令或按【F6】键。
- 要插入空白关键帧，可以选择【插入】/【时间轴】/【空白关键帧】菜单命令或按【F7】键。

插入帧或关键帧可以在时间轴的任意位置进行。帧和关键帧的差别是帧是一个静态的画面，而关键帧能够让画面产生变化或增加对象。

让画面产生变化的方法：选择【文件】/【导入】/【导入到库】菜单命令导入素材文件，如图 4.35 所示；在“库”面板中选择对象，将其拖曳到舞台中，选中需要插入关键帧的位置，如图 4.36 所示；按【F6】键插入关键帧，插入后的关键帧将自动继承前一个关键帧的内容；选中关键帧，将对象拖曳到右边，如图 4.37 所示。单击“播放”按钮▶，即可观察帧的变化。

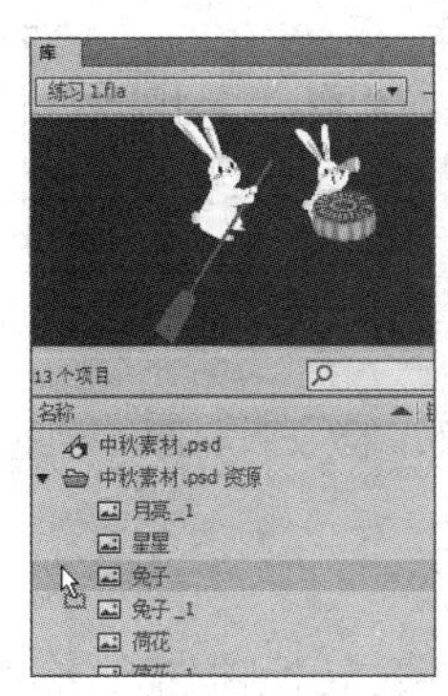

图 4.35

图 4.36

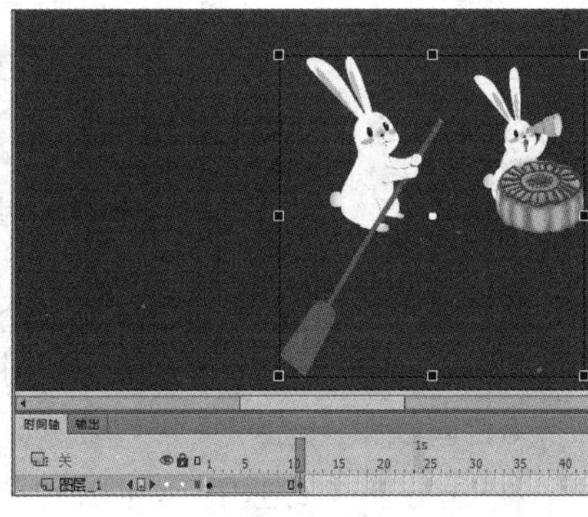

图 4.37

如果插入的关键帧与前一个关键帧不是相邻的两个帧，那么 Animate CC 2018 会在两个关键帧之间自动生成前一个关键帧的延续静止帧。

按【F7】键可以插入一个空白关键帧。它与插入关键帧的唯一区别是插入的空白关键帧不会继承前一个关键帧的内容，而是没有继承内容的新关键帧。

按【F5】键可以插入延续帧，这里有 3 种情况。

- 选定一个关键帧，按【F5】键可以在它后面增加一个延续帧。
- 选定一个关键帧后面相隔若干帧格的一个空帧格，如图 4.38 所示，按【F5】键可以将该关键帧的静止帧延续到所选定的帧格，如图 4.39 所示。
- 选定一个关键帧的若干个延续静止帧，如图 4.40 所示，按【F5】快捷键可以添加前面选定个数的延续静止帧，如图 4.41 所示。

3．删除帧

对于不需要的帧，可以将其删除。其方法是选择需要删除的帧，单击鼠标右键，在弹出的快捷菜单中选择“删除帧”命令，或按【Shift+F5】组合键删除所选帧。

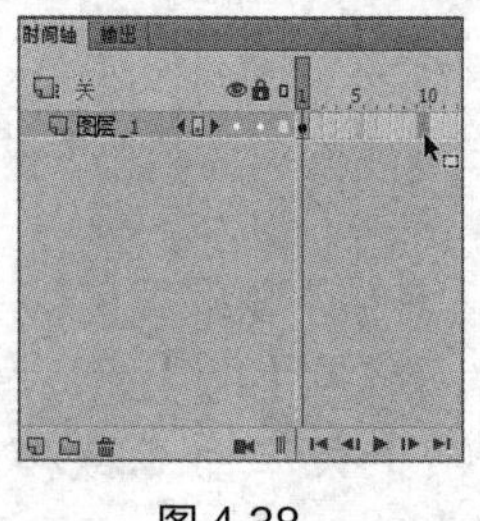
图 4.38

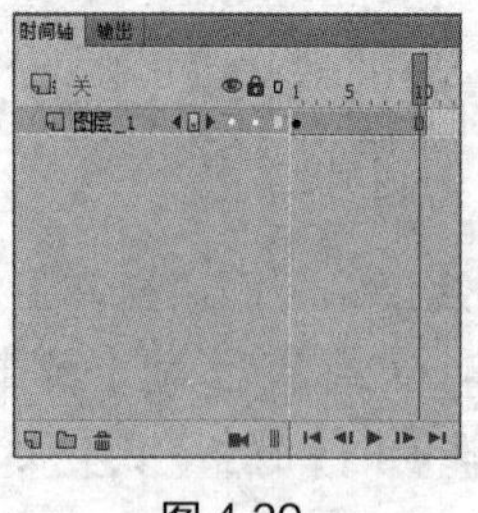
图 4.39

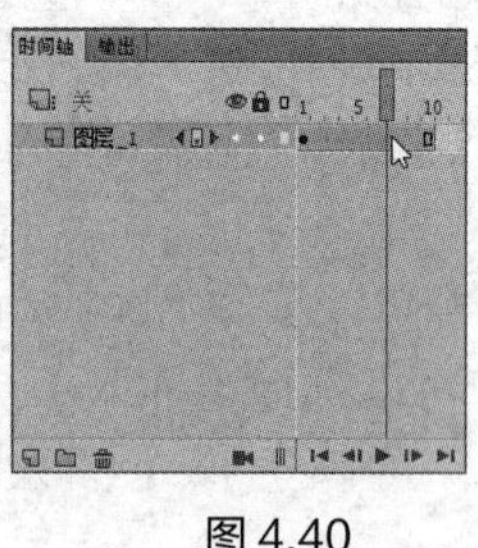
图 4.40

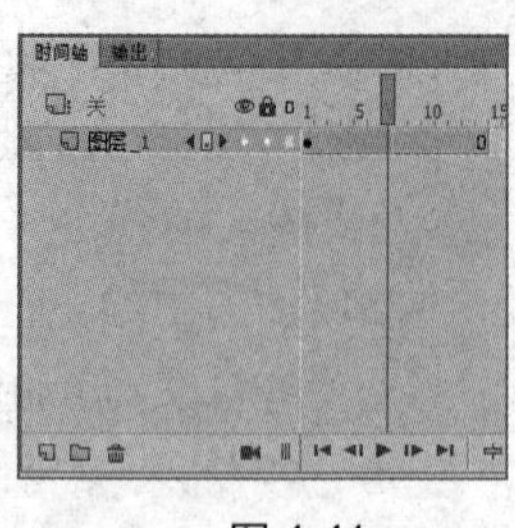
图 4.41

知识提示

若不想删除帧，只想删除帧中的内容，则可通过清除帧来实现。其方法是选择需要清除的帧，单击鼠标右键，在弹出的快捷菜单中选择“清除帧”命令。

4．复制、粘贴帧

在制作动画时，根据实际情况可以复制帧和粘贴帧。当只需要复制一帧时，在按住【Alt】键的同时，将该帧移动到需要复制的位置即可；若要复制多帧，则在选择帧后，单击鼠标右键，在弹出的快捷菜单中选择“复制帧”命令，然后选择需要粘贴的位置，单击鼠标右键，在弹出的快捷菜单中选择“粘贴帧”命令即可。

知识提示

在选择要复制的帧后，可选择【编辑】/【时间轴】/【复制帧】菜单命令复制帧；选择需要粘贴的位置后，可选择【编辑】/【时间轴】/【粘贴帧】菜单命令粘贴帧。

5．移动帧

在编辑动画中遇到因为帧顺序不对的情况时，可以通过移动帧来解决。移动帧的方法很简单，选择关键帧或含关键帧的序列，然后将其拖曳到目标位置即可。

6．转换帧

在Animate CC 2018中可以转换帧的类型，不需要删除帧之后再新建帧。转换帧的方法：在需要转换的帧上单击鼠标右键，在弹出的快捷菜单中选择“转换为关键帧”或“转换为空白关键帧”命令。

要将关键帧、空白关键帧转换为帧，可选择需要转换的帧，单击鼠标右键，在弹出的快捷菜单中选择“清除关键帧”命令。

7．翻转帧

通过翻转帧操作可以翻转所选帧的顺序，将开头的帧调整到结尾，将结尾的帧调整到开头。其方法为选择含关键帧的帧序列，单击鼠标右键，在弹出的快捷菜单中选择“翻转帧”命令，将该序列的帧顺序进行颠倒。

4.4.3 认识图层

在设计动画时，经常需要对不同的角色与背景分别进行制作，这时图层的功能就展现出来了。每一个图层的右方对应一个独立的时间轴。虽然在同一个图层里可以放置很多对象，但是若想两个对象同时出现，则可以将这两个对象放在不同的图层上进行动画播放。

图层就像堆叠在一起的多张幻灯片，每个图层都包含一个显示在舞台中的对像。使用图层可以帮助用户组织、绘制和编辑动画文件中的对象，并且不会影响其他图层上的对象。在没有内容的舞台区域中，可以透过该图层看到下面图层的内容。

要绘制、填色或对图层或文件夹进行修改，可以在“时间轴”面板中选择并激活该图层。“时间轴”面板中显示了图层或文件夹名称，在其旁边有关键帧切换按钮，表示该图层或文件夹处于活动状态。在“时间轴”面板中，一次只能有一个图层处于活动状态。

4.4.4 编辑图层

创建、选择、复制图层等是编辑图层的基本操作。下面对编辑图层的一些操作方法进行介绍。

- **创建图层**：当需要创建图层时，单击“时间轴”面板底部的“新建图层”按钮，或在任意图层上单击鼠标右键，在弹出的快捷菜单中选择“插入图层”命令可创建图层。创建一个图层后，该图层将出现在所选图层的上方，新添加的图层将成为当前图层。
- **选择图层**：当需要选择图层时，在“时间轴”面板中单击图层的名称可直接选择该图层，此时该图层呈现蓝底，表示该图层当前为选中状态。在按住【Shift】键的同时单击任意两个图层，可选择两个图层之间的所有图层。在按住【Ctrl】键的同时单击任意图层，可选择多个不相邻的图层。
- **重命名图层**：当需要重命名图层时，双击图层名称，当图层名称呈蓝色显示时可以输入新名称；也可在需要重命名的图层上单击鼠标右键，在弹出的快捷菜单中选择“属性”命令，在打开的“图层属性”对话框中对图层名称进行设置。
- **复制图层**：当需要重复使用相同图层时，可以选择【编辑】/【时间轴】/【直接复制图层】菜单命令，或在需要复制的图层上单击鼠标右键，在弹出的快捷菜单中选择“复制图层”命令。
- **拷贝与粘贴图层**：当需要拷贝与粘贴图层时，在需要拷贝的图层上单击鼠标右键，在弹出的快捷菜单中选择“拷贝图层”命令，然后在需要粘贴图层的位置单击鼠标右键，在弹出的快捷菜单中选择“粘贴图层”命令，即可将拷贝的图层粘贴到选择的图层上方。
- **调整图层顺序**：当需要重新调整图层顺序时，拖曳需要调整顺序的图层，拖曳时“时间轴”面板中会出现一条线，在目标位置释放鼠标左键即可调整图层顺序。
- **删除图层**：当需要删除图层时，选择需要删除的图层，单击“删除”按钮；也可在需要删除的图层上单击鼠标右键，在弹出的快捷菜单中选择“删除图层”命令。
- **创建图层文件夹**：当需要组织和管理图层时，可以创建图层文件夹，然后将图层放入其中。单击“时间轴”面板底部的“新建文件夹”按钮，新文件夹会出现在所选图层或文件夹的上方。
- **将图层放入文件夹中**：当需要将图层放入文件夹中时，选择需要移动到文件夹中的图层，将其拖曳到文件夹图标上方，释放鼠标左键，即可将图层放入文件夹中。
- **展开或折叠文件夹**：当需要在“时间轴”面板中展开或折叠图层文件夹时，单击该文件夹名称左侧的按钮或按钮即可。
- **将图层移出文件夹**：当需要将文件夹中的图层移出时，只需在展开文件夹后，选择需要移出的图层，将其拖曳到文件夹外即可。

4.4.5 实例——制作动态文字

动态文字比静态文字更能吸引人的注意力，在制作动态文字时需要运用图层、库、创建

元件、工具栏、插入关键帧、复制和粘贴帧、翻转帧等相关知识。下面在“音乐节背景.jpg”素材文件中制作动态文字，其具体操作如下。

STEP 1 在 Animate CC 2018 中选择【文件】/【新建】菜单命令，打开“新建文档”对话框，设置参数如图 4.42 所示，单击 确定 按钮。

STEP 2 选择【文件】/【导入】/【导入到库】菜单命令，导入素材文件（配套资源:\素材文件\第 4 章\背景.jpg）。

STEP 3 在“库”面板中选中“背景.jpg”素材，将其拖曳到舞台上，如图 4.43 所示。

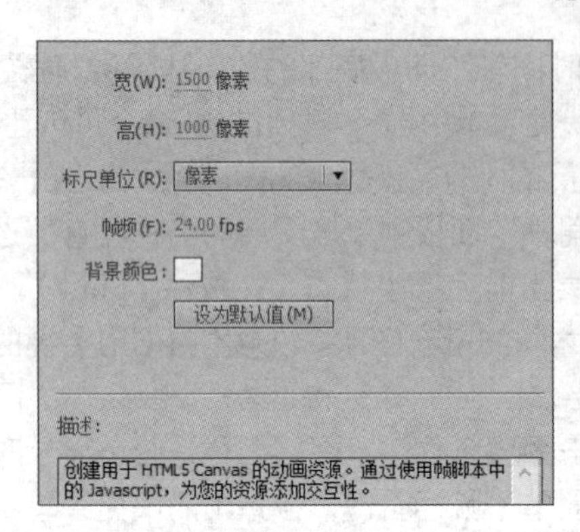

图 4.42

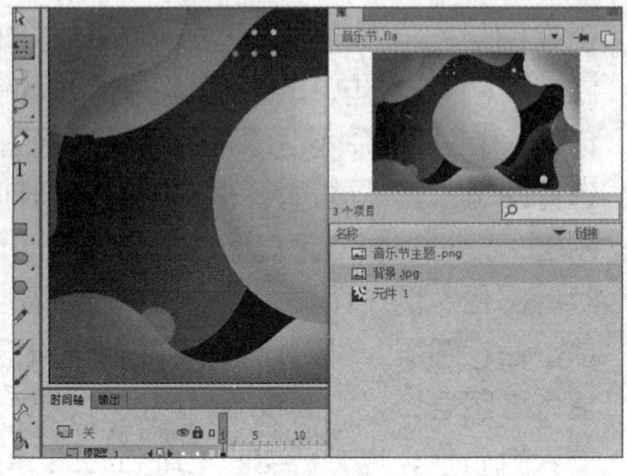

图 4.43

STEP 4 在“时间轴”面板上单击“新建图层”按钮，新建“图层_2”图层。选择“文本工具” T，选择【窗口】/【属性】菜单命令，打开“属性”面板。在其中设置系列、大小、颜色分别为“方正兰亭中粗黑简体”“200.0”“#FFFFFF”，如图 4.44 所示。拖曳鼠标在舞台上绘制一个文本框，然后输入文本，如图 4.45 所示。

图 4.44

图 4.45

STEP 5 在“时间轴”面板中选择“图层_2”图层，单击鼠标右键，在弹出的快捷菜单中选择“复制图层”命令，复制出“图层_2 复制”图层。

STEP 6 在“图层_2 复制”图层右侧单击按钮锁定图层。选择“图层_2”图层，将文本颜色改为“#4C52B0”，然后使用“选择工具”将文本向左移动一小段距离，形成文本的阴影效果，如图 4.46 所示。

STEP 7 在“图层_2 复制”图层右侧单击按钮解锁图层，在“图层 1”图层右侧单击按钮锁定图层。使用“选择工具”框选文本和阴影，按【F8】键，打开“转换为元件”对话框，设置名称、类型分别为“标题”“影片剪辑”，单击 确定 按钮，将标题转换为元件，如图 4.47 所示。

STEP 8 双击转换后的“标题”元件，进入其编辑界面，按两次【F6】键，插入两个关键帧，选择其中的文本，选择【窗口】/【变形】菜单命令，打开"变形"面板，在其中设置缩放宽度、缩放高度均为"110.0%"，如图 4.48 所示。

STEP 9 使用"任意变形工具"将文本顺时针旋转一定的角度，如图 4.49 所示。

图 4.46

图 4.47

图 4.48

图 4.49

STEP 10 按两次【F6】键，插入两个关键帧。再次将宽度和高度放大至 110%，并使用"任意变形工具"将文本逆时针旋转，如图 4.50 所示。

STEP 11 选择第 1 ~ 第 5 帧，单击鼠标右键，在弹出的快捷菜单中选择"复制帧"命令，如图 4.51 所示，复制选择的帧。

图 4.50

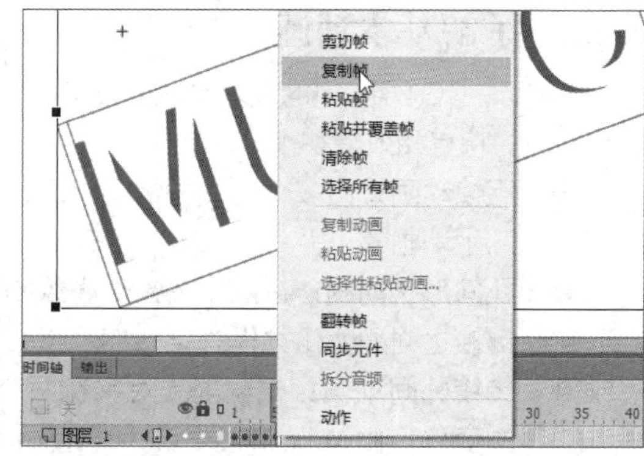

图 4.51

STEP 12 选择第6～第10帧，单击鼠标右键，在弹出的快捷菜单中选择“粘贴帧”命令，如图4.52所示，将复制的帧粘贴到第6～第10帧。

STEP 13 选择粘贴的第6～第10帧，单击鼠标右键，在弹出的快捷菜单中选择“翻转帧”命令，如图4.53所示。

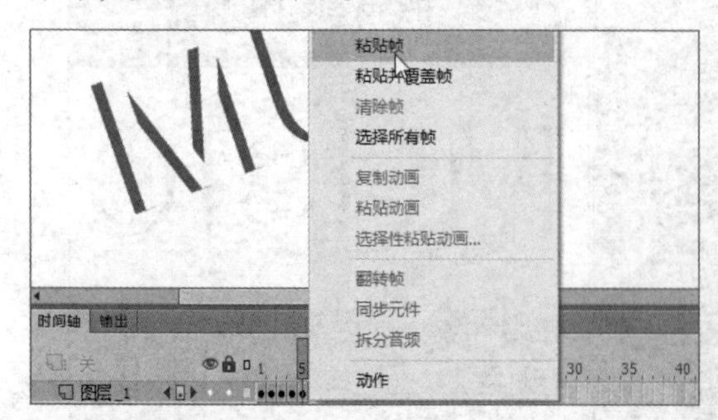

图4.52

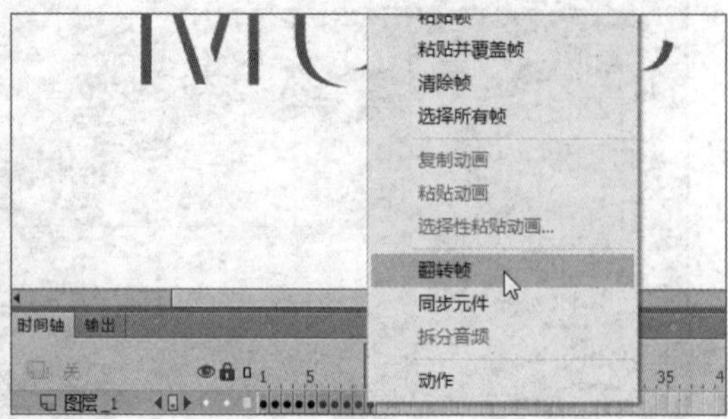

图4.53

STEP 14 单击舞台上方的按钮回到场景中。按【Ctrl+Enter】组合键进行播放测试，可以看到“MUSIC”文本会不停地缩放和旋转，以产生一种跳动的感觉，如图4.54所示。

图4.54

STEP 15 按【Ctrl+S】组合键保存文件，完成动态文字的制作（配套资源:\效果文件\第4章\音乐节.fla）。

4.5 基本动画

在学习基本动画的过程中需要了解基本动画、区分基本动画、创建基本动画，并设置动画属性。

4.5.1 了解基本动画

Animate CC 2018中的基本动画有逐帧动画、补间形状动画、传统补间动画和补间动画，各种动画的特点和效果如下。

- **逐帧动画**：由多个连续关键帧组成，并在每个关键帧中导入、绘制不同内容，从而产生动画效果。
- **补间形状动画**：在两个关键帧中绘制不同的形状，补间形状动画会自动添加两个关键帧之间的变化过程。
- **传统补间动画**：根据同一对象在两个关键帧中的位置、大小、Alpha和旋转等属性的变化，由Animate CC 2018自动计算生成的一种动画，其结束帧中的图形与开始帧中的图形密切相关。

- **补间动画：**使用补间动画可设置对象的属性，如大小、位置和Alpha等，补间动画在“时间轴”面板中显示为连续的帧范围，默认情况下可以作为单个对象进行选择。

4.5.2 区分基本动画

Animate CC 2018 中基本动画包括补间动画、传统补间动画、补间形状动画，不同动画在时间轴中的特征各不相同，如图 4.55 所示。

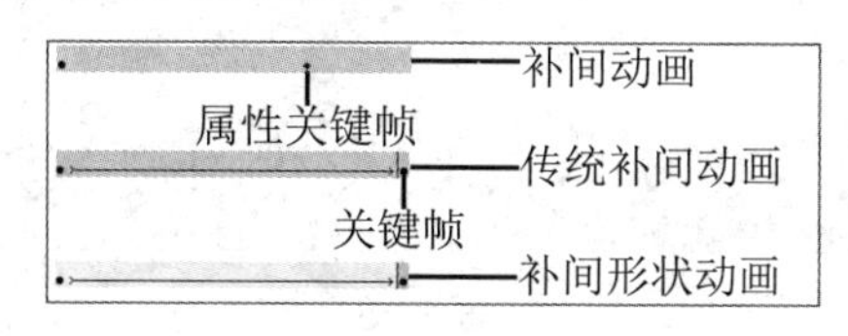

图 4.55

各种动画的时间轴特征如下。

- **补间动画：**一段具有蓝色背景的帧。第一帧中的黑点表示补间范围分配有目标对象。黑色菱形表示最后一帧和任何其他属性关键帧。
- **传统补间动画：**带有黑色箭头和浅紫色背景，起始关键帧处为黑色圆点。
- **补间形状动画：**带有黑色箭头和淡绿色背景，起始关键帧处为黑色圆点。

4.5.3 创建基本动画

创建基本动画主要包括创建逐帧动画、创建补间形状动画、创建传统补间动画和创建补间动画，通过创建基本动画的练习，可以更好地掌握 Animate 动画的制作。

1. 创建逐帧动画

创建逐帧动画的方法主要有逐帧制作、导入 GIF 动画文件、导入图片序列、转换为逐帧动画等，下面分别进行介绍。

- **逐帧制作：**首先插入多个关键帧，然后在每个关键帧中绘制或导入不同的内容。
- **导入GIF动画文件：**导入GIF动画文件时，会自动将GIF动画文件中的帧转换为“时间轴”面板中的关键帧，从而形成逐帧动画。
- **导入图片序列：**图片序列是指一组文件名中有连续编号的图片文件（如01.png、02.png、03.png ……），在导入其中的一张图片时，会打开图4.56所示的提示对话框，单击按钮即可导入该图片及其后有连续编号的所有图片，并按照编号顺序依次添加到各个关键帧中，从而形成逐帧动画。
- **转换为逐帧动画：**使用转换为逐帧动画功能，可以将其他动画类型转换为逐帧动画。其操作方法为在“时间轴”面板中选择要转换为逐帧动画的帧，然后单击鼠标右键，在弹出的快捷菜单中选择“转换为逐帧动画”命令，如图4.57所示，在弹出的子菜单中选择相应命令，即可将选择的帧转换为逐帧动画。

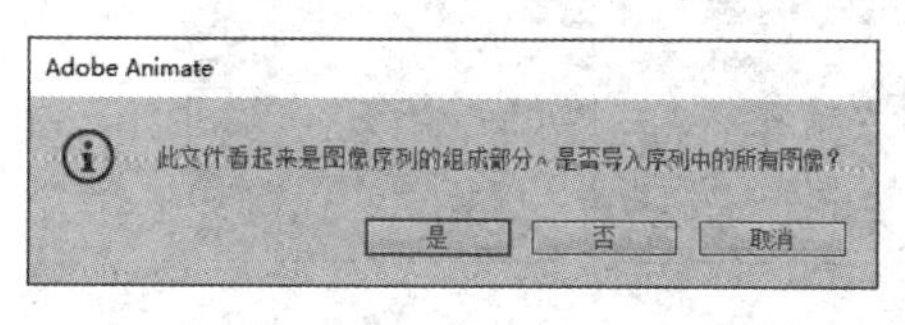

图 4.56

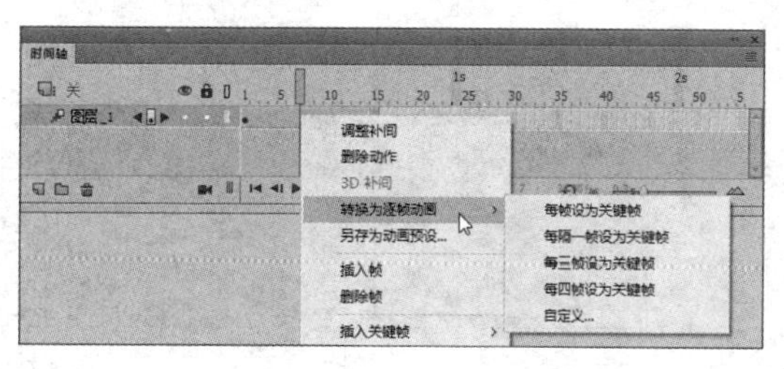

图 4.57

2. 创建补间形状动画

在 Animate CC 2018 中制作补间形状动画较为简单，只需在两个关键帧中绘制不同的图形，然后在两个关键帧之间单击鼠标右键，在弹出的快捷菜单中选择“创建补间形状”命令即可，如图 4.58 所示。

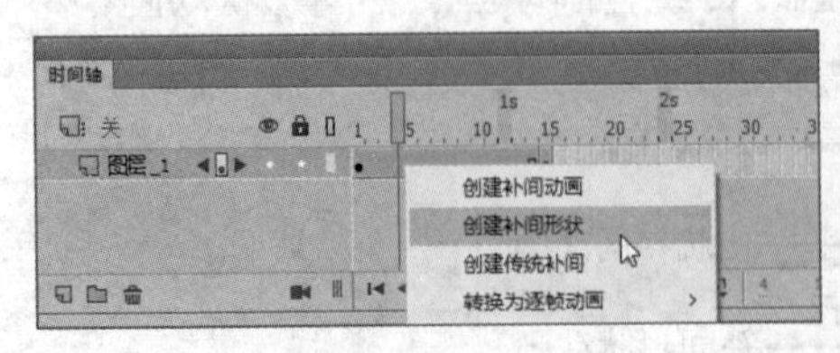

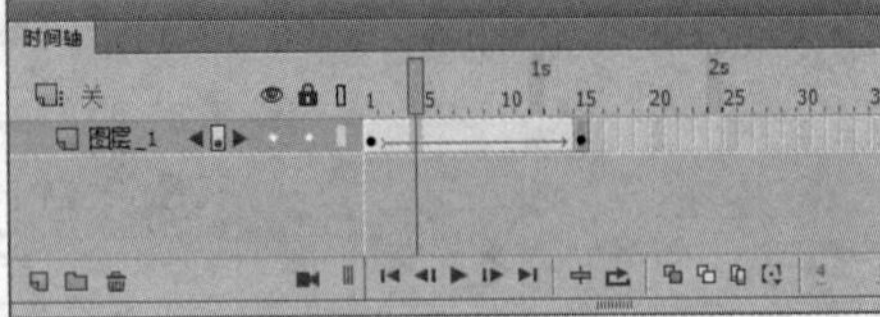

图 4.58

> **知识提示**　在制作补间形状动画时，可以在“时间轴”面板中的一个特定帧上绘制一个矢量形状，然后更改该形状，或在另一个特定帧上绘制另一个形状。Animate CC 2018 会在这两帧之间的帧内插入这些中间形状，创建从一个形状变形为另一个形状的动画效果。

3. 创建传统补间动画

创建传统补间动画的方法：在动画的开始关键帧和结束关键帧中放入同一个元件对象，在两个关键帧之间单击鼠标右键，在弹出的快捷菜单中选择“创建传统补间”命令，然后调整两个关键帧中对象的位置、大小、旋转方向等属性，如图 4.59 所示。

需要注意的是，如果开始关键帧和结束关键帧中的对象不是元件，则会打开图 4.60 所示的提示对话框，此时需单击 确定 按钮，将两个关键帧中的内容转换为图形元件，然后创建传统补间动画。

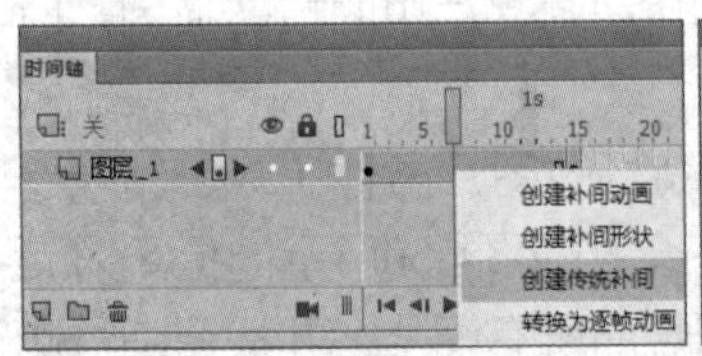

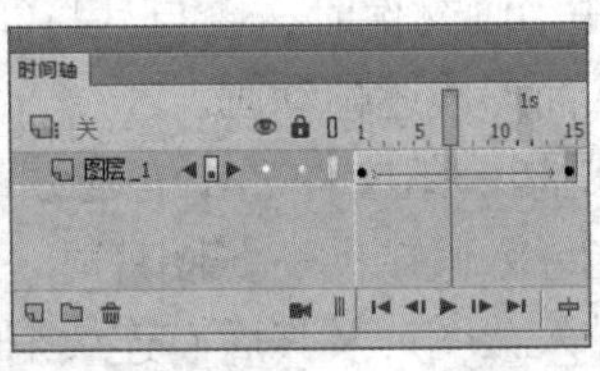

图 4.59

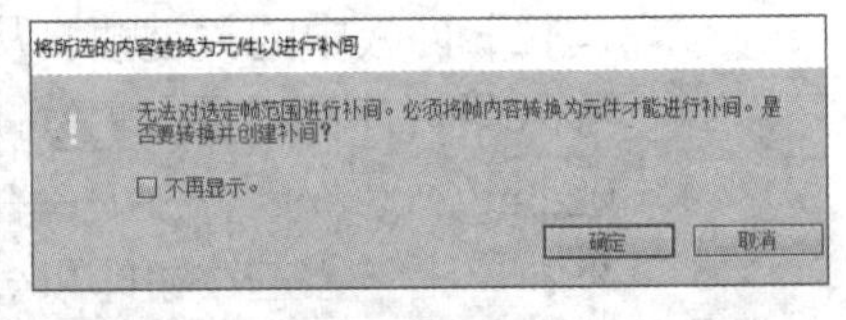

图 4.60

4. 创建补间动画

创建补间动画的方法：在动画的开始关键帧中放入一个文本或影片剪辑元件，在帧上单击鼠标右键，在弹出的快捷菜单中选择“创建补间动画”命令，创建补间动画；然后在动画中插入多个关键帧，并调整关键帧中对象的位置、大小、旋转方向等属性，如图 4.61 所示。

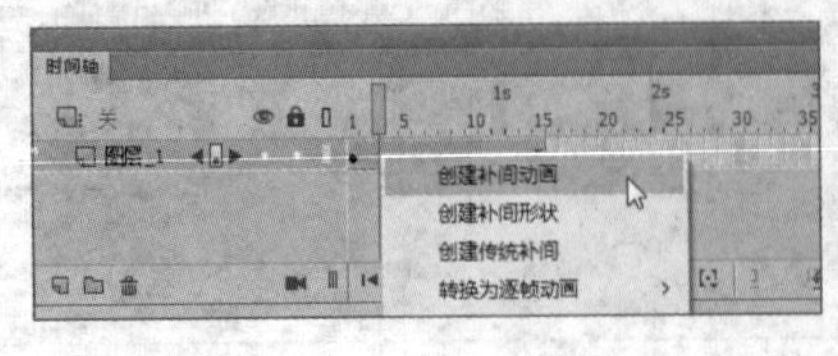

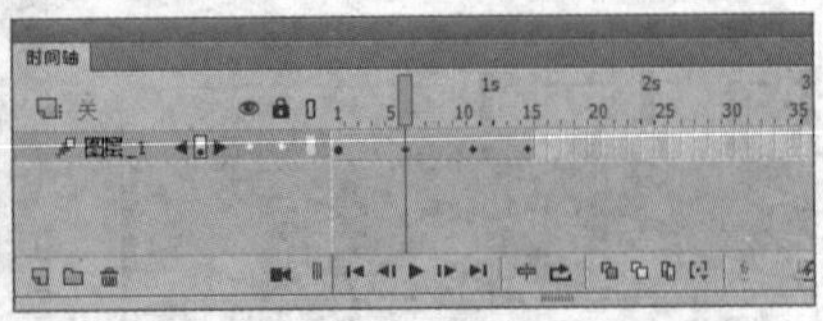

图 4.61

4.5.4 设置动画属性

在制作动画时需要对动画进行编辑，以丰富动画效果，在进行编辑时可设置动画属性，如设置补间形状动画属性、传统补间动画属性和补间动画属性。

1．设置补间形状动画属性

设置补间形状动画属性主要包括添加缓动和添加提示点两种。

（1）添加缓动

在补间形状动画的“属性”面板中可以为补间形状动画添加缓动效果，如图4.62所示。

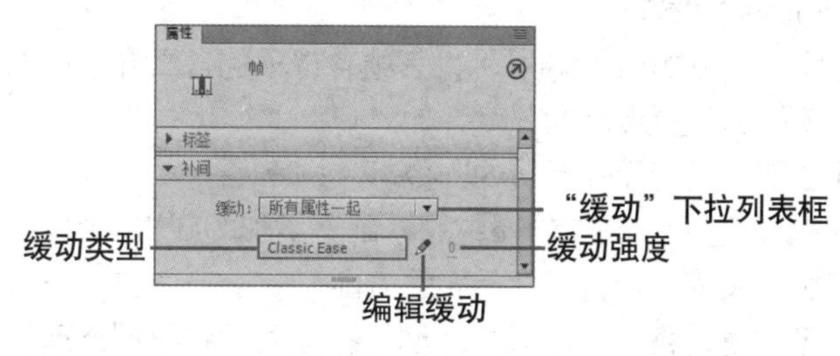

图4.62

其中各选项的含义如下。

- **“缓动”下拉列表框：**补间形状动画只能选择“所有属性一起”选项，为动画的所有属性统一设置缓动。
- **缓动类型：**单击该按钮将打开图4.63所示的面板，在其中可以选择不同类型的缓动效果，还可以查看该缓动效果的曲线图。
- **编辑缓动：**单击该按钮，将打开图4.64所示的“自定义缓动”对话框，在其中可以手动设置缓动效果。

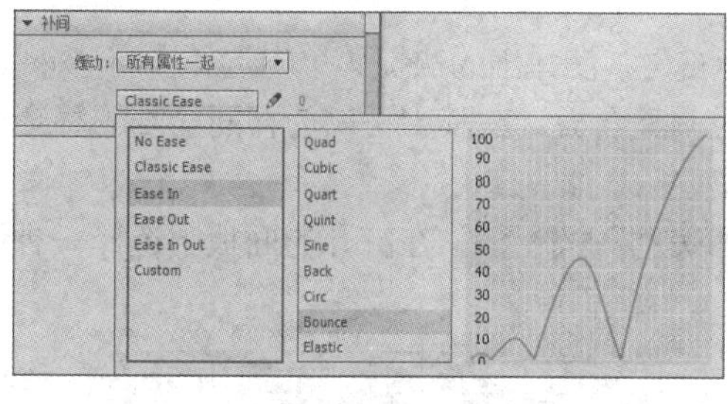

图4.63

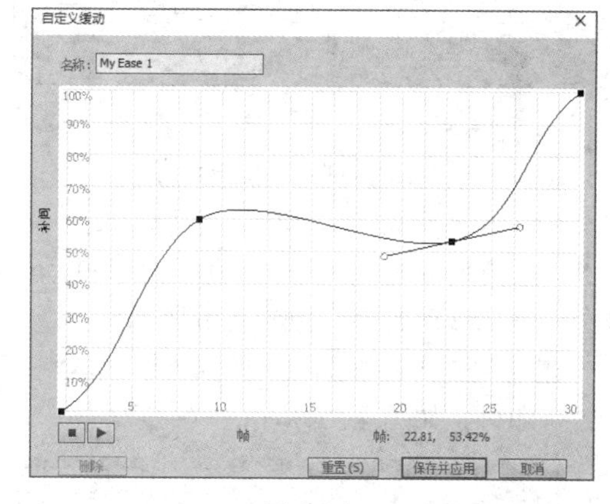

图4.64

- **缓动强度：**当缓动类型为“Classic Ease”时，将显示该数值框。当缓动强度大于0时，表示动画开始时速度快，结束时速度慢；当缓动强度小于0时，表示动画开始时速度慢，结束时速度快。

（2）添加提示点

为补间形状动画添加提示点，可以手动控制形状的变化，读者可扫描二维码对该内容进行学习。

2．设置传统补间动画属性

传统补间动画的“属性”面板如图4.65所示，在“缓动”下拉列表框中可以选择“单独每属性”选项，选择后的“属性”面板如图4.66所示，可以单独为这些属性设置缓动效果。在“旋转”下拉列表框中可以设置元件的旋转方向，在其后的数值框中可以设置旋转的圈数，如图4.67所示。

3．设置补间动画属性

补间动画的属性可以在“属性”面板中设置或在“调整补间”面板中设置。

（1）在“属性”面板中设置

补间动画的“属性”面板如图4.68所示，其中各选项的含义介绍如下。

- **“缓动”数值框**：设置缓动的强度。
- **“旋转”数值框**：设置元件旋转的圈数。
- **“+”数值框**：设置元件在旋转圈数的基础上增加的旋转度数。
- **“方向”下拉列表框**：设置元件旋转的方向。
- **“调整到路径”复选框**：选中该复选框，补间动画将根据移动路径的方向自动调整元件的方向。
- **“路径”栏**：设置移动路径的坐标位置、宽度和高度。

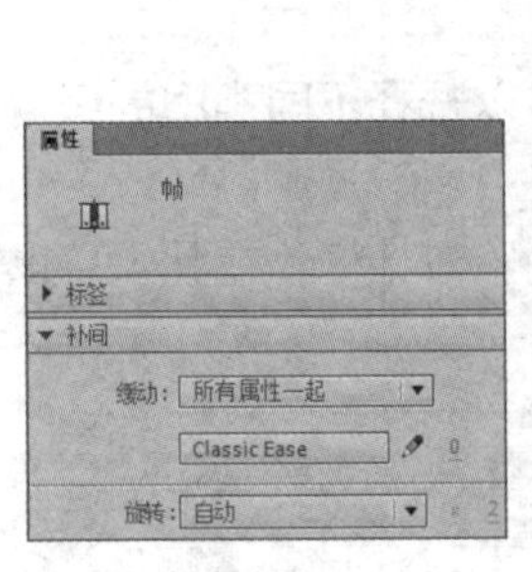

图4.65

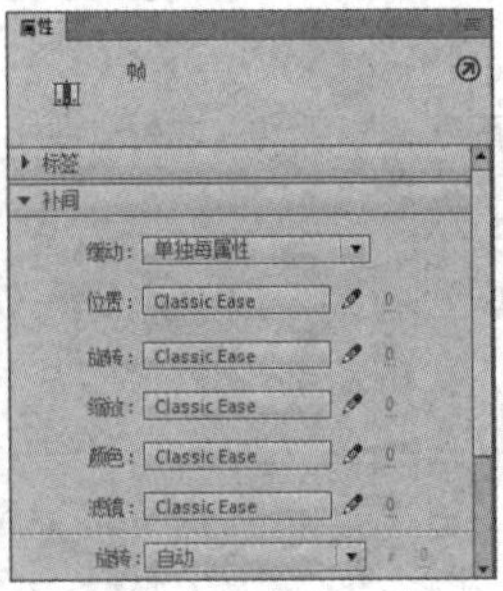

图4.66

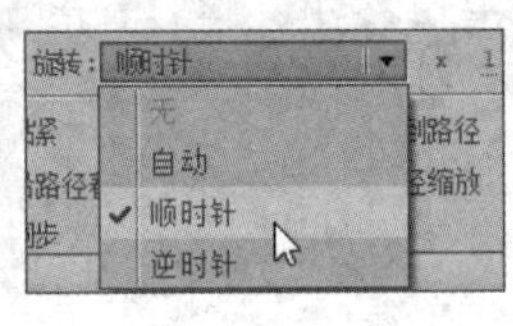

图4.67

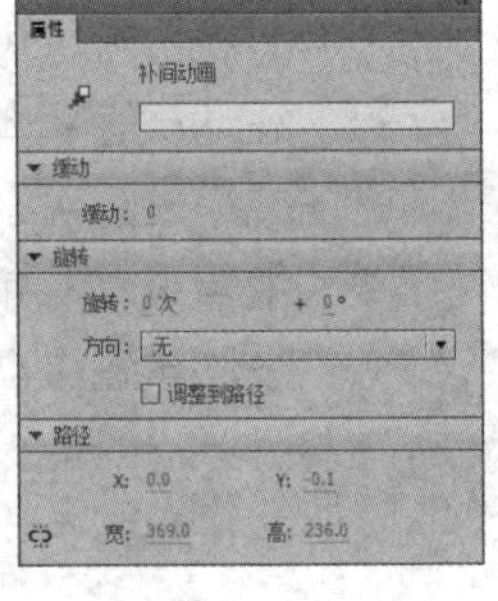

图4.68

（2）在“调整补间”面板中设置

创建好补间动画后，在补间动画上单击鼠标右键，在弹出的快捷菜单中选择“调整补间”命令，或直接双击补间动画，展开该补间动画的调整面板，在其中可以为补间动画的每个属性单独添加缓动效果，如图4.69所示。

在左侧选择要添加缓动的属性，单击“添加缓动”按钮，在打开的面板中选择一种缓动效果即可，如图4.70所示。

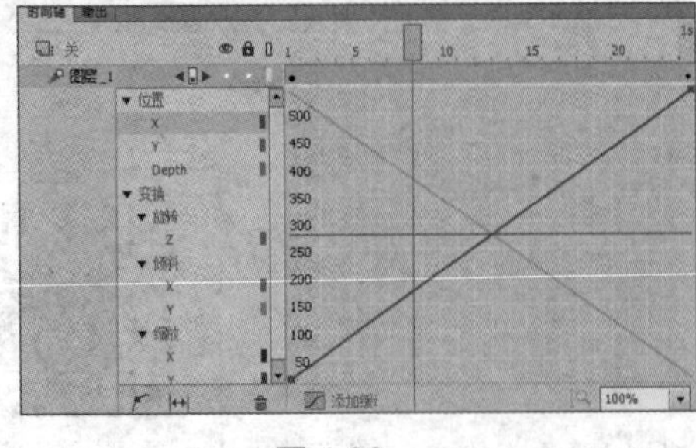

图4.69

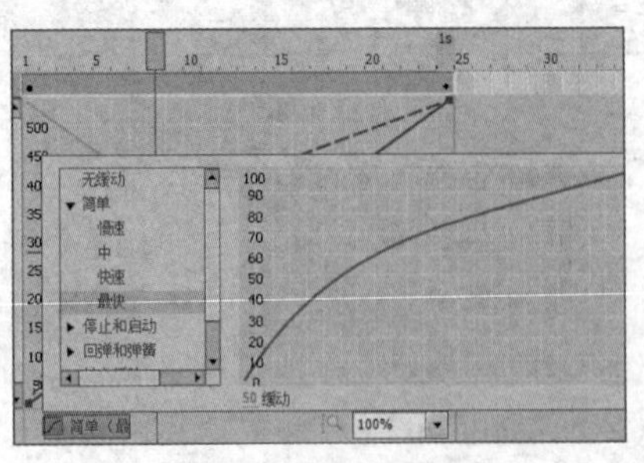

图4.70

4.5.5 实例——制作 GIF 动态图标

下面通过传统补间动画来制作图像的进入效果，再通过“属性”面板为传统补间动画设置色彩效果中的“Alpha”数值和添加缓动效果，以增加动画的变化，制作 GIF 动态图标，其具体操作步骤如下。

STEP 1 在 Animate CC 2018 选择【文件】/【新建】菜单命令，打开“新建文档”对话框，设置文件信息，如图 4.71 所示，单击 确定 按钮。

STEP 2 选择【文件】/【导入】/【导入到库】菜单命令，打开素材文件（配套资源 :\ 素材文件 \ 第 4 章 \ GIF 素材 \），将其导入“库”面板。

STEP 3 在“库”面板中选择“背景 .png”素材，将其拖曳至舞台中，并使用“选择工具”调整素材的位置，如图 4.72 所示。

宽(W): 1500 像素
高(H): 1500 像素
标尺单位(R): 像素
帧频(F): 24.00 fps
背景颜色:
设为默认值(M)
描述:
创建用于 HTML5 Canvas 的动画资源。通过使用帧脚本中的 Javascript，为您的资源添加交互性。

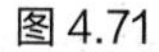

图 4.71

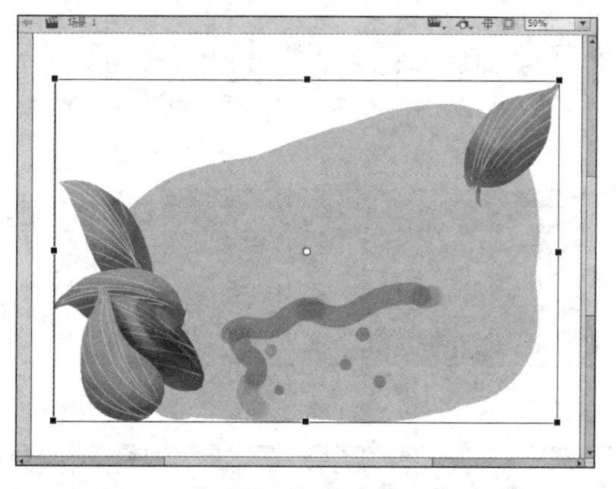

图 4.72

STEP 4 单击“新建图层”按钮，新建图层，将素材拖曳至舞台中。继续新建图层，并将其余素材拖曳至舞台中，使每个素材都有其单独的图层，并将图层名称更改为对应素材的名称，方便进行编辑，如图 4.73 所示。

STEP 5 选择“背景”图像，单击鼠标右键，在弹出的快捷菜单中选择“转换为元件”命令，打开“转换为元件”对话框，设置类型为“影片剪辑”，单击 确定 按钮完成转换。

STEP 6 重复 STEP 5 的操作，依次将其他图像转换为元件，方便后续创建传统补间动画，完成后的“库”面板如图 4.74 所示。

STEP 7 在“时间轴”面板中拖曳鼠标选择所有图层的第 72 帧，单击鼠标右键，在弹出的快捷菜单中选择“插入帧”命令，如图 4.75 所示。

STEP 8 在“时间轴”面板中选择“书本”“书桌”和“笔筒”图层的第 40 帧，按【F6】键插入关键帧；选择“人物”“背景”图层的第 48 帧，按【F6】键插入关键帧，如图 4.76 所示。

STEP 9 选择“广告”图层的第 10 帧，按【F6】键插入关键帧，如图 4.77 所示。

STEP 10 在“广告”图层第 1 帧处单击“广告”图像，在“属性”面板的“色彩效果”中设置样式为“Alpha”，拖动滑块设置 Alpha 为“0”，如图 4.78 所示。在“广告”图层的第 1 ~ 第 10 帧中间单击鼠标右键，在弹出的快捷菜单中选择“创建传统补间”命令，完成后的效果如图 4.79 所示。

图 4.73

图 4.74

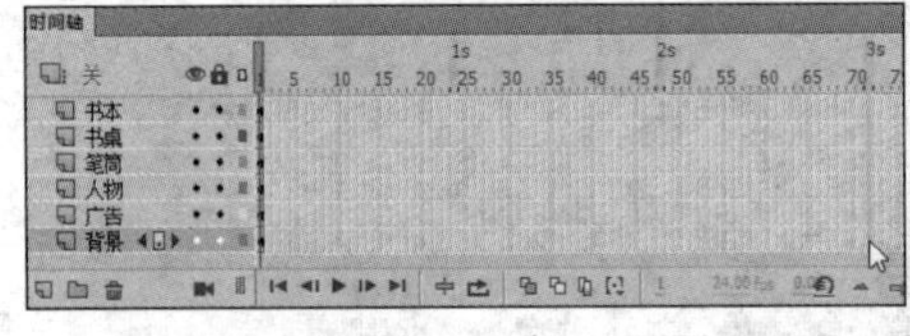

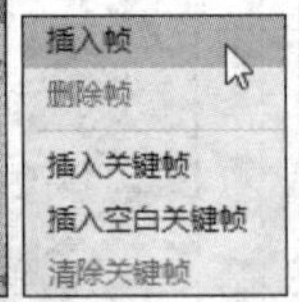

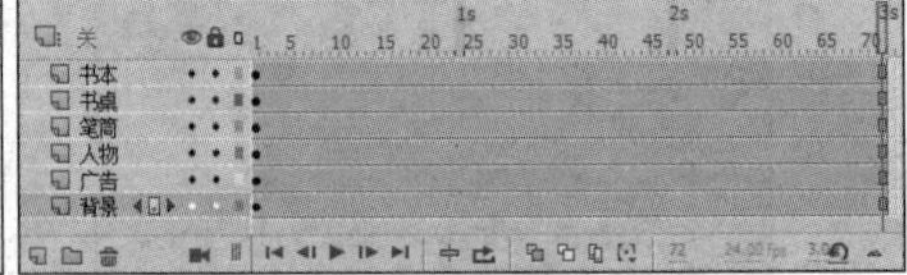

图 4.75

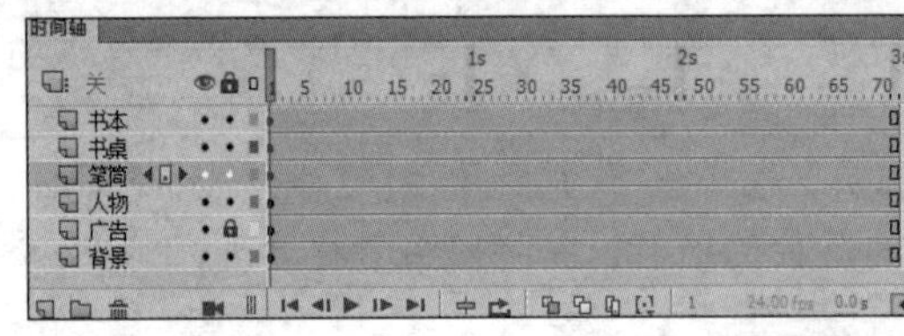

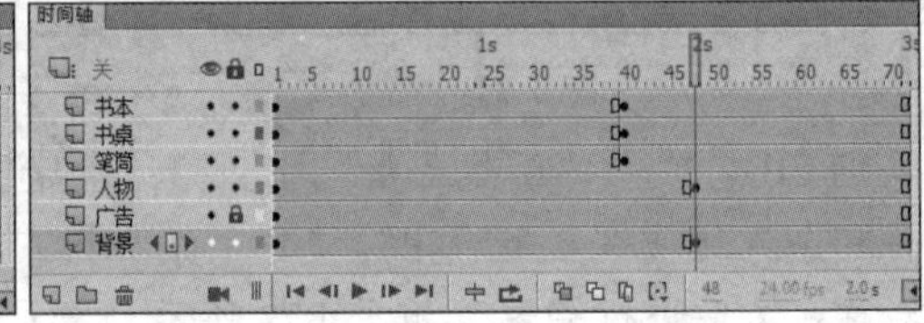

图 4.76

STEP 11 在“人物”图层第 1 帧处单击“人物”图像，在“属性”面板的“色彩效果”中设置样式为“Alpha”，拖动滑块，设置 Alpha 为 0。在“人物”图层第 1 ~ 第 48 帧之间单击鼠标右键，在弹出的快捷菜单中选择“创建传统补间”命令。

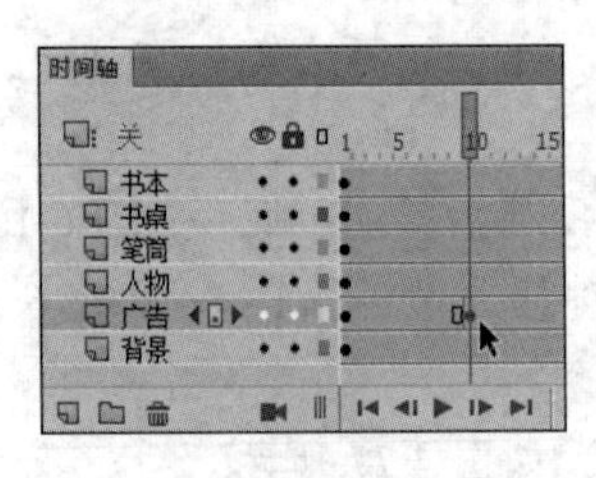

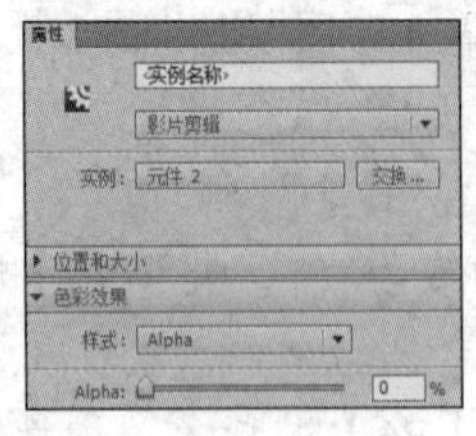

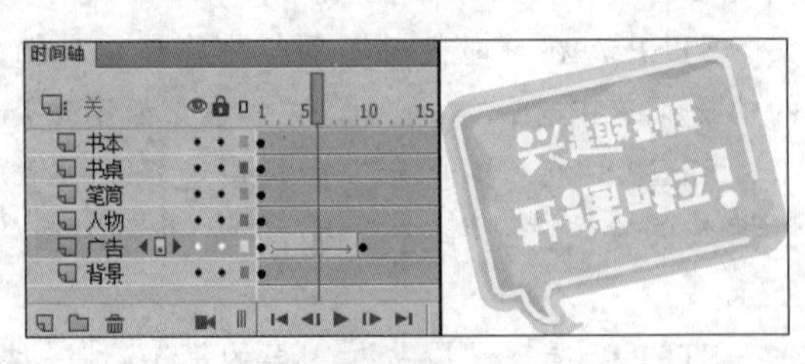

图 4.77　　图 4.78　　图 4.79

STEP 12 在“书本”图层中单击第 1 帧并将其拖曳到第 30 帧，在“书桌”图层中单击第 1 帧并将其拖曳到第 10 帧，在“笔筒”图层中单击第 1 帧并将其拖曳到第 24 帧，在“人物”图层中单击第 1 帧并将其拖曳到第 40 帧，在“背景”图层中单击第 1 帧并将其拖曳到第 10 帧，如图 4.80 所示。

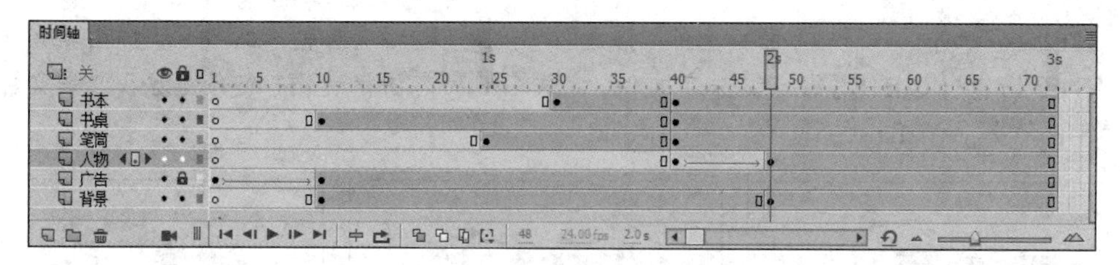

图 4.80

STEP 13 选择“背景”图层的第 10 帧，单击“背景”图像，使用“任意变形工具”缩小图像，在“属性”面板中设置 Alpha 为“0”，完成后的效果如图 4.81 所示。在“背景”图层的第 10 ~ 第 48 帧之间单击鼠标右键，在弹出的快捷菜单中选择“创建传统补间”命令，在“属性”面板中设置缓动为“所有属性一起”，缓动类型为“Bounce Ease In Out”，如图 4.82 所示。

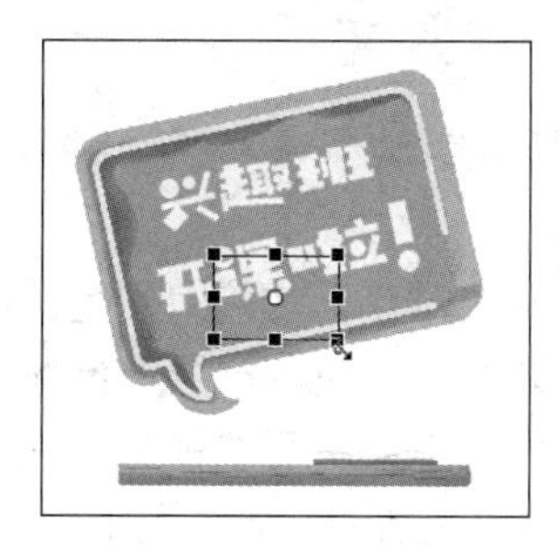

图 4.81

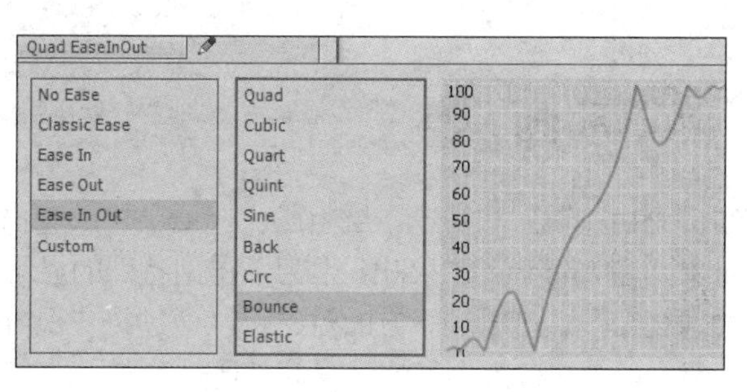

图 4.82

STEP 14 选择“书桌”图层的第 10 帧，使用“选择工具”将“书桌”图像移出舞台，如图 4.83 所示。在“书桌”图层的第 10 ~ 第 40 帧之间单击鼠标右键，在弹出的快捷菜单中选择“创建传统补间”命令，在“属性”面板中设置缓动为“所有属性一起”，缓动类型为“Quad Ease In Out”，如图 4.84 所示。

STEP 15 分别选择“书本”图层的第 30 帧和“笔筒”图层的第 24 帧，重复 STEP14 的操作，如图 4.85 所示。

图 4.83

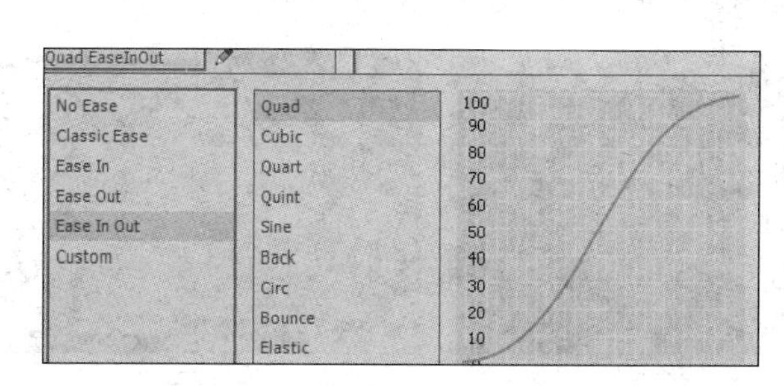

图 4.84

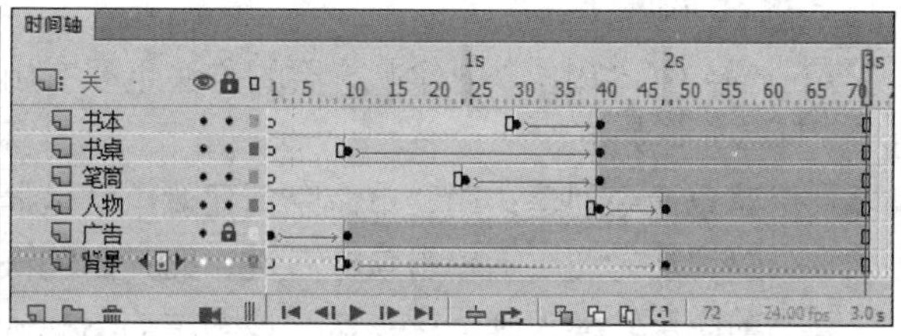

图 4.85

STEP 16 单击“时间轴”面板上的“播放”按钮▶，即可观看整体的效果，如图 4.86 所示。

STEP 17 按【Ctrl+S】组合键保存文件，完成 GIF 动态图标制作（配套资源:\效果文件\第 4 章\GIF 动态图标 .fla）。

图 4.86

4.6 遮罩动画

遮罩动画由遮罩层和被遮罩层组成。遮罩层可以遮挡下面的对象，被遮罩层是被遮罩层遮挡的对象。在 Animate CC 2018 中为了得到特殊的显示效果，可以在遮罩层上创建一个任意形状的“视窗”，遮罩层下方的对象可以通过该“视窗”显示出来，而“视窗”之外的对象将不会显示。很多效果丰富的动画都是通过遮罩层来完成的。在 Animate 动画中，“遮罩”主要有以下两种用途。

- 选择一个场景或一个特定区域，使场景外的对象或特定区域外的对象不可见。
- 用来遮罩住某一元件的一部分，从而实现一些特殊的效果。

其中遮罩层用于控制显示的范围及形状，如遮罩层中是一个矩形，则用户只能看到这个矩形中的动画效果。被遮罩层则主要显示动画内容。由于遮罩层的作用是控制形状，因此在该层中主要是绘制具有一定形状的矢量图形，而形状的描边和填充颜色则无关紧要。图 4.87 所示为创建一个静态遮罩动画效果的前后对比图。

图 4.87

4.6.1 创建遮罩层

在 Animate CC 2018 中创建遮罩层的方法主要有用菜单命令创建和通过改变图层属性创建两种，具体介绍如下。

- **用菜单命令创建**：用菜单命令创建遮罩层是最简单的创建遮罩层的方式，在需要作为遮罩层的图层上单击鼠标右键，在弹出的快捷菜单中选择“遮罩层”命令即可将当前图层转换为遮罩层，这时该图层的图标从普通图层的图标变为遮罩层的图标，系统会自动把遮罩层下面的一层关联为被遮罩层，该关联层在缩进的同时，其图标会变为▣，如图4.88所示。

- **通过改变图层属性创建**：在图层区域中双击要转换为遮罩层的图层的图标，在打开的“图层属性”对话框的“类型”栏中选中“遮罩层”单选项，如图4.89所示，然后单击 确定 按钮即可。创建遮罩层后，还需要将其他图层拖曳到遮罩层的下方，将其转换为被遮罩层。

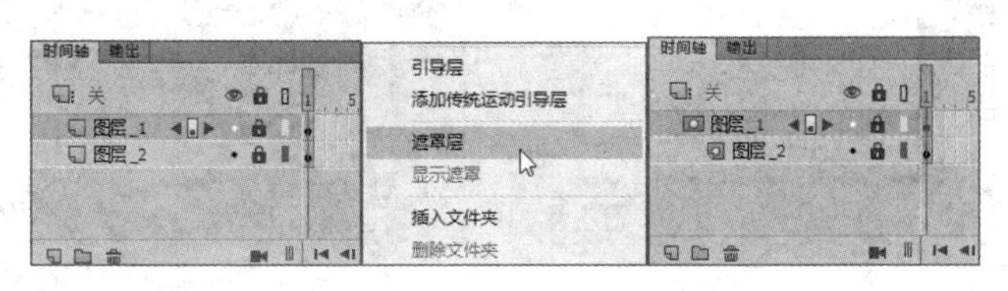

图 4.88

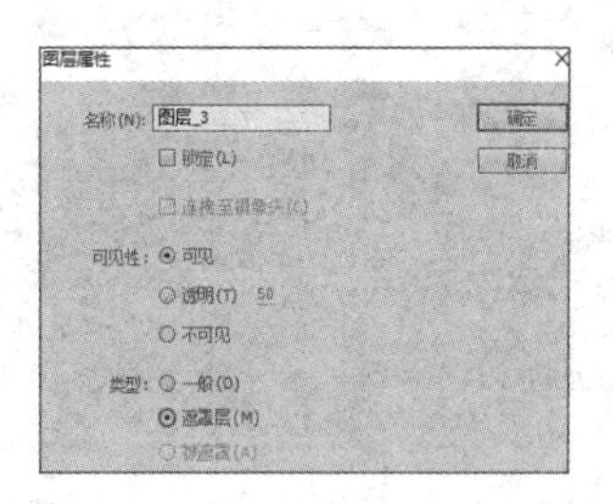

图 4.89

4.6.2 创建遮罩层和被遮罩层的注意事项

虽然可以在遮罩层和被遮罩层中绘制任意图形并用于创建遮罩动画，但为了能使制作的动画更具美感，在创建遮罩层时应注意以下事项。

- **遮罩的对象**：遮罩层中的对象可以是按钮、影片剪辑、图形和文字等，但不能是笔触，被遮罩层中则可以是除了动态文本之外的任意对象。在遮罩层和被遮罩层中可使用补间形状动画、引导层动画等多种动画形式。
- **编辑遮罩**：在制作遮罩动画的过程中，遮罩层可能会挡住下面图层中的元件，要对遮罩层中的对象进行编辑，可以单击“时间轴”面板中的“将图层显示为轮廓”按钮▯，使遮罩层中的对象只显示轮廓，以便对遮罩层中对象的形状、大小和位置进行调整。
- **遮罩不能重复**：不能用一个遮罩层来遮罩另一个遮罩层。

4.6.3 实例——制作动态招聘海报

遮罩层是Animate CC 2018提供的一种具有特殊作用的图层。遮罩层区域中的所有图形对象都是透明的，而其他区域将是不透明的。在舞台中，与遮罩层中的图形对象大小相等的区域内将显示出被遮罩层中的图形对象。下面利用这一特点制作动态招聘海报，其具体操作如下。

STEP 1 在Animate CC 2018中选择【文件】/【新建】菜单命令，打开“新建文档”对话框，设置文件信息，如图4.90所示，然后单击 确定 按钮即可。

STEP 2 选择【文件】/【导入】/【导入到库】菜单命令，选择“遮罩素材”文件夹中的素材文件（配套资源:\素材文件\第4章\遮罩素材\），将其导入“库”面板。

STEP 3 在“库”面板中选择“背景”素材，将其拖曳至舞台中，并使用“选择工具”▶调整素材的位置，完成后的效果如图4.91所示。

STEP 4 单击“新建图层”按钮，新建图层2，在“库”面板中选择“招聘海报”素材，将其拖曳至舞台中，如图4.92所示。

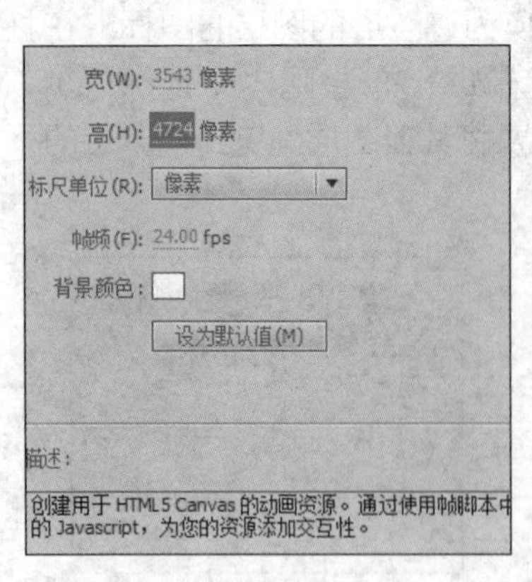

图 4.90

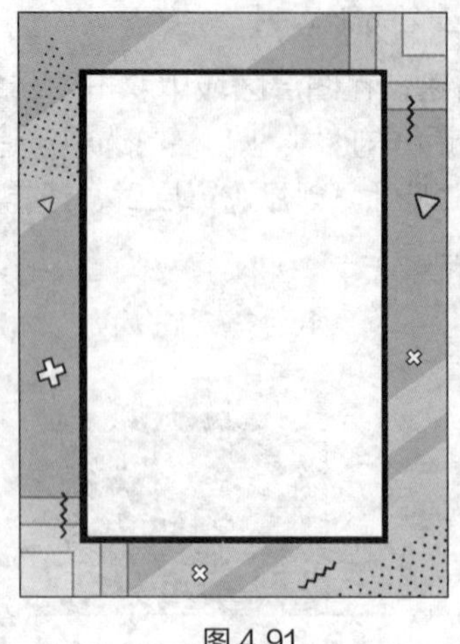

图 4.91

图 4.92

STEP 5 单击“新建图层”按钮，新建“图层 3”图层，选择“椭圆工具”并在舞台上按住【Shift】键拖曳鼠标绘制圆形，如图 4.93 所示。

STEP 6 双击圆形后单击鼠标右键，在弹出的快捷菜单中选择“转换为元件”命令，打开“转换为元件”对话框，设置名称为“元件 1”，类型为“影片剪辑”，如图 4.94 所示，单击 确定 按钮完成转换。

图 4.93

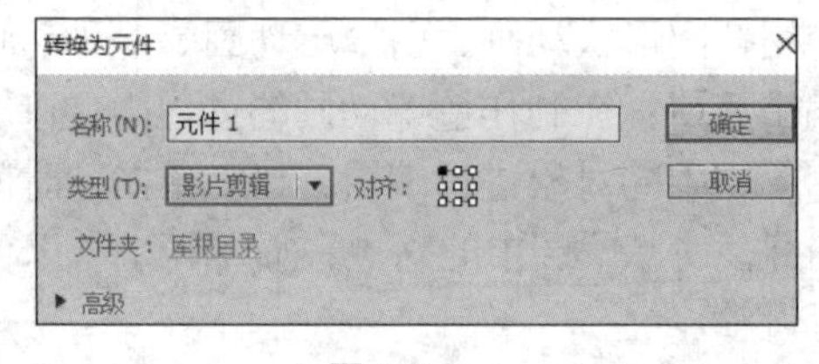

图 4.94

STEP 7 在“时间轴”面板中拖曳鼠标选中所有图层的第 30 帧，单击鼠标右键，在弹出的快捷菜单中选择“插入帧”命令，如图 4.95 所示。插入帧后的效果如图 4.96 所示。

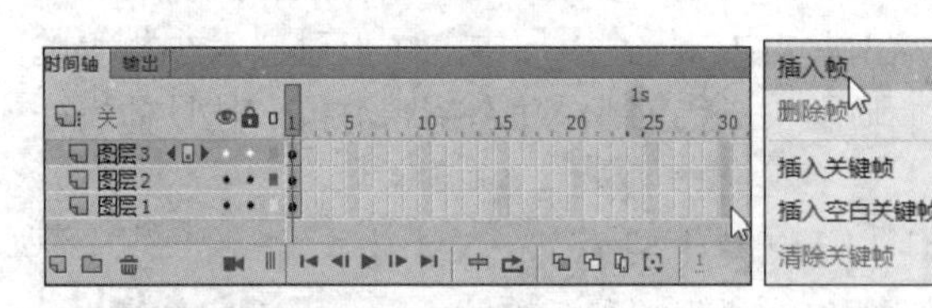

图 4.95

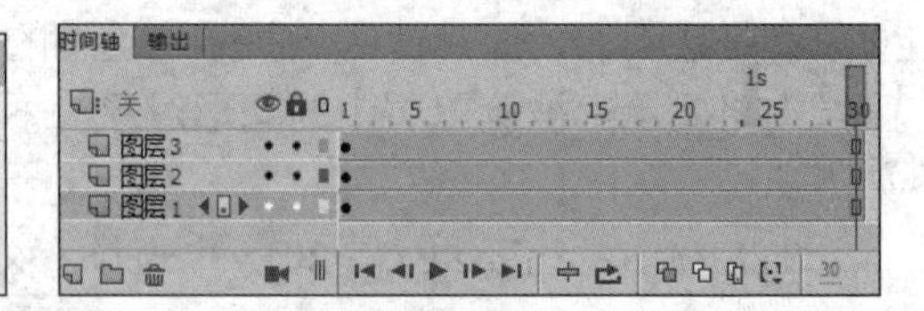

图 4.96

STEP 8 在“时间轴”面板中选择“图层 3”图层，选中第 5 帧，按【F6】键插入关键帧。使用“选择工具”移动“元件 1”的位置，如图 4.97 所示。

STEP 9 重复 STEP 8 的操作，依次在第 10 帧和 15 帧处插入关键帧，并依次将“元件 1”移动到图 4.98 所示的位置。

STEP 10 选中“图层 3”图层的第 15 帧，按住【Alt】键并拖曳关键帧到第 16 帧的位置，如图 4.99 所示。使用“选择工具”移动“元件 1”的位置，如图 4.100 所示。

STEP 11 按【Ctrl+B】组合键将“元件 1”转换为形状，其“属性”面板如图 4.101 所示。

图 4.97

图 4.98

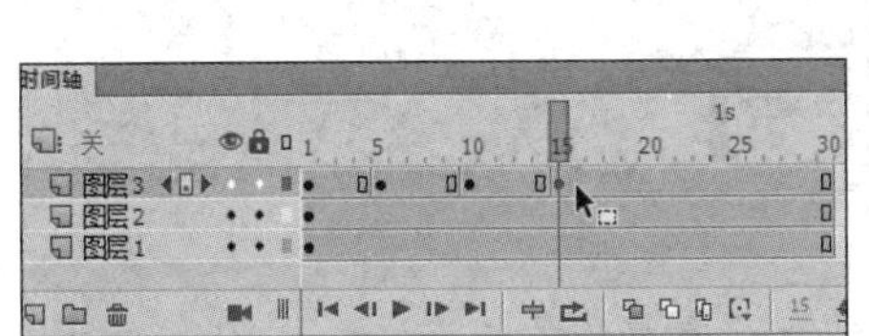

图 4.99

图 4.100

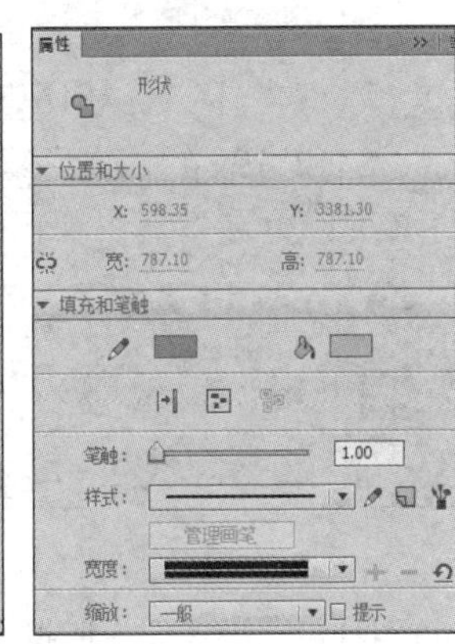

图 4.101

STEP 12 在"时间轴"面板中选中"图层 3"图层的第 30 帧，按【F7】键插入空白关键帧，如图 4.102 所示。选择"矩形工具"，在舞台空白区域内拖曳鼠标绘制矩形并完全覆盖"招聘海报"素材的区域，如图 4.103 所示。

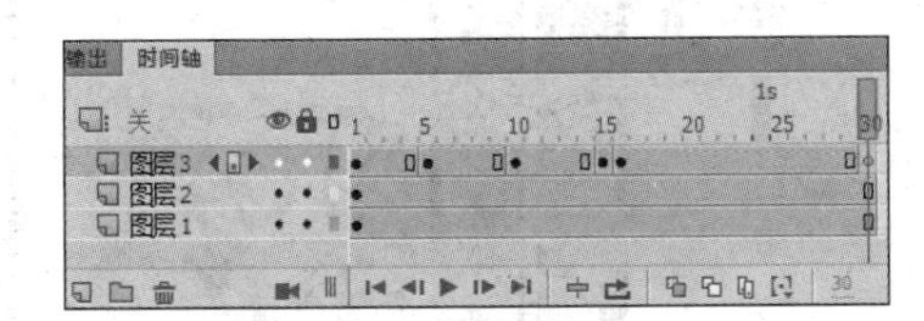

图 4.102

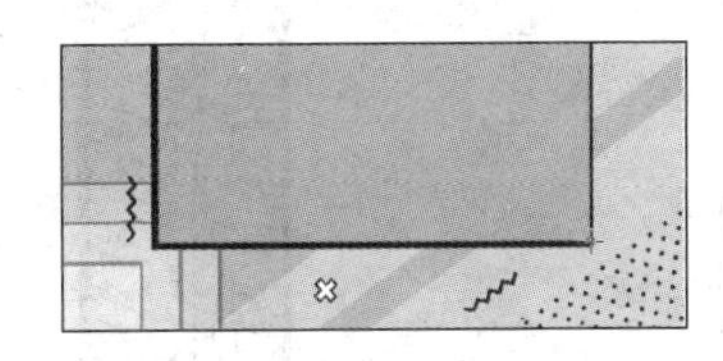

图 4.103

STEP 13 在"图层 3"图层的第 1 帧上单击鼠标右键，在弹出的快捷菜单中选择"创建传统补间"命令，在第 1 ~ 第 5 帧建立传统补间动画。

STEP 14 重复 STEP 13 的操作，在第 5 ~ 第 10 帧、第 10 ~ 第 15 帧建立传统补间动画，如图 4.104 所示。

STEP 15 在"图层 3"图层的第 16 帧上单击鼠标右键，在弹出的快捷菜单中选择"创建补间形状"命令，在第 16 ~ 第 30 帧建立补间形状动画，如图 4.105 所示。

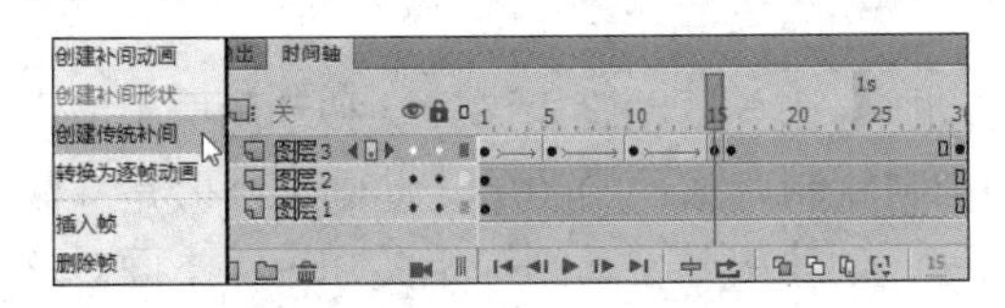

图 4.104

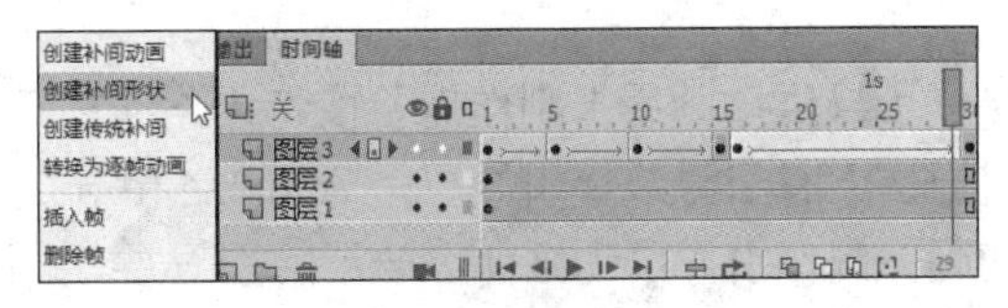

图 4.105

STEP 16 单击“图层 3”图层的第 1 ~ 第 5 帧的传统补间动画，在“属性”面板中设置缓动为“所有属性一起”，缓动类型为“Quad Ease In Out”，如图 4.106 所示。

STEP 17 重复 STEP 16 的操作为剩余的传统补间动画添加相同的缓动效果。

STEP 18 单击“图层 3”图层的第 16 ~ 第 30 帧的补间形状动画，在“属性”面板中设置缓动为“所有属性一起”，缓动类型为“Bounce Ease Out”，如图 4.107 所示。

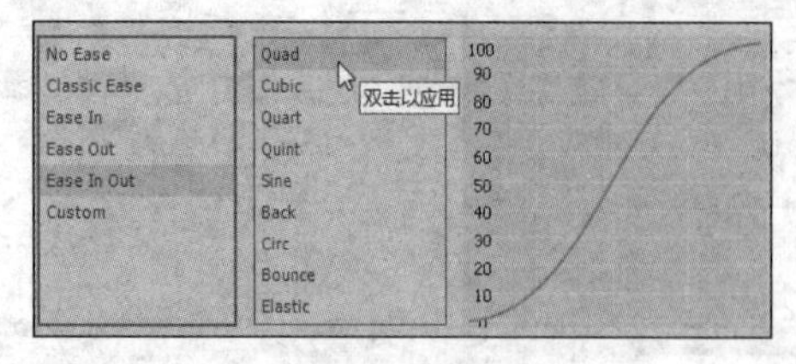

图 4.106

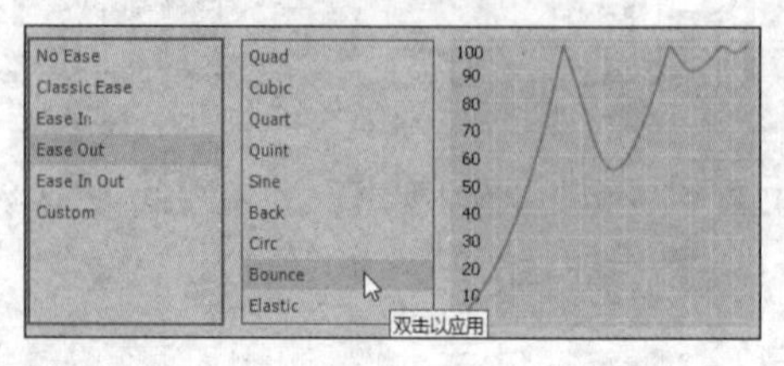

图 4.107

STEP 19 在“图层 3”图层上单击鼠标右键，在弹出的快捷菜单中选择“遮罩层”命令，将其更改为遮罩层，如图 4.108 所示。

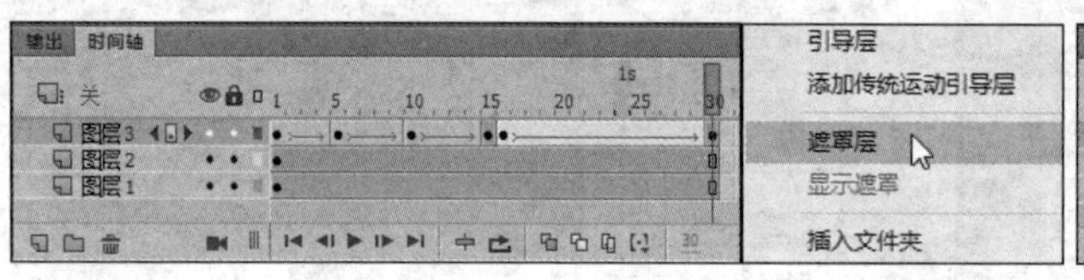

图 4.108

STEP 20 单击“时间轴”面板上的“播放”按钮▶，即可观看整体的效果，如图 4.109 所示。

STEP 21 按【Ctrl+S】组合键保存文件，完成动态招聘海报的制作（配套资源:\效果文件\第 4 章\动态招聘海报 .fla）。

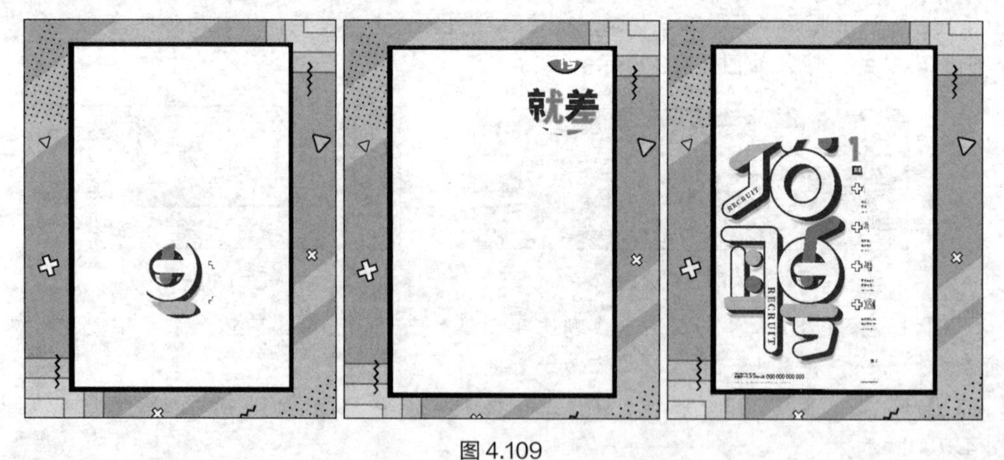

图 4.109

4.7 引导层动画

引导层动画用于制作需要按特定路线移动的动画。引导层动画由引导层和动画层组成，引导层中有引导线，引导层是 Animate 引导层动画中绘制有路径的图层。动画层一般是补间动画。制作引导层动画前需要了解引导层动画原理、创建引导层动画等相关知识，下面对这些知识进行介绍。

4.7.1　引导层动画原理

引导层动画即动画对象沿着引导层中绘制的线条进行运动的动画。绘制的线条通常是不封闭的，以便于 Animate CC 2018 找到线条的头和尾（动画开始位置及结束位置）。被引导层通常采用传统补间动画来实现运动效果，被引导层中的动画可与普通传统补间动画一样设置除位置变化外的其他属性，如 Alpha、大小等。

4.7.2　创建引导层动画

1．创建引导层和被引导层的方法

一个引导层动画至少需要一个引导层和一个被引导层。创建引导层和被引导层的方法有两种，下面分别进行介绍。

（1）将当前图层转换为引导层

首先选中要转换为引导层的图层，在其上单击鼠标右键，在弹出的快捷菜单中选择“引导层”命令，如图 4.110 所示。将该图层转换为引导层，此时引导层下还没有被引导层，图层区域会出现图标，如图 4.111 所示。将其他图层拖曳到引导层下便可以将其添加为被引导层，此时，引导层的图标变为，如图 4.112 所示。

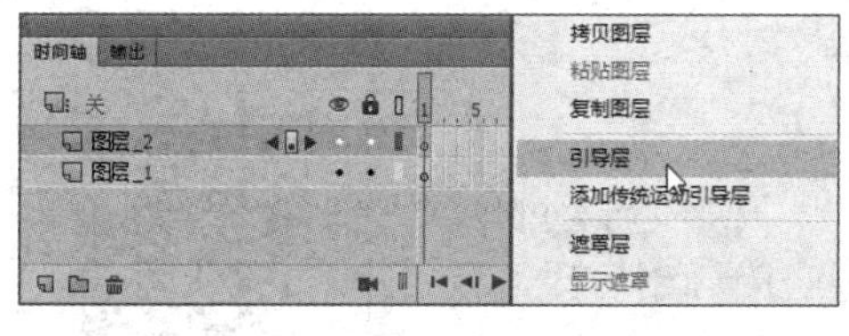

图 4.110

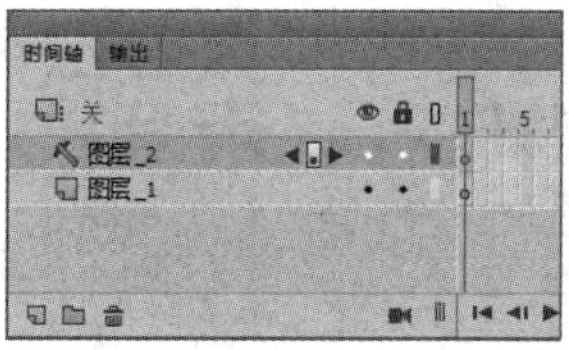

图 4.111

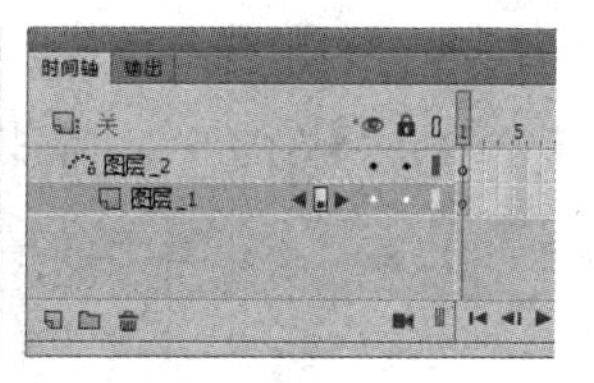

图 4.112

（2）为当前图层添加引导层

首先选中要添加引导层的图层，单击鼠标右键，在弹出的快捷菜单中选择“添加传统运动引导层”命令，如图 4.113 所示，为该图层添加引导层，同时该图层转变为被引导层，如图 4.114 所示。

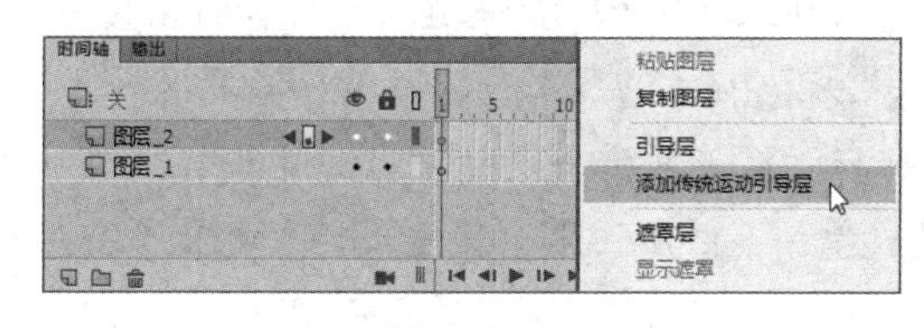

图 4.113

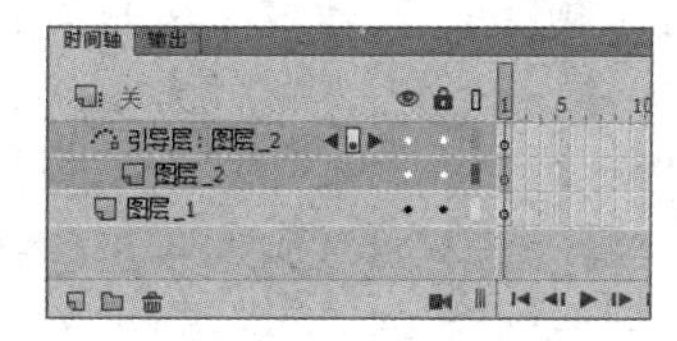

图 4.114

被引导层可以有多层，即允许多个对象沿着同一条引导线运动，一个引导层也允许有多条引导线，但一个引导层中的对象只能在一条引导线上运动。

2．引导层动画的“属性”面板

在引导层动画的“属性”面板中可以对动画进行调整，使被引导层中的对象和引导层中的路径保持一致。引导层动画的“属性”面板如图 4.115 所示。“属性”面板中主要参数的含义介绍如下。

- **“贴紧”复选框**：选中该复选框，元件的中心点将与运动路径对齐。
- **“调整到路径”复选框**：选中该复选框，对象会随着路径的方向旋转。

- **“沿路径着色”复选框：**选中该复选框，对象会根据路径的颜色而变换颜色。
- **“沿路径缩放”复选框：**选中该复选框，对象会根据路径的粗细进行缩放。
- **“同步”复选框：**选中该复选框，对象的动画将和主时间轴一致。
- **“缩放”复选框：**选中该复选框，对象将随着帧的变化而缩小或放大。

图 4.115

3．创建引导层动画的注意事项

在创建引导层动画的过程中需要注意以下问题。

- 引导线的转折不宜过多，且转折处的线条弯度不宜过急，以免 Animate CC 2018 无法准确判断对象的运动路径。
- 引导线应为一条流畅且从头到尾连续贯穿的线条，线条不能出现中断的现象。
- 引导线中不能出现交叉、重叠，否则会导致动画创建失败。
- 被引导对象必须吸附到引导线上，否则被引导对象将无法沿着引导线运动。
- 引导线必须是未封闭的线条。

4.7.3 实例——制作七夕动态背景

微课视频

制作七夕动态背景

七夕动态背景主要是通过引导层动画来实现“热气球”浮动的效果。首先添加引导层和被引导层，将“热气球”对象吸附到引导线上，然后创建传统补间动画，最后在“属性”面板中调整引导线的粗细和颜色等，使“热气球”在移动过程中自动改变大小、颜色和方向，其具体操作如下。

STEP 1 在 Animate CC 2018 中打开“引导动画 .fla”素材文件（配套资源 :\ 素材文件 \ 第 4 章 \ 引导动画 .fla）。新建图层并重命名为“热气球”，然后从“库”面板中拖曳“热气球”素材到舞台中，并调整素材的大小，如图 4.116 所示。

STEP 2 在“热气球”图层上单击鼠标右键，在弹出的快捷菜单中选择“添加传统运动引导层”命令，为“热气球”图层创建引导层，然后使用“铅笔工具”在引导层中绘制一条曲线，如图 4.117 所示。

图 4.116

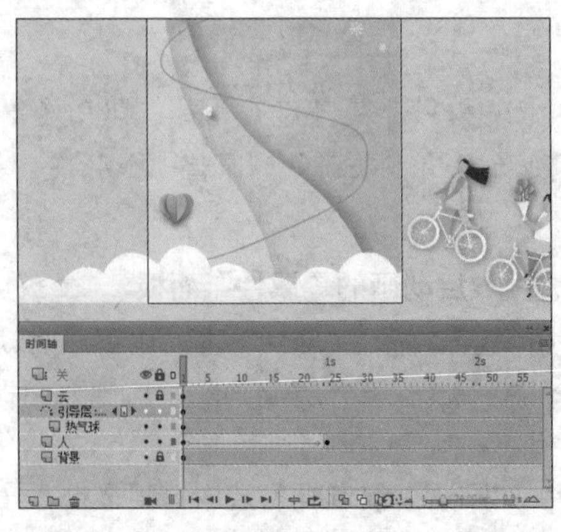

图 4.117

STEP 3 选择“热气球”图层的第 1 帧，将“热气球”对象移动到引导线的开始处，并使其中心点吸附在引导线上，旋转“热气球”对象，使其与引导线开始处的方向一致，如图 4.118 所示。

STEP 4 选择“热气球”图层的第 96 帧，按【F6】键插入关键帧，将“热气球”对象吸附到引导线的结束处，旋转“热气球”对象，使其与引导线结束处的方向一致，如图 4.119 所示。然后在第 1 ~ 第 96 帧之间创建传统补间动画。

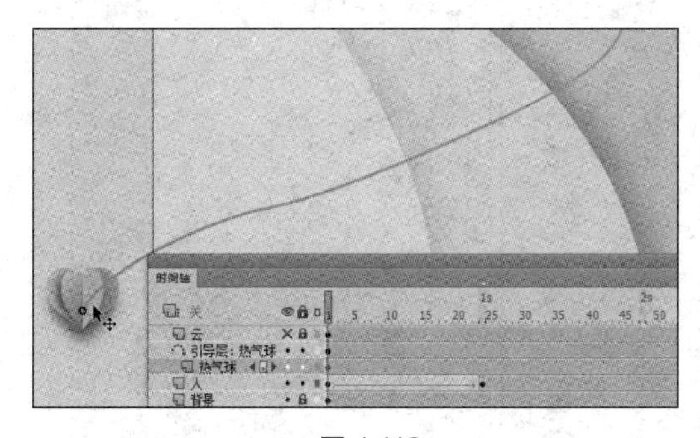

图 4.118

图 4.119

STEP 5 使用“选择工具”选择一段引导线，在“属性”面板中设置其笔触颜色为“#FF9999”，笔触为“5.00”，宽度为，如图 4.120 所示。

STEP 6 重复 STEP 5，分别选择 2 段引导线并设置其笔触颜色分别为“#FF6600”“#66CCFF”，笔触均为“5.00”，宽度均为，如图 4.121 所示。

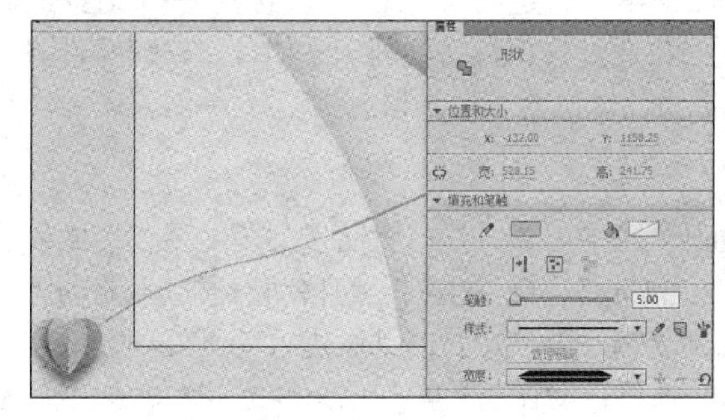

图 4.120

图 4.121

STEP 7 选择“热气球”图层的第 1 帧，然后在“属性”面板中选中“贴紧”复选框、“调整到路径”复选框、“沿路径着色”复选框和“沿路径缩放”复选框，如图 4.122 所示。

STEP 8 选择“任意变形工具”，在“热气球”图层中调整热气球的方向，调整方向后的热气球会在“时间轴”面板中自动生成关键帧，如图 4.123 所示。

图 4.122

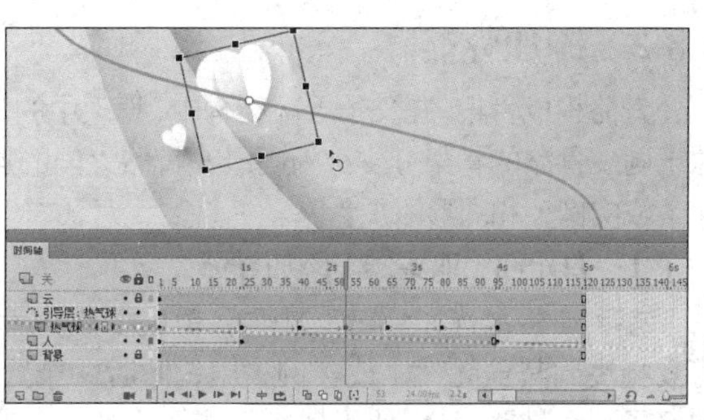

图 4.123

STEP 9 单击“时间轴”面板上的“播放”按钮▶，即可观看整体的效果，如图4.124所示。

STEP 10 按【Ctrl+S】组合键保存文件，完成七夕动态背景的制作（配套资源:\效果文件\第4章\七夕动态背景.fla）。

图4.124

4.8 骨骼动画

骨骼动画也叫反向运动（Inverse Kinematics IK），是使用骨骼关节结构对一个对象或彼此相关的一组对象进行动画处理的方法。下面将通过认识骨骼动画、添加骨骼、编辑骨骼、制作骨骼动画和设置骨骼动画的属性等，掌握骨骼动画的相关知识。

4.8.1 认识骨骼动画

骨骼动画是一种使用骨骼对对象进行动画处理的方式，这些骨骼按父子关系连接成线性或枝状的骨架，当一个骨骼移动时，与其连接的骨骼也会发生相应的移动。通过骨骼动画可轻松创建人物动画，如胳膊、腿的运动和面部表情。要使用骨骼动画进行动画处理，只需在时间轴上指定骨骼的开始和结束位置，Animate将自动在起始帧和结束帧之间对骨架中骨骼的位置进行处理。骨骼动画一般可添加到形状或元件（或实例）上。

- **在形状上添加：**使用形状作为多块骨骼的容器，可在形状图画中添加骨骼，使其逼真地运动，形状需在“对象绘制”模式下绘制。
- **在元件上添加：**将元件（或实例）连接起来，可将躯干、上臂、前臂、手连接起来，使其彼此协调，并且使移动更加逼真。

4.8.2 添加骨骼

骨骼构成骨架。在父子层次结构中，骨架中的骨骼彼此相连。骨架可以是线性的或分支的。源于同一骨骼的骨架分支称为同级，骨骼之间的连接点称为关节。使用骨骼工具可以为元件（或实例）和图形添加骨骼。

1．为元件（或实例）添加骨骼

在工具栏中选择骨骼工具，单击要成为骨架的根部或头部的元件（或实例），然后将其拖曳到其他元件（或实例）中，此时两个元件（或实例）之间显示一条连接线，即添加好了一个骨骼。继续使用骨骼工具从第一个骨骼的尾部拖曳鼠标到下一个元件（或实例）

上以再添加一个骨骼，重复该操作将所有元件（或实例）都用骨骼连接在一起，如图 4.125 所示。

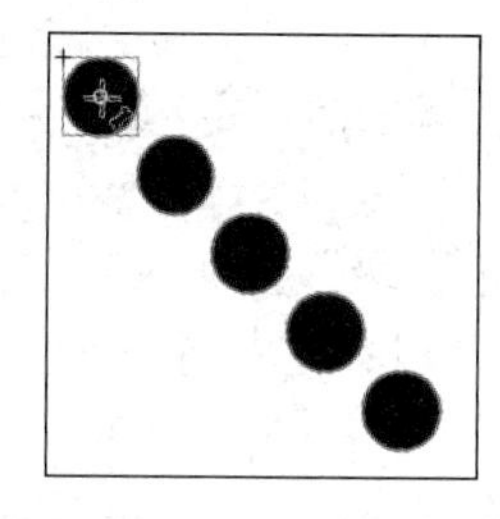
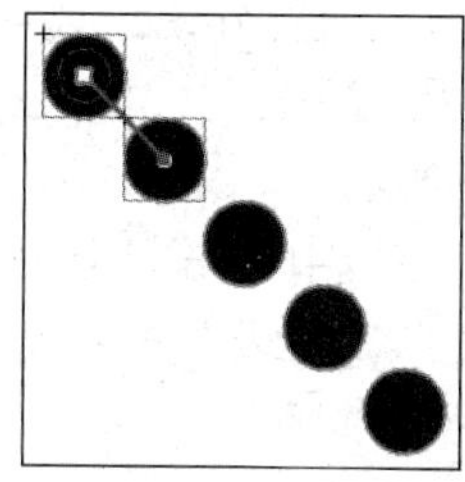
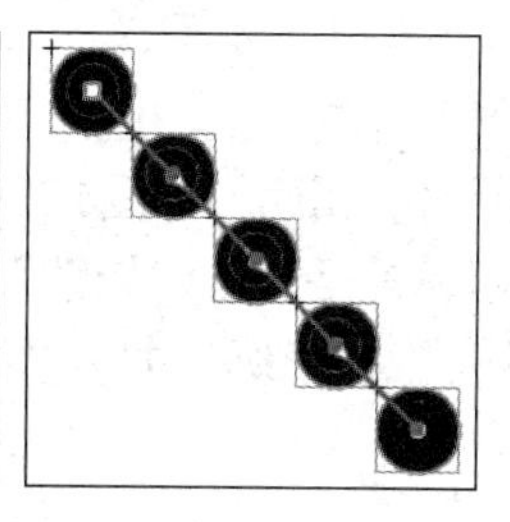

图 4.125

还可以在一个元件（或实例）上连接多个元件（或实例）以添加骨骼分支，使用骨骼工具从要添加分支的元件（或实例）上拖曳鼠标到一个新的元件（或实例）上可添加一个分支，继续在该分支上连接其他元件（或实例），可形成完整的骨骼，如图 4.126 所示。

所有骨骼合在一起称为骨架，添加骨骼后，在“时间轴”面板中将自动创建一个骨架图层，如图 4.127 所示。

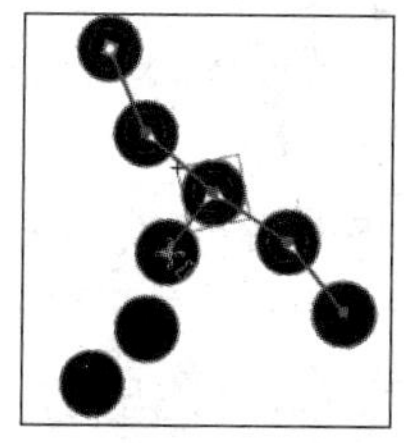
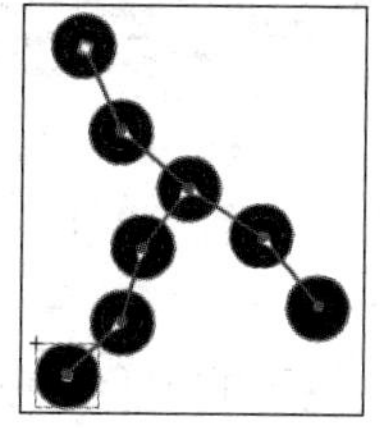

图 4.126

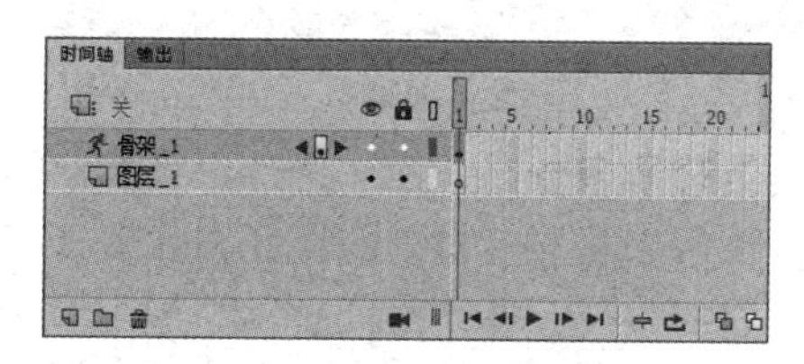

图 4.127

2．为图形添加骨骼

为图形添加骨骼时，需要先选择图形，再使用骨骼工具在图形内部拖曳鼠标以添加第一个骨骼，继续使用骨骼工具从第一个骨骼的尾部拖曳鼠标以添加下一个骨骼，以此方法添加完所有骨骼后的效果如图 4.128 所示。

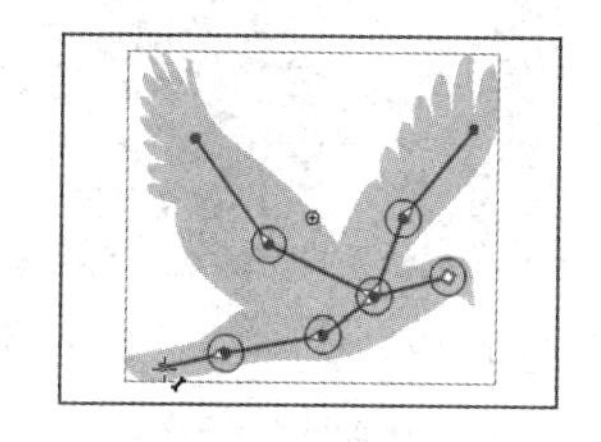

图 4.128

> **知识提示**　在使用骨骼工具连接对象时需要注意创建的父子关系，如应该从肩膀到肘部再到腕部再到手。在添加骨骼时，如果元件（或实例）位于不同的图层上，则 Animate CC 2018 会将它们添加到骨架图层上。

4.8.3　编辑骨骼

添加骨骼后，可以对其进行编辑，如选择骨骼和关联的对象、删除骨骼，以及调整骨骼等。

1．选择骨骼和关联的对象

要编辑骨骼和关联的对象，必须先对其进行选择，Animate CC 2018 中常用于选择骨骼和关联对象的方法有以下 4 种，下面分别进行介绍。

- **选择单个骨骼：**使用选择工具单击骨骼即可选择单个骨骼，在“属性”面板中将显示骨骼的属性，如图4.129所示。
- **选择相邻骨骼：**在“属性”面板中单击“上一个同级”按钮、“下一个同级”按钮、“子级”按钮、“父级”按钮，可以选择相邻骨骼，如图4.130所示。

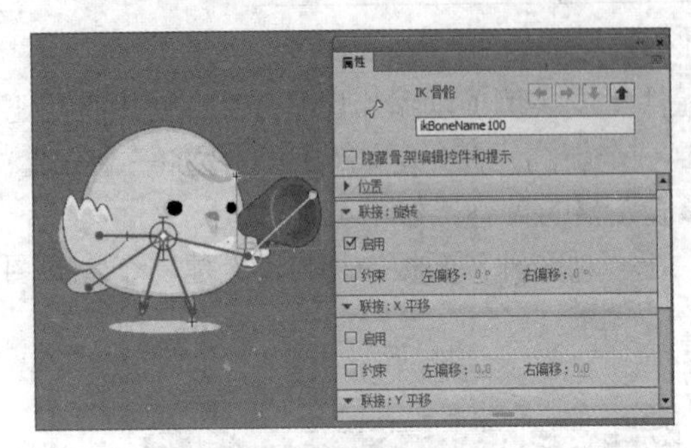

图 4.129

图 4.130

- **选择所有骨骼：**使用选择工具双击任意一个骨骼，可选择所有骨骼，在“属性”面板中将显示骨骼的属性，如图4.131所示。
- **选择骨架：**在“时间轴”面板中单击骨架图层的名称，可以选择骨架，在“属性”面板中将显示骨架的属性，如图4.132所示。

图 4.131

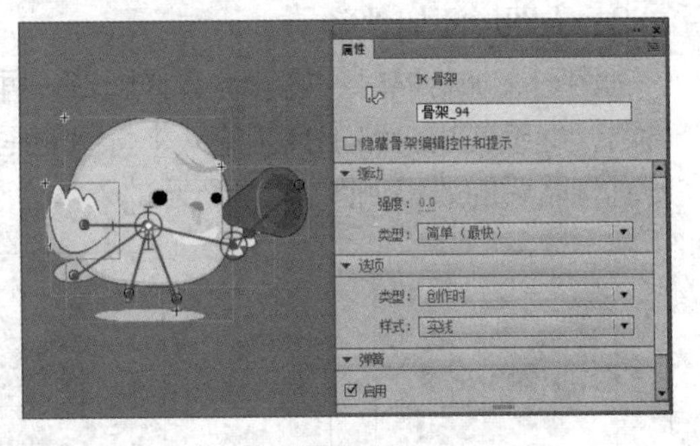

图 4.132

2．删除骨骼

要删除单个骨骼及其所有子骨骼，可以先选择该骨骼，然后按【Delete】键删除；按住【Shift】键可选择多个骨骼进行删除。要删除所有骨骼，可以先选择该骨架中的任意元件（或实例）或骨骼，然后选择【修改】/【分离】菜单命令，删除骨骼后图层将还原为正常图层；选择骨架图层的空白帧，单击鼠标右键，在弹出的快捷菜单中选择“删除骨架”命令，也可删除骨骼，将其还原为正常图层。

3．调整骨骼

在 Animate CC 2018 中还可以对骨骼的位置进行调整，包括移动骨骼、移动骨骼分支、旋转多个骨骼等，下面分别进行介绍。

- **移动骨骼：**拖曳骨架中的任意骨骼或元件（或实例），可以移动骨骼的位置，如图4.133所示。
- **移动骨骼分支：**拖曳某个分支中的骨骼或元件（或实例），可以移动该分支中的所有骨骼，骨架的其他分支中的骨骼不会移动，如图4.134所示。
- **旋转多个骨骼：**若要将某个骨骼与其子骨骼一起旋转而不移动其父骨骼，需要按住【Shift】键拖曳该骨骼，如图4.135所示。

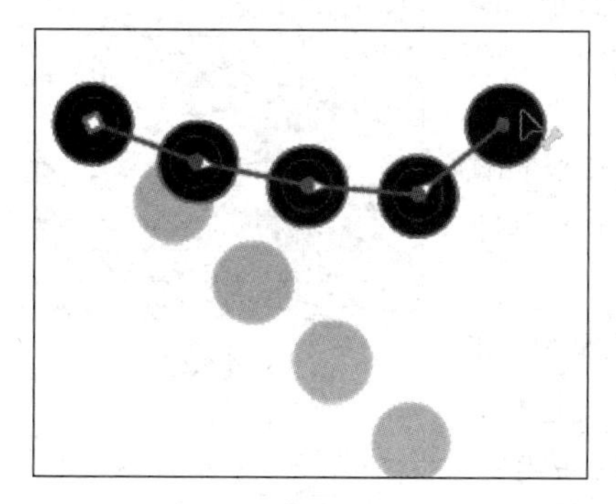

图 4.133

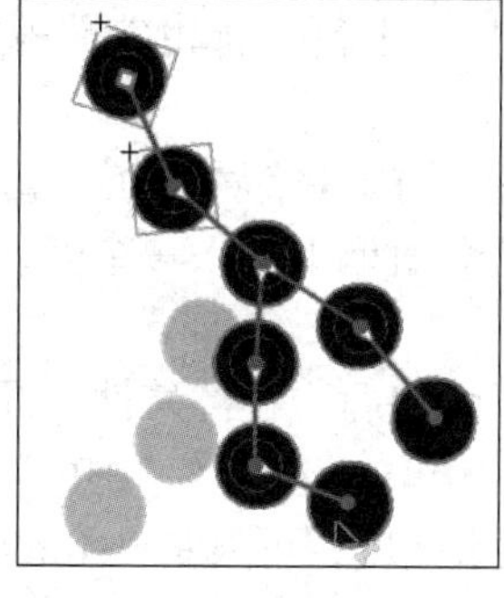

图 4.134

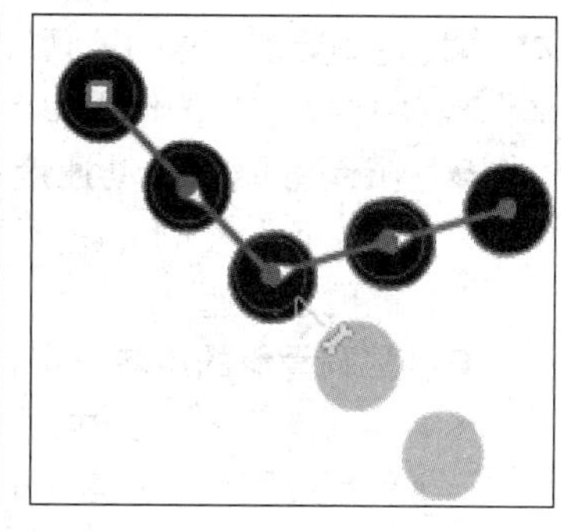

图 4.135

- **调整骨骼长度：**按住【Ctrl】键不放拖曳要调整长度的骨骼所关联元件即可调整骨骼长度，如图4.136所示。
- **移动骨架位置：**要移动整个骨架的位置，需要在“属性”面板中设置骨架的“X”和“Y”值，如图4.137所示。

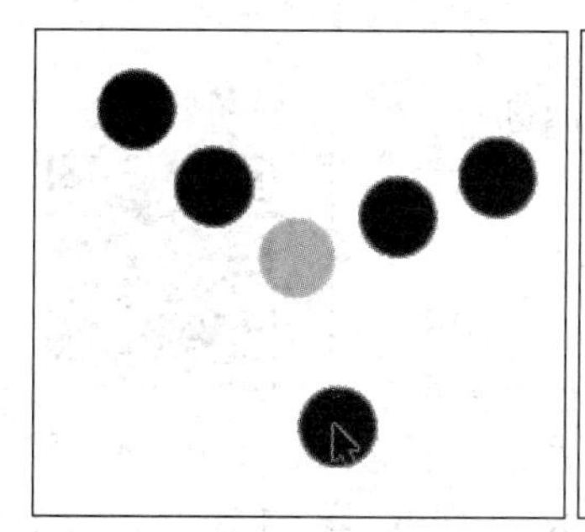

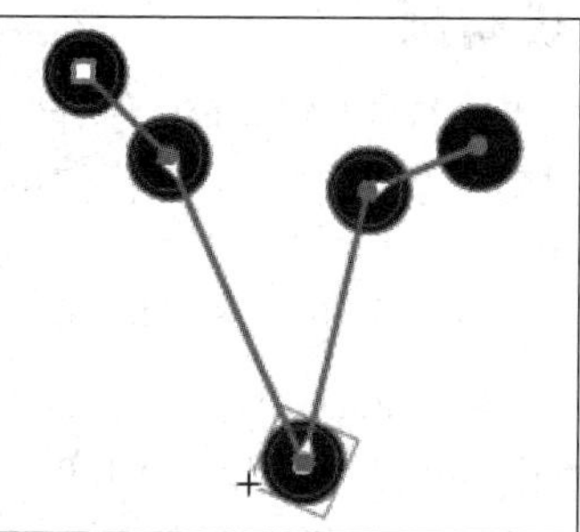

图 4.136

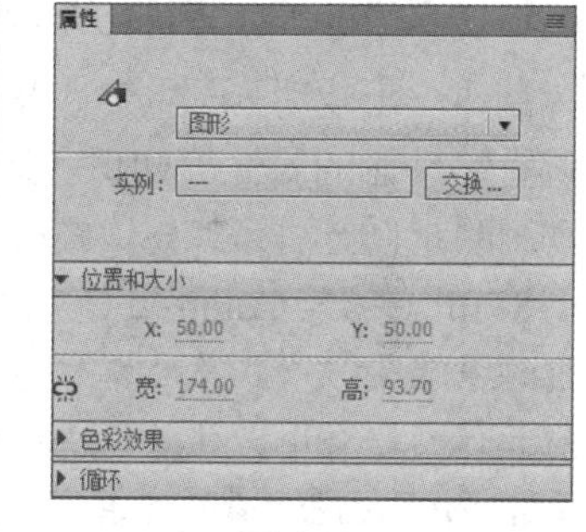

图 4.137

4.8.4 制作骨骼动画

要制作骨骼动画，首先需要在骨架图层中添加帧以改变动画的长度，然后在不同的帧处对舞台中的骨架进行调整。骨架图层中的关键帧称为姿势，Animate CC 2018 会自动创建每个姿势之间的过渡效果。

下面介绍在“时间轴”面板中制作骨骼动画时常进行的操作。

- **更改动画的长度：**将骨架图层的最后一帧向右或向左拖动，以延长或缩短动画的长度。
- **添加姿势：**在骨架图层要添加姿势的帧处单击鼠标右键，在弹出的快捷菜单中选择“插入姿势”命令，或将播放头移动到要添加姿势的帧上，然后在舞台上对骨架进行调整。
- **清除姿势：**在骨架图层的姿势帧处单击鼠标右键，在弹出的快捷菜单中选择“清除姿势”命令，即可清除姿势。

- **复制与粘贴姿势**：在骨架图层的姿势帧处单击鼠标右键，在弹出的快捷菜单中选择“复制姿势”命令，复制姿势；然后在要粘贴姿势的位置单击鼠标右键，在弹出的快捷菜单中选择“粘贴姿势”命令，粘贴姿势。

4.8.5 设置骨骼动画的属性

在骨骼动画的“属性”面板中可以对骨骼动画的运动添加各种约束，如限制小腿骨骼旋转角度、禁止膝关节按错误的方向弯曲，这样可以达到更加逼真的动画效果。骨骼的“属性”面板如图4.138所示，其中相关选项的作用如下。

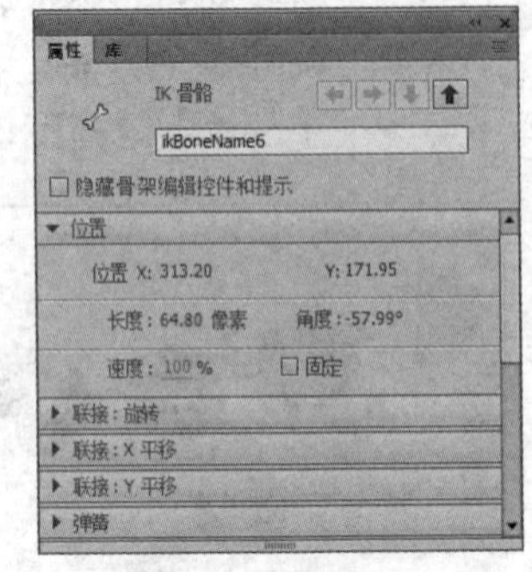

图4.138

- **限制骨骼的运动速度**：选择骨骼后，在“属性”面板“位置”栏的“速度”数值框中输入一个值，可限制骨骼的运动速度。
- **限制骨骼的旋转**：选择骨骼后，在“属性”面板的“联接:旋转”栏中选中“启用”复选框及“约束”复选框，然后设置最小角度与最大角度，可限制骨骼的旋转角度。
- **启用X或Y平移**：选择骨骼后，在“属性”面板的“联接:X平移”或“联接:Y平移”栏中选中“启用”复选框及“约束”复选框，然后设置最小值与最大值，可限制骨骼在X轴及Y轴方向上的活动距离。
- **弹簧**：选择骨骼后，在“属性”面板的“弹簧”栏中设置“强度”与“阻尼”的值，可限制骨骼的运动强度。

4.8.6 实例——制作皮影戏动画

制作皮影戏动画时主要涉及添加骨骼、编辑骨骼、制作骨骼动画、设置骨骼动画的属性等知识。通过对该实例的学习，我们可以掌握骨骼动画的制作方法，其具体操作如下。

STEP 1 启动Animate CC 2018，打开“皮影戏素材.fla”文件（配套资源:\素材文件\第4章\皮影戏素材.fla），从“库”面板中拖曳所有元件到舞台中，并进行适当的旋转和排列，如图4.139所示。

STEP 2 选择“骨骼工具”，从躯干上方拖曳鼠标到头部下方，添加一个骨骼，如图4.140所示。继续添加躯干到手臂、手臂到手、躯干到腿等的骨骼，完成后的效果如图4.141所示。

STEP 3 按住【Shift】键不放，选择右手臂，单击鼠标右键，在弹出的快捷菜单中选择【排列】/【移至底层】命令，如图4.142所示，将其移动到最下层。按住【Shift】键不放，选择躯干、左手臂，单击鼠标右键，在弹出的快捷菜单中选择【排列】/【移至顶层】命令，将其移动到最上层。

图4.139

图4.140

图4.141

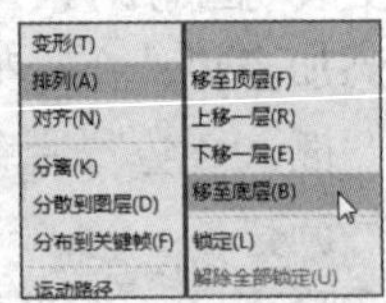

图4.142

STEP 4 在“骨架_1”图层中拖曳骨架动画右侧边缘到第24帧处，调整骨骼动画的长度，然后选择第6帧，在舞台中拖曳骨骼关联的各个元件，创建第一个姿势，如图4.143所示。

STEP 5 选择第12帧，调整骨骼关联的各个元件，创建第二个姿势，如图4.144所示。

STEP 6 选择第18帧，调整骨骼关联的各个元件，创建第三个姿势，如图4.145所示。

图4.143

图4.144

图4.145

STEP 7 选择第1帧，单击鼠标右键，在弹出的快捷菜单中选择“复制姿势”命令，复制第1帧的姿势。选择第24帧，单击鼠标右键，在弹出的快捷菜单中选择“粘贴姿势”命令，如图4.146所示，将复制的姿势粘贴到第24帧处。

STEP 8 单击“时间轴”面板中的“播放”按钮▶，即可观看整体的效果，如图4.147所示。按【Ctrl+S】组合键保存文件，完成皮影戏动画的制作（配套资源:\效果文件\第4章\皮影戏动画.fla）。

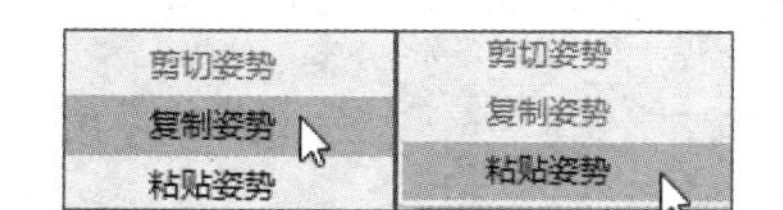

图4.146

图4.147

4.9 交互动画

交互动画具有互动性、娱乐性的特点，在Animate CC 2018中使用ActionScript提供的基本元素，可以制作复杂的交互动画。下面通过认识ActionScript，以及认识“动作”面板和“脚本”窗口来讲解交互动画的相关知识。

4.9.1 认识ActionScript

ActionScript是一种简单的脚本语言，现在已经更新到ActionScript 3.0版本，其功能强大，类库丰富。ActionScript程序一般由语句、函数和变量组成，这3个部分是ActionScript的基石。

1. 了解常用语句

ActionScript中主要有两种基本语句，一种是条件语句，如if、switch；另一种是循环语句，如for、while。另外，还有其他的一些程序控制语句，下面详细介绍常用的语句。

（1）单if语句

if可以理解为“如果”的意思，如果条件满足就执行后面的语句，其语句用法示例如下。

```
01  if (x > 5) {
02      alert("输入的数据大于5");
03  }
```

（2）if...else语句

if...else语句中的“else”可以理解为“另外的”“否则”的意思，if...else语句可以理解为“如果条件成立就执行if后面的语句，否则就执行else后面的语句”，其语句用法示例如下。

```
01  if (x > 5) { //x>5是判断条件
02      alert("x>5"); //如果x>5条件满足，就执行本代码块
03  } else {
04      alert("x=5"); //如果x>5条件不满足，就执行本代码块
05  }
```

（3）if...else...if条件语句

使用if...else...if条件语句可以连续测试多个条件，以实现对更多条件的判断。如果要检查一系列的条件是真还是假，则使用if...else...if条件语句，其语句用法示例如下。

```
01  if (x > 10) {
02      alert("x>10");
03  } else if (x < 0) { //再进一步判断
04      alert("x是负数");
05  }
```

（4）switch条件语句

当判断条件较多时，为了使程序更加清晰，可以使用switch条件语句，其语句用法示例如下。

```
01  var score = new Date();
02  var dayNum = someDate.getDay();
03  switch (dayNum) {
04      case 0:
05          alert("明天又要上班啦");
06          break;
07      case 1:
08          trace("开始上班了");
09          break;
10      case 5:
11          trace("明天又是周末了");
12          break;
13      case 6:
```

```
14          trace("周末");
15          break;
16      default:
17          trace("上班中");
18          break;
19  }
```

使用 switch 条件语句时，表达式的值将与每个 case 语句中的常量做比较。如果相匹配，则执行该 case 语句后的代码；如果没有一个 case 的常量与表达式的值相匹配，则执行 default 语句。当然，default 语句是可选的，当没有相匹配的 case 语句和 default 语句时，什么也不执行。

（5）for 语句

for 语句用于循环访问某个变量以获得特定范围的值。在 for 语句中必须提供 3 个表达式，分别是设置了初始值的变量、用于确定循环何时结束的条件语句，以及在每次循环中都更改变量值的表达式，其语句用法示例如下。

```
01  //以下代码循环10次，输出0~9共10个数字，每个数字各占一行。
02  for (var i= 0; i < 10; i++)
03  {
04   alert(i); //输出i的值
05  }
```

（6）for...in 循环语句

for...in 循环语句用于循环访问对象属性或数组元素，其语句用法示例如下。

```
01  var yourObj = {x:10, y:80};  //定义了两个对象属性
02  for (var i in yourObj)
03  {
04   alert(i + ":" + yourObj[i]);
05  }
```

（7）while 循环语句

while 循环语句可重复执行某条语句或某段程序。使用 while 循环语句时，系统会先计算表达式的值，如果值为 true，就执行循环代码块，在执行完循环的每一条语句之后，while 循环语句会再次对该表达式进行计算，当表达式的值仍为 true 时，会再次执行循环体中的语句，直到表达式的值为 false，其语句用法示例如下。

```
01  var i = 0;
02  while (i < 10) {
03      alert(i);
04      i++;
05  }
```

（8）do while 循环语句

do while 循环语句与 while 循环语句类似，使用 do while 循环语句可以创建与 while 循环语句相同的循环，但 do while 循环语句在其循环结束处会对表达式进行判断，因而使用 do while 循环语句至少会执行一次循环，其语句用法示例如下。

```
01 //即使条件不满足，该例也会生成输出结果：10
02 var i = 10;
03 do {
04     alert(i);
05     i++;
06 } while (i < 10);
```

2．了解函数

函数是拥有名称的一系列 ActionScript 语句的有效组合。只要这个函数被调用，就意味着这一系列 ActionScript 语句被按顺序执行了。一个函数可以有自己的参数，并且可以在函数内使用参数。下面对常见的函数进行介绍。

- **play函数：**播放时间轴，其用法示例如下。

```
01 this.play();
```

- **stop函数：**暂停播放时间轴，其用法示例如下。

```
01 this.stop();
```

- **gotoAndPlay函数：**跳转到指定帧并播放，参数为帧编号或帧标签，其用法示例如下。

```
01 this.gotoAndPlay(5) //跳转到第5帧并播放
```

- **gotoAndStop函数：**跳转到指定帧并暂停，参数为帧编号或帧标签，其用法示例如下。

```
01 this.gotoAndStop("mian") //跳转到标签为“main”的帧并暂停播放
```

3．了解变量

变量就是内存中的一个存储空间，这个空间中存放的数据就是变量的值。为这个空间贴上的标识符，就是变量名。

变量值在程序运行期间是可以改变的，是数据的存取容器。在使用变量时，最好对其进行声明。变量的声明主要是明确变量的名称、变量的类型以及变量的作用域。

变量的命名需要注意以下 3 点。

- 变量名只能由字母、数字和下划线“_”组成，以字母开头，除此之外不能有空格和其他符号。
- 变量名不能使用JavaScript中的关键字。
- 在对变量命名时，最好把变量的名称与该变量的含义对应起来，做到见名知义。

使用 var 关键字声明变量的用法示例如下。

```
01 var city1;
```

此处定义了一个名为“city1”的变量。

定义变量后要对其赋值，即向里面存储一个值，这可以利用赋值符“=”来完成，其用法示例如下。

```
01 var width=35;
02 var name="box";
03 var visible=true;
04 var data=null;
```

代码分别声明了 4 个变量，同时赋予了值。变量的类型是由数据的类型确定的。

例如，在上面的代码中，为变量 width 赋值“35”，“35”为数值，该变量就是数值变量；为变量 name 赋值“box”，“box”为字符串，该变量就是字符串变量，字符串就是使用双引号或单引号引起来的字符；为变量 visible 赋值“true”，“true”为布尔型，该变量就是布尔型变量，布尔型的数据一般使用 true 或 false 表示；为变量 data 赋值“null”，“null”表示空值，即什么也没有。

变量有一定的作用范围，变量按作用范围可分为全局变量和局部变量两种。全局变量定义在所有函数体之外，其作用范围是整个函数；而局部变量定义在函数体之内，只对该函数可见，对其他函数则是不可见的。

4. 了解事件处理

事件处理主要包括添加事件、移除事件和是否包含指定事件。

（1）添加事件

要为某个实例添加事件，首先需要在“属性”面板中设置实例名称，然后在帧脚本中通过 addEventListener 函数为实例添加事件。常用的事件包括 click（单击）、dbclick（双击）、mouseover（鼠标悬停）、mouseout（鼠标离开）等事件。例如，为“MC”实例添加 click 事件，代码如下。

```
01  this.MC.addEventListener("click", mouseClickHandler.bind(this));
02  function mouseClickHandler(){
03      alert("单击鼠标");
04  }
```

（2）移除事件

通过 removeEventListener 函数可以移除实例上指定的事件。例如，移除“MC”实例的 click 事件，代码如下。

```
01  this.MC.removeEventListener("click", mouseClickHandler);
```

通过 removeAllEventListeners 函数可以移除实例上的所有事件。例如，移除“MC”实例的所有事件，代码如下。

```
01  this.MC.removeAllEventListeners();
```

（3）是否包含指定事件

通过 hasEventListener 函数可以判断出实例上是否包含指定事件，如果包含则返回 true，否则返回 false。例如，判断“MC”实例是否包含 click 事件，代码如下。

```
01  this.MC.hasEventListener("click");
```

4.9.2 认识“动作”面板和“脚本”窗口

在编写 ActionScript 代码时，可以使用“动作”面板或“脚本”窗口进行编写。“动作”面板和“脚本”窗口包含功能完备的代码编辑器。

- “动作”面板提供了一些可以快速访问核心 ActionScript 语言元素的功能，可以用来编写放在 Animate 文档中的脚本。
- 要编写外部脚本，可以使用“脚本”窗口。“脚本”窗口具有代码帮助，如代码提示和着色、语法检查和自动套用格式。

在 Animate CC 2018 中编写 ActionScript 的方法：选择【窗口】/【动作】菜单命令或按【F9】键，打开图 4.148 所示的“动作”面板，在其中可以进行编辑。

- **添加帧脚本**：若要在某一帧上添加脚本，需要先在该帧上插入一个关键帧，然后打开“动作”面板并输入脚本代码。当动画播放到该帧时，会运行帧中的脚本程序。

- **引入第三方脚本**：在“动作”面板中选择“全局”下方的“包含”选项，再单击“添加新的全局脚本”按钮即可为动画引入第三方的脚本文件，完成后的效果如图4.149所示。
- **添加全局脚本**：在“动作”面板中选择“全局”下方的“脚本”选项，可以添加全局脚本，在播放动画时，会首先运行全局脚本，并且启动定义的变量和函数。
- **使用向导添加**：单击“脚本”窗口中的使用向导添加按钮，只需按照向导的提示进行操作，即可完成脚本的添加。

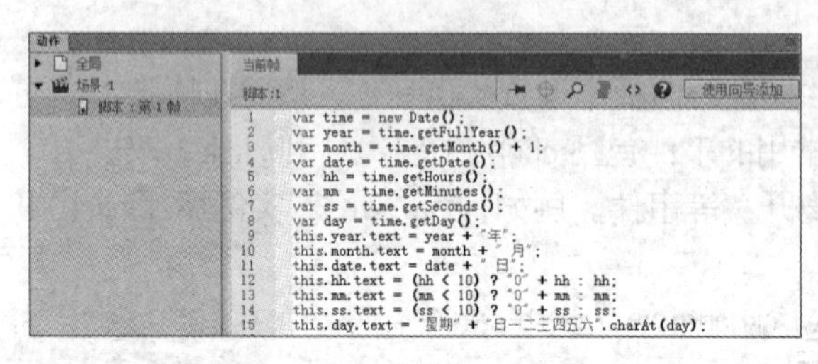

图4.148

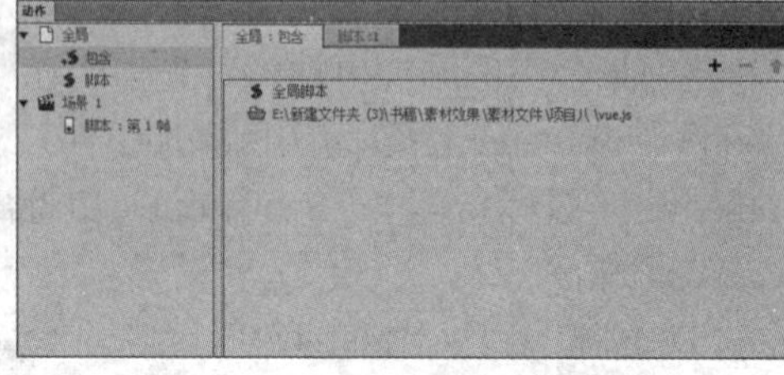

图4.149

4.9.3 实例——制作动态风光相册

下面通过ActionScript按钮对图像的显示进行控制，以制作动态风光相册，其具体操作如下。

STEP 1 在Animate CC 2018中新建一个大小为1 200像素×800像素，背景颜色为“#336666”的HTML5 Canvas动画文件。

STEP 2 选择【文件】/【导入】/【导入到舞台】菜单命令，在打开的对话框中选择“1.jpg”素材文件（配套资源:\素材文件\第4章\动态风光相册素材），单击“打开”按钮，在打开的提示对话框中单击“是”按钮，导入图像序列。总共导入8张图片，分别放置于第1～第8帧中，如图4.150所示。

STEP 3 单击“时间轴”面板中的“编辑多个帧”按钮，调整编辑范围为“图层_1”图层的第1～第8帧，单击“水平中齐”按钮和“垂直中齐”按钮，使8张图片都处于舞台的正中间，如图4.151所示，完成后再次单击“编辑多个帧”按钮退出编辑多个帧状态。

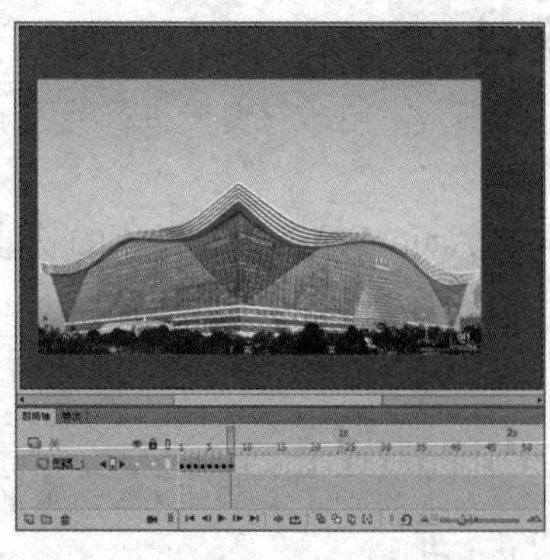

图4.150

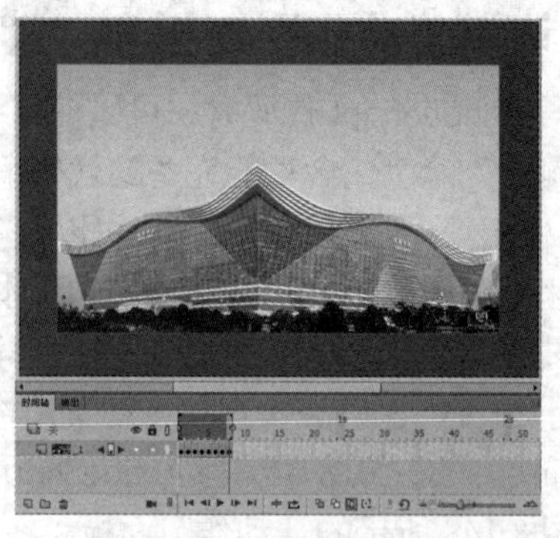

图4.151

STEP 4 新建一个图层，导入“首页 .png”素材文件，设置缩放比例为33%，将其转换为按钮元件。双击按钮元件，进入其编辑界面，按3次【F6】键，插入3个关键帧，再将“指针经过”和“点击”帧中图像的缩放比例设置为38%，如图4.152所示。

STEP 5 返回主场景，在“属性”面板中设置按钮元件的名称为“bt1”，如图4.153所示。

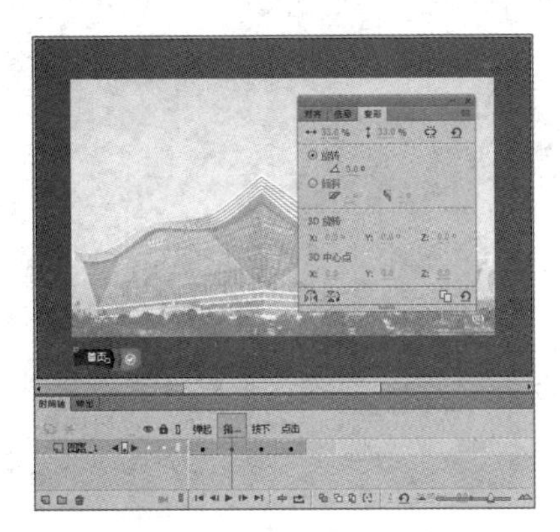

图4.152

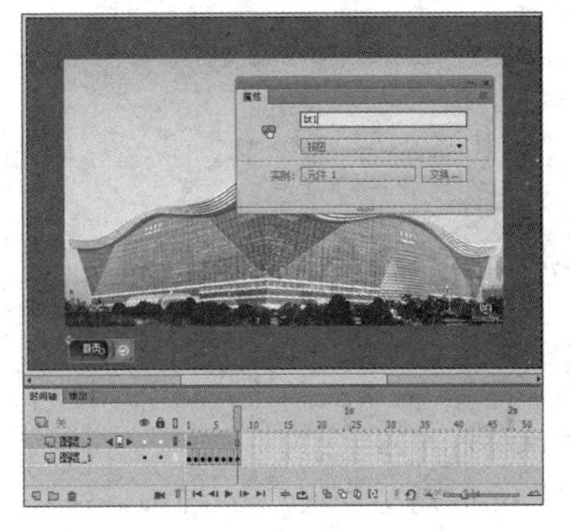

图4.153

STEP 6 使用相同的方法制作“上一页”“下一页”和“尾页”按钮元件，并设置按钮元件的名称分别为“bt2”“bt3”和“bt4”。

STEP 7 新建一个图层，按【F9】键，打开“动作”面板，选择“全局”下的“脚本”选项，然后输入如下代码。

```
01  var flag=true; //设置一个标志
```

STEP 8 选择“图层 _3”的第1帧，然后在“动作”面板中输入如下代码。

```
01  if (flag == true) { //如果flag为true，则执行
02      this.bt1.addEventListener("click", bt1Click.bind(this)); //为“首页”按钮添加Click事件
03      this.bt2.addEventListener("click", bt2Click.bind(this)); //为“上一页”按钮添加Click事件
04      this.bt3.addEventListener("click", bt3Click.bind(this)); //为“下一页”按钮添加Click事件
05      this.bt4.addEventListener("click", bt4Click.bind(this)); //为“尾页”按钮添加Click事件
06      this.bt1.visible = false; // 隐藏bt1按钮
07      this.bt2.visible = false; // 隐藏bt2按钮
08      flag = false; //将flag设置为false，使这段代码只执行一次
09  }
10  this.stop();  //暂停播放
11  var _this = this; //定义一个变量指向this，以方便函数内部访问
12  function gotoFrame(frame) {  //定义gotoFrame函数
13      _this.bt1.visible = true; //显示“首页”按钮
14      _this.bt2.visible = true; //显示“上一页”按钮
15      _this.bt3.visible = true; //显示“下一页”按钮
16      _this.bt4.visible = true; //显示“尾页”按钮
17      if (frame == 0) { //如果是第1帧，则隐藏“首页”和“上一页”按钮
```

```
18              _this.bt1.visible = false;
19              _this.bt2.visible = false;
20          } else if (frame == 7) { //如果是第8帧，则隐藏“下一页”和“尾页”按钮
21              _this.bt3.visible = false;
22              _this.bt4.visible = false;
23          }
24          _this.gotoAndStop(frame); //跳转到指定的帧并暂停
25      }
26      function bt1Click() { //单击“首页”按钮将执行
27          gotoFrame(0); //跳转到第1帧
28      }
29      function bt2Click() { //单击“上一页”按钮将执行
30          gotoFrame(this.currentFrame - 1); //跳转到上一帧
31      }
32      function bt3Click() { //单击“下一页”按钮将执行
33          gotoFrame(this.currentFrame + 1); //跳转到下一帧
34      }
35      function bt4Click() { //单击“尾页”按钮将执行
36          gotoFrame(7); //跳转到第8帧
37      }
```

STEP 9 按【Ctrl+Enter】组合键进行测试，可以看到在第 1 帧时，“首页”按钮和“上一页”按钮没有显示，如图 4.154 所示。

STEP 10 单击“下一页”按钮显示下一张图片，此时按钮都显示出来了，如图 4.155 所示。

图 4.154

图 4.155

STEP 11 单击“尾页”按钮显示最后一张图片，此时“下一页”按钮和“尾页”按钮被隐藏，如图 4.156 所示。

STEP 12 单击“上一页”按钮显示上一张图片，“下一页”按钮和“尾页”按钮又都显示出来了，如图 4.157 所示。再次单击“首页”按钮跳转到第 1 张图片，所有功能正常。

STEP 13 将文件保存为“动态风光相册 .fla”，完成操作(配套资源 :\效果文件\第 4 章\动态风光相册 .fla)。

图 4.156

图 4.157

4.10 测试和优化、发布和导出动画

Animate 动画制作完成后，需要测试和优化动画、设置动画发布属性，以及导出动画，使动画更加完美、播放效果更加流畅。

4.10.1 测试和优化动画

在动画制作完后，应该先测试动画，从而确保动画的播放质量，确定动画是否达到预期的效果，并及时修改出现的错误。其方法是选择【控制】/【测试】菜单命令或按【Ctrl+Enter】组合键，打开系统默认的浏览器，并播放要测试的动画。

1. 测试动画

如果在测试时动画内容无法正常加载，则在浏览器中将不会显示任何内容。出现这种情况通常是因为脚本代码中出现了严重错误，这时需要按【F12】键打开浏览器的“开发人员工具”页面，在“控制台”选项卡中查看具体的错误信息，如图 4.158 所示。

在进行测试时，Animate CC 2018 的“输出”面板中可能会显示一些警告信息，这些警告信息是动画中存在的问题，如图 4.159 所示。

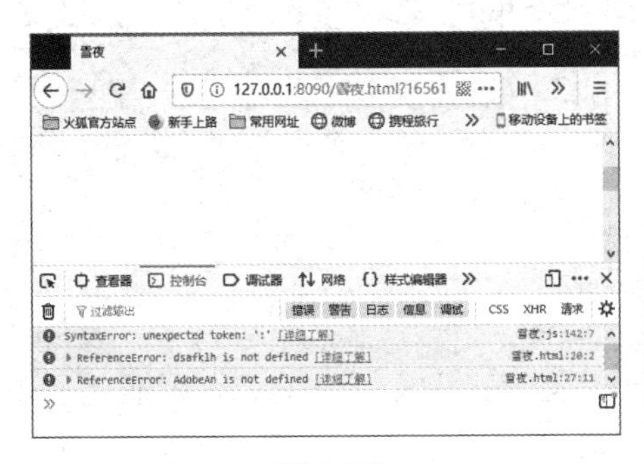

图 4.158

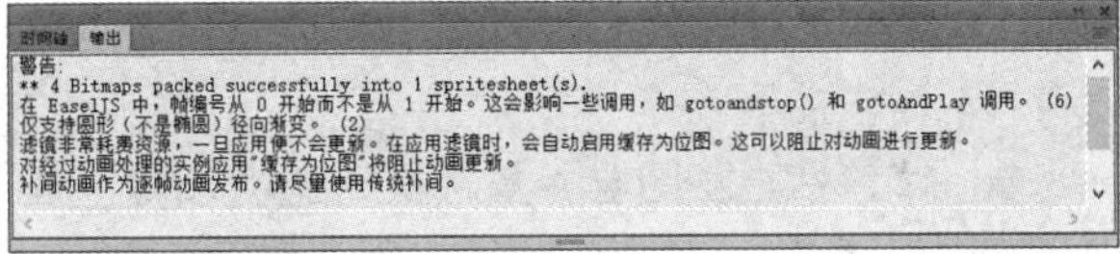

图 4.159

2. 优化动画

优化动画可以使导出的 Animate 动画能在网络中顺利、流畅地播放。Animate 动画文件越大，其下载和播放速度就会越慢，在播放时容易产生卡顿的现象，从而影响动画的传播。因此，在完成动画制作后，除了测试动画，还需对动画进行优化，减小其文件大小。在 Animate CC 2018 中优化动画应从以下 8 个方面着手。

- **不要使用过于复杂的矢量图：** 使用过于复杂的矢量图会影响动画的测试和发布，此时，可将其转换为位图。
- **不要使用过大的位图：** 当位图素材的尺寸非常大，而动画中需要的位图素材的尺寸较小时，需要使用Photoshop将图像缩小到实际使用的尺寸。
- **使用元件：** 使用元件可以有效减小动画的数据量。
- **使用传统补间动画：** 传统补间动画中的过渡帧是系统计算得到的，逐帧动画的过渡帧是用户添加对象得到的，传统补间动画的数据量相对于逐帧动画来说要小很多。
- **使用MP3格式的音频文件：** MP3格式的音频文件比WAV格式的音频文件要小很多。
- **尽量减少使用特殊形状的线条样式：** 特殊形状的线条样式（如斑马线、虚线、点线等）会增加动画文件的大小。
- **尽量减少使用色彩效果和滤镜：** 色彩效果和滤镜会增加动画文件的大小，因此，要尽量减少使用它们。用户可以在Photoshop等图像编辑软件中对素材进行修改后再导入Animate CC 2018。
- **使用动态文本：** 在HTML 5 Canvas模式下，静态文本在发布时会被打散，如果文字量较大，则会增加动画文件的大小，为减小文件大小，尽量使用动态文本。

4.10.2 设置动画发布属性

用 Animate CC 2018 制作的动画的源文件为 FLA 格式，但 FLA 格式的文件不能直接播放，需要在动画制作完成后把 FLA 格式的文件发布设置为便于网络发布或在计算机中播放的格式。其方法是选择【文件】/【发布设置】菜单命令，打开“发布设置”对话框，进行设置。其中常用的包括“基本”“高级”和“Sprite 表”3 个选项卡。

1．“基本”选项卡

图 4.160 所示为“基本”选项卡，其中主要参数的含义如下。

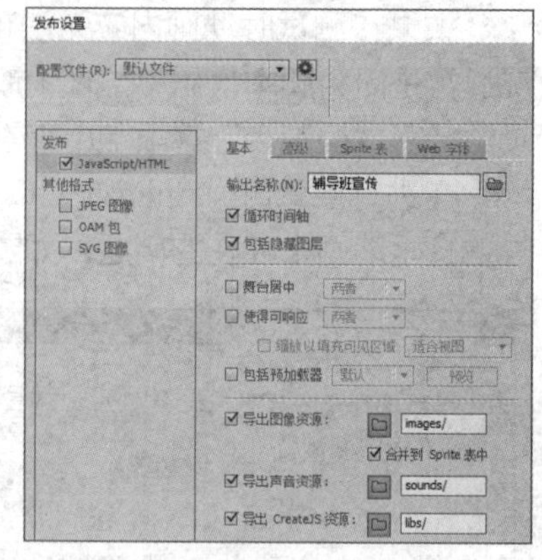

图 4.160

- **输出名称：** 设置发布后的动画文件的名称，其名称默认与FLA文件的名称相同，发布后的文件将保存在FLA文件所在的文件夹，可以单击“选择发布目标”按钮，在打开的“选择发布目标”对话框中修改保存位置。
- **“循环时间轴”复选框：** 选中该复选框，动画播放到结尾时将自动循环播放，否则，将在结尾时停止播放。
- **“包括隐藏图层”复选框：** 选中该复选框，将导出隐藏图层的内容，否则不会导出隐藏图层的内容。
- **“舞台居中”复选框：** 选中该复选框后，可以在后面的下拉列表框中设置动画在浏览器中居中显示的方式，有“水平”“垂直”“两者”3种方式。
- **“使得可响应”复选框：** 选中该复选框，当可视范围的宽度或高度小于动画的宽度或高度时，将自动对画面进行等比例缩小，以显示全部内容。在后面的下拉列表框中可以设置响应浏览器的方式，如“按高度”“按宽度”“两者”。
- **“缩放以填充可见区域”复选框：** 选中“使得可响应”复选框，将激活该复选框，选中该复选框，在下拉列表框中选择“适合视图”选项，将把画面缩放到可以完全显示的最大尺寸，画面左右或上下可能会留有空白区域；选择“伸展以适合”选项，将把画面缩放到画面四周不留空白的最小尺寸，画面的左右或上下可能会超出显示区域。

- **“包括预加载器”复选框：** 选中“导出图像资源”复选框，将激活该复选框，选中该复选框，可在下拉列表框中设置一个GIF动画文件作为预加载器，当动画加载时，将显示该GIF动画文件。单击后面的“预览”按钮可以预览GIF动画文件的效果。
- **“导出图像资源”复选框：** 选中该复选框，将导出动画中的图像文件，若其后的按钮呈选中状态，则可以在后面的文本框中设置一个保存图像文件的文件夹，否则会将图像文件保存到动画的根目录中。
- **“合并到Sprite表中”复选框：** 选中该复选框，将所有图像合并为一个图像文件，以减少网络的请求次数。
- **“导出声音资源”复选框：** 选中该复选框，将导出动画中的声音文件，若其后的按钮呈选中状态，则可以在后面的文本框中设置一个保存声音文件的文件夹，否则会将声音文件保存到动画的根目录中。
- **“导出CreateJS资源”复选框：** 选中该复选框，将导出动画中的CreateJS资源文件，若其后的按钮呈选中状态，则可以在后面的文本框中设置一个保存CreateJS资源文件的文件夹，否则会将CreateJS资源文件保存到动画的根目录中。

2. “高级”选项卡

图 4.161 所示为“高级”选项卡，其中主要参数的含义如下。

- **HTML发布模板：** 用于设置动画的HTML文件模板，单击“使用默认值”按钮，将使用Animate CC 2018的默认模板；单击“导入新模板”按钮，可以在打开的“导入模板”对话框中选择一个HTML 5文件作为动画的模板；单击“导出”按钮将导出当前使用的模板文件。
- **“发布时覆盖HTML文件”复选框：** 选中该复选框，将覆盖原来的HTML文件。

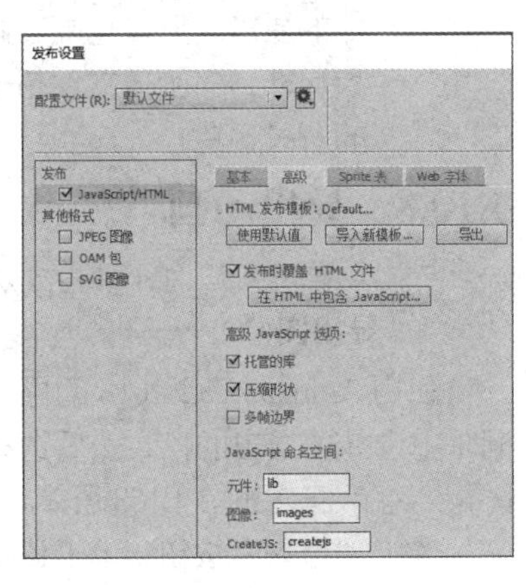

图 4.161

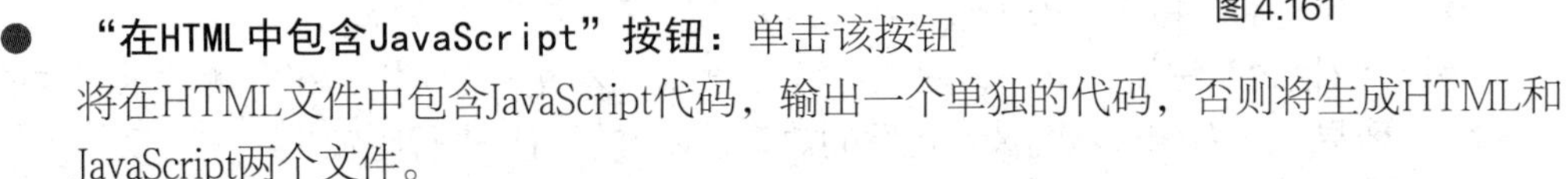

- **“在HTML中包含JavaScript”按钮：** 单击该按钮将在HTML文件中包含JavaScript代码，输出一个单独的代码，否则将生成HTML和JavaScript两个文件。

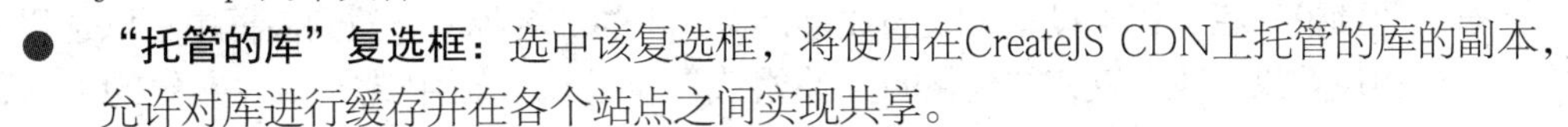

- **“托管的库”复选框：** 选中该复选框，将使用在CreateJS CDN上托管的库的副本，允许对库进行缓存并在各个站点之间实现共享。
- **“压缩形状”复选框：** 选中该复选框，将以精简格式输出矢量说明，否则将导出可读的详细说明（用于学习目的）。
- **“多帧边界”复选框：** 选中该复选框，可将时间轴元件设置为 frameBounds 属性，该属性包含对应时间轴中每个帧的边界的 Rectangle 数组。多帧边界会大幅度增加发布时间。

- **JavaScript命名空间**：设置元件、图像和CreateJS的JavaScript命令空间，通常不需要修改，否则会影响帧脚本中相应对象的名称。

3．"Sprite表"选项卡

图4.162所示为"Sprite表"选项卡，其中主要参数的含义如下。

- **将图像资源合并到Sprite表中**：将动画文件中使用的位图导出为一个单独的图像文件，可以减少服务器请求次数、减小输出文件的大小，从而提高性能。
- **格式**：设置Sprite表的图像文件格式。选择"PNG"单选项将生成一个PNG图像文件，选择"JPEG"单选项将生成一个JPEG图像文件，选择"两者兼有"单选项，将生成一个PNG图像文件和一个JPEG图像文件。

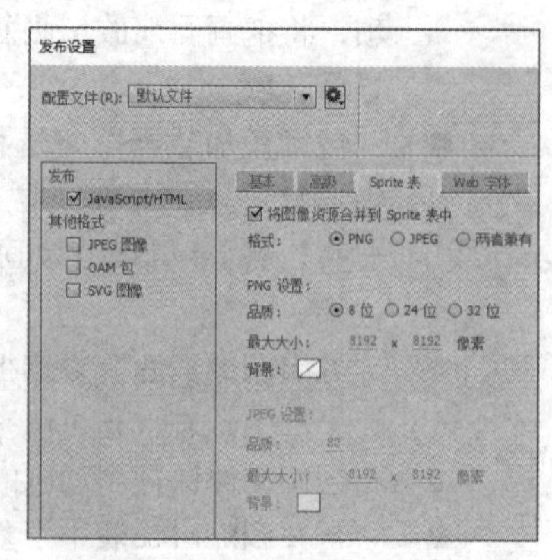

图4.162

- **PNG设置**：对PNG图像的品质、最大大小和背景进行设置。品质指的是PNG图像文件的颜色数量，有"8位"（默认）、"24位"和"32位"3个单选项，位数越高，颜色数越多，画面质量越高，文件越大。最大大小是指单个图像文件的最大尺寸，当图像文件超过这个尺寸后，将再生成一个图像文件。背景是指图像文件的背景颜色，当品质为8位和32位时，可以设置为透明背景。
- **JPEG设置**：对JPEG图像的品质、最大大小和背景进行设置。品质是指JPEG图像文件的质量，质量越高，画面效果越好，文件越大。最大大小是指单个图像文件的最大尺寸，当图像文件超过这个尺寸后，将再生成一个图像文件。背景是指图像文件的背景颜色。

4.10.3 导出动画

导出动画的方法有4种，分别是导出图像、导出影片、导出视频和导出动画GIF。

1．导出图像

使用Animate CC 2018的导出图像功能可以将某一帧的画面导出为图像文件。首先在时间轴上选择要导出的帧，然后选择【文件】/【导出】/【导出图像】菜单命令，打开"导出图像"对话框，如图4.163所示。其中主要参数的含义如下。

- **"原来"按钮**：单击该按钮，可查看图像的原始效果。
- **"优化后"按钮**：单击该按钮，可查看图像优化后的效果。
- **"2栏式"按钮**：单击该按钮，将图像显示区域分为两栏，在左侧显示图像的原始效果，在右侧显示图像优化后的效果，以方便用户进行比较。
- **"预设"栏**：用于设置图像的效果，在其中的"名称"下拉列表框中可以选择一个预设效果，也可以在"优化的文件格式"下拉列表框中选择图像文件的格式，如图4.164所示，然后手动设置其他参数（不同的图像格式，参数会有所不同）。
- **"图像大小"栏**：用于调整图像的尺寸。
- **"颜色表"栏**：显示当前设置的所有颜色。

设置完成后单击"保存"按钮，在打开的"另存为"对话框中设置图像的文件名，单击"保存"按钮即可。

图 4.163

2．导出影片

使用 Animate CC 2018 的导出影片功能可以将动画导出为 SWF 影片、JPEG 序列、GIF 序列或 PNG 序列。其方法是选择【文件】/【导出】/【导出影片】菜单命令，打开“导出影片”对话框，在“文件名”文本框中输入导出文件的名称，在“保存类型”下拉列表框中选择导出文件的类型，如图 4.165 所示。

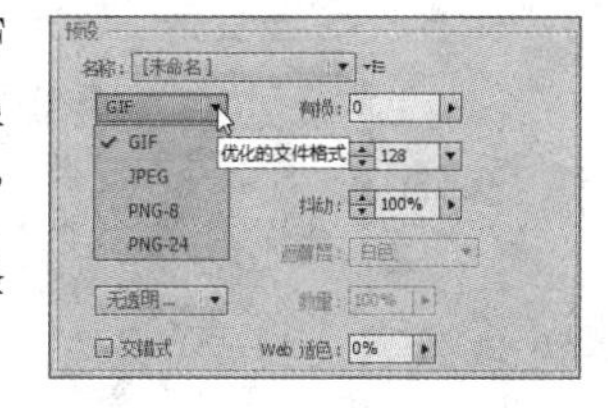

图 4.164

如果保存类型是 SWF 影片，则单击“保存”按钮将直接导出 SWF 影片文件。如果保存类型是 JPEG 序列、GIF 序列或 PNG 序列，则单击“保存”按钮后还会打开相应的设置对话框。

3．导出视频

使用 Animate CC 2018 的导出视频功能可以将动画导出为视频文件。其方法是选择【文件】/【导出】/【导出视频】菜单命令，打开“导出视频”对话框，如图 4.166 所示，在其中进行相应设置后，单击“导出”按钮即可导出视频文件。

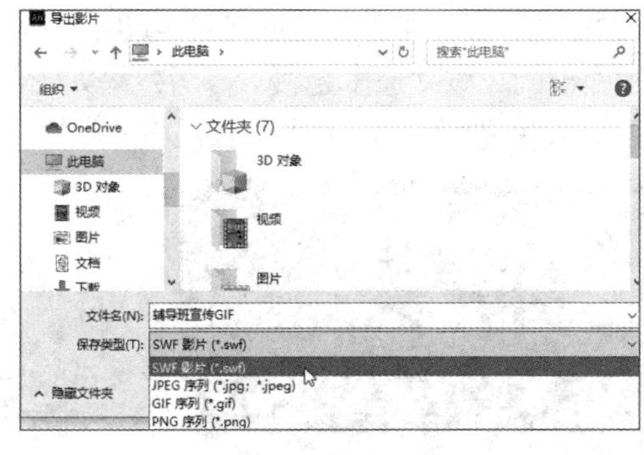

图 4.165

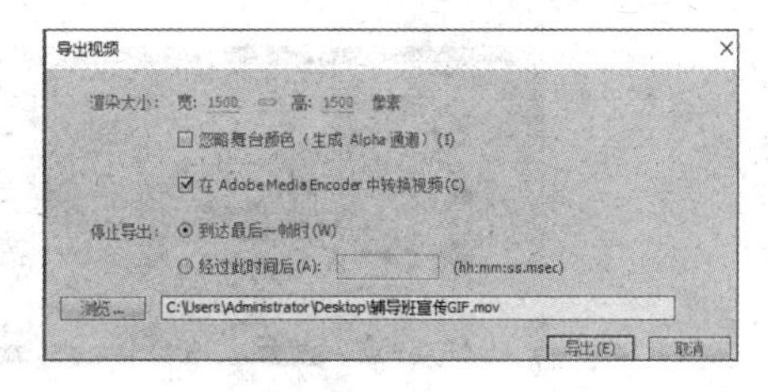

图 4.166

4．导出动画GIF

使用 Animate CC 2018 的导出动画 GIF 功能可以将动画导出为 GIF 动画文件。其方法是选择【文件】/【导出】/【导出动画GIF】菜单命令，打开“导出图像”对话框。该对话框与图4.163所示的“导出图像”对话框类似，只是在右下角多了一个“动画”栏，在其中可以控制动画的播放，如图4.167所示。

图4.167

4.11 习题

1. 制作一个汽车行驶动画。需要导入素材(配套资源：\素材文件\第4章\汽车行驶.fla)，将素材转换为元件并添加关键帧，在预览动画时，可以看到汽车在地图上沿公路行驶的过程。完成后的参考效果如图4.168所示（配套资源：效果文件\第4章\汽车行驶.fla）。

图4.168

2. 制作一个孙悟空骨骼动画。需要从“库”面板中将孙悟空身体各个部分的元件移至舞台中，添加骨骼，调整骨骼动画的时间长度，并创建姿势，如图4.169所示（配套资源：\素材文件\第4章\孙悟空.fla、效果文件\第4章\孙悟空.fla）。

图4.169

3. 制作一个交互式滚动广告。要求动画中的图片根据鼠标指针的位置自动改变其滚动的方向和速度，当鼠标指针位于画面左侧时向左滚动，位于画面右侧时向右滚动；鼠标指针越靠近左右两侧边缘，滚动速度越快，越靠近画面中间，滚动速度越慢。参考效果如图4.170所示（配套资源：\素材文件\第4章\食物素材\、效果文件\第4章\交互式滚动广告.fla）。

图4.170

4. 测试“交互式滚动广告.fla”动画文件并进行优化，最后发布动画（配套资源：\素材文件\第4章\交互式滚动广告.fla、效果文件\第4章\交互式滚动广告.html）。

第 5 章
视频剪辑与制作

本章要点

- 视频信息处理基础
- Premiere Pro CC 2018 基本操作
- 编辑视频
- 调整视频颜色
- 添加视频过渡
- 制作字幕
- 添加并编辑音频
- 导出视频

素养目标

- 培养策划、拍摄和剪辑视频的能力和创新意识，具备较强的学习能力。

5.1 视频信息处理基础

视频是携带信息最丰富、表现力最强的一种媒体。当一段视频配有背景音乐时，它就同时具有了视觉和听觉的特性。在多媒体应用系统中，视频以直观和生动等特点被广泛应用于多个领域。视频与动画一样，也是由帧序列组成的，这些帧以一定的速率播放，使画面产生连续运动的感觉。

视频信息处理是指一种在计算机上播放、录制视频，并使用软件对视频进行剪辑和添加各种效果的工作，能够增强视频的观赏性。下面从视频扫描方式、视频的制式标准、视频文件的格式、视频信息数字化和视频的获取 5 个方面来讲解视频信息处理基础。

5.1.1 视频扫描方式

视频扫描是指摄像机通过光敏器件，将光信号转换为电信号形成最初的视频信号的过程。其中电信号是一维的，而图像是二维的，为了把二维图像转换成一维电信号，需要在图像上快速移动单个感测点，当感测点以循序渐进的方式扫描时，输出变化的电信号以响应扫描图像的亮度和色彩变化，这样图像就变成了一系列在时间上延续的值。视频扫描方式分为隔行扫描和逐行扫描。

- **隔行扫描：**隔行扫描是从上到下地扫描每帧图像。在扫描完第 1 行后，从第 3 行开始的位置继续扫描，再分别扫描第 5、7、9……行，直到最后一行为止。将所有的奇数行扫描完后，再使用同样的方式扫描所有偶数行，最终构成一幅完整的画面。这种扫描方式要得到一幅完整的图像需要扫描两遍。远距离观看的电视强调的是画面的整体效果，对图像的细节可不予考虑，因此适宜采用隔行扫描的方式。

- **逐行扫描**：逐行扫描是将每帧的所有像素同时显示。从显示屏的左上角一行接一行地扫描到右下角，扫描一遍就能够显示一幅完整的图像。目前计算机显示器都采用了逐行扫描的办法，其刷新频率在60Hz以上。

5.1.2 视频的制式标准

在制作视频作品时首先需要对视频的制式标准进行选择，它决定着视频的成品能否播放。现在，国际上流行的视频制式标准主要有NTSC制式、PAL制式和SECAM制式。

1．NTSC制式

NTSC（National Television System Committee，国家电视制式委员会）制式是美国于1953年研制成功的一种兼容的彩色电视制式。它规定的视频标准为每秒30帧，每帧525行，水平分辨率为240～400个像素点，采用隔行扫描，场频为60Hz，行频为15.634kHz，宽高比例为4:3。美国、加拿大、日本等国家使用这种制式。

NTSC制式的特点：用两个色差信号（R-Y）和（B-Y）分别对频率相同而相位相差90°的两个副载波进行正交平衡调制，再将已调制的色差信号叠加，穿插到亮度信号的高频端。

2．PAL制式

PAL（Phase Alternation Line，相位远行交换）制式是联邦德国于1962年制定的一种电视制式。它规定每秒25帧，每帧625行，水平分辨率为240～400个像素点，采用隔行扫描，场频为50Hz，行频为15.625kHz，宽高比例为4:3。

PAL制式的特点是同时传送两个色差信号（R-Y）与（B-Y）。不过（R-Y）是逐行倒相的，它和（B-Y）信号对副载波进行正交调制。采用逐行倒相的方法，若在传送过程中发生相位变化，则因相邻两行相位相反，可以起到相互补偿的作用，从而避免了相位失真引起的色调改变。

3．SECAM制式

SECAM（Sequential Color and Memory System，按顺序传送彩色存储）制式是法国于1965年提出的一种标准。它规定的视频标准为每秒25帧，每帧625行，采用隔行扫描，场频为50Hz，行频为15.625kHz，宽高比例为4:3。上述指标均与PAL制式相同，不同点主要在于色度信号的处理。

SECAM制式的特点是两个色差信号是逐行依次传送的，因而在同一时刻，传输通道内只存在一个信号，不会出现串色现象，两个色度信号不对副载波进行调制，而是对两个频率不同的副载波进行调制，再把两个已调副载波逐行轮换插入亮度信号高频端，从而形成彩色图像视频信号。

5.1.3 视频文件的格式

同其他媒体的格式一样，视频文件的格式也有很多种，常见的有AVI、MOV、MP4、WMV、FLV、DV、MKV等格式。

1．AVI格式

AVI格式是一种将视频信息与音频信息一起存储的常用多媒体文件格式，它以帧为存储动态视频的基本单位，在每一帧中，都是先存储音频数据，再存储视频数据。音频数据和视频数据相互交叉存储。AVI格式的优点是图像质量好，并且可以在多个平台上播放使用，缺点是文件过于庞大。

2．MOV 格式

MOV 格式是由美国苹果公司开发的一种视频格式，其默认的播放器是苹果的 QuickTime Player。MOV 格式的优点是具有较高的压缩率、较完美的视频清晰度和跨平台性。

3．MP4 格式

MP4 格式（MPEG-4）是一种标准的数字多媒体容器格式，其文件扩展名为“.mp4”，主要用于存储数字音频及数字视频，也可以存储字幕和静止图像。MP4 格式的优点是可以容纳支持比特流的视频流，使其可以在网络传输时使用流式传输。

4．WMV 格式

WMV（Windows Media Video）格式是由微软公司开发的一种采用独立编码方式并且可以在网上实时观看视频节目的文件压缩格式。ASF 是其封装格式。WMV 格式具有“数位版权保护”功能。WMV 格式具有支持本地或网络回放，部件下载、可伸缩的媒体类型、流的优先级化、多语言支持、环境独立性、丰富的流间关系以及扩展性等优点。

5．FLV 格式

FLV（Flash Video）格式是一种网络视频格式，主要用作流媒体格式，可以有效解决视频文件导入 Flash 后，再导出的 SWF 文件过大，导致文件无法在网络中使用的缺点。FLV 格式的优点是形成的文件极小，加载速度极快，方便在网络上传播。

6．MKV 格式

MKV 格式是一种多媒体封装格式，这个封装格式可以将多种不同编码的视频以及 16 条或以上不同格式的音频和语言不同的字幕封装到一个 Matroska Media 文档内。MKV 格式的优点是可以提供非常好的交互功能。

5.1.4 视频信息数字化

视频的数字化是指在一段时间内以一定的速度对视频信号进行捕获并加以采样后形成数字化数据的处理过程。按每帧所包含的颜色位，其采样深度可以是 8 位、16 位、24 位或 32 位。此外，还需将采样后得到的数据保存起来，以便对它进行编辑和处理。

因为计算机只能处理和显示数字信号，所以在使用计算机处理 NTSC 制式和 PAL 制式的视频时，需要进行视频信息数字化，主要包括采样与量化、颜色深度和动态图像序列 3 个方面的操作。

1．采样与量化

采样与量化是视频信息数字化中的重要操作，当对视频信息进行数字化处理时，所进行的采样越细致，像素便越小，也就越能精细地表现视频中的图像；量化越细致，灰度级数表现越丰富，图像的效果也越好。

知识提示

采样：在时间轴上，每隔一段固定的时间对波形的振幅进行一次取值，或时间连续坐标（x，y）的离散化，称为采样。

量化：将一系列离散的模拟信号在幅度上建立等间隔的幅度电平，或 $f(x, y)$ 幅度的离散化，称为量化。

2．颜色深度

颜色深度是指每个像素可显示出的颜色数，它和视频信息数字化过程中的量化数有着密切的关系。图像和视频信息数字化后，为了真实反映原始图像和视频的颜色，需要对颜色深度进行量化。量化比特数越高，每个像素可显示出的颜色数就越多。

一般来说，视频都采用4:2:2分量的采样格式，虽然压缩了色度信号的频带，但对各通道，8比特量化都是一致的。

3．动态图像序列

动态图像序列可以根据每一帧图像产生形式的不同，分为不同的种类。在视频信息数字化后，每一帧图像由人工或计算机产生时，被称为动画；每一帧图像通过实时的自然景物获取时，被称为视频。动态图像具有以下4个特点。

- 具有时间连续性，非常适合表示“过程”，易交代事件的“始末”，具有更强、更生动、更自然的表现力。
- 数据量更大，必须采用合适的压缩方法才能存储、处理及表现。
- 帧与帧之间具有很强的相关性。相关性既是动态图像连续动作形成的基础，又是进行压缩处理的基本条件。由于相关性的存在，动态图像对差错的敏感度较低。
- 对实时性要求很高，必须在规定时间内完成更换画面播放的过程。

5.1.5 视频的获取

在视频的制作中往往需要用到各种视频素材，视频的获取方式主要有通过手机、数码相机和摄像机捕获视频，通过Windows 10录屏软件捕获视频，以及在视频网站下载。

1．通过手机、数码相机和摄像机捕获视频

通过手机、数码相机和摄像机捕获视频，可以将拍摄好的视频存储在手机、数码相机和摄像机的存储器中，然后通过数据连接线将手机、数码相机和摄像机与计算机相连，将其中的文件传输到计算机中。

2．通过Windows 10录屏软件捕获视频

通常使用Windows 10录屏软件对计算机中的软件操作、网页视频等进行录制，并将视频直接存储在计算机中，这种方式节省了传输时间。下面通过Windows 10提供的录屏软件来捕获视频，其具体操作如下。

STEP 1 单击桌面左下角的田按钮，在弹出的“开始菜单”左侧单击“设置”按钮⚙，打开“Windows设置”对话框，单击“游戏”选项，如图5.1所示。

STEP 2 在“游戏栏”页面中单击开按钮开启录屏功能，如图5.2所示。

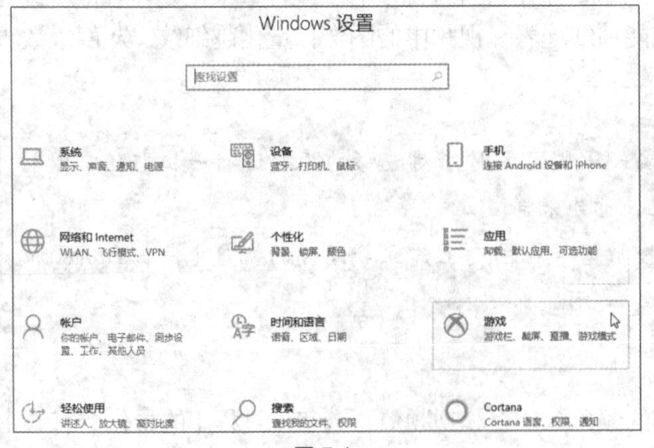

图5.1

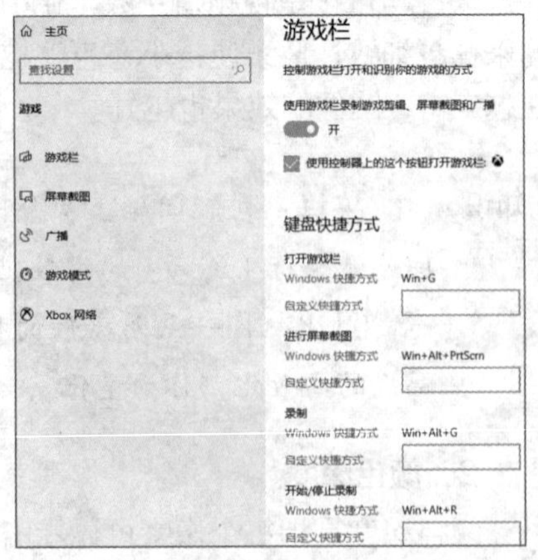

图5.2

STEP 3 打开需要进行录屏操作的界面，按【Win+G】组合键打开录屏软件，拖动音频下方的滑块调整录屏时的声量，如图5.3所示。

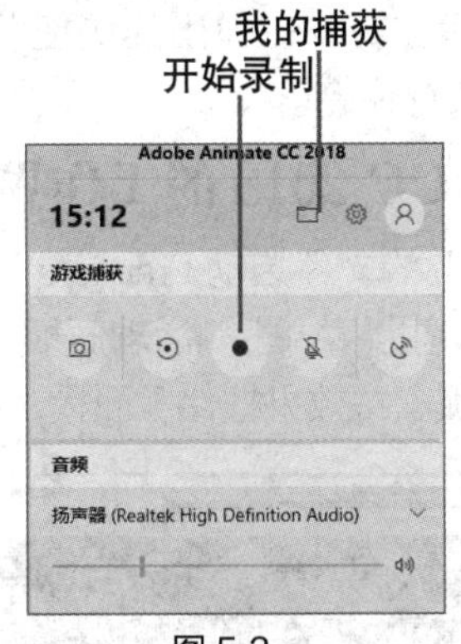

图5.3

STEP 4 单击“开始录制”按钮 • ，打开“游戏功能不可用”对话框，选中“针对此应用程序启用游戏功能以录制游戏”复选框，如图5.4所示。再次单击“开始录制”按钮 • 开始录制，在界面右上方出现录制操控面板，如图5.5所示。

STEP 5 单击“停止”按钮 ■ 停止录制，录屏软件将自动保存录屏文件。单击“我的捕获”按钮 ▭ 打开捕获的录屏文件，对录屏文件存储位置进行更改，查看捕获的视频文件，如图5.6所示。

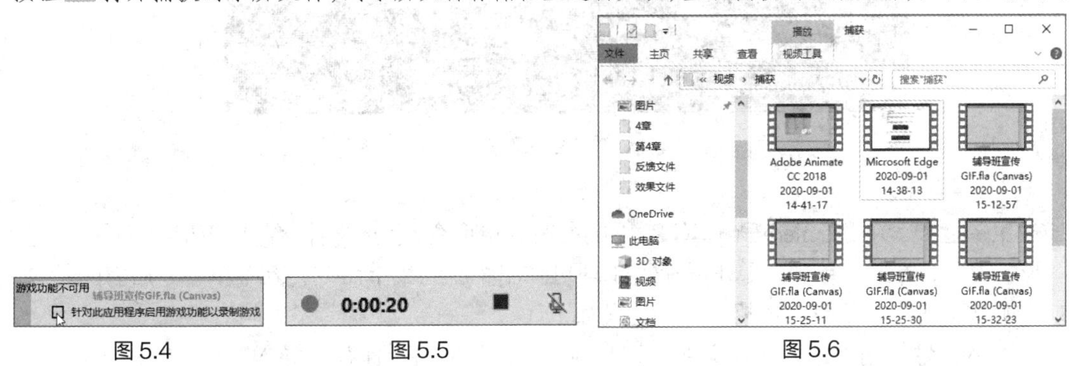

图5.4　　图5.5　　图5.6

3．在视频网站下载

当需要用到各种视频素材时，可以通过视频素材网站下载。常用的视频网站有Pixabay、Pexels视频、Videvo和视频库网等。

5.2 Premiere Pro CC 2018基本操作

Premiere Pro CC 2018是Adobe公司开发的专业化视频非线性编辑软件。它能配合多种硬件进行视频捕获和输出，并拥有各种精确的视频编辑工具，能制作广播级质量的视频文件。下面从启动Premiere Pro CC 2018，认识Premiere Pro CC 2018的工作界面，创建、打开、保存项目文件以及导入素材文件4个方面来讲解Premiere Pro CC 2018的基本操作。

5.2.1 启动Premiere Pro CC 2018

启动Premiere Pro CC 2018的方法有很多，常用的有以下3种。

- 双击桌面上的Premiere Pro CC 2018快捷方式图标 Pr 。

- 单击桌面左下角的⊞按钮，在弹出的“开始菜单”中选择“Adobe Premiere Pro CC 2018”菜单命令。
- 选中视频文件，单击鼠标右键，在弹出的快捷菜单中选择【打开方式】/【Adobe Premiere Pro CC 2018】菜单命令。

5.2.2 认识 Premiere Pro CC 2018 的工作界面

当用户双击后缀名为“.prproj”的文件启动 Premiere Pro CC 2018 后，即可进入 Premiere Pro CC 2018 工作界面，它主要由标题栏、菜单栏、活动面板、“项目”面板、“时间轴”面板、“源监视器”面板、“节目监视器”面板、“效果控件”面板，以及工具箱等组成，如图 5.7 所示。

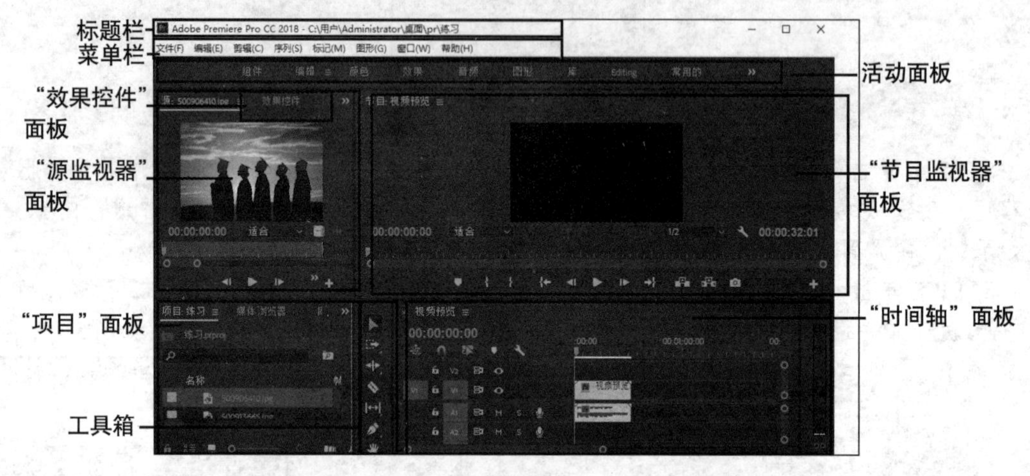

图 5.7

1．菜单栏

菜单栏包含了 Premiere Pro CC 2018 的所有菜单命令，包括文件、编辑、剪辑、序列、标记、图形、窗口、帮助菜单项，单击某个菜单项可弹出相应的菜单命令，若菜单命令后有▸图标，则表明其下还有子菜单。各菜单项的含义如下。

- **文件**：用于进行新建文件、打开项目、关闭项目、保存、导入、导出等操作。
- **编辑**：用于进行一些基本的文件操作，如剪切、复制、粘贴、清除等操作。
- **剪辑**：用于进行视频剪辑，如制作子剪辑、修改、编辑速度/持续时间、插入、替换素材、链接、编组、合并剪辑等操作。
- **序列**：用于进行序列设置，如渲染视频、渲染音频、删除渲染文件、匹配帧、添加编辑、应用视频过渡、提升、添加轨道等操作。
- **标记**：用于进行标记入点、标记出点、标记剪辑、标记选择项、标记拆分、清除入点、添加标记、清除所选标记、编辑标记、添加章节标记等操作。
- **图形**：用于进行从 Typekit 添加字体、新建图层、选择下一个图形、选择上一个图形等操作。
- **窗口**：用于显示和隐藏 Premiere Pro CC 2018 工作界面的各个面板。
- **帮助**：通过该菜单项可快速访问 Premiere Pro CC 2018 的帮助手册和相关教程，了解 Premiere Pro CC 2018 的相关法律声明和系统信息。

2．活动面板

活动面板用来显示信息或控制有关窗口的操作。它包括“组件”面板、“编辑”面板、

“颜色”面板、“效果”面板、“音频”面板、“图形”面板、“库”面板、“Editing”面板、“常用的”面板，可以在各面板之间进行切换操作。其中，常用的是“颜色”面板、“效果”面板、“图形”面板和“音频”面板，如图 5.8 所示。

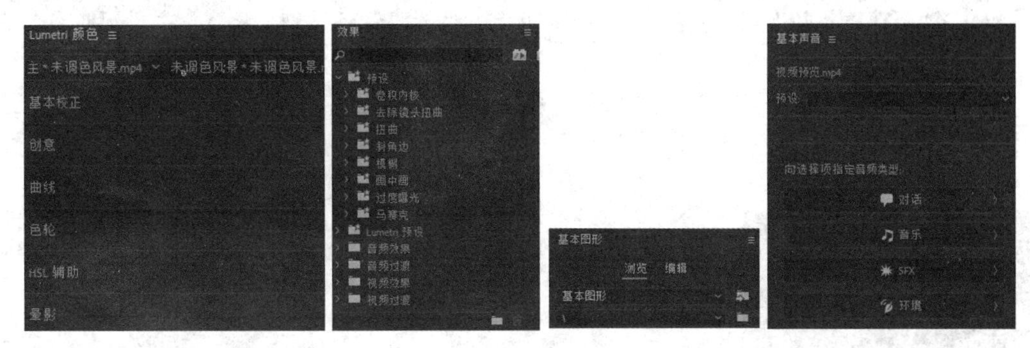

图 5.8

3. “项目”面板

“项目”面板主要是用于导入、存储和管理素材的。导入的素材可以是视频、图片、音频文件，素材文件导入“项目”面板后将显示在面板中，以方便用户在“时间轴”面板中对其进行编辑。面板下方有 10 个功能按钮，从左到右分别为“项目可写”按钮、“列表视图”按钮、“图标视图”按钮、“放大和缩小”滑块、“排序图标”按钮、“自动匹配序列”按钮、“查找”按钮、“新建素材箱”按钮、“新建项”按钮、“清除”按钮，各按钮的含义如下。

- **“项目可写”按钮**：单击该按钮，在只读和读 / 写之间切换项目。
- **“列表视图”按钮**：单击该按钮或按【Ctrl+Page Up】组合键，从当前视图切换到列表视图，以列表的形式来显示素材，在其中可查看素材的名称、入点、出点和持续时间等信息，如图 5.9 所示。
- **“图标视图”按钮**：单击该按钮或按【Ctrl+Page Down】组合键，从当前视图切换到图标视图，以缩略图的形式来显示素材，可查看素材效果，如图 5.10 所示。
- **“放大和缩小”滑块**：向左或向右拖动滑块，可放大或缩小面板中素材的显示效果。
- **“排序图标”按钮**：单击该按钮，弹出排序列表，选择需要的排序顺序对图标进行排序，如图 5.11 所示。

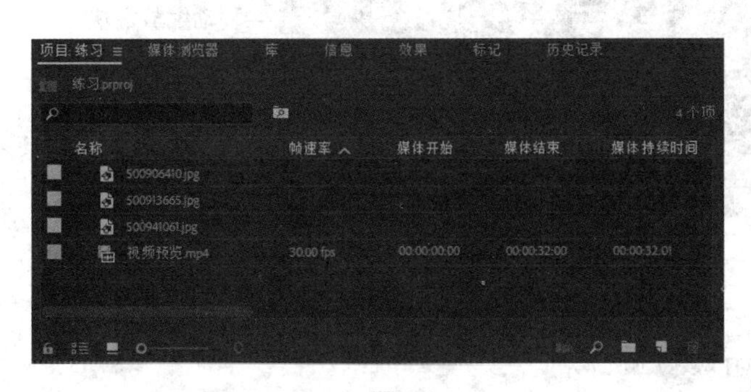

图 5.9

图 5.10

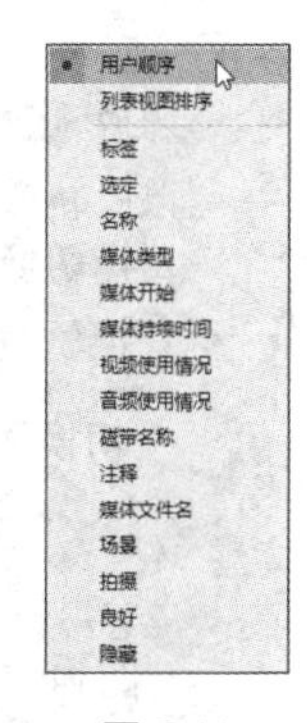

图 5.11

- **“自动匹配序列”按钮**：单击该按钮，打开“序列自动化”对话框，如图 5.12 所示。

单击确定按钮后，可以将"项目"面板中所选的素材自动排列到"时间轴"面板中。

- **"查找"按钮**：单击该按钮，在打开的对话框中可通过素材名称、标签、颜色等信息快速查找素材，如图 5.13 所示。
- **"新建素材箱"按钮**：单击该按钮，可以创建新素材箱，将素材文件添加到其中进行管理。
- **"新建项"按钮**：单击该按钮，可以为素材文件添加分类，以便进行管理。
- **"清除"按钮**：选择不需要的素材文件，单击该按钮，可将其删除。

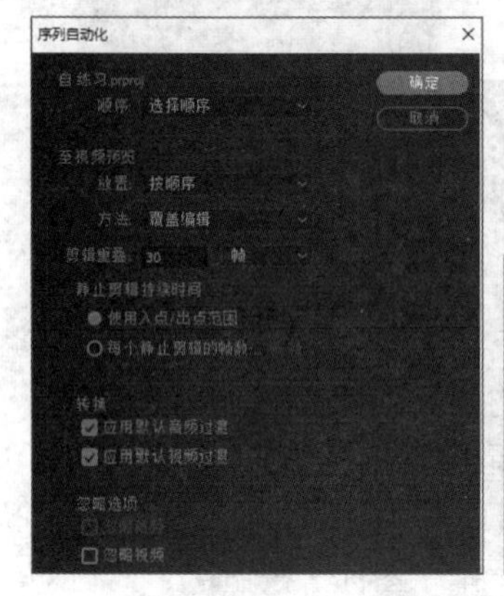

图 5.12

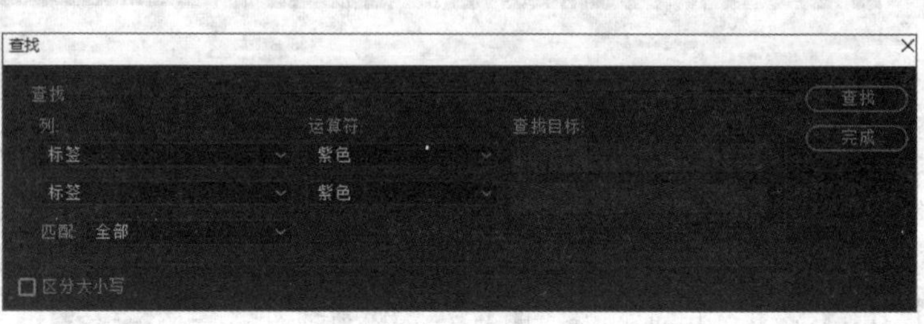

图 5.13

4. "时间轴"面板

使用 Premiere Pro CC 2018 进行视频制作时，大部分的工作都是在"时间轴"面板中进行的，如图 5.14 所示。用户可以在其中轻松地实现对素材的插入、复制、粘贴、修整等操作，也可以在其中对素材添加各种特效。"时间轴"面板存放着一个或多个序列，每个序列包含 3 个视频轨道（V1、V2、V3）和 3 个音频轨道（A1、A2、A3）。Premiere Pro CC 2018 采用层叠式轨道结构，视频轨道和音频轨道都可以随意添加。

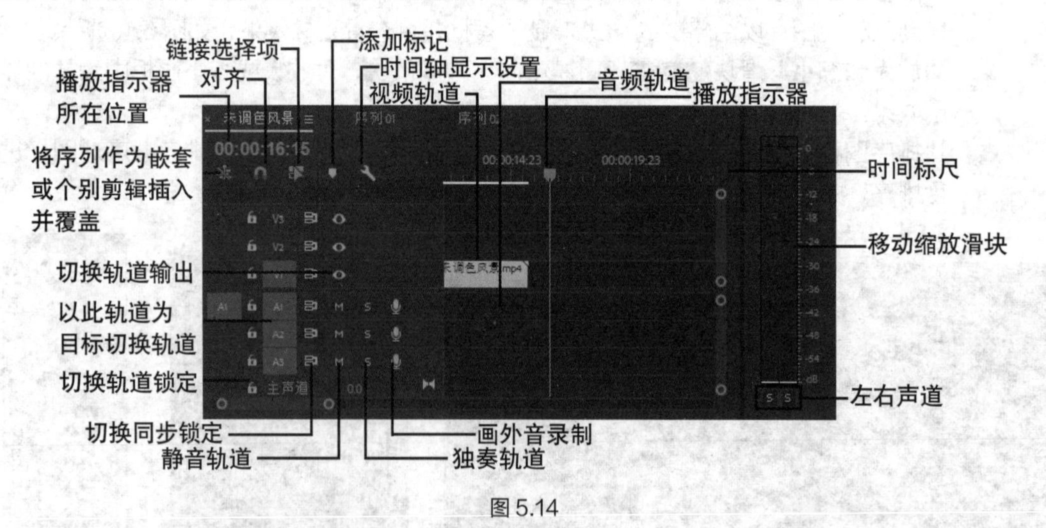

图 5.14

"时间轴"面板中各选项的含义如下。

- **播放指示器所在位置**：用于显示播放指示器当前在时间标尺中的位置。

- **“将序列作为嵌套或个别剪辑插入并覆盖”按钮**：单击该按钮，在另一个序列被拖入当前序列时，可将此序列作为当前序列的一个剪辑。
- **时间标尺**：用于对素材进行定位。时间标尺给出了时间线和时间刻度。它可以指示视频的播放时间、视频中素材的播放时间长度、播放的起点时间和中止时间、播放指示器的位置等，还可以指示开始点与结束点标记的位置。
- **视频轨道**：用于进行视频编辑的轨道默认有3个，可进行添加。
- **音频轨道**：用于进行音频编辑的轨道默认有3个，可进行添加。
- **“切换轨道输出”按钮**：单击该按钮，可设置轨道内容在序列中是否可见。
- **“以此轨道为目标切换轨道”按钮**：单击该按钮，可激活或不激活多个轨道。如果关闭，则该轨道不参与序列操作。
- **“添加标记”按钮**：单击该按钮，可在当前帧处添加一个无编号的标记。标记分为剪辑标记（选中某剪辑时）和时间轴标志（未选中任何剪辑时）。
- **“时间轴显示设置”按钮**：单击该按钮，可显示或隐藏视频缩览图、视频名称、音频波形、音频关键帧、剪辑标记等。
- **播放指示器**：拖动滑块，可指定视频当前帧的位置。
- **“切换轨道锁定”按钮**：单击该按钮，可锁定或解锁该轨道，锁定后的轨道无法修改，解锁后方可编辑。
- **“切换同步锁定”按钮**：单击该按钮，可在波纹删除时，同步移动轨道上的相应剪辑，设置成关闭状态时，该轨道不会变化。
- **“静音轨道”按钮**：单击该按钮，可对该轨道的音频进行静音操作。
- **“独奏轨道”按钮**：单击该按钮，可将除了本轨道以外的其他轨道的音频进行静音处理。
- **“画外音录制”按钮**：单击该按钮，可在制作时录制旁白。
- **“对齐”按钮**：单击该按钮，在移动剪辑时，会自动靠拢并对齐其他剪辑或当前播放指示器的位置。
- **“链接选择项”按钮**：单击该按钮，可在插入素材时，将视频中自带的音频与视频变成链接关系。
- **移动缩放滑块**：用于缩放轨道。
- **左右声道**：用于播放音频时显示音频文件的左右声道。

5．“源监视器”面板和“节目监视器”面板

在Premiere Pro CC 2018的工作界面中可看到两个监视器面板，即“源监视器”面板和“节目监视器”面板。

- **“源监视器”面板**：“源监视器”面板主要用于监控整个项目的内容。打开“源监视器”面板的方法是在“项目”面板或“时间轴”面板中双击某素材，此时会在“源监视器”面板中打开素材，在其中可以查看并编辑素材，如图5.15所示。
- **“节目监视器”面板**：“节目监视器”面板用于显示当前播放指示器所处的位置，可用于预览和编辑影片。打开“节目监视器”面板的方法是在“项目”面板中将素材文件拖至“时间轴”面板，在“节目监视器”面板中将打开该素材，在其中可以查看并编辑素材，如图5.16所示。

图 5.15

图 5.16

为了方便用户在“源监视器”面板和“节目监视器”面板中进行编辑，面板下方设置有14个功能按钮，分别为“添加标记”按钮、“标记入点”按钮、“标记出点”按钮、“转到入点”按钮、“后退一帧”按钮、“播放-停止切换”按钮、“前进一帧”按钮、“转到出点”按钮、“插入”按钮、“覆盖”按钮、“提升”按钮、“提取”按钮、“按钮编辑器”按钮。

单击“按钮编辑器”按钮，可打开“按钮编辑器”面板，对功能按钮的布局进行设置，如图 5.17 所示。

图 5.17

6. “效果控件”面板

“效果控件”面板用于控制对象的运动、不透明度、切换效果、改变效果的参数等，如图 5.18 所示。

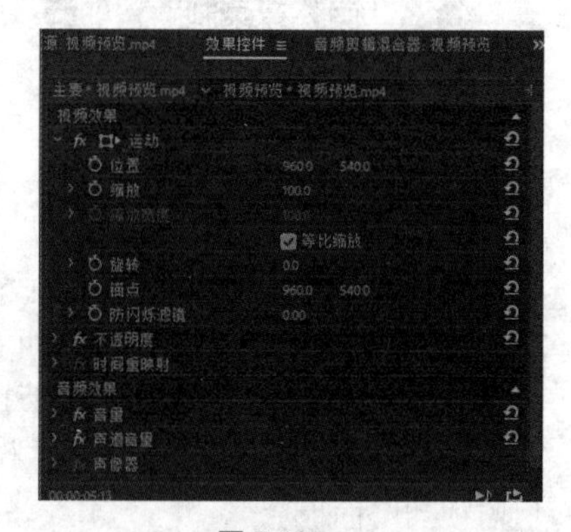

图 5.18

7. 工具箱

Premiere Pro CC 2018 的工具箱主要用于在制作视频时进行选择、剪切、抓取等操作，如图 5.19 所示。单击工具箱中的工具，将其激活后，便可以在“时间轴”面板中使用，根据选择工具的不同，鼠标指针会变成不同的形状，下面对工具箱中的工具进行介绍。

- **选择工具**：用于选择用户界面中的剪辑、菜单项和其他对象。在使用其他工具后，单击选择工具可以方便后续操作。
- **波纹编辑工具**：用于修剪“时间轴”面板内某剪辑的入点或出点。波纹编辑工具可去除由剪辑导致的间隙，并保留所有剪辑。
- **外滑工具**：用于拖曳“时间轴”面板内的剪辑，改变剪辑的入点和出点，且剪辑长度不变。
- **手形工具**：用于向左或向右移动“时间轴”面板的查看区域。
- **向前选择轨道工具**：用于选择“时间轴”面板中位于鼠标指针右侧的所有剪辑。

- **剃刀工具**：用于在“时间轴”面板中进行一次或多次切割操作。选择该工具并单击剪辑内的某一点后，该剪辑即会在单击位置进行精确拆分。按住【Shift】键并在任何剪辑内单击相应点，可以在此位置拆分所有轨道内的剪辑。
- **钢笔工具**：用于设置、选择关键帧，调整“时间轴”面板内的连接线。当需要调整连接线时，垂直拖曳连接线即可。
- **文字工具**：用于为素材添加字幕文件，在素材中完成文字添加后单击“效果”面板，可对文字的字体、字号进行设置。

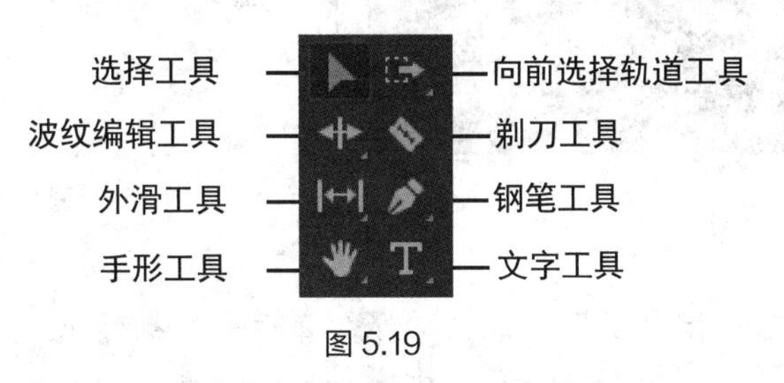

图 5.19

> 知识提示
>
> 在工具箱中按住【Alt】键并单击工具按钮右下角的三角形，可对工具进行切换，其中包括向后选择轨道工具、滚动编辑工具、比率拉伸工具、内滑工具、矩形工具、椭圆工具、缩放工具和垂直文字工具。

5.2.3 创建、打开、保存项目文件

在 Premiere Pro CC 2018 中，项目文件负责存储与序列和资源有关的信息，如视频过渡和音频混合的设置。项目文件会记录所有的编辑操作，因此在 Premiere Pro CC 2018 中对素材文件的编辑应用是非破坏性的，不会更改源文件。创建、打开和保存项目文件是视频剪辑与制作的基本操作，下面分别对其操作方法进行详细介绍。

1．创建项目文件

开始时，Premiere Pro CC 2018 会在硬盘上创建一个文件夹，默认情况下，文件夹用于存储捕捉的文件、创建的预览和匹配音频以及项目文件本身。每个项目都包括一个“项目”面板，这是所有剪辑的存储区域。通过新建项目和新建序列可以创建项目文件。

> 知识提示
>
> 如果没有新建序列，那么新建项目后的序列就是由 Premiere Pro CC 2018 根据放入的素材自动创建的，因此该序列的分辨率、帧速率和采样率等参数都和放入的第一个素材相同。

（1）新建项目

要制作视频，应该先新建项目，其方法是启动 Premiere Pro CC 2018，选择【文件】/【新建】/【项目】菜单命令或在其启动界面中单击新建项目...按钮，如图 5.20 所示。打开“新建项目”对话框，如图 5.21 所示。单击“位置”文本框后的浏览...按钮，打开“请选择新项目的目标路径。”对话框，选择新建项目文件的保存位置，如图 5.22 所示。完成后单击选择文件夹按钮，返回“新建项目”对话框，在“名称”文本框中输入项目文件的名称，单击确定按钮，完成新建项目。

图 5.20

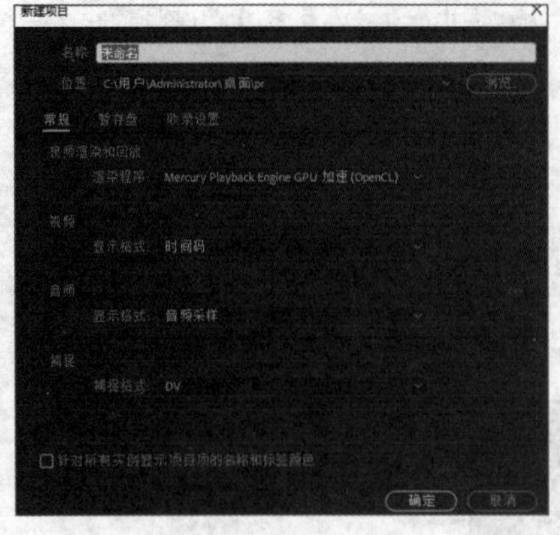

图 5.21

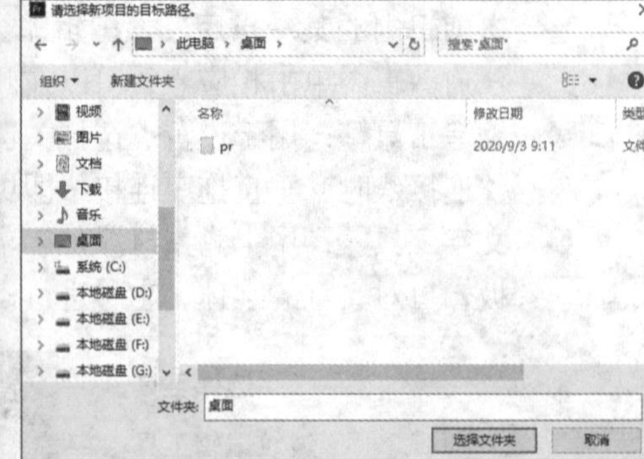

图 5.22

知识提示 新建项目时若指定了保存位置，那么在后续的操作中应尽量不要更改。默认情况下，Premiere Pro CC 2018 会将渲染的预览、匹配的音频文件以及捕捉的音频和视频存储在用于存储项目的文件夹中。移动项目文件还需要移动其关联文件。

（2）新建序列

序列是将多个剪辑以时间为序进行排列组合的一个集合，包括上下轨道关系、过渡效果及特效等内容。序列是可以嵌套的，一个项目可以包含多个序列，项目中各序列的设置彼此不同。在单个项目中，可将单个段编辑为单独的序列，然后将这些段嵌套到更长的序列中将它们合并为最终序列。新建序列的方法有以下 3 种。

- 在“项目”面板右下角单击“新建项”按钮，在打开的下拉列表中选择“序列”选项。
- 选择【文件】/【新建】/【序列】菜单命令。
- 在“项目”面板空白处单击鼠标右键，在弹出的快捷菜单中选择【新建项目】/【序列】命令。

运用上述 3 种方法都将打开“新建序列”对话框，在“序列预设”选项卡中选择一种预设，如图 5.23 所示。单击“设置”选项卡，对各种参数进行设置，如图 5.24 所示。单击 确定 按钮完成序列的创建。

“设置”选项卡中的各项参数的具体含义如下。

- **“编辑模式”下拉列表框**：用于设置预览文件和播放的视频格式。编辑模式不是视频最终格式。
- **“时基”下拉列表框**：用于设置用于计算每个编辑点的时间位置。通常，24 用于编辑电影胶片，25 用于编辑 PAL 制式和 SECAM 制式的视频，29.97 用于编辑 NTSC 制式的视频。
- **帧大小**：用于设置指定播放序列时帧的尺寸（以像素为单位）。大多数情况下，项目的帧大小与源文件的帧大小保持一致。序列的最大帧大小是 10 240 像素 ×8 192 像素。

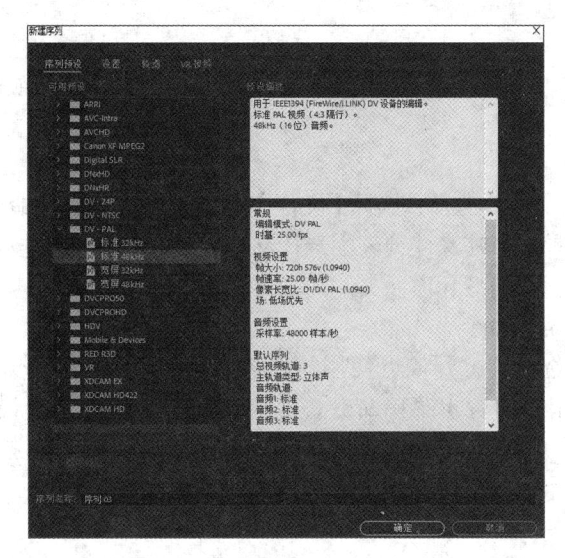

图 5.23

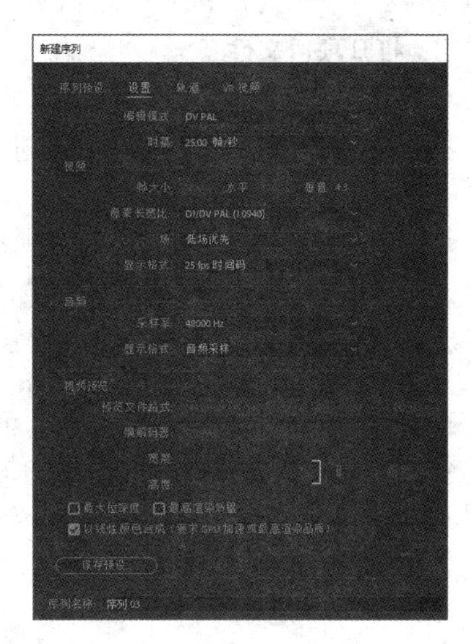

图 5.24

- **“像素长宽比”下拉列表框：**用于设置像素在长和宽中所占的比例。如果使用的像素长宽比不同于视频的像素长宽比，则该视频在渲染时会产生扭曲。
- **“场”下拉列表框：**用于设置指定帧的场序。如果使用的是逐行扫描，则选择“无场（逐行扫描）”选项。
- **“显示格式”下拉列表框：**用于设置时间码格式，包括 25fps 时间码、英尺 + 帧 16mm、英尺 + 帧 35mm、画框几种格式。
- **“采样率”下拉列表框：**用于设置重新采样或设置与源音频不同的速率，但设置后需要额外的处理时间，而且会影响品质。高品质的音频需要更多的磁盘空间和处理时间。
- **“显示格式”下拉列表框：**用于设置显示格式是使用音频采样还是以毫秒作为音频时间显示的单位。
- **“预览文件格式”下拉列表框：**用于设置预览文件的格式，达到在渲染时间较少和文件较小的情况下提供最佳的预览效果。
- **“编解码器”下拉列表框：**用于设置为序列创建预览文件的编解码器。
- **“宽度”数值框：**用于指定视频预览的帧宽度，该数值受源媒体的像素长宽比的限制。
- **“高度”数值框：**用于指定视频预览的帧高度，该数值受源媒体的像素长宽比的限制。
- **“重置”按钮：**用于清除现有预览尺寸并为所有后续预览指定全尺寸。
- **“最大位深度”复选框：**选中该复选框，将使颜色位深度最大化，以包含按顺序回放的视频。
- **“最高渲染质量”复选框：**选中该复选框，将从大格式缩放到小格式，或从高清晰度格式缩放到标准清晰度格式，以最高渲染质量保持锐化细节。“最高渲染质量”可使所渲染剪辑和序列中的运动质量达到最佳效果。选中此复选框通常会使移动资源的渲染更加锐化。
- **“以线性颜色合成（要求 GPU 加速或最高渲染品质）”复选框：**选中该复选框，将使用 GPU 加速渲染视频。取消选中该复选框，会加快视频预览速度。
- **[保存预设] 按钮：**单击该按钮会打开“保存序列预设”对话框，可以在其中命名、描述序列。

2．打开项目文件

要修改和处理原有的项目文件，应先打开项目文件。打开项目文件可以选择“打开项目”和“打开最近使用的内容”菜单命令进行。

（1）选择“打开项目”菜单命令

选择“打开项目”菜单命令打开项目文件的方法：选择【文件】/【打开项目】菜单命令，打开“打开”对话框，选择项目文件所在路径，在文件列表中选择文件名。单击打开(O)按钮，打开所选的项目文件；单击取消按钮，取消打开项目文件的操作。

（2）选择“打开最近使用的内容”菜单命令

要打开最近打开过的项目文件，可选择“打开最近使用的内容”菜单命令快速打开。其方法是选择【文件】/【打开最近使用的内容】菜单命令，在弹出的子菜单中选择最近打开过的项目文件（系统默认为10个），单击想要打开的项目文件的名称，可迅速打开该文件。

知识提示

Premiere Pro CC 2018不会将视频、音频或静止图像文件存储在项目文件中，而只会存储对这些文件的引用。如果移动、重命名或删除了源文件，则再次打开项目时，Premiere Pro CC 2018会打开“链接媒体”对话框，这表示有素材文件丢失或素材的物理路径发生了改变，如图5.25所示。此时可以单击脱机按钮、全部脱机按钮直接打开项目，但在“项目”面板中会显示“脱机项目”图标，表示脱机剪辑，在“时间轴”面板、“节目监视器”面板和其他位置会显示“媒体脱机”。单击查找按钮可以对丢失文件进行搜索。脱机是将缺失文件替换为脱机剪辑（用于保留项目中任意位置对缺失文件的全部引用的占位符）。

全部脱机与脱机一样，全部脱机将所有缺失文件替换为永久脱机文件。若不用查找丢失的媒体文件，则可直接打开项目；若需要查找，则可启动Windows资源管理器或Finder搜索功能。

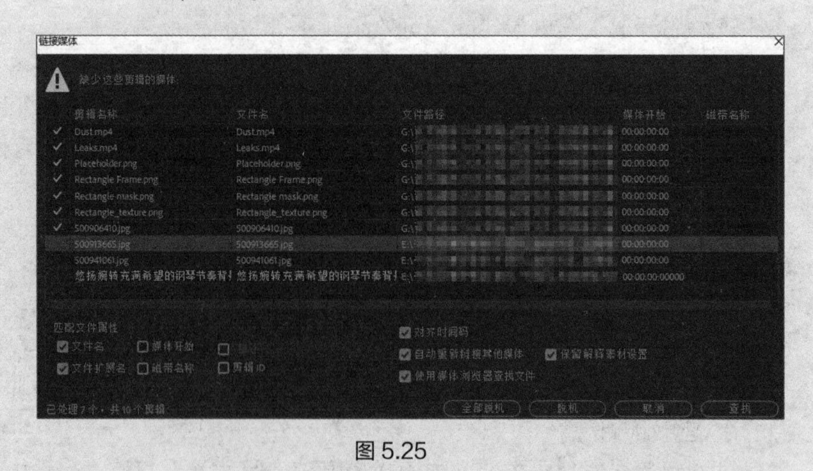

图5.25

3．保存项目文件

创建或编辑项目文件后，必须对该项目文件进行保存。保存项目文件的方法主要有以下两种。

- 选择【文件】/【保存】菜单命令直接保存项目文件。
- 选择【文件】/【另存为】菜单命令，打开"保存项目"对话框，输入文件名，设置保存位置，单击 保存(S) 按钮保存文件。

知识提示

选择【编辑】/【首选项】/【自动保存】菜单命令可以自动将项目的副本保存在 Premiere Pro CC 2018 的"自动保存"文件夹中。

5.2.4 导入素材文件

在 Premiere Pro CC 2018 中进行创作之前，应先准备好素材，为便于管理，还应将所有素材放到同一个文件夹下。素材是指制作视频的原始视频及音频资料，Premiere Pro CC 2018 利用"项目"面板存放素材。只有导入"项目"面板中的素材才能在后期编辑或制作过程中使用。将素材导入"项目"面板中后，将会显示文件的详细信息，如名称、属性、大小、持续时间、文件路径、备注等。

在"项目"面板中可导入文件、文件夹、项目文件 3 种素材，下面对其导入方法进行介绍。

1. 导入文件、文件夹素材

导入文件、文件夹素材的方法有 4 种。

- 直接在"项目"面板的空白处双击，打开"导入"对话框，选择所需的图像、视频、音频素材文件或文件夹。单击 打开(O) 按钮，选中的素材文件或文件夹将导入"项目"面板中。
- 直接将素材文件或文件夹拖入"项目"面板中。
- 选择【文件】/【导入】菜单命令。
- 导入图像序列素材时，进入图像文件夹后，选中第一张，然后选中"图像序列"复选框，如图 5.26 所示，单击 打开(O) 按钮。

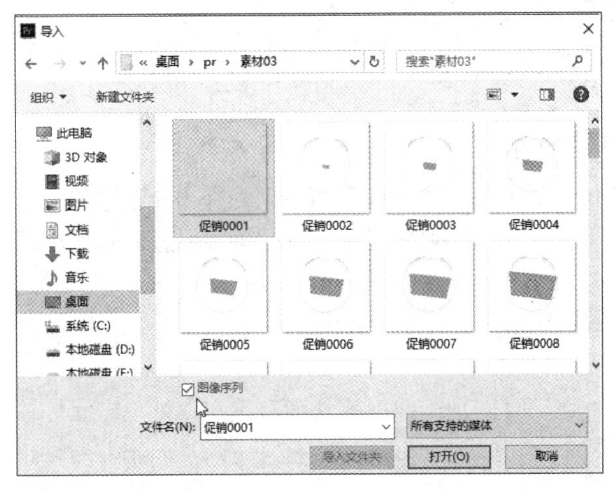

图 5.26

2. 导入项目文件

在当前项目中可以导入 Premiere 的另一个项目文件。在导入的项目文件中包含了该项目的素材文件、文件夹等，它保留了该项目的所有设置。导入项目文件的方法：选择【文件】/【导入】/【项目】菜单命令或在“项目”面板中的空白区域单击鼠标右键，在弹出的快捷菜单中选择“导入”命令，打开“导入项目”对话框；在对话框中选中要导入的项目，单击 打开(O) 按钮，打开“导入项目”对话框，如图5.27所示；选中“导入整个项目”单选项，会将项目全部导入，选中“导入所选序列”单选项，会打开“导入Premiere Pro序列”对话框，如图5.28所示，在其中选择需要导入的序列选项；选择好序列选项后单击 确定 按钮。

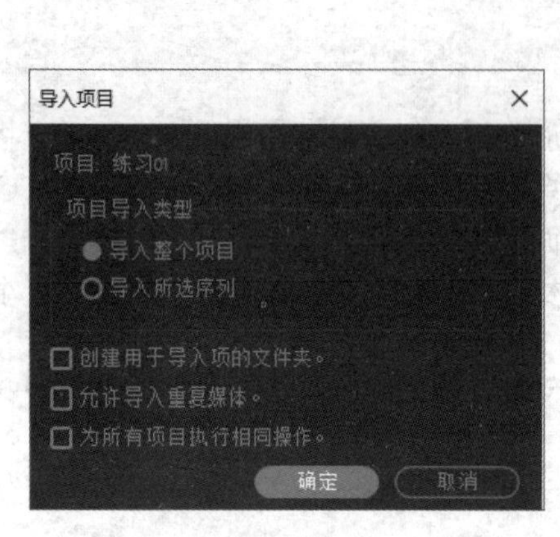

图5.27

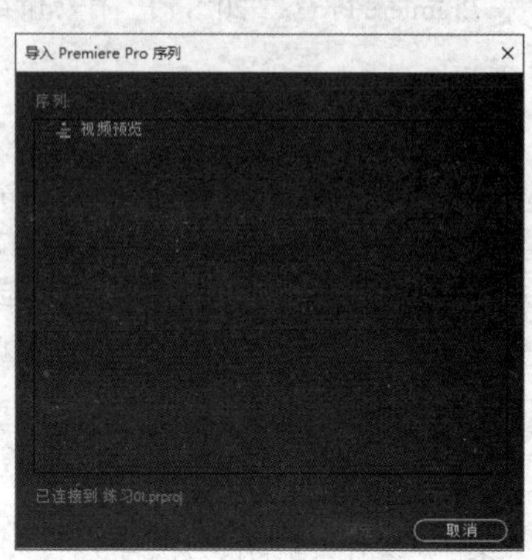

图5.28

5.3 编辑视频

剪辑是将视频制作中所需的大量素材，经过选择、剪切、组合等操作，最终合成为一个播放流畅、主题鲜明的视频的过程。Premiere Pro CC 2018中的剪辑过程是非线性的，用户可以在任何时候插入、复制、替换、传递、删除多余的片段，进行各种各样的顺序和效果实验，在预演满意后合成最终影片。

下面通过在“时间轴”面板中添加和删除轨道、添加素材到序列以及修剪视频，来讲解编辑视频的基础知识。

5.3.1 添加和删除轨道

“时间轴”面板包含了多个序列面板，而序列则是由轨道组成的，包括视频轨道和音频轨道。项目文件中的所有内容都必须拖曳至“时间轴”面板的轨道中才能编辑，因此需要先掌握轨道的基础知识。系统默认序列存在3个视频轨道、3个音频轨道、1个主音频轨道，在实际制作过程中，可根据需要进行添加和删除。

1. 添加轨道

添加轨道的方法：在“时间轴”面板的轨道右侧空白处单击鼠标右键，在弹出的快捷菜单中选择“添加轨道”命令，如图5.29所示；打开“添加轨道”对话框，在“视频轨道”栏中的“添加”数值框中输入需要添加的轨道数量，在“音频轨道”栏中的“添加”数值框中输入需要添加的轨道数量，然后选择“放置”下拉列表框中的选项，选择“轨道类型”下拉列表框中的选项，如图5.30所示；单击 确定 按钮完成设置，返回Premiere Pro CC 2018的工作界面，即可查看添加的视频和音频轨道，如图5.31所示。

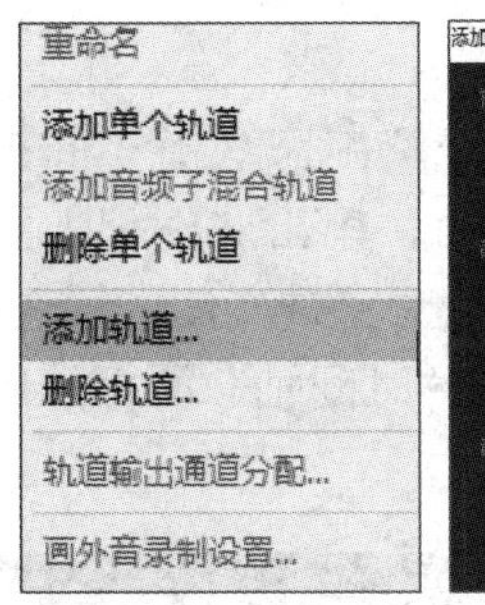

图 5.29

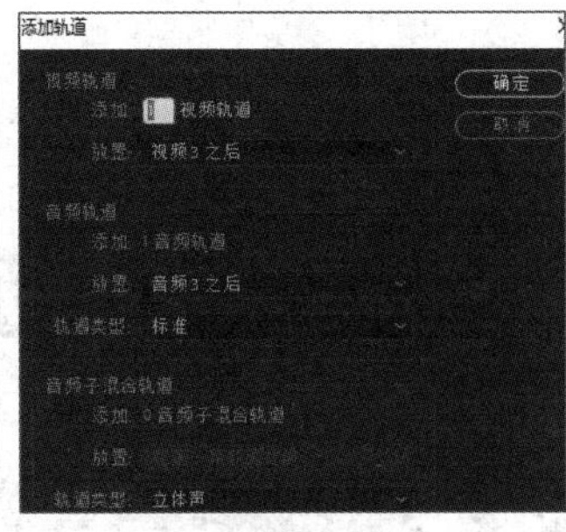

图 5.30

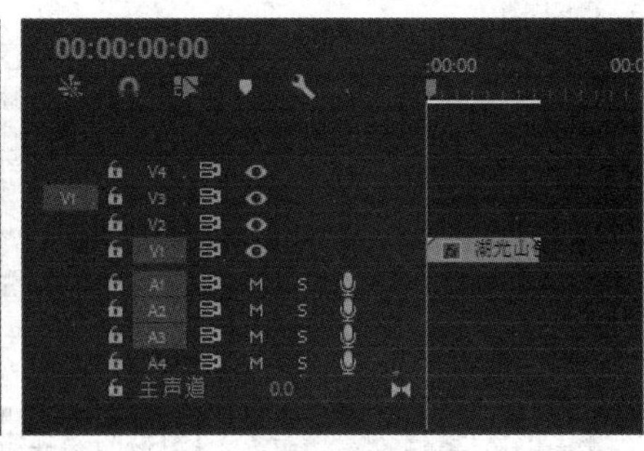

图 5.31

2. 删除轨道

如果项目文件中有太多的空白轨道，则可将其删除以减小项目文件的大小，并且避免引起误操作。删除轨道有两种方法，一种是删除当前选择的轨道，另一种是选择需要删除的轨道。

- **删除当前选择的轨道：**在需要删除的轨道右侧的空白处单击鼠标右键，在弹出的快捷菜单中选择“删除单个轨道”命令，如图 5.32 所示。
- **选择需要删除的轨道：**在任意轨道右侧的空白处单击鼠标右键，在弹出的快捷菜单中选择“删除轨道”命令，打开“删除轨道”对话框，选择要删除的轨道，如图 5.33 所示。

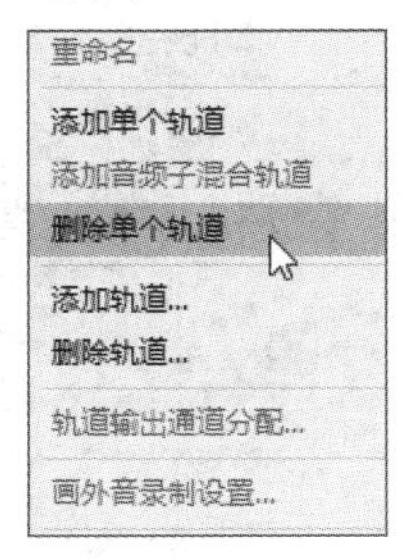

图 5.32

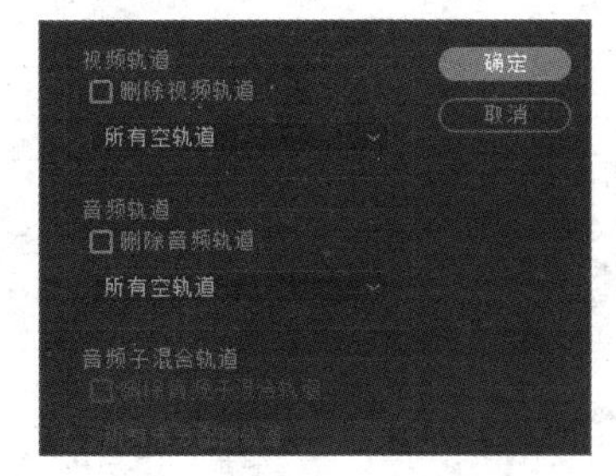

图 5.33

5.3.2 添加素材到序列

在编辑视频前，需要先将素材添加至序列中才能进行后续操作。下面分别对将素材添加到序列、将素材插入序列和将素材覆盖到序列进行介绍。

1. 将素材添加到序列

将素材添加到序列的方法：在“项目”面板中选择需要添加的素材，将其拖曳到需要添加素材的轨道上，当鼠标指针变为形状时释放鼠标左键，如图 5.34 所示。当用户添加了需要的素材后，按【空格】键可以播放当前序列中所有轨道的内容。

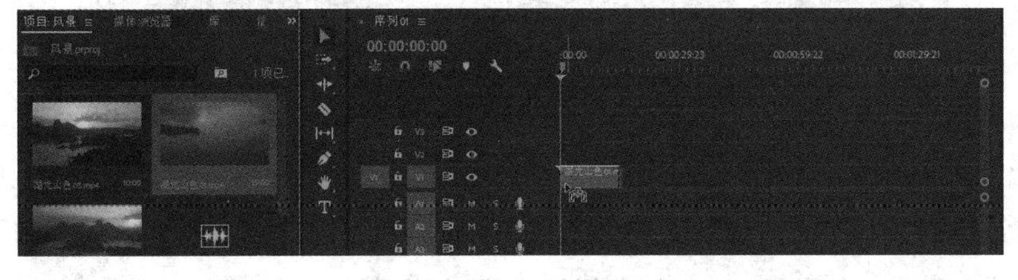

图 5.34

2．将素材插入序列

将素材插入序列的方法：在“项目”面板中双击素材文件，在“源监视器”面板中打开素材，根据视频制作需求，将播放指示器定位在开始的时间点，单击“标记入点”按钮，将播放指示器定位在结束的时间点，单击“标记出点”按钮对素材文件进行选取，如图5.35所示；单击“插入”按钮将选取好的素材文件直接插入“时间轴”面板的序列中，如图5.36所示。

图5.35

图5.36

知识提示

入点和出点定义剪辑或序列的某一特定部分。设置剪辑的入点和出点的方法称为标记。入点是序列的第一帧，出点是序列的最后一帧。

3．将素材覆盖到序列

将素材覆盖到序列的方法：在“项目”面板中双击素材文件，在“源监视器”面板中打开素材，进行选取操作；将播放指示器置于序列中要覆盖剪辑的起始点，选中需要进行覆盖操作的轨道，将其设定为目标轨道，最后在“源监视器”面板中单击“覆盖”按钮，完成后的“时间轴”面板如图5.37所示。

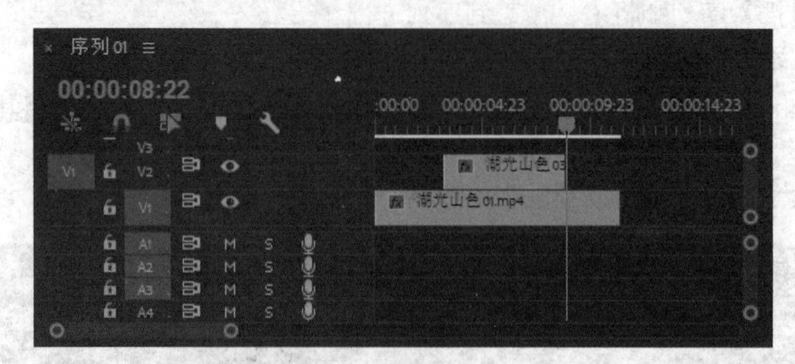

图5.37

5.3.3 修剪视频

在制作视频时，对不需要的部分进行修剪可以使视频的播放更加流畅、紧凑。可以使用选择工具、剃刀工具和波纹编辑工具对视频进行修剪，下面对具体操作进行讲解。

1. 使用选择工具修剪

在“时间轴”面板中，可以使用选择工具对视频进行修剪。其方法是选中要编辑的入点，在出现“修剪入点”图标后拖曳剪辑的左边缘；选中要编辑的出点，在出现“修剪出点”图标后拖曳剪辑的右边缘。拖曳时，当前入点或出点会显示在“节目监视器”面板中，如图5.38所示。修剪时不能超出源素材的原始入点和出点。

图5.38

> **知识提示** 使用选择工具修剪只会影响单个剪辑的编辑点，而不会影响相邻剪辑。使用选择工具进行修剪时，会在“时间轴”面板中留下间隙，因此，需要同时修剪多个编辑点或移动相邻剪辑。

2. 使用剃刀工具修剪

在“时间轴”面板中，可以使用剃刀工具修剪视频。其方法是选中要编辑的入点和出点，使用剃刀工具在需要修剪的位置单击，如图5.39所示；使用选择工具单击修剪后多余的素材，按【Delete】键删除，如图5.40所示。

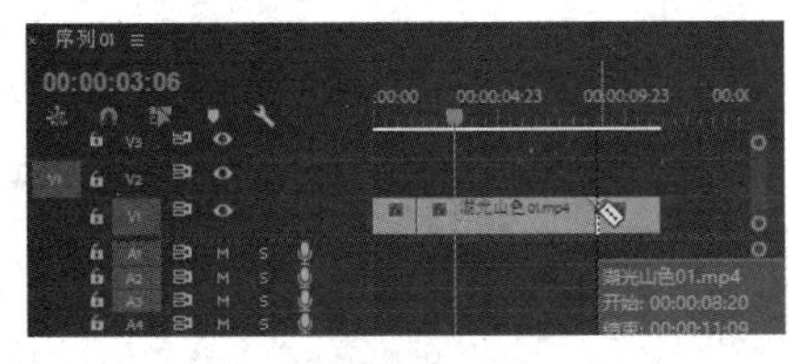

图5.39

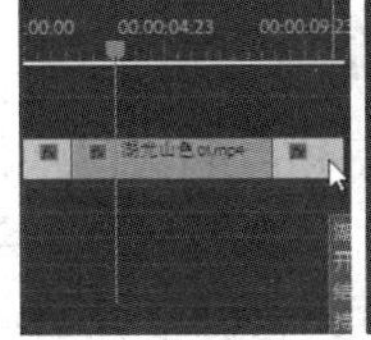
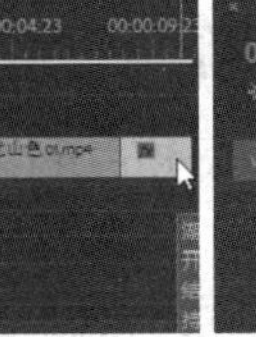
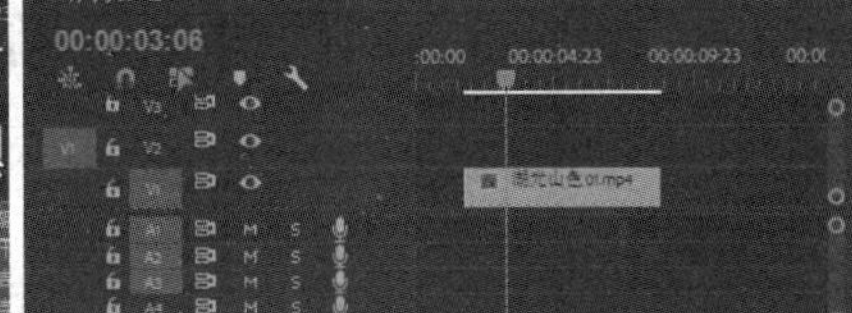

图5.40

3. 使用波纹编辑工具修剪

在“时间轴”面板中，可以使用波纹编辑工具修剪视频。其方法是选择波纹编辑工具，选中要编辑的入点，在出现“波纹入点”图标后拖曳剪辑的左边缘；选中要编辑的出点，在出现“波纹出点”图标后拖曳剪辑的右边缘，如图5.41所示。波纹编辑工具可以封闭由修剪导致的间隙，并保留对修剪剪辑左侧或右侧的所有编辑。

4. 更改剪辑的持续时间和速度

剪辑的持续时间是指从入点到出点的播放时长，用户可以设置剪辑的持续时间，以使其以加速或降速的方式填充持续时间。剪辑的速度是指视频回放速率与录制速率之比，用户可以同时更改一个或多个剪辑的速度和持续时间。在 Premiere Pro CC 2018 中可以使用“速度 / 持续时间”命令和比率拉伸工具修改剪辑的持续时间和速度。

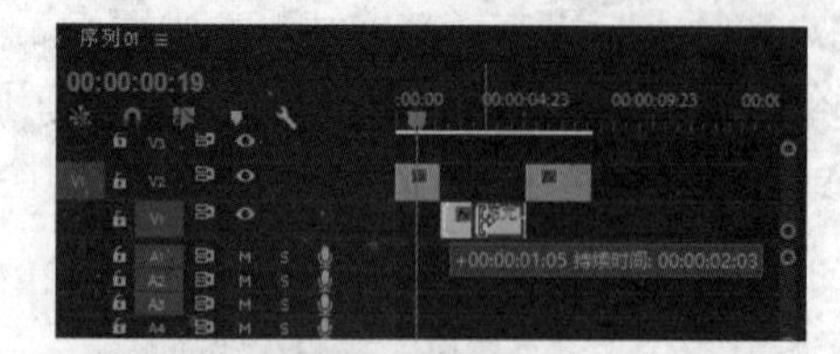
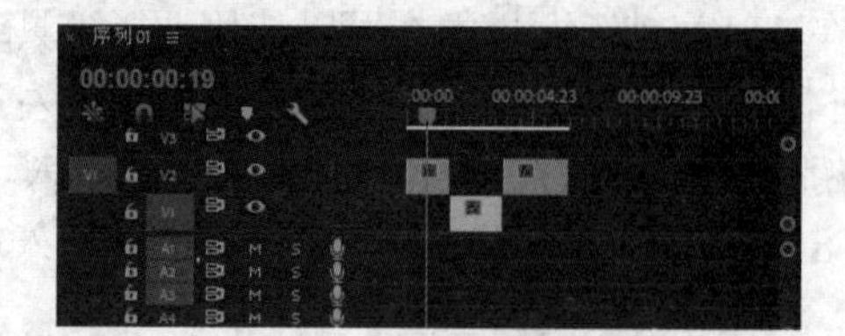

图 5.41

（1）使用“速度 / 持续时间”命令

在“时间轴”面板或“项目”面板中选择一个或多个素材文件，可以更改素材的持续时间和速度。其方法是选中素材文件，选择【剪辑】/【速度 / 持续时间】菜单命令，或单击鼠标右键，在弹出的快捷菜单中选择“速度 / 持续时间”命令，打开“剪辑速度 / 持续时间”对话框，如图 5.42 所示，更改剪辑的持续时间和速度。

（2）使用比率拉伸工具

在 Premiere Pro CC 2018 中使用比率拉伸工具可以在“时间轴”面板中更改持续时间和速度。利用比率拉伸工具可以将速度拉伸或压缩到所需的百分比。其方法是在“时间轴”面板中使用比率拉伸工具选择需要更改的素材，拖曳素材文件的两侧边缘之一，更改速度以适应持续时间，如图 5.43 所示。

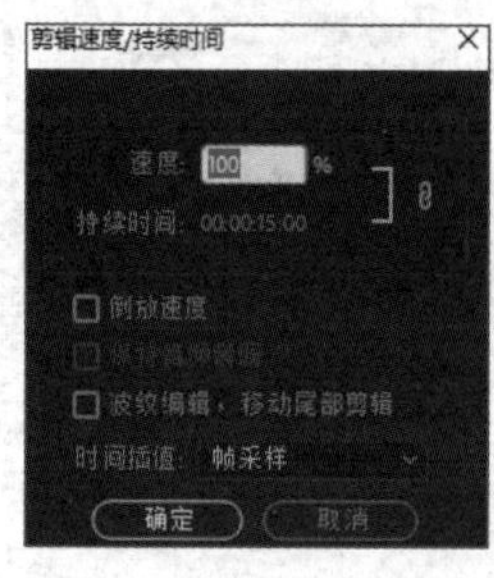

图 5.42

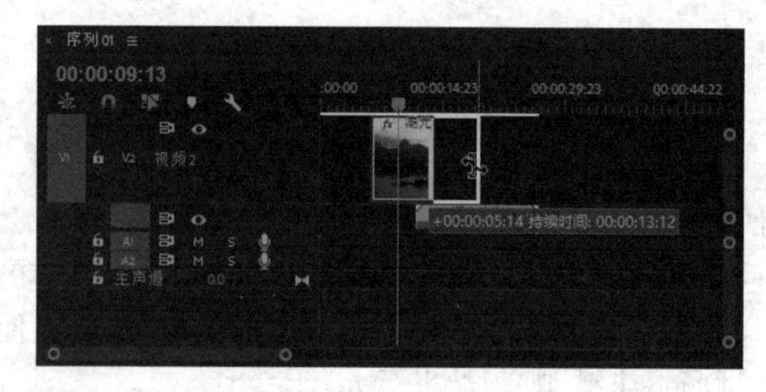

图 5.43

5.3.4 实例——制作风景视频

制作风景视频的目的是将不同拍摄角度的风景视频通过修剪合成为一个视频。下面将风景素材文件导入Premiere Pro CC 2018中，使用剃刀工具和选择工具对素材文件进行修剪，并使用“速度 / 持续时间”命令对速度进行调整，其具体操作如下。

STEP 1 在 Premiere Pro CC 2018 中新建项目文件，双击“项目”面板的空白处，打开“导入”对话框，选择“湖光山色 01.mp4”“湖光山色 02.mp4”“湖光山色 03.mp4”素材文件（配套资源 :\ 素材文件 \ 第 5 章 \ 风景素材），单击打开(O)按钮将其导入“项目”面板。

STEP 2 依次将“湖光山色 02.mp4”“湖光山色 01.mp4”“湖光山色 03.mp4”拖曳至“时间轴”面板中的 V1、V2、V3 视频轨道中，如图 5.44 所示。

STEP 3 使用剃刀工具，分别在 V1 视频轨道文件的 00:00:14:00 处和 V2 视频轨道文件的 00:00:18:00 处单击进行修剪，如图 5.45 所示。

STEP 4 使用选择工具单击选中V1视频轨道中修剪后的前半部分素材文件，按【Delete】键将其删除。

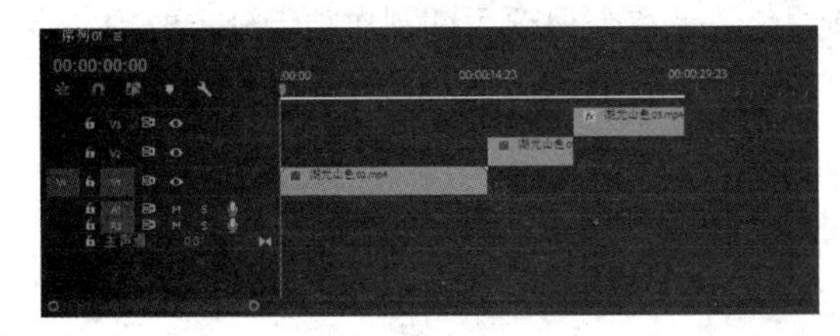

图 5.44

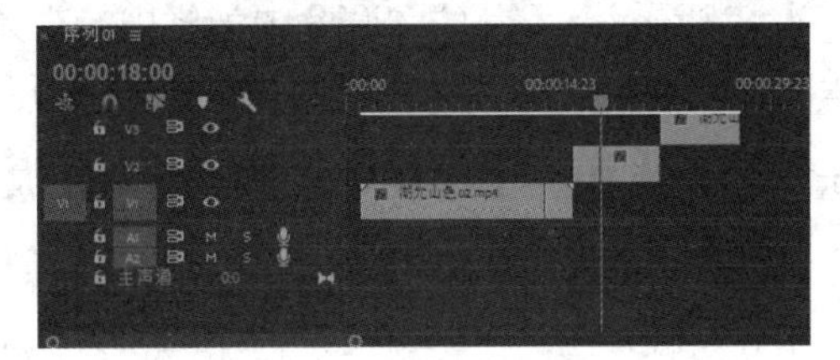

图 5.45

STEP 5 单击选中V1视频轨道中剩余的素材文件、V2视频轨道中的第二个素材文件和V3视频轨道中的第三个素材文件，单击鼠标右键，在弹出的快捷菜单中选择“速度/持续时间”命令，如图5.46所示。打开“剪辑速度/持续时间”对话框，在速度数值框中输入“150”，如图5.47所示。单击确定按钮完成操作。

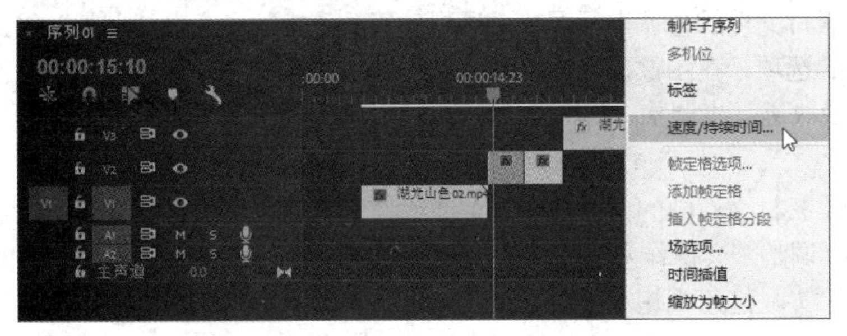

图 5.46

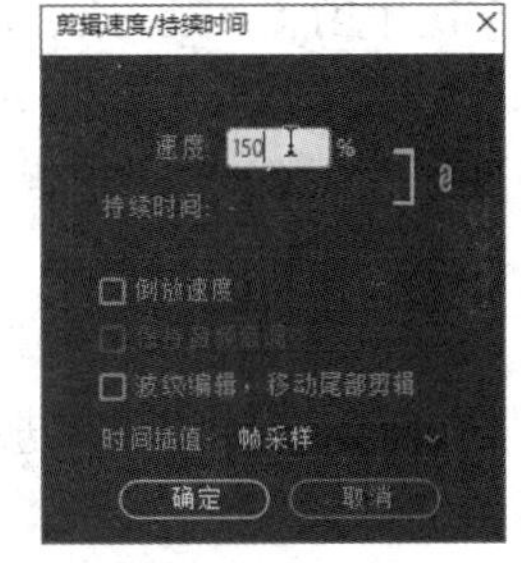

图 5.47

STEP 6 使用选择工具对“时间轴”面板中修剪和调整后的素材文件进行拖曳，消除素材文件之间的空隙，完成后的效果如图5.48所示。

STEP 7 按【Ctrl+S】组合键保存视频文件（配套资源:\效果文件\第5章\风景视频）。

图 5.48

5.4 调整视频颜色

在 Premiere Pro CC 2018 中为修剪的视频调色，是整个视频后期制作中十分重要的一步，单击活动面板中的“颜色”面板，打开“Lumetri 颜色”面板，可以对视频进行调色处理。

5.4.1 认识“Lumetri 颜色”面板

“Lumetri 颜色”面板包括基本校正、创意、曲线、色轮、HSL 辅助、晕影等功能模块，每个部分的侧重点不同，下面分别进行介绍。

1．基本校正

使用基本校正功能可以校正或还原素材文件的颜色，修正其中过暗或过亮的区域，调整曝光与明暗对比，等等。基本校正包含输入 LUT、白平衡、色调和饱和度等校正参数，如图 5.49 所示。

2．创意

使用创意功能可以对素材文件的色调进行调整，达到良好的艺术效果，在“创意”中选择“Look”下拉列表框中的选项，在图像预览框中可以直观地看到调整后的效果，还可以拖动强度、调整、色彩平衡滑块进一步调整，如图 5.50 所示。

3．曲线

使用曲线功能可以调整素材文件中的色调范围。主曲线控制亮度，红、绿、蓝通道曲线可以对选定的颜色范围进行调整。其操作方法与常规的 RGB 曲线类似。

除了 RGB 曲线，还可以调整色相饱和度曲线对素材文件进行进一步处理，如图 5.51 所示。

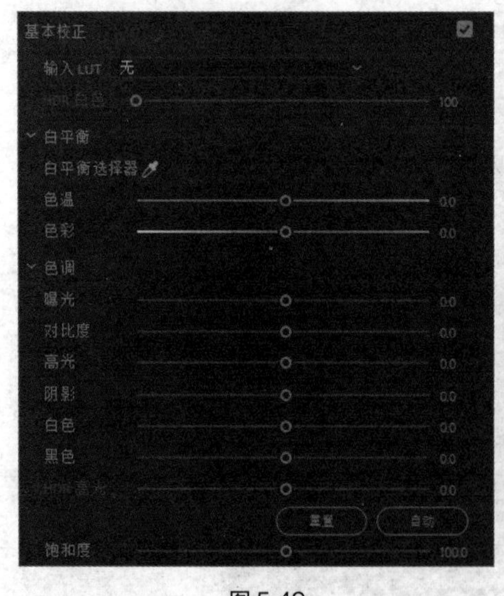

图 5.49

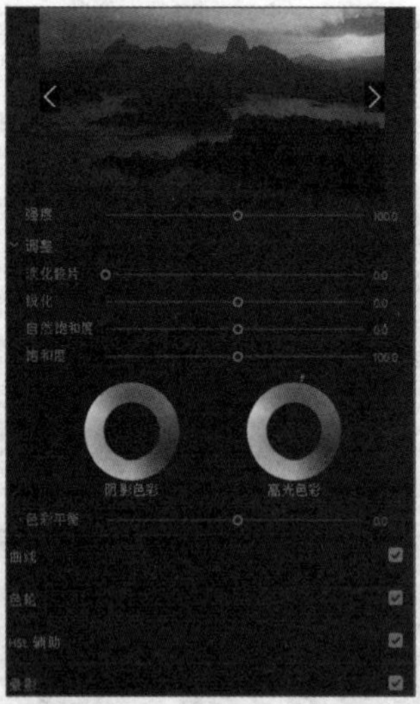

图 5.50

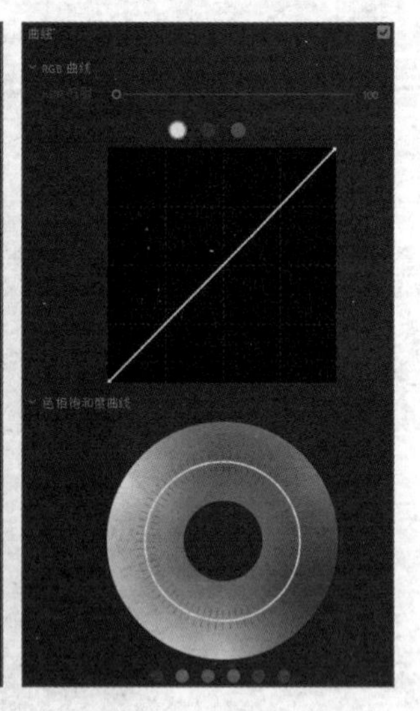

图 5.51

4．色轮

使用色轮功能可以调整或强化高光、阴影和中间调的色彩。3 个色轮分别控制高光、阴影、中间调的颜色及亮度。利用它们很容易调整出诸如橙青色调等各类色调，如图 5.52 所示。

5. HSL 辅助

HSL 辅助功能通过“键”来选择区域并设置遮罩，通过“优化”来调整遮罩边缘，通过“更正”来调色，适用于局部调色，如图 5.53 所示。

6. 晕影

使用晕影功能可以实现中心处明亮、边缘逐渐淡出的外观效果，可以控制边缘的大小、形状以及变亮或变暗量，如图 5.54 所示。

图 5.52

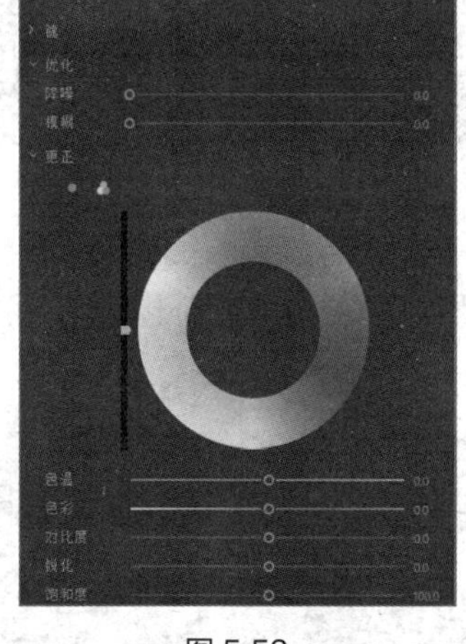

图 5.53

图 5.54

5.4.2 实例——风景视频调色

风景视频调色的目的是对视频进行调色处理，使其达到更好的视觉效果。下面将风景素材文件导入 Premiere Pro CC 2018 中，使用“Lumetri 颜色”面板的基本校正、曲线、HSL 辅助、晕影等功能模块对视频颜色进行调整，其具体操作如下。

STEP 1 在 Premiere Pro CC 2018 中新建项目文件，双击“项目”面板的空白处，打开“导入”对话框，选择“未调色风景 .mp4”素材文件（配套资源 :\ 素材文件 \ 第 5 章 \ 未调色风景 .mp4），单击  打开(O) 按钮将其导入“项目”面板。

STEP 2 将“未调色风景 .mp4”视频素材拖曳至“时间轴”面板中的 V1 视频轨道中，如图 5.55 所示。

STEP 3 单击活动面板中的“颜色”选项卡，打开“Lumetri 颜色”面板，在“时间轴”面板中单击“未调色风景”，激活“Lumetri 颜色”面板。

STEP 4 在“Lumetri 颜色”面板中单击“基本校正”选项卡，单击“白平衡”左侧的下拉按钮▶，在打开的下拉列表中设置色温为“35.0”，色彩为“10.0”，如图 5.56 所示。

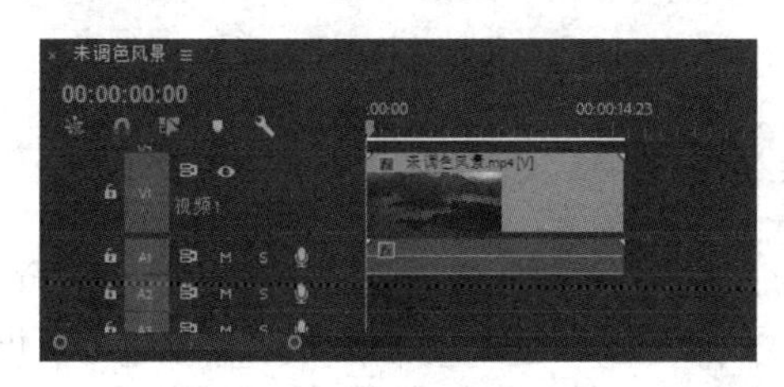

图 5.55

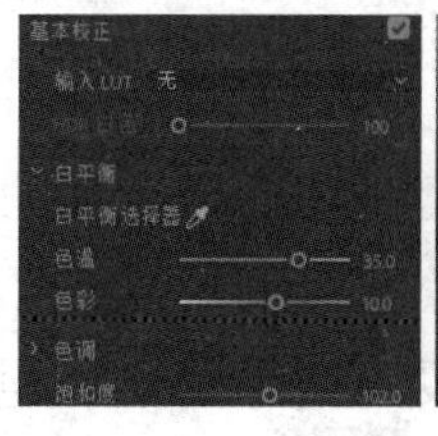

图 5.56

STEP 5 单击“色调”左侧的下拉按钮，在打开的下拉列表中设置曝光为“1.0”，对比度为“-8.0”，高光为“-6.0”，阴影为“15.0”，白色为“6.0”，黑色为“8.0”，HDR高光为“2.0”，饱和度为“102.0”，如图5.57所示。

图5.57

STEP 6 在“Lumetri 颜色”面板中单击“曲线”选项卡，在“RGB 曲线”面板中依次单击亮度、红色、绿色和蓝色色块，并在“RGB 曲线”面板中的显示图上拖曳鼠标调整曲线，如图5.58所示。

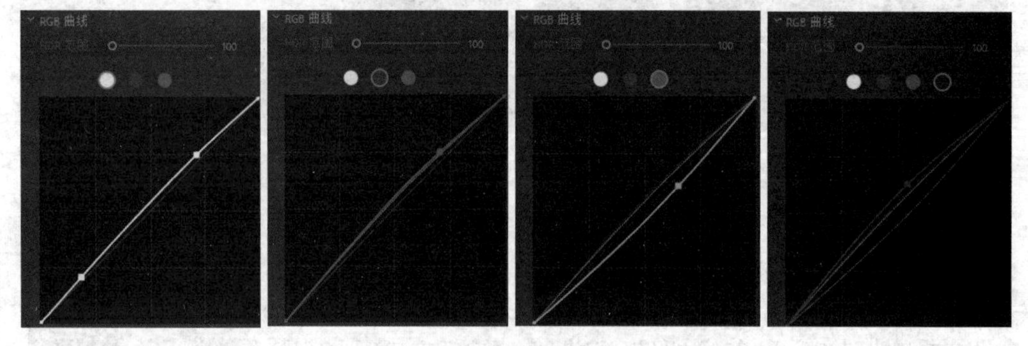

图5.58

STEP 7 按【空格】键进行预览，风景视频调色前后的对比效果如图5.59所示。

STEP 8 按【Ctrl+S】组合键保存风景视频文件（配套资源:\效果文件\第5章\风景调色\）。

图5.59

5.5 添加视频过渡

添加视频过渡是指在视频文件之间添加视频与视频切换时的过渡效果。在Premiere Pro CC 2018中，视频过渡可以是交叉淡化的效果，也可以是极具艺术性的效果。下面通过认识视频过渡效果、添加和清除过渡效果，以及应用默认过渡效果3个方面来讲解为视频添加过渡的方法。

5.5.1 认识视频过渡效果

“效果”面板的“视频过渡”下拉列表中提供了多种预定义的视频过渡效果，下面介绍常用的过渡效果。

1．3D 运动

“3D 运动”效果包含两种效果，分别是立方体旋转、翻转。它们都能实现 3D 场景的效果。

- **立方体旋转：**该效果使用旋转的立方体来显示素材 A 过渡到素材 B 的效果。
- **翻转：**该效果将沿垂直轴翻转素材 A 来显示素材 B，应用该效果时，应在“效果控件”面板中对它的条带数量和填充颜色进行设置。

2．划像

“划像”效果包括 4 种类型，即交叉划像、圆划像、盒形划像、菱形划像。

- **交叉划像：**该效果将使素材 A 以十字形的形式从素材 B 的中心消退，直到完全显示素材 B。
- **圆划像：**该效果使素材 B 以圆形的形式在素材 A 中展开。
- **盒形划像：**该效果使素材 B 以矩形的形式在素材 A 中展开。
- **菱形划像：**该效果使素材 B 以菱形的形式在素材 A 中展开。

3．擦除

“擦除”效果包括 17 种类型，即划出、双侧平推门、带状擦除、径向擦除、插入、时钟式擦除、棋盘、棋盘擦除、楔形擦除、水波块、油漆飞溅、渐变擦除、百叶窗、螺旋框、随机块、随机擦除、风车。

- **划出：**该效果使素材 B 从左侧开始擦过素材 A。
- **双侧平推门：**该效果使素材 A 以展开和关门的方式过渡到素材 B。
- **带状擦除：**该效果使素材 B 以条状的形式从水平方向进入场景并覆盖素材 A，在“效果控件”面板中，还可以对擦除的方向和数量进行设置。
- **径向擦除：**该效果使素材 B 从场景右上角开始顺时针擦过画面，并覆盖素材 A。
- **插入：**该效果使素材 B 以矩形方框的形式进入场景，并覆盖素材 A。
- **时钟式擦除：**该效果使素材 B 以顺时针方向擦入场景。
- **棋盘：**该效果使素材 A 以棋盘的形式消失，逐渐显示出素材 B。
- **棋盘擦除：**该效果使素材 B 以切片的棋盘方块的形式从左侧逐渐延伸到右侧，覆盖素材 A。应用该效果时，可以在“效果控件”面板中设置其对齐、边框宽度等，如图 5.60 所示。单击 自定义... 按钮，还可打开“棋盘擦除设置”对话框，对水平切片和垂直切片的数量进行设置，如图 5.61 所示。
- **楔形擦除：**该效果使素材 B 以楔形的形式从场景中往下开始过渡，逐渐覆盖素材 A。
- **水波块：**该效果使素材 B 以“Z”字形交错扫过素材 A，应用该效果时，可在“效果控件”面板中单击 自定义... 按钮，在打开的对话框中对水波块在水平和垂直方向上的数量进行设置，如图 5.62 所示。
- **油漆飞溅：**该效果使素材 B 以墨点的形式逐渐覆盖素材 A，过渡到素材 B。

图 5.60

图 5.61

图 5.62

- **渐变擦除**：该效果用一张灰度图像来制作渐变切换，可使素材 A 充满灰度图像的黑色区域，然后素材 B 逐渐擦过屏幕。在应用该效果时，将打开“渐变擦除设置”对话框，单击 选择图像... 按钮可选择作为灰度图像的图像，在“柔和度”数值框中可输入需要过渡边缘的羽化程度，如图 5.63 所示。

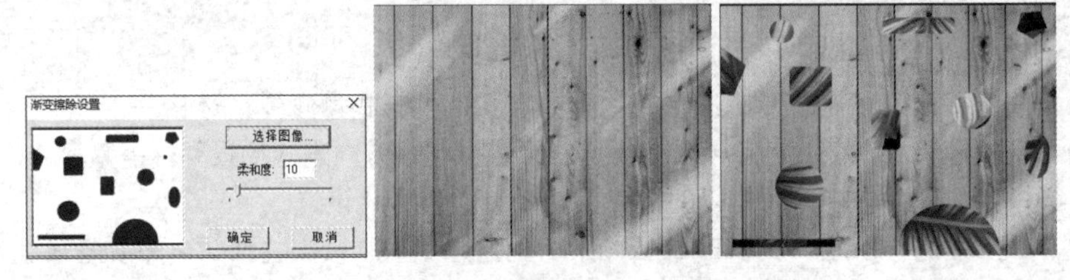

图 5.63

- **百叶窗**：该效果使素材 B 以逐渐加粗的色条显示，其效果类似于百叶窗。应用该效果时，在“效果控件”面板中单击 自定义... 按钮，可打开“百叶窗设置”对话框，对色条的数量进行设置，如图 5.64 所示。

图 5.64

- **螺旋框**：该效果使素材 B 以矩形方框的形式围绕画面移动，就像一个螺旋的条纹。应用该效果时，在“效果控件”面板中单击 自定义... 按钮，在打开的对话框中可对矩形方框在水平和垂直方向上的数量进行设置，如图 5.65 所示。

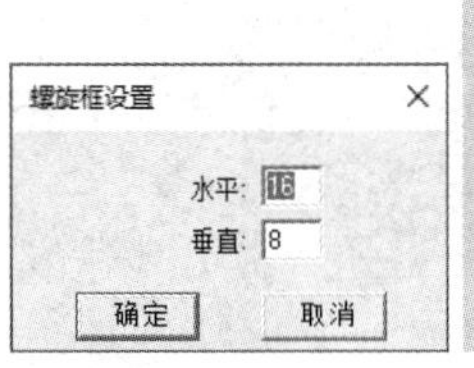

图 5.65

- **随机块：**该效果使素材 B 以矩形方块的形式逐渐遍布整个屏幕。应用该效果时，在“效果控件”面板中单击自定义...按钮，在打开的对话框中可对矩形方块的宽和高进行设置，如图 5.66 所示。

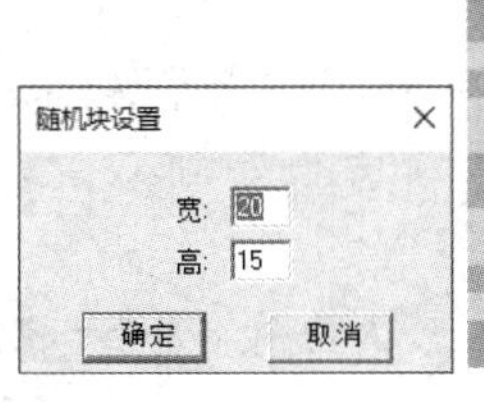

图 5.66

- **随机擦除：**该效果使素材 B 从屏幕上方以逐渐增多的小方块形式覆盖素材 A。
- **风车：**该效果使素材 B 以旋转变大的风车形状出现，并覆盖素材 A。在“效果控件”面板中单击自定义...按钮，在打开的对话框中可对楔形数量进行设置，如图 5.67 所示。

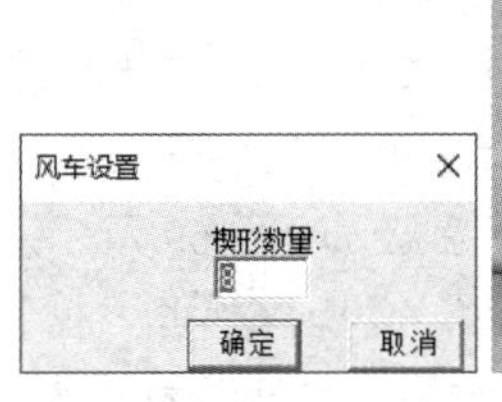

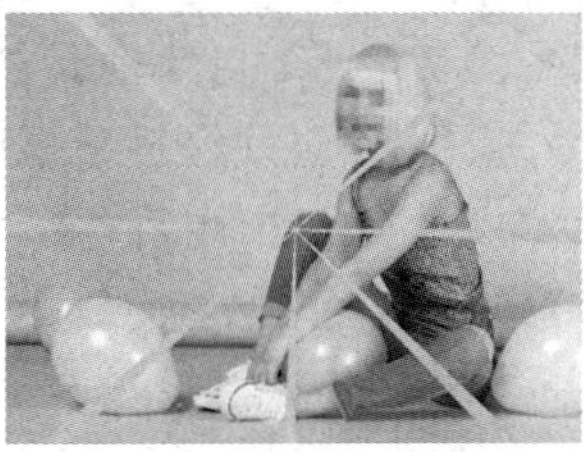

图 5.67

4．滑动

“滑动”效果包括 5 种类型，即中心拆分、带状滑动、拆分、推、滑动。

- **中心拆分：**该效果将素材 A 分为 4 部分，这 4 个部分会滑动到角落以显示素材 B。
- **带状滑动：**该效果使素材 B 在水平、垂直、对角线方向上以条形滑入，逐渐覆盖素材 A。应用该效果时，在“效果控件”面板中单击自定义...按钮，可在打开的对话框中对带数量进行设置，如图 5.68 所示。

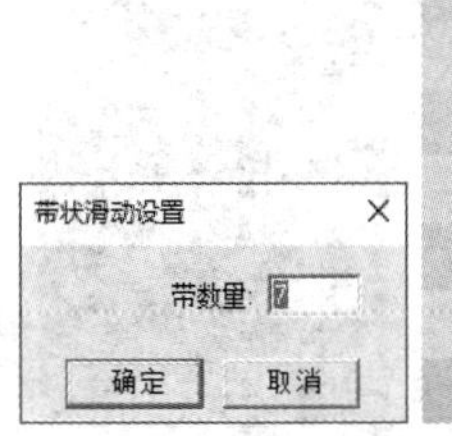

图 5.68

- **拆分**：该效果使素材A拆分并滑动到两边，以显示素材B。
- **推**：该效果使素材B将素材A从场景的左侧推到另一侧。
- **滑动**：该效果使素材B滑动到素材A的上面。

5．缩放

“缩放”效果会先放大素材A，然后缩小素材B。

> **知识提示** 添加切换效果后，可以在“效果控件”面板中对切换效果进行调整，但不同的切换效果可以调整的属性不同，除了以上介绍的知识外，还能对一些切换效果的方向和边框等进行设置，如摆入或旋转等。

5.5.2 添加和清除过渡效果

为剪辑后的视频文件添加过渡效果可以使视频画面看起来更加生动有趣、流畅和谐、完整统一。当视频文件中不需要过渡效果时，可以选择“清除”命令将其删除。

1．添加过渡效果

添加过渡效果需要先在“时间轴”面板中选中素材文件，然后将过渡效果拖曳至素材文件中。下面为图像添加过渡效果以制作动感快闪视频，其具体操作如下。

STEP 1 在Premiere Pro CC 2018中打开“动感图册.prproj”素材文件（配套资源:\素材文件\第5章\动感图册素材）。

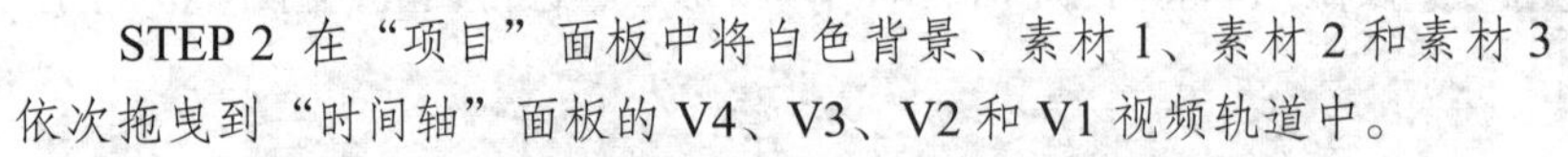

STEP 2 在“项目”面板中将白色背景、素材1、素材2和素材3依次拖曳到“时间轴”面板的V4、V3、V2和V1视频轨道中。

STEP 3 在素材文件上单击鼠标右键，在弹出的快捷菜单中选择“速度/持续时间”命令，分别设置白色背景的持续时间为1秒，素材1、素材2、素材3的持续时间均为2秒，使用选择工具对素材文件的位置进行调整，完成后的“时间轴”面板如图5.69所示。

STEP 4 单击活动面板中的“效果”选项卡，打开“效果”面板，单击“视频过渡”左侧的下拉按钮，打开下拉列表，单击“划像”左侧的下拉按钮，打开下拉列表，选择“菱形划像”选项，如图5.70所示。

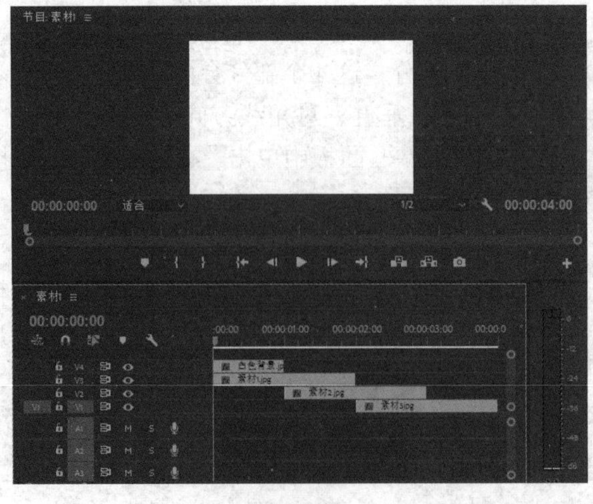

图5.69

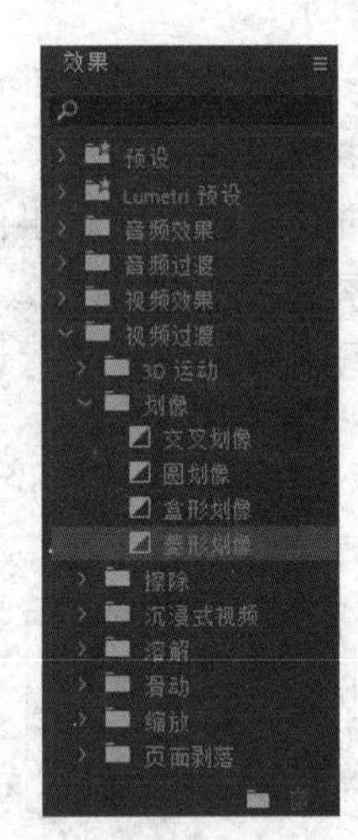

图5.70

STEP 5 拖曳“交叉划像”视频过渡效果至白色背景和素材1两段视频的重叠处，单击“交叉划像”效果图标，打开“效果控件”面板，选中“反向”复选框，如图5.71所示。这样，过渡效果出现的方向就变成了反方向，如图5.72所示。

STEP 6 重复STEP 5的添加效果操作，依次为素材1、素材2和素材3添加“油漆飞溅”视频过渡效果、“翻转”视频过渡效果和“渐隐为白色”视频过渡效果，如图5.73所示。

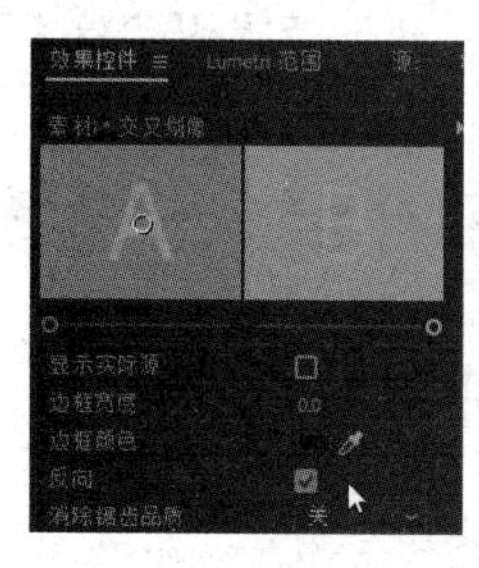

图5.71

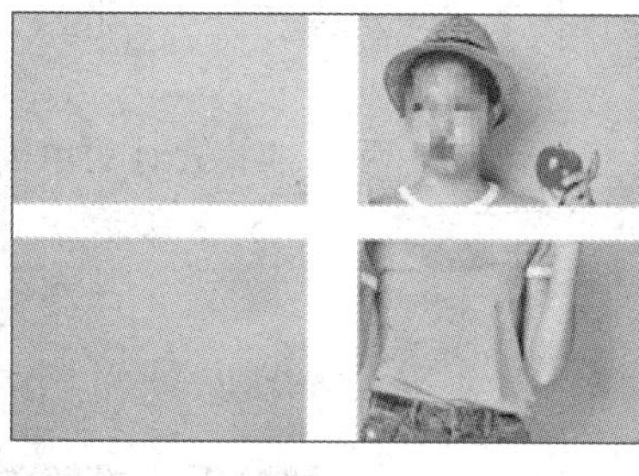

图5.72

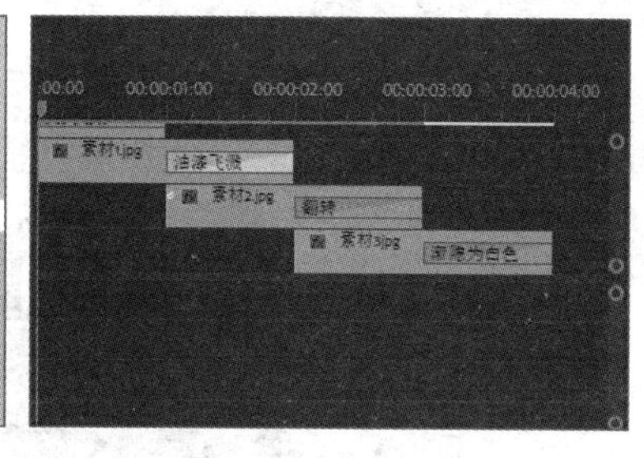

图5.73

STEP 7 单击“翻转”效果图标，打开“效果控件”面板，单击 自定义... 按钮，打开“翻转设置”对话框，设置填充颜色为“#EC8D11”，如图5.74所示。单击 确定 按钮完成设置。

STEP 8 按【空格】键播放，效果如图5.75所示。

STEP 9 按【Ctrl+S】组合键保存视频文件（配套资源:\效果文件\第5章\动感图册）。

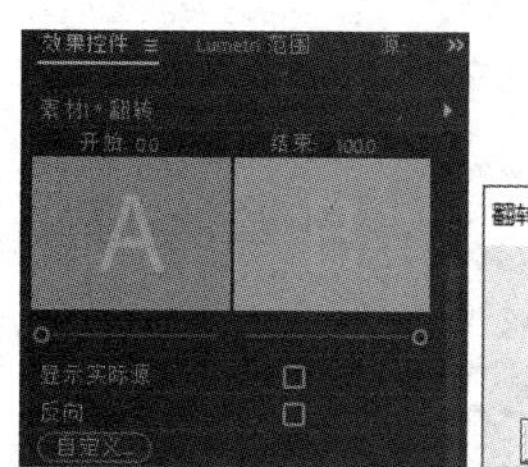

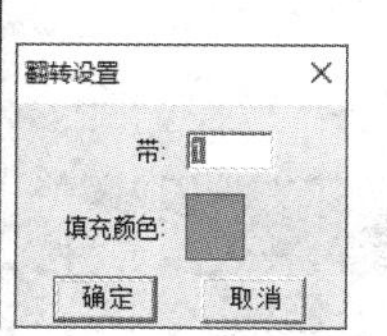

图5.74

图5.75

2．清除过渡效果

在“时间轴”面板中选择已添加过渡效果的视频文件，在过渡效果显示处单击鼠标右键，在弹出的快捷菜单中选择“清除”命令即可清除过渡效果，如图5.76所示。

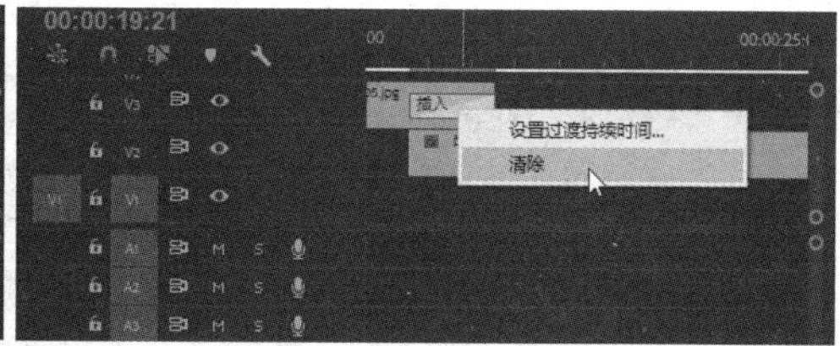

图5.76

5.5.3 应用默认过渡效果

在制作视频的过程中往往需要使用大量的素材片段，并且要为素材添加过渡效果。为素材设置默认过渡效果，可以在“时间轴”面板中快速应用过渡效果，提高工作效率。

下面设置“交叉缩放”过渡效果为默认过渡效果，其具体操作如下。

STEP 1 在 Premiere Pro CC 2018 中打开“食物 .prproj”素材文件（配套资源 :\ 素材文件 \ 第 5 章 \ 食物素材）。

STEP 2 单击活动面板中的“效果”选项卡，打开“效果”面板，单击“视频过渡”左侧的下拉按钮，打开下拉列表，单击“滑动”左侧的下拉按钮，打开下拉列表，选择“推”选项。

STEP 3 单击鼠标右键，在弹出的快捷菜单中选择“将所选过渡设置为默认过渡”命令，如图 5.77 所示。

STEP 4 在“时间轴”面板中将鼠标指针移至两个相邻素材的中间，然后单击鼠标右键，在弹出的快捷菜单中选择“应用默认过渡”命令，如图 5.78 所示。

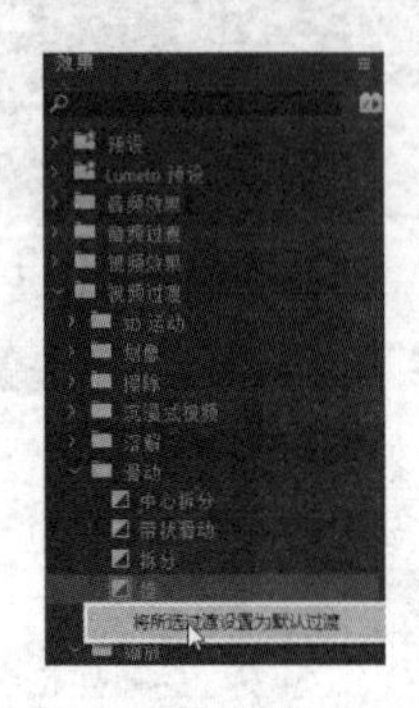

图 5.77

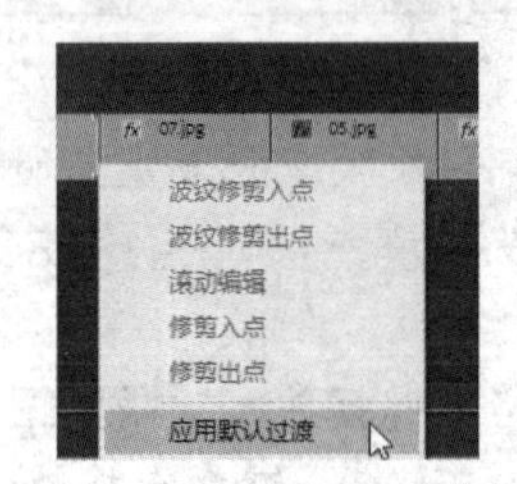

图 5.78

STEP 5 此时自动为素材应用默认过渡效果，按【空格】键进行预览，其效果如图 5.79 所示，然后使用相同的方法为其他素材设置默认过渡效果。

STEP 6 按【Ctrl+S】组合键保存视频文件（配套资源 :\ 效果文件 \ 第 5 章 \ 食物）。

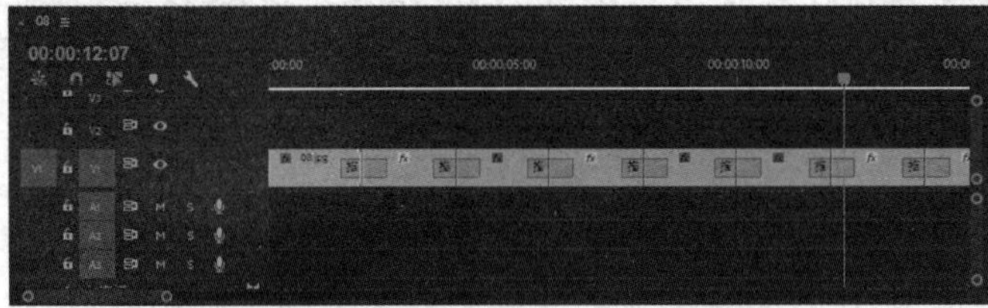

图 5.79

5.6 制作字幕

字幕是视频不可缺少的重要组成部分，比较复杂的字幕效果可以通过其他软件制作成指定格式的文件后，再导入 Premiere Pro CC 2018 中进行编辑，而简单的字幕效果则可以通过 Premiere Pro CC 2018 的字幕设计窗口直接制作。下面分别对创建静态字幕和动态字幕进行介绍，帮助大家掌握在 Premier Pro CC 2018 中制作字幕的基本方法。

5.6.1 创建静态字幕

静态字幕即本身不会运动的字幕，在 Premiere Pro CC 2018 中添加静态字幕有两种方式，一种是创建开放式字幕，一种是创建旧版标题字幕，类似标题的艺术字。二者的区别在于旧版标题字幕是具有艺术字效果的字幕，而开放式字幕只是简单的对白形式。下面对创建开放式字幕和旧版标题字幕分别进行介绍。

1．创建开放式字幕

创建开放式字幕的方法如下。

选择【文件】/【新建】/【字幕】菜单命令，如图5.80所示，或在“项目”面板上单击鼠标右键，在弹出的快捷菜单中选择【新建项目】/【字幕】命令，打开“新建字幕”对话框，如图5.81所示。

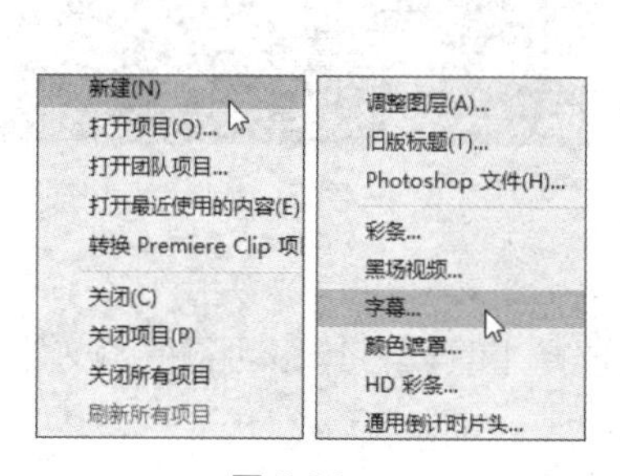

图5.80

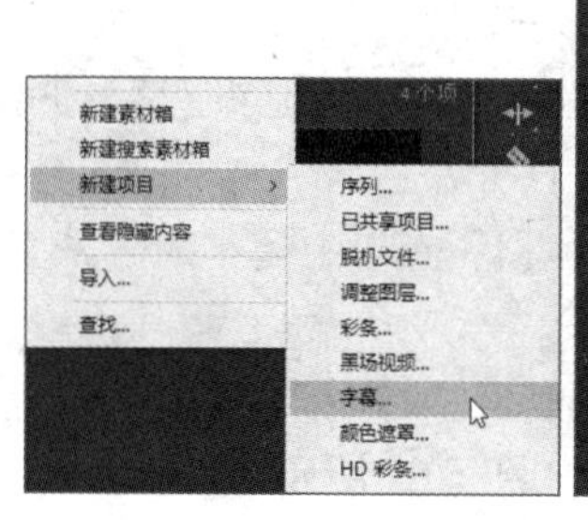

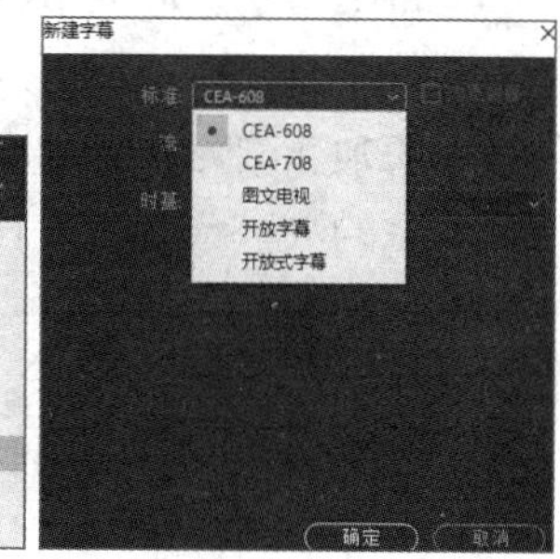

图5.81

“新建字幕”对话框中的“标准”下拉列表框内包含CEA-608、CEA-708、图文电视、开放字幕和开放式字幕5种选项。

- **CEA-608和CEA-708**：CEA-608和CEA-708是北美洲和欧洲地区的电视类节目传输的字幕标准，需要播放设备控制才能显示出来。两者的区别在于CEA-708是嵌入式字幕，字幕嵌入视频内部；而CEA-608是非嵌入式字幕，视频和字幕在不同的轨道。
- **图文电视**：图文电视是20世纪70年代在英国发展起来的一种信息广播系统。在Premiere Pro CC 2018中，图文电视是隐藏式字幕。
- **开放字幕**：开放字幕是指对话翻译。通常字幕出现在人物的下方，其中包含声音和音乐描述。
- **开放式字幕**：开放式字幕是可以在视频中直接显示的字幕。

在我国，通常选择图文电视或开放式字幕来制作字幕。单击 确定 按钮后打开“字幕”面板，如图5.82所示。

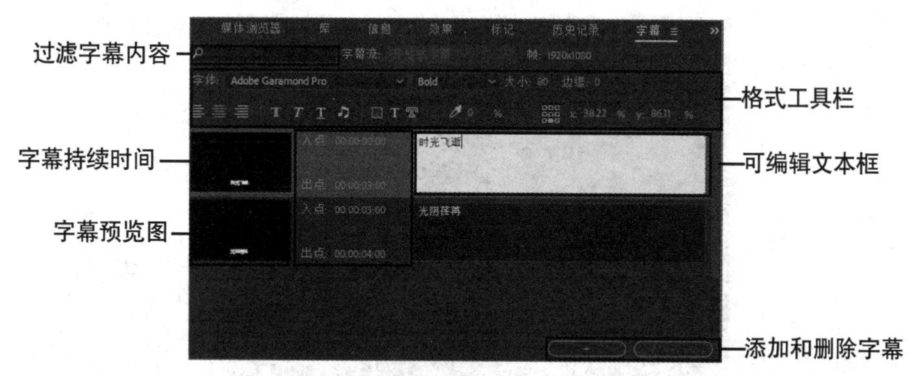

图5.82

“字幕”面板中各项参数的含义如下。

- **过滤字幕内容**：在搜索框中输入文本可对字幕内容进行过滤。

- **字幕持续时间**：用于设置字幕出现的时间和消失的时间，双击数值可以进行设置。
- **字幕预览图**：用于预览输入的文本在视频中的位置、大小和颜色。
- **格式工具栏**：用于设置字幕的格式，如字体、大小、位置、对齐方式、颜色和背景颜色等。
- **可编辑文本框**：用于输入字幕内容，单击文本框可以对字幕进行反复修改。
- **添加和删除字幕**：用于添加和删除字幕，调整字幕的数量。

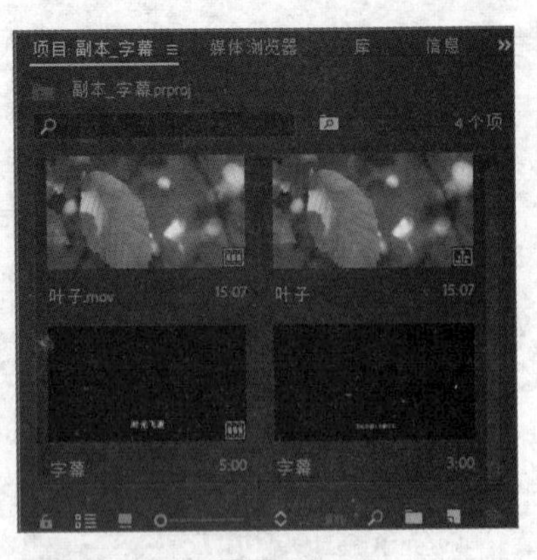

图 5.83

完成字幕设置后，在“项目”面板中会生成字幕文件，如图 5.83 所示。

选中字幕文件并将其拖曳至“时间轴”面板中，使用选择工具将其移动到视频文件的合适的位置即可添加字幕，如图 5.84 所示。

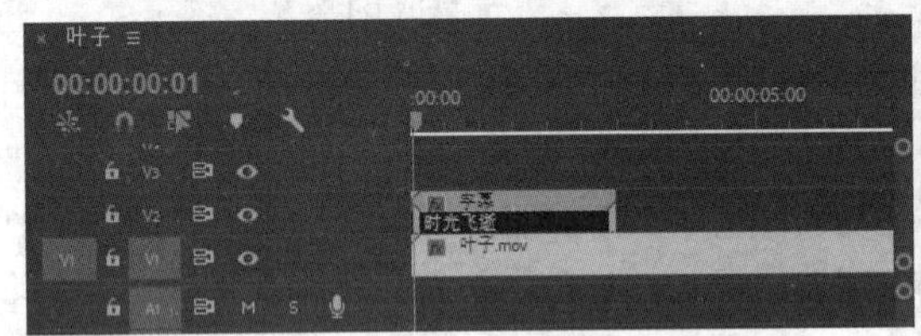

图 5.84

2．创建旧版标题字幕

创建旧版标题字幕的方法：选择【文件】/【新建】/【旧版标题】菜单命令，打开“新建字幕”对话框，如图 5.85 所示；设置宽度、高度、时基、像素长宽比和名称，一般情况下保持默认设置，使字幕与视频的属性相匹配；单击 确定 按钮完成设置，打开“字幕”面板，如图 5.86 所示。

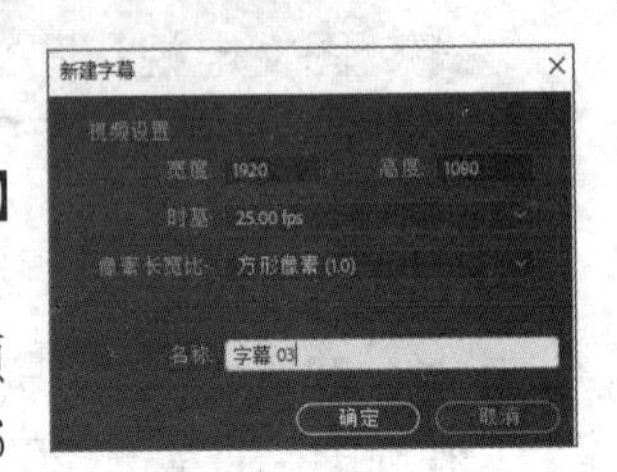

图 5.85

图 5.86

- **工具栏**：用于在字幕输入区内制作字幕，包括文字工具、钢笔工具、锚点工具和矩形工具。
- **对齐方式**：用于设置字幕的对齐方式，包括对齐、中心和分布。
- **旧版标题属性栏**：用于设置字幕的属性，包括变换、属性、填充、描边、阴影和背景。
- **格式工具栏**：用于设置字幕的格式，包括字体、字号等。
- **字幕编辑区**：用于输入字幕，方便观察字幕在视频中的效果。
- **旧版标题样式**：用于设置字幕的样式。

在旧版标题字幕操作界面中制作字幕的方法如下。

使用文字工具在字幕编辑区内单击以创建文本框，如图 5.87 所示。在文本框内输入文本内容，使用选择工具调整字幕位置，如图 5.88 所示。拖曳控制点调整字幕的大小，如图 5.89 所示。

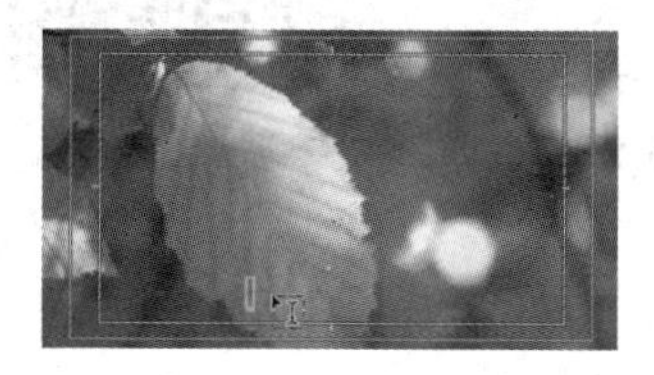

图 5.87

图 5.88

图 5.89

完成字幕的输入和调整后，在旧版标题字幕操作页面的右上角单击按钮关闭页面。在“项目”面板中会生成字幕文件，使用选择工具将其移动到“时间轴”面板的合适位置，即可完成字幕的制作。

> **知识提示**
>
> 创建字幕时，还可以为字幕设置光泽、材质、斜面效果、描边效果、阴影效果等。

5.6.2 创建动态字幕

在 Premiere Pro CC 2018 中不仅能创建静态的字幕，还能创建动态的字幕，使字幕变得更加生动。其方法是在旧版标题字幕的“字幕”面板中单击“滚动 / 游动”按钮，在打开的对话框中根据需要进行设置，使文本进行水平或垂直等方向的运动。创建默认的动态字幕后，如果字幕运动的速度和结束的位置不满足需要，还可对字幕进行编辑，如图 5.90 所示。

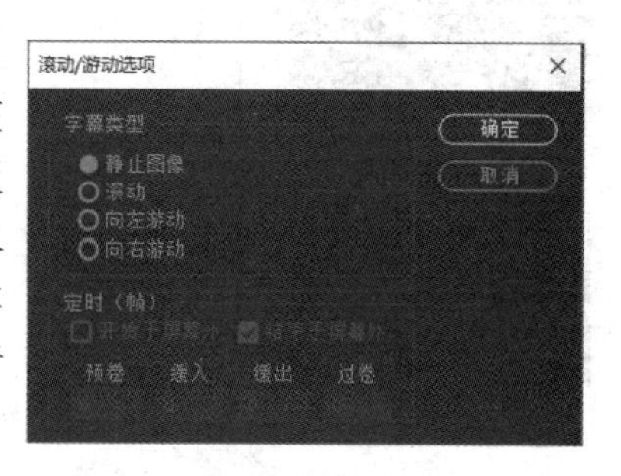

图 5.90

“滚动 / 游动选项”对话框中各选项的含义如下。

- **“静止图像”单选项**：选中该单选项，可将字幕转换为静态字幕。
- **“滚动”单选项**：选中该单选项，可将字幕转换为滚动字幕。
- **“向左游动”单选项**：选中该单选项，可将字幕转换为从右向左的游动字幕。
- **“向右游动”单选项**：选中该单选项，可将字幕转换为从左向右的游动字幕。
- **“开始于屏幕外”复选框**：选中该复选框，可以使滚动或游动效果从屏幕外开始。
- **“结束于屏幕外”复选框**：选中该复选框，可以使滚动或游动效果在屏幕外结束。

- **“预卷”数值框**：用于设置在动作开始之前使字幕静止不动的帧数。
- **“缓入”数值框**：用于设置字幕滚动或游动的速度逐渐提高到正常播放速度时，过渡的帧数。
- **“缓出”数值框**：用于设置字幕滚动或游动的速度逐渐降低到静止不动时，过渡的帧数。
- **“过卷”数值框**：用于设置文字在动作结束之后静止不动的帧数。

5.6.3 实例——制作香水广告

本案例将通过在香水广告中添加动态字幕，达到丰富视频内容的效果。下面使用“字幕”面板中的标题属性框设置文字属性，使用文字工具在字幕编辑区内进行编辑，输入字幕后使用格式工具栏中的“滚动 / 游动”按钮完成动态字幕的制作，其具体操作如下。

STEP 1 在 Premiere Pro CC 2018 中打开“香水 .prproj”项目文件和“香水广告词 .txt”素材文件（配套资源 :\ 素材文件 \ 第 5 章 \ 香水素材）。

STEP 2 选择【文件】/【新建】/【旧版标题】菜单命令，打开“新建字幕”对话框，在“名称”文本框中输入“片头”，单击 确定 按钮，创建字幕文件。

STEP 3 打开“字幕”面板，在工具栏中选择“文字工具”，在旧版标题属性栏的“属性”栏中设置字体为“方正兰亭中黑 _GBK”，字体大小为“100.0”，行距为“68.0”，颜色为“#383838”，如图 5.91 所示。

STEP 4 在字幕编辑区中单击，定位文本输入点，在其中输入香水广告词。

STEP 5 使用选择工具移动文本框，将其拖曳到画面的中间区域，效果如图 5.92 所示。

STEP 6 在格式工具栏中单击“滚动 / 游动”按钮，打开“滚动 / 游动选项”对话框，在“字幕类型”中选中“向右游动”单选项，在“定时”中选中“开始于屏幕外”复选框，在“过卷”数值框内输入“40”，如图 5.93 所示，单击 确定 按钮确认设置。

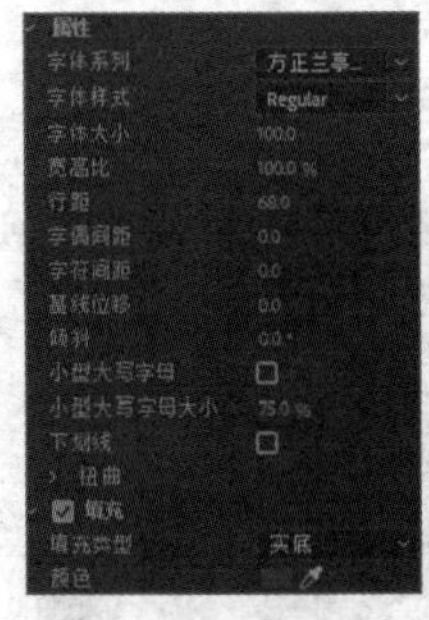

图 5.91

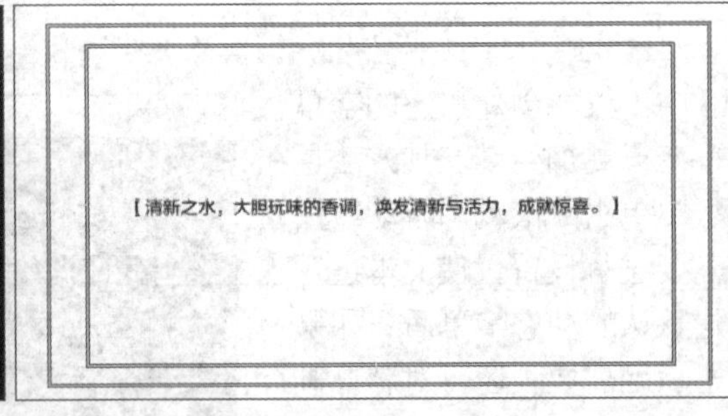

图 5.92

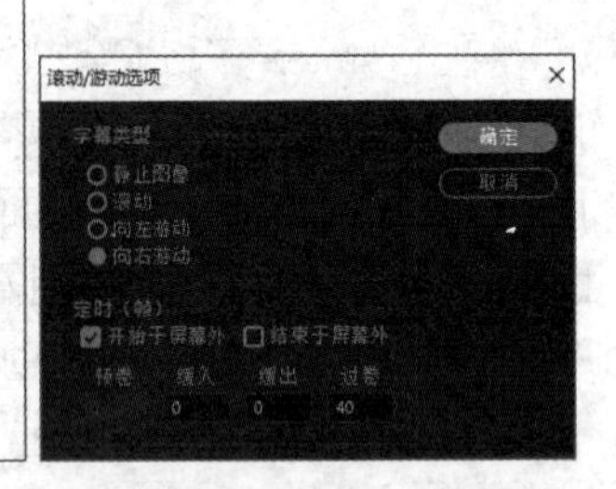

图 5.93

STEP 7 重复 STEP 2 ~ STEP 5 制作片尾字幕，效果如图 5.94 所示。

STEP 8 双击“项目”面板的片尾字幕，打开“字幕”面板，在格式工具栏中单击“滚动 / 游动”按钮，打开“滚动 / 游动选项”对话框，在“字幕类型”中选中“向右游动”单选项，在“定时”中选中“结束于屏幕外”复选框，在“预卷”数值框内输入“40”，如图 5.95 所示，单击 确定 按钮确认设置。

STEP 9 关闭“字幕”面板，返回 Premiere Pro CC 2018 中的“项目”面板，将“片头”和“片尾”字幕文件拖曳到“时间轴”面板中 V3 视频轨道的视频文件开头和结尾的位置，使用选择工具▶调整其时长，如图 5.96 所示。按【空格】键进行预览，效果如图 5.97 所示。

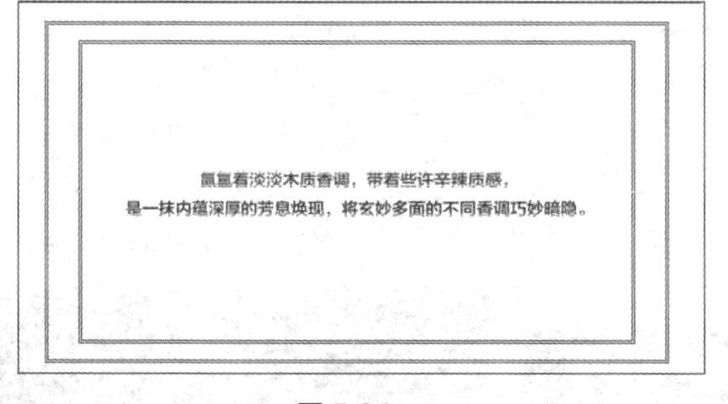

图 5.94

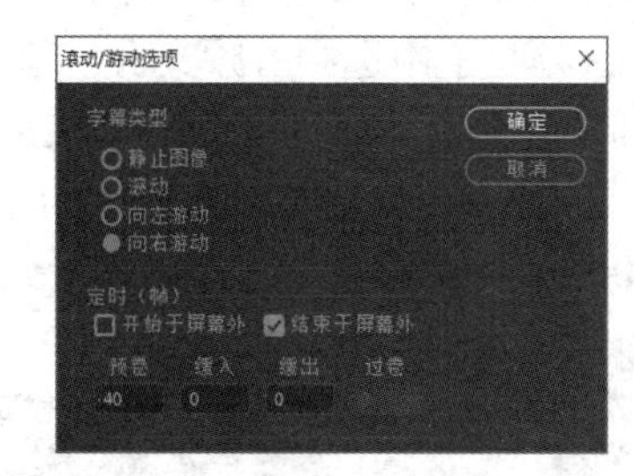

图 5.95

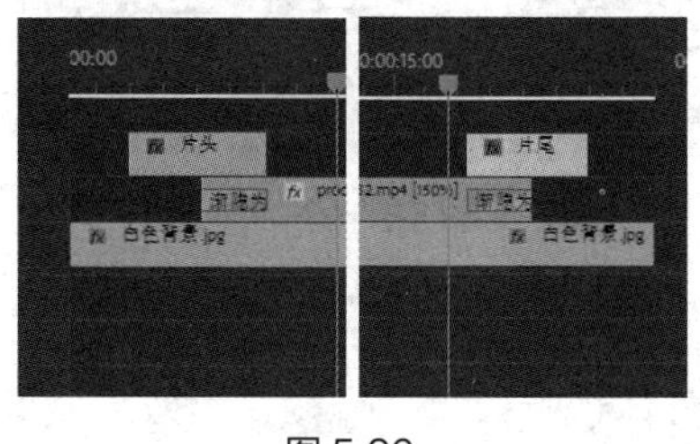

图 5.96

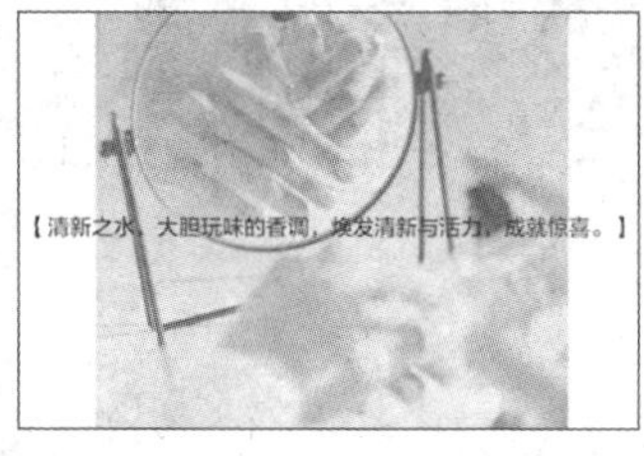

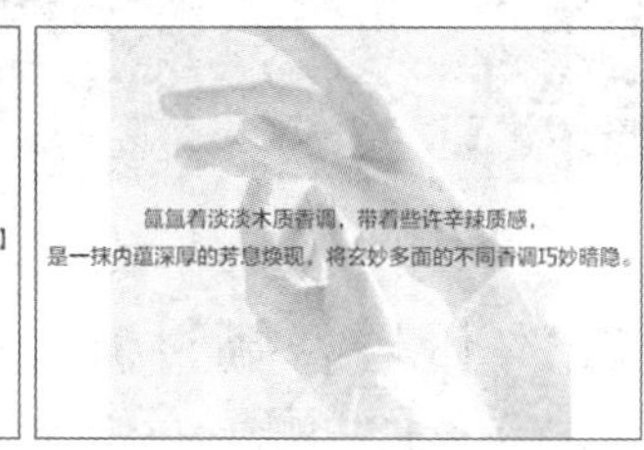

图 5.97

STEP 10 按【Ctrl+S】组合键保存视频文件（配套资源 :\ 效果文件 \ 第 5 章 \ 香水）。

5.7 添加并编辑音频

在视频中添加音频可以丰富视频的视听效果，增强观看体验。在 Premiere Pro CC 2018 中添加音频后，除了需要对添加的音频文件进行剪辑外，还要调整音量、设置渐强渐弱的过渡效果，并进行降噪处理等。对编辑音频和编辑视频的操作有很多相同的地方，如在“时间轴”面板上添加剪辑或使用剃刀工具◈进行分割等。如果要对音频文件进行更为专业的处理，则应该使用 Audition。下面对认识音频轨道类型、调整音频音量、设置音频过渡进行介绍。

5.7.1 认识音频轨道类型

在“时间轴”面板中有 1 个主声道音频轨道和 3 个音频轨道，主声道音频轨道用于控制当前序列中所有音频轨道的合成输出。在添加音频前需要掌握音频轨道的类型，方便添加合适类型的音频。音频轨道的类型有标准、单声道、5.1 声道和自适应。

- **标准：**标准是替代旧版本的立体声音频轨道。在标准音频轨道中可以同时进行单声道和立体声音频剪辑。
- **单声道：**单声道是一条音频声道。将立体声音频素材添加到单声道音频轨道中，立体声音频轨道将汇总为单声道。
- **5. 1 声道：**5.1 声道包含左声道、中置声道、右声道这 3 条前置音频声道和左声道、右声道这 2 条后置或环绕音频声道，以及通向低音炮扬声器的低频效果音频声道。在 5.1 声道中只能剪辑具有 5.1 声道的音频。
- **自适应：**自适应可以剪辑单声道和立体声音频，并且提供实际控制每个音频轨道的输出方式。

5.7.2 调整音频音量

音频文件的音量不适合当前视频文件时，需要调整音频音量，其方法是在“时间轴”面板的音频轨道中选中音频文件，单击鼠标右键，在弹出的快捷菜单中选择“音频增益”命令，如图5.98所示；打开“音频增益”对话框，在“调整增益值”数值框中输入合适的数值，如图5.99所示，增益的数值为正数表示增大音量，为负数表示减小音量；完成后单击 确定 按钮。调整音频音量后会看到音频的波形发生了明显的变化，效果如图5.100所示。

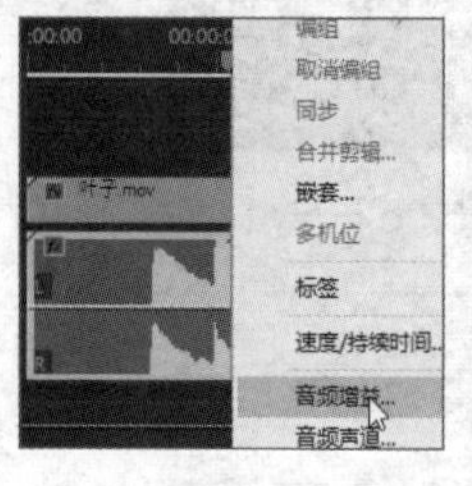

图5.98

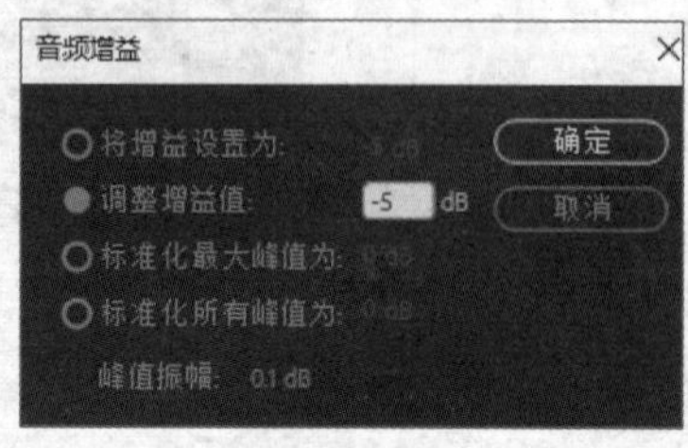

图5.99

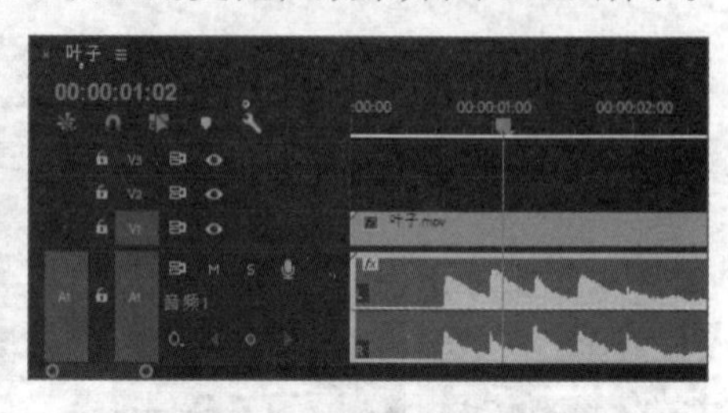

图5.100

5.7.3 设置音频过渡

设置音频过渡可以使音频播放更加自然，提升视频的整体视听效果。音频过渡效果主要有恒定功率、恒定增益和指数淡化，它们都是交叉淡化过渡效果。其中，恒定功率相当于视频过渡效果中的交叉溶解，是默认的音频过渡效果。恒定增益是增加音频的音量。指数淡化是减小音频的音量。

设置音频过渡的方法：在活动面板中单击打开“效果”面板，单击“音频过渡”左侧的下拉按钮，在打开的下拉列表中单击“交叉淡化”左侧的下拉按钮，在打开的下拉列表中选择需要添加的音频过渡效果，如图5.101所示；将其拖曳至“时间轴”面板中音频的编辑处，如图5.102所示。

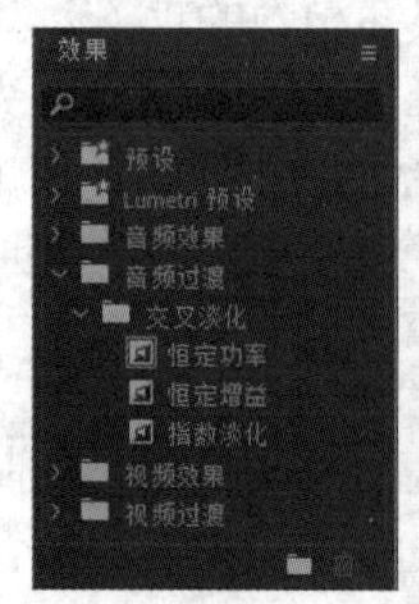

图5.101

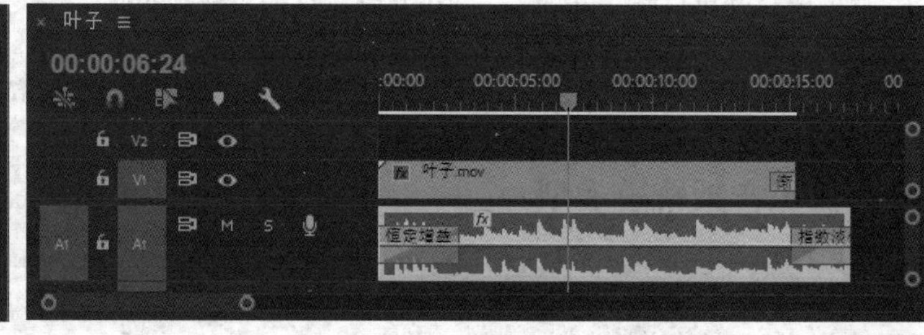

图5.102

5.8 导出视频

在“时间轴”面板中完成编辑视频、调整视频颜色、添加视频过渡、制作字幕和添加音频后，需要将项目文件导出为指定格式的视频，以便在其他硬件设备上播放。导出视频的参数设置直接影响视频的质量。

导出视频的方法：完成项目文件的制作后，按【空格】键预览项目文件的播放效果，如果发现有不满意的地方，再进行修改；确认视频无误后，在“项目”面板中选择对应的序列文件，再选择【文件】/【导出】/【媒体】菜单命令，打开“导出设置”对话框，如图5.103所示；

设置格式、预设、输出名称、比特率等，单击 导出 按钮开始渲染，此时会显示导出的进度条；渲染完成后根据保存路径可以找到导出的视频。

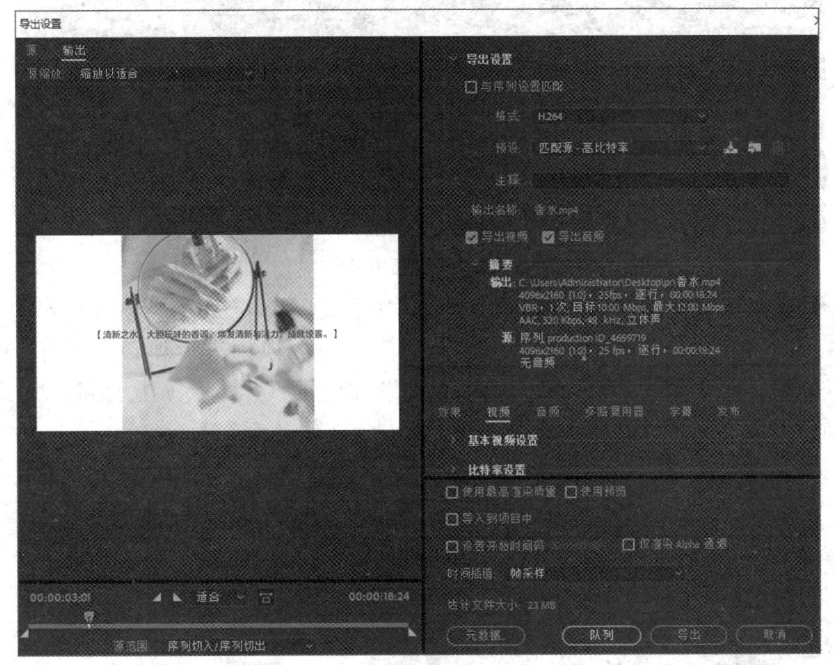

图 5.103

“导出设置”对话框中主要参数的含义如下。

- **“与序列设置匹配”复选框：** 选中该复选框，导出的视频将与原始的序列设置一致，通常不选中。
- **“格式”下拉列表框：** 用于设置需要导出的格式，如目前常用的 H.264 视频格式。
- **“预设”下拉列表框：** 用于设置满足个人需求的预设，如输出到微信，可以选择“匹配源 - 中等比特率”命令。
- **输出名称：** 单击“输出名称”选项对应的超链接，在打开的对话框中可以设置视频的保存路径和名称，用于对输出视频进行重命名及选择导出位置。
- **“导出视频”复选框：** 选中该复选框，将导出视频。
- **“导出音频”复选框：** 选中该复选框，将导出音频。
- **摘要：** 用于查看视频文件输出的位置和视频信息。
- **基本视频设置：** 用于设置视频的分辨率使其达到特定的输出要求，设置后会对视频文件的大小产生影响。
- **比特率设置：** 用于设置输出文件的大小。设置比特率会牺牲视频的画质获得较小的视频文件，这类视频可以用于在微信等对视频大小要求比较高的平台播放。

5.9 习题

1. 制作淘宝卖家秀视频。通过新建项目、设置导入素材文件、新建序列、使用选择工具拖曳、使用剃刀工具进行剪切和使用比率拉伸工具调整素材播放时长等操作来进行制作，完成后的参考效果如图5.104所示（配套资源:\素材文件\第5章\淘宝卖家秀素材\、效果文件\第5章\快闪卖家秀）。

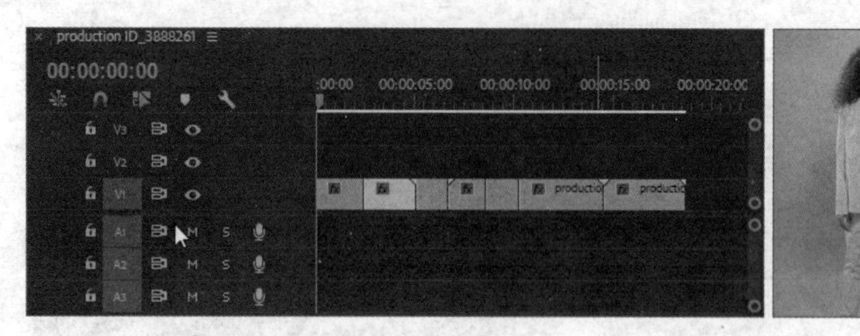

图 5.104

2. 制作美食调色视频。从“项目”面板中将未调色的美食视频拖曳至“时间轴”面板中，打开“Lumetri颜色”面板，对未调色的美食视频进行调色，其中包括使用基本校正、创意和曲线等，调色前后的对比效果如图5.105所示（配套资源:\素材文件\第5章\未调色美食.mp4、\效果文件\第5章\美食调色视频）。

图 5.105

3. 制作快闪卖家秀，要求卖家秀视频在播放时过渡要流畅、自然。在活动面板中单击打开“效果”面板，为卖家秀视频添加过渡效果，其中包括渐隐为黑色、交叉溶解、时钟式擦除、盒形划像、推和交叉缩放等视频过渡效果，并为视频添加音频，完成后的参考效果如图 5.106 所示（配套资源 :\ 素材文件 \ 第 5 章 \ 快闪卖家秀素材 \、\ 效果文件 \ 第 5 章 \ 淘宝卖家秀视频）。

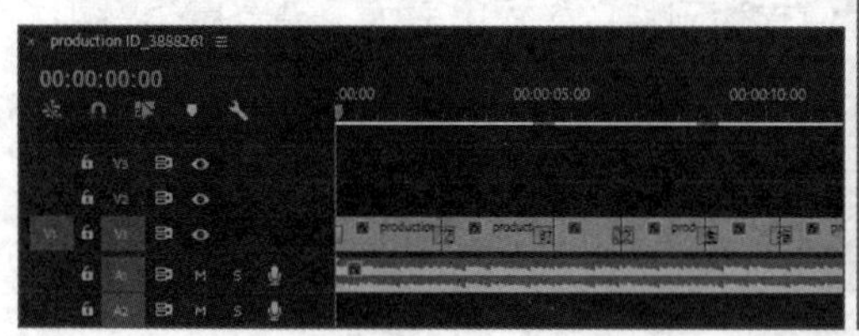

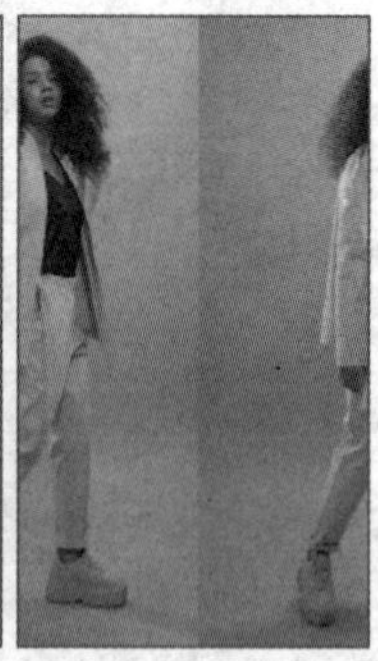

图 5.106

4. 播放并检查卖家秀视频项目文件，确认无误后将其导出（配套资源 :\ 素材文件 \ 第 5 章 \ 导出卖家秀素材 \、\ 效果文件 \ 第 5 章 \ 动感卖家秀 .mp4）。

第 6 章 技能实训

06

本章要点

- 实训 1——宣传图制作
- 实训 2——短视频制作
- 实训 3——动画制作

素养目标

- 在设计中提高沟通能力，培养团队意识，树立锲而不舍、追求创新的设计态度。

6.1 实训 1——宣传图制作

在多媒体技术与应用中，宣传图是不可或缺的一部分，制作精美的宣传图不但能展现宣传的商品，还能提升企业的影响力。下面从制作微信公众号推文封面图、制作微信朋友圈广告宣传图和制作微博开屏广告宣传图 3 个方面讲解宣传图的制作。

6.1.1 制作微信公众号推文封面图

微信公众号推文封面图是微信公众号推送内容的封面效果图，主要起到吸引用户浏览推送内容的目的。本例将为某微信公众号推文制作封面图，在制作时以黄色为主色，左侧为闹钟图形，起提示时间的作用，右侧为文字内容，起点题的作用，最终参考效果如图 6.1 所示。

图 6.1

其具体操作如下。

STEP 1 在 Photoshop CC 2018 中新建大小为 900 像素 ×383 像素，分辨率为 72 像素 / 英寸，

名称为“微信公众号推文封面图”的图像文件。设置前景色为“#fbd277”，按【Alt+Delete】组合键填充前景色。

STEP 2 选择“圆角矩形工具”，在工具属性栏中设置填充为“#f2b329”，描边为“#cb6a02、2点”，绘制大小为815像素×300像素的圆角矩形，如图6.2所示。

STEP 3 选择“椭圆工具”，设置“填充”为“#ff8400”，拖曳鼠标绘制4个大小不一的圆形，如图6.3所示。

图6.2

图6.3

STEP 4 打开“微信公众号封面图素材.psd”素材文件（配套资源:\素材文件\第6章\微信公众号封面图素材.psd），将其中的素材拖到矩形中，并调整其大小和位置，如图6.4所示。

STEP 5 选择“横排文字工具”T，在矩形中单击，输入“限时秒杀”文字，在工具属性栏中设置字体为“汉仪字研欢乐宋”，文本颜色为“#ffffff”，调整文字大小和位置，按【Ctrl+T】组合键，使文字呈变形状态，然后调整文字倾斜度，效果如图6.5所示。

图6.4

图6.5

STEP 6 双击文字图层右侧的空白处，打开“图层样式”对话框，选中“投影”复选框，设置不透明度、角度、距离分别为“82”“90”“7”，如图6.6所示，单击 确定 按钮。

STEP 7 选择“横排文字工具”T，在矩形中单击，输入“立即行动GO！”“......”文字，在工具属性栏中设置字体为“Adobe黑体Std”，文本颜色分别为“#a63b1d”“#ffffff”，调整文字大小和位置，并使“立即行动GO！”倾斜显示，如图6.7所示。

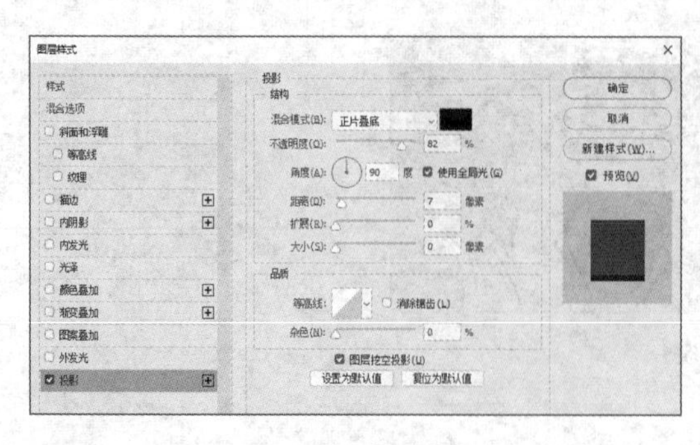

图6.6

图6.7

STEP 8 在“立即行动GO!”文字图层下方新建图层，设置前景色为“#ffffff”，选择“画笔工具”，在工具属性栏的画笔下拉列表中选择“干介质画笔”选项，在打开的下拉列表中选择“KYLE终极炭笔25px中等2”选项，并设置大小为“90像素”，如图6.8所示。

STEP 9 在文字下方拖曳鼠标绘制带有碎片的形状，效果如图6.9所示。

STEP 10 完成后按【Ctrl+S】组合键保存文件，完成本例的制作（配套资源:\效果文件\第6章\微信公众号推文封面图.psd）。

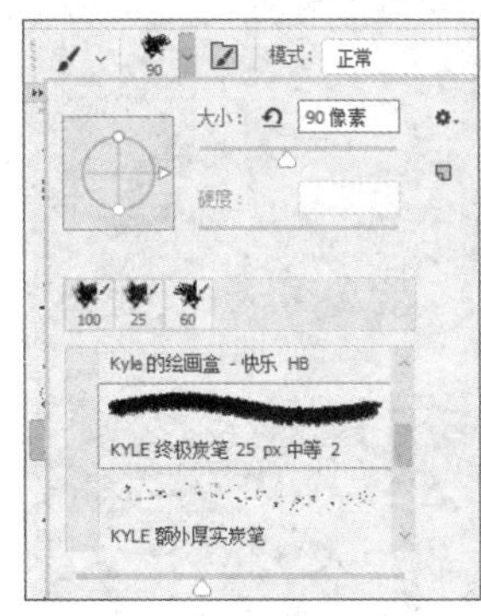

图6.8

图6.9

6.1.2 制作微信朋友圈广告宣传图

微信朋友圈广告宣传图常以商品宣传、红包、求关注、扫码抽奖等形式展现，发布宣传图能起到提升人气、宣传商品的作用。本例将制作以商品宣传为目的的微信朋友圈广告宣传图，在设计时以黄色为主色，以绿色为辅助色，上方用文字介绍主题，下方用西瓜体现商品内容，达到色彩统一、主体内容明确的效果，最终参考效果如图6.10所示。

图6.10

其具体操作如下。

STEP 1 在Photoshop CC 2018中新建大小为1 080像素×1 920像素，分辨率为72像素/英寸，名称为“微信朋友圈广告宣传图”的图像文件。设置前景色为“#fcbf0a”，按【Alt+Delete】组合键填充前景色。

STEP 2 打开“纹理.psd”素材文件(配套资源:\素材文件\第6章\纹理.psd)，将其中的纹理拖曳到新建图像中，调整其大小和位置，然后在“图层”面板中设置图层混合模式为“滤色”，不透明度为“30%”，其效果如图6.11所示。

STEP 3 打开“云朵.psd”素材文件（配套资源:\素材文件\第6章\云朵.psd），将其中的云朵拖曳到新建图像中，调整其大小和位置，然后在“图层”面板中设置其不透明度为“90%”，单击“添加图层蒙版”按钮，将前景色设置为“#000000”，选择“画笔工具”，在云朵图像下方拖曳鼠标，使其形成过渡效果，如图6.12所示。

STEP 4 将打开的“云朵 .psd”素材文件中的高光拖曳到“微信朋友圈广告宣传图 .psd”图像中，调整其大小和位置，然后添加图层蒙版，并设置不透明度为“40%”，效果如图6.13所示。

图6.11　　图6.12　　图6.13

STEP 5 新建图层，设置前景色为“#eca509”，选择“画笔工具”，在工具属性栏的画笔下拉列表中选择“常规画笔”选项，在打开的下拉列表中选择“柔边圆”选项，并设置大小为“300像素”，然后在新建图像的高光处绘制图6.14所示的效果。

STEP 6 打开“微信朋友圈宣传广告素材 .psd”素材文件（配套资源:\素材文件\第6章\微信朋友圈宣传广告素材 .psd），将其中的底纹、树叶、西瓜素材拖曳到新建图像中，调整其大小和位置，如图6.15所示。

STEP 7 新建图层，设置前景色为“#422800”，选择“画笔工具”，在西瓜的下方绘制西瓜投影，效果如图6.16所示。

STEP 8 打开“调整”面板，单击“曲线”按钮，打开“曲线”属性面板，在中间的调整框中单击确定调整点，然后向下拖曳曲线调整暗度，再在中间区域单击，向下拖曳曲线调整中间过度的暗度，然后按【Ctrl+Alt+G】组合键将其置入西瓜，效果如图6.17所示。

STEP 9 选择曲线调整图层，单击图层蒙版缩览图，将前景色设置为“#000000”，选择“画笔工具”，在西瓜的暗部拖曳鼠标，使整个西瓜明暗过渡自然，如图6.18所示。

图6.14　　图6.15　　图6.16

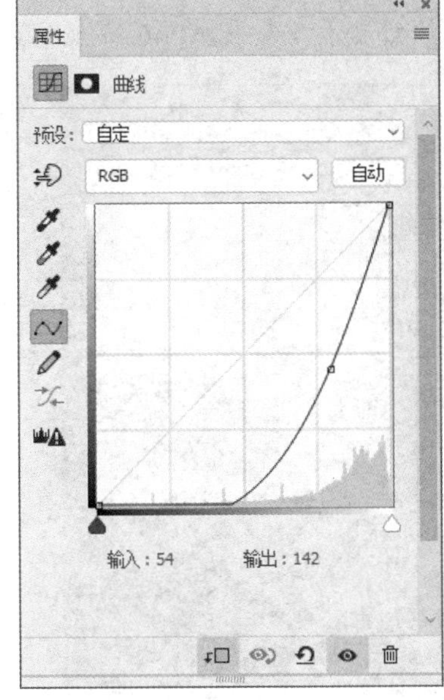

图6.17

图6.18

STEP 10　打开“调整”面板，单击“色相/饱和度”按钮，打开“色相/饱和度”属性面板，设置色相、饱和度、明度分别为“+10”“+20”“0”，然后按【Ctrl+Alt+G】组合键将其置入西瓜，如图6.19所示。

STEP 11　单击“曲线”按钮，打开“曲线”属性面板，在中间的调整框中单击确定调整点，然后向上拖曳曲线调整亮度，然后按【Ctrl+Alt+G】组合键将其置入西瓜，添加图层蒙版，并对西瓜的下方区域进行涂抹，如图6.20所示。

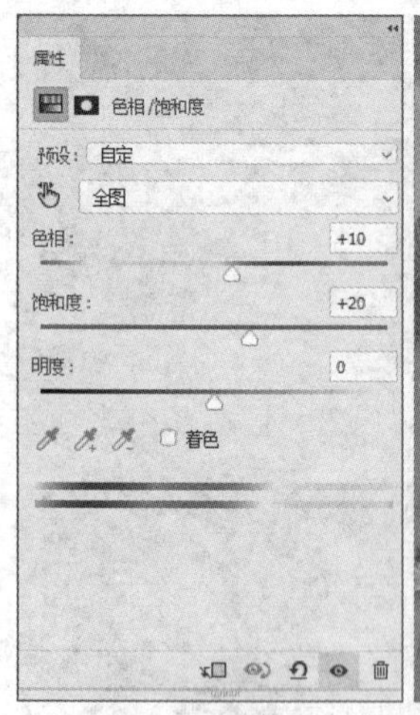

图6.19

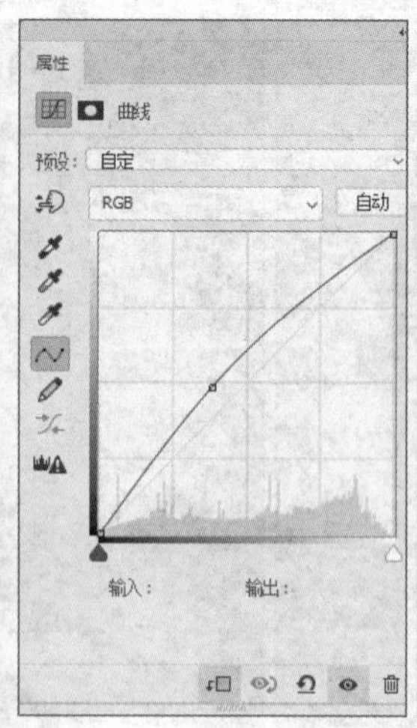

图6.20

STEP 12 单击“创建新的填充或调整图层”按钮，在弹出的下拉列表中选择“纯色”选项，如图6.21所示，打开“拾色器（纯色）”对话框，设置颜色为“60ae85”，单击确定按钮，然后将其置入图像，并设置图层的不透明度为“20%”。

STEP 13 选择“横排文字工具”T，在图像上单击，输入“夏季避暑”“清凉一夏”文字，设置字体为“方正汉真广标简体”，文本颜色均为“#ffffff”，字体大小分别为“170点”“220点”，然后在“字符”面板中单击“仿斜体”按钮T，将文字倾斜显示，效果如图6.22所示。

图6.21

图6.22

STEP 14 双击文字图层右侧的空白处，打开“图层样式”对话框，选中“斜面和浮雕”复选框，设置大小、软化、角度、高度、高光模式颜色、高光模式不透明度、阴影模式颜色、阴影模式不透明度分别为“10”“0”“180”“42”“#ffffff”“19”“#ebb105”“70”，如图6.23所示。

STEP 15 选中“投影”复选框，设置颜色、不透明度、角度、距离、扩展、大小分别为“#cf8e00”“72”“120”“12”“0”“5”，如图6.24所示，单击确定按钮。

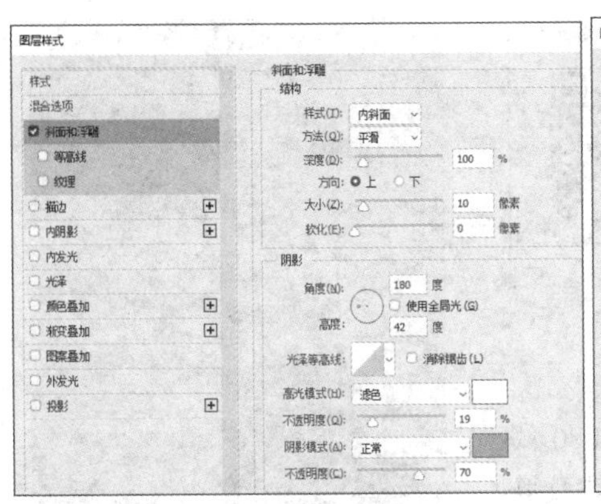

图 6.23

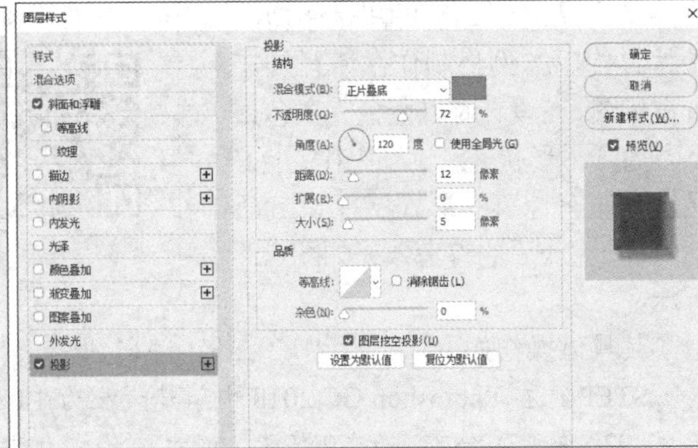

图 6.24

STEP 16 选择“圆角矩形工具”，在工具属性栏中设置填充为“#5a9a59”，描边为“#046702，2 点”，然后绘制大小为 640 像素 ×95 像素的圆角矩形，并调整各个素材的位置，效果如图 6.25 所示。

STEP 17 选择“横排文字工具” T，在合适的位置单击，输入文字，在工具属性栏中设置字体为“思源黑体 CN”，文本颜色分别为“#ffffff”“#c1893d”，调整文字大小和位置，效果如图 6.26 所示。

STEP 18 在打开的“微信朋友圈宣传广告素材 .psd”素材文件中，将二维码素材拖曳到新建图像中，调整二维码的大小和位置，效果如图 6.27 所示。

图 6.25

图 6.26

图 6.27

STEP 19 按【Ctrl+S】组合键保存文件，完成本例的制作（配套资源 :\效果文件\第 6 章\微信朋友圈广告宣传图 .psd）。

6.1.3 制作微博开屏广告宣传图

当用户进入微博时，其启动界面会出现一个广告，该广告即微博开屏广告，广告的内容可能是商品促销，也可能是微博的品牌宣传。本例将制作微博开屏广告宣传图，在设计时以蓝色为主色，下方为盒子形状，上方为促销文字，通过开箱有惊喜的形式展现6.18活动内容，完成后的参考效果如图6.28所示。

图6.28

其具体操作如下。

STEP 1 在Photoshop CC 2018中新建大小为1 080像素×1 920像素，分辨率为72像素/英寸，名称为“微博开屏广告宣传图”的图像文件。

STEP 2 选择“矩形工具”▭，绘制颜色为“#47a3f6”，大小为1 080像素×1 500像素的矩形，如图6.29所示。

STEP 3 打开“微博开屏广告宣传图素材.psd”素材文件（配套资源:\素材文件\第6章\微博开屏广告宣传图素材.psd），将其中的深色背景图片拖曳到“微博开屏广告宣传图”图像文件的矩形上，调整其大小和位置，然后按【Ctrl+Alt+G】组合键将背景图片置入矩形，如图6.30所示。

STEP 4 在打开的“微博开屏广告宣传图素材.psd”素材文件中，将其中的浅色背景图片拖曳到“微博开屏广告宣传图”图像文件的矩形上，调整其大小和位置，然后将背景图片置入矩形，并设置填充为“52%”，如图6.31所示。

图6.29

图6.30

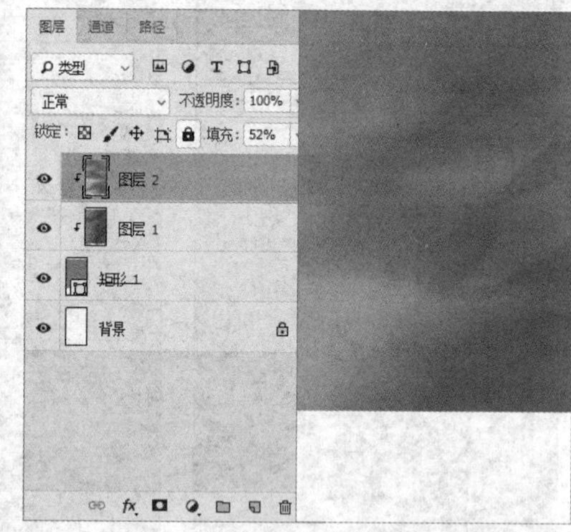

图6.31

STEP 5 在打开的“微博开屏广告宣传图素材.psd”素材文件中，将“素材1”图层中的内容拖曳到“微博开屏广告宣传图”图像文件的矩形上，并调整其大小和位置。

STEP 6 新建图层，选择“钢笔工具”✎，在图像左侧绘制形状，按【Ctrl+enter】组合键将路径转换为选区，如图6.32所示。

STEP 7 选择【编辑】/【描边】菜单命令，打开“描边”对话框，设置宽度、颜色分别为“5像素”“#ffffff”，如图6.33所示，单击(确定)按钮。

图6.32

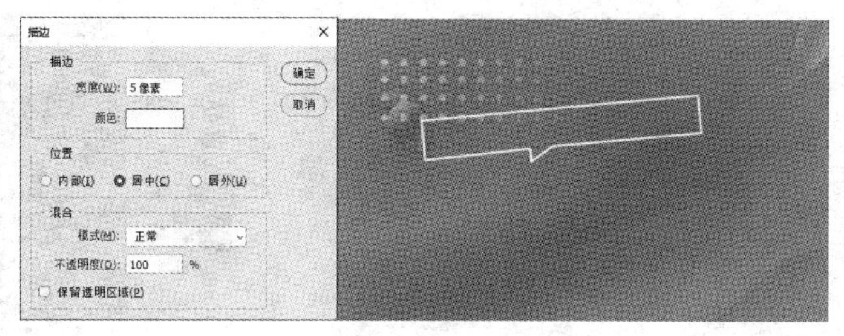

图6.33

STEP 8 新建图层，选择“钢笔工具”，在图像左侧绘制图6.34所示的形状，并填充颜色为“#7ec0fd”。

STEP 9 在“图层”面板中双击STEP 8所绘形状所在图层右侧的空白处，打开“图层样式”对话框，选中“渐变叠加”复选框，设置渐变、角度分别为“#8175f9~#7ebffd”“68”，如图6.35所示。

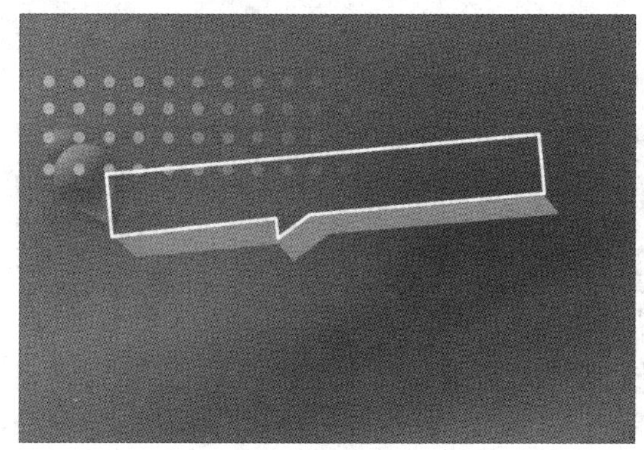

图6.34

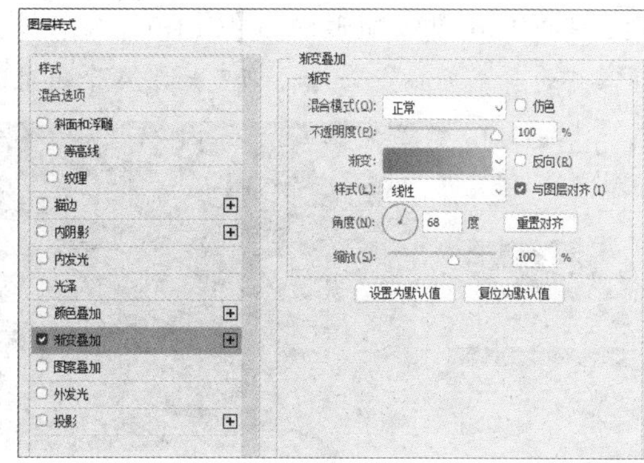

图6.35

STEP 10 选中“投影”复选框，设置不透明度、距离、扩展、大小分别为“30”“9”“0”“13”，如图6.36所示，单击 确定 按钮。

STEP 11 选择“横排文字工具”，输入文字“瓜分百万红包 全场不止2折”，设置字体为“方正兰亭中粗黑_GBK”，文本颜色为“#ffffff”，调整文字大小和位置并使其倾斜显示，如图6.37所示。

STEP 12 在“图层”面板中双击文字所在图层右侧的空白处，打开“图层样式”对话框，选中“投影”复选框，设置颜色、不透明度、角度、距离、扩展、大小分别为“#2b166f”“33“127”“7”“0”“0”，如图6.38所示，单击 确定 按钮。

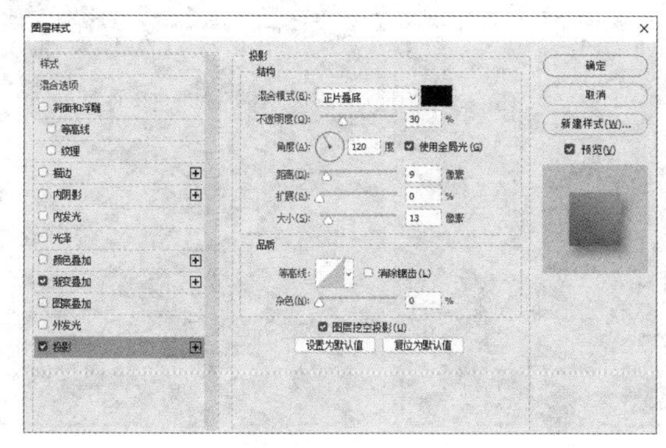

图6.36

图6.37

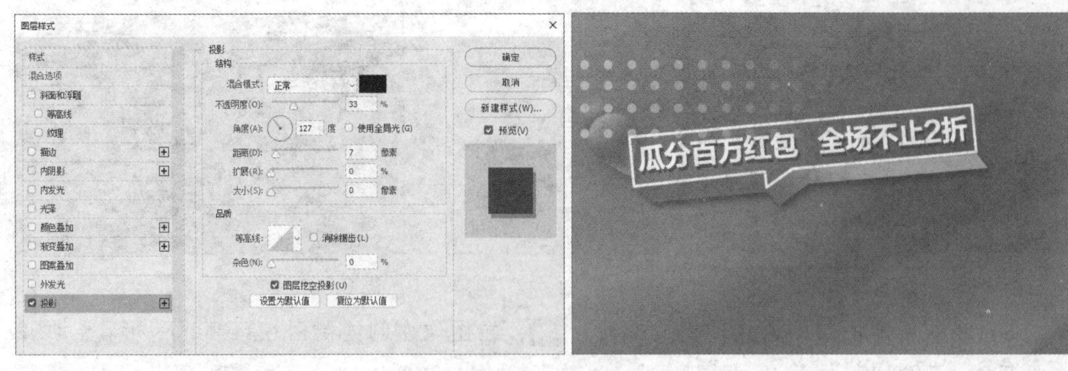

图 6.38

STEP 13 选择“矩形工具”，绘制大小为 425 像素 ×425 像素的矩形，然后在工具属性栏的“填充”下拉列表中单击“渐变”按钮，设置“渐变”为“#4050fd~#3a86f6”，如图 6.39 所示。

STEP 14 选择矩形，按【Ctrl+T】组合键使其呈变形状态，单击鼠标右键，在弹出的快捷菜单中选择“扭曲”命令，拖曳矩形 4 个角上的点，使矩形倾斜显示，效果如图 6.40 所示。

图 6.39　　图 6.40

STEP 15 使用相同的方法绘制盒子下方的两个面，并设置渐变颜色为“#4babff~#3144ce”，完成后的效果如图 6.41 所示。

STEP 16 在第一个倾斜的矩形图层上新建图层，选择“钢笔工具”，在图像左侧绘制图 6.42 所示的形状，并设置填充为“#50f3ff”。

STEP 17 选择“橡皮擦工具”，设置画笔样式为“柔边圆”，放大画笔，在 STEP 16 绘制的形状上方进行涂抹，擦除多余颜色，完成后的效果如图 6.43 所示。

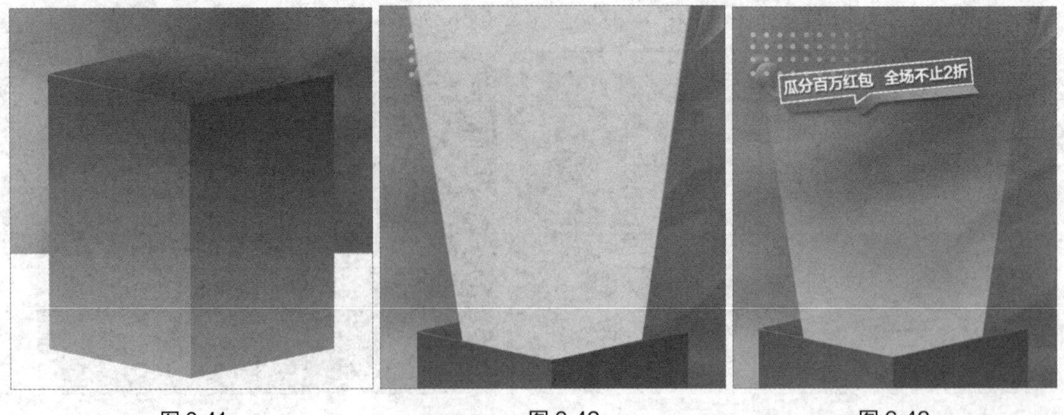

图 6.41　　图 6.42　　图 6.43

STEP 18 使用相同的方法绘制盒盖，并设置渐变颜色为“#478ffd~#a9d7f9”，完成后的效果如图 6.44 所示。

STEP 19 在“图层”面板中双击盒盖所在图层右侧的空白处，打开“图层样式”对话框，选中“投影”复选框，设置颜色、不透明度、距离、扩展、大小分别为“#182c78”“51”“28”“0”“43”，如图 6.45 所示，单击确定按钮。

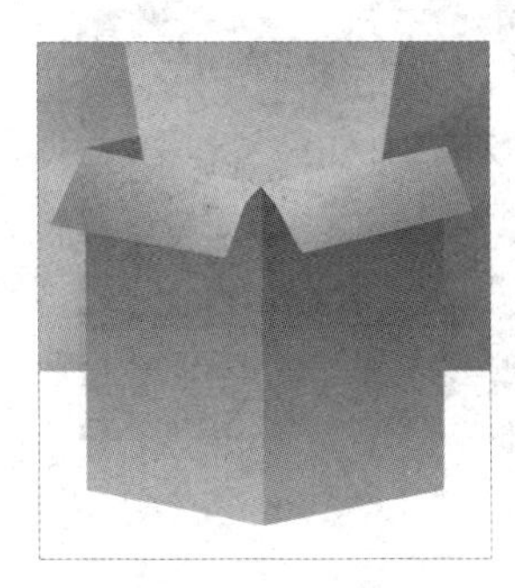

图6.44

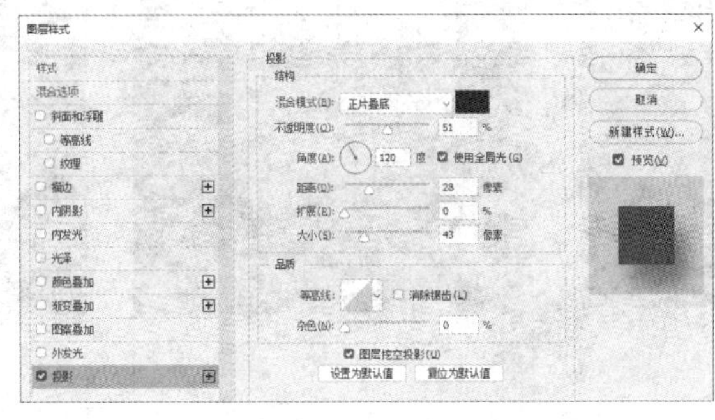

图6.45

STEP 20 选择盒子的所有图层，按【Ctrl+G】组合键创建图层组，单击“添加图层蒙版”按钮，设置前景色为“#000000”，选择“矩形选框工具”，框选盒子下部，按【Alt+Delete】组合键填充颜色，隐藏盒子下部，效果如图 6.46 所示。

STEP 21 选择“椭圆工具”，绘制大小为 537 像素 ×428 像素的椭圆，并设置填充为“#03ffff”，完成后设置不透明度为“60%”，然后在圆的上方绘制大小为 724 像素 ×544 像素的椭圆，取消填充并设置描边为“#51feff、8 像素”，效果如图 6.47 所示。

STEP 22 在“图层”面板中双击第 2 次绘制的椭圆所在图层右侧空白处，打开“图层样式”对话框，选中“投影”复选框，设置颜色、不透明度、角度、距离、扩展、大小分别为“#6439f1”“57”“127”“33”“0”“0”，如图 6.48 所示，单击确定按钮。

图6.46

图6.47

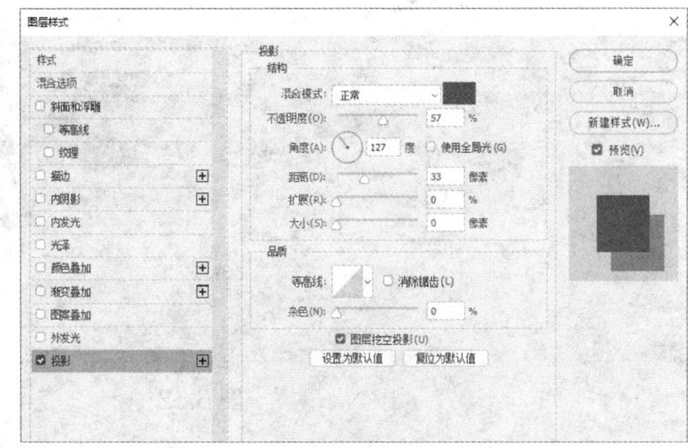

图6.48

STEP 23 在打开的“微博开屏广告宣传图素材 .psd”素材文件中，将装饰素材拖曳到“微博开屏广告宣传图”图像文件椭圆的上层，并调整其大小和位置，如图 6.49 所示。

STEP 24 新建图层，设置前景色为“#5332c9”，选择“画笔工具”，在圆的中间绘制投影效果，并设置不透明度为“60%”，如图 6.50 所示。

STEP 25 选择“横排文字工具”，输入文字“6.18 百万红包狂欢派”，设置字体为“汉仪雁翎体简”，文本颜色为“#ffffff”，调整文字大小和位置并使其倾斜显示，如图 6.51 所示。

图 6.49

图 6.50

图 6.51

STEP 26 在“图层”面板中双击 STEP 25 创建的文字所在图层右侧的空白处，打开“图层样式”对话框，选中“描边”复选框，设置大小、渐变分别为“25”“#6944fb~#ea2de3~#5d29df”，如图 6.52 所示，单击 确定 按钮。

STEP 27 复制文字图层，再次打开“图层样式”对话框，更改“渐变”为“#d669fe~#30e8fe~#df91de”，完成后的效果如图 6.53 所示。

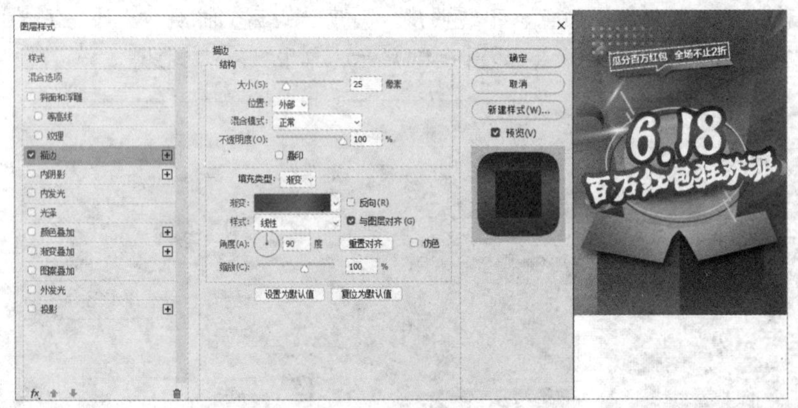

图 6.52

图 6.53

STEP 28 再次复制文字，打开“图层样式”对话框，选中“斜面和浮雕”复选框，设置深度、大小、阴影模式颜色、阴影模式不透明度分别为“199” “7 “#07578e” “12”，如图 6.54 所示。

STEP 29 选中“描边”复选框，设置大小、颜色分别为“10”“#5e2be1”，如图 6.55 所示，单击 确定 按钮。

STEP 30 新建图层，设置前景色为“#f45bfa”，选择“钢笔工具”，在文字的下方绘制图 6.56 所示的形状，按【Ctrl+enter】组合键将路径转换为选区，并填充前景色。

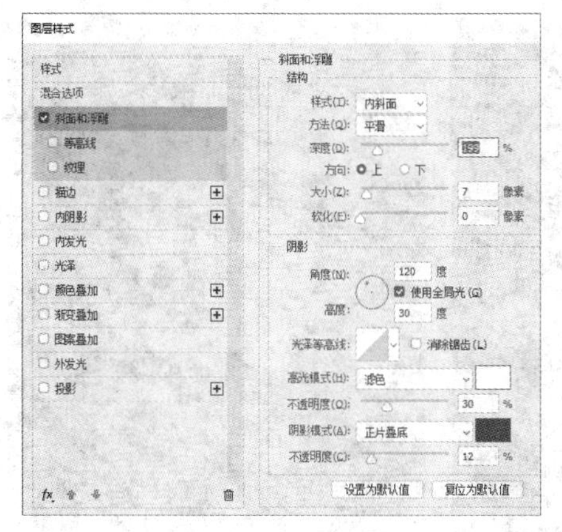

图 6.54

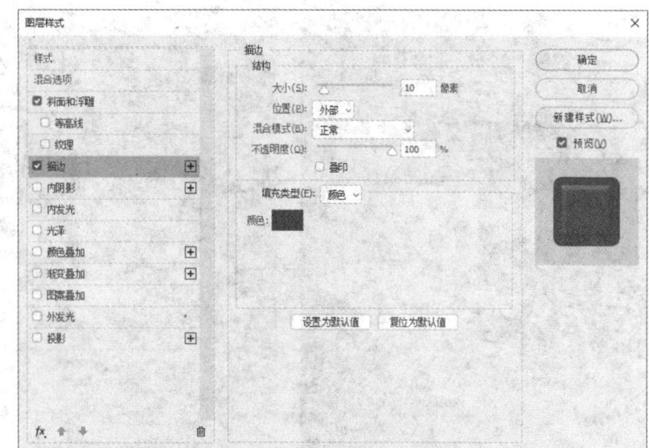

图 6.55

STEP 31 选择“横排文字工具”T，输入文字“狂欢之夜”，设置字体为“方正品尚粗黑简体”，文本颜色为“#ffffff”，调整文字大小和位置并使其倾斜显示，如图 6.57 所示。

STEP 32 选择 STEP 31 创建的文字，在工具属性栏中单击“创建文字变形”按钮，打开“变形文字”对话框，设置样式、弯曲分别为“扇形”“+9”，如图 6.58 所示，单击确定按钮。

STEP 33 在打开的“微博开屏广告宣传图素材 .psd”素材文件中，将装饰素材和微博 Logo 拖曳到“6.18 开屏广告图”图像文件中，并调整其大小和位置，效果如图 6.59 所示。

图 6.56

图 6.57

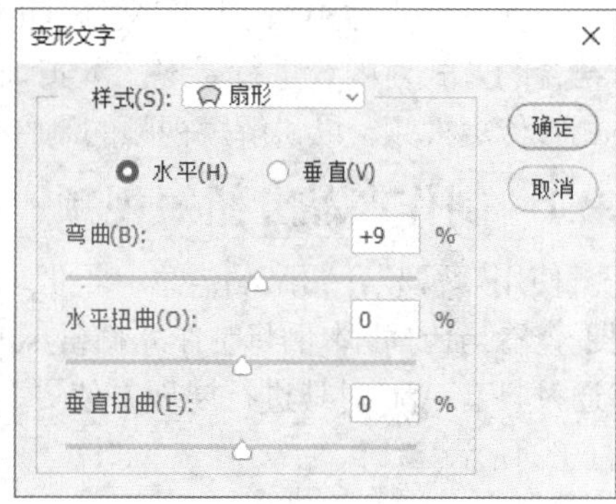

图 6.58

STEP 34 选择“矩形工具”，绘制大小为 1 080 像素 ×119 像素的矩形，设置填充为“#2d45c1”，不透明度为“58%”。

STEP 35 选择“横排文字工具”T，输入文字“点击观看精彩节目短视频 >”，设置字体为“汉仪中黑简”，文本颜色为“#ffffff”，并调整其大小和位置，如图 6.60 所示。

STEP 36 选择“圆角矩形工具”，绘制大小为 180 像素 ×102 像素的圆角矩形，设置描边为“#d1d1d1、2 点”。

STEP 37 选择“横排文字工具”T，输入文字“跳过”，设置字体为“汉仪中黑简”，文本颜色为“#bdbdbd”，并调整其大小和位置，效果如图 6.61 所示。

STEP 38 完成后按【Ctrl+S】组合键保存文件，完成本例的制作（配套资源 :\ 效果文件 \ 第 6 章 \ 微博开屏广告宣传图 .psd）。

图 6.59

图 6.60

图 6.61

6.2 实训 2——短视频制作

企业在多媒体中除了以图文结合的方式展现企业或产品内容外，还可通过短视频，以视听结合的方式对内容进行展现。本实训将使用 Premiere Pro CC 2018 制作产品介绍短视频、公司宣传短视频，以讲解短视频的制作方法。

6.2.1 制作产品介绍短视频

使用短视频介绍产品信息，不但能使展现的效果更加直观，而且便于查看与传播。本例将制作冰糖蜜瓜的短视频，体现产品名称、卖点，并通过抖音 App 对其进行展现，使更多人查看，完成后的参考效果如图 6.62 所示。

其具体操作如下。

STEP 1 在 Premiere Pro CC 2018 的“开始”面板中单击 新建项目... 按钮。

STEP 2 打开“新建项目”对话框，设置名称为“产品介绍短视频”，然后设置保存位置，并单击 确定 按钮，如图 6.63 所示。

STEP 3 在“项目”面板中双击空白区域，打开“导入”对话框，选择“水果短视频 .mp4”素材文件（配套资源 :\ 素材文件 \ 第 6 章 \ 水果短视频 .mp4），如图 6.64 所示，单击 打开(O) 按钮。

STEP 4 选择添加的视频，单击鼠标右键，在弹出的快捷菜单中选择“从剪辑新建序列”命令，如图 6.65 所示。

STEP 5 此时在右侧的“时间轴”面板上显示已添加的短视频，将鼠标指针定位到“时间轴”面板，按住【Alt】键不放，滑动鼠标滚轮放大时间标尺，将播放指示器定位到 00:00:02:07 处，如图 6.66 所示，再在左侧选择“剃刀工具”。

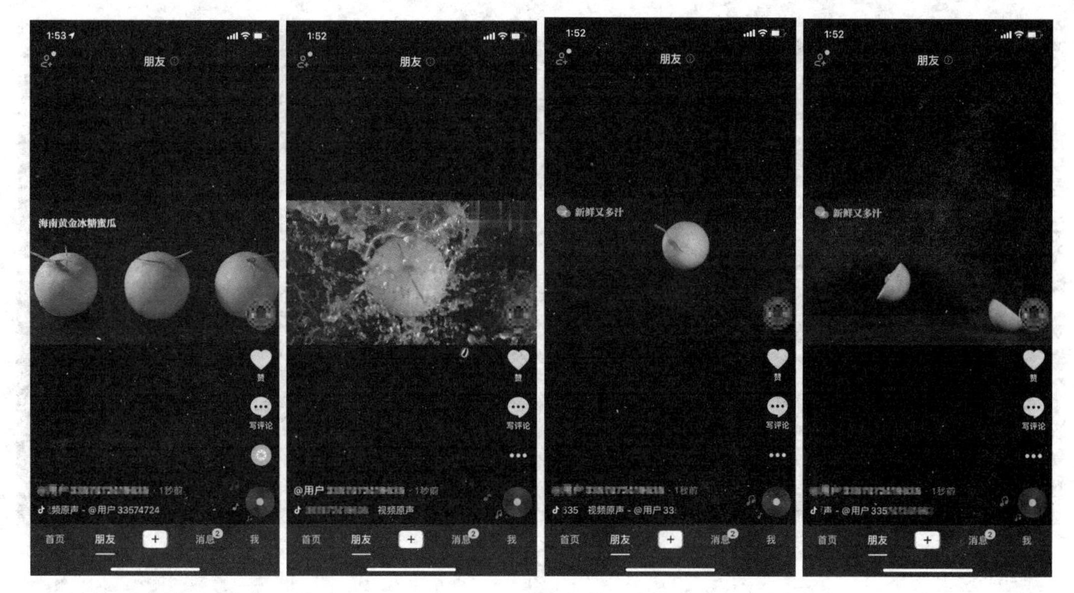

图 6.62

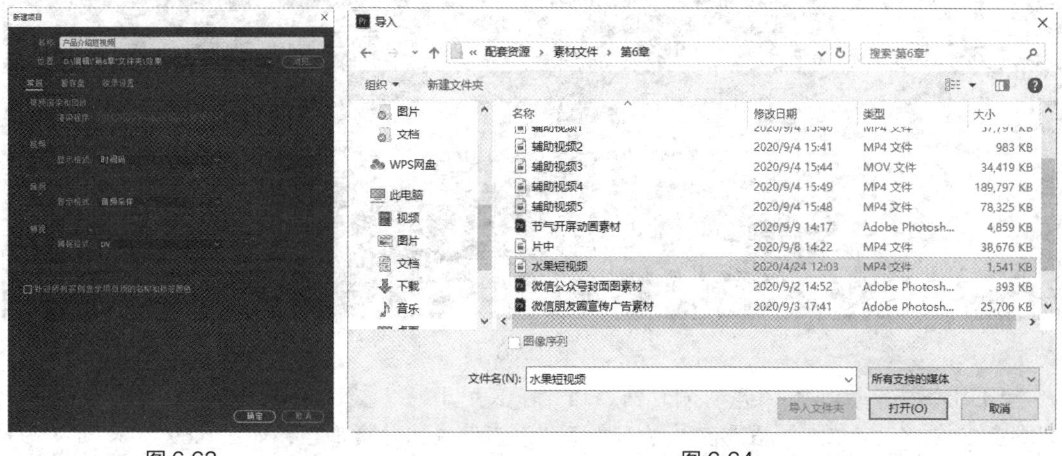

图 6.63　　图 6.64

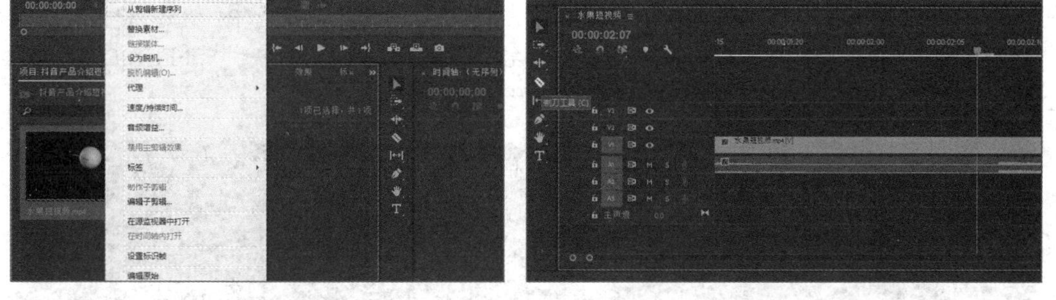

图 6.65　　图 6.66

STEP 6 此时鼠标指针呈状态，在播放指示器位置单击以分割短视频，如图 6.67 所示。

STEP 7 使用相同的方法在 00:00:04:10 处，使用“剃刀工具”分割短视频，如图 6.68 所示。

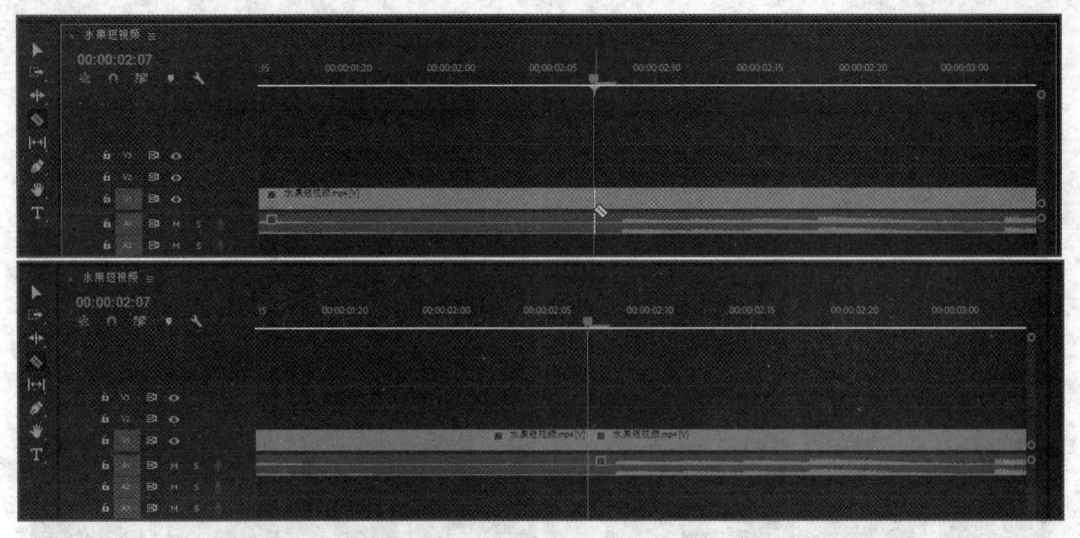

图6.67

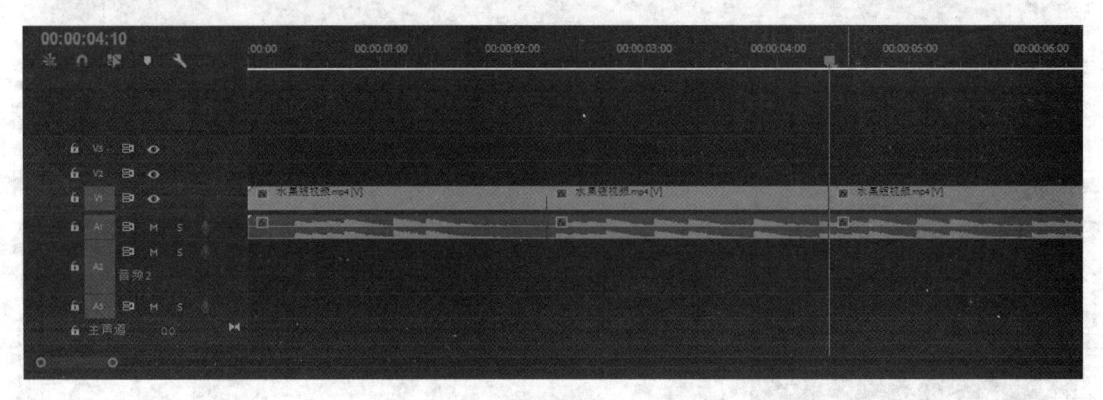

图6.68

STEP 8 将播放指示器定位到开头，选择“文字工具”，然后在“节目监视器”面板的左上方单击，定位文本插入点，输入文字“海南黄金冰糖蜜瓜”，如图6.69所示。

STEP 9 在活动面板中单击“图形”选项卡，打开“基本图形”面板，单击“编辑”选项卡，在文本栏中设置字体为“FYaSong-B-GBK”，字号为“37”，然后依次选中“填充”“描边”“阴影”复选框，单击“填充”色块，打开“拾色器”对话框，设置颜色为“#FFF10D”，单击 确定 按钮，调整文字距离，完成后的效果如图6.70所示。

图6.69

图6.70

STEP 10 在时间轴上选择添加后的文字，向左拖曳该文字部分的右侧边缘，将文字的时长调整到 00:00:02.07 处，效果如图 6.71 所示。

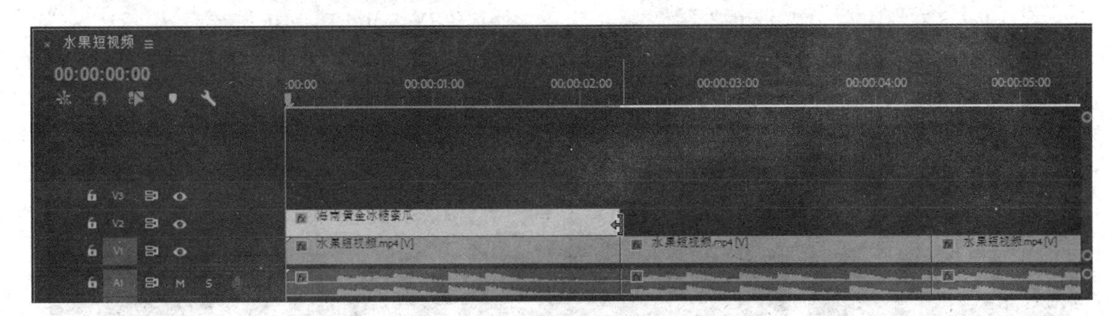

图 6.71

STEP 11 在活动面板中单击“效果”选项卡，打开“效果”面板，在“视频效果”栏中单击“颜色校正”左侧的下拉按钮▶，在打开的列表中选择“亮度与对比度”选项，按住鼠标左键不放将其拖曳到第二段视频上，为该节视频添加亮度和对比度，如图 6.72 所示。

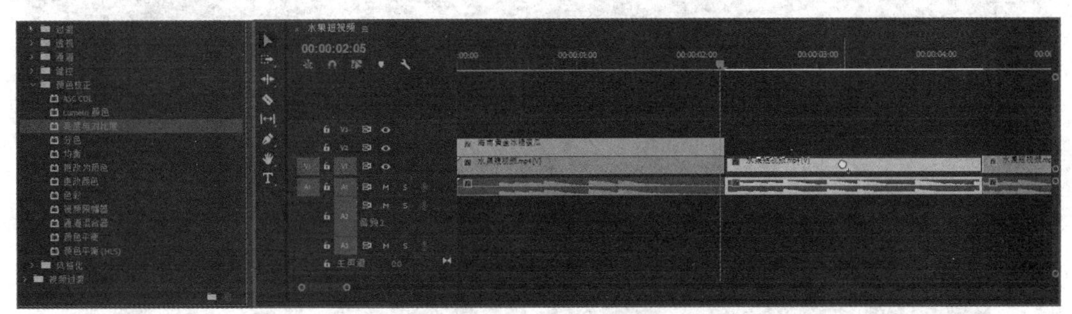

图 6.72

STEP12 将播放指示器定位到 00:00:04:10 处，在活动面板中单击“图形”选项卡，打开“基本图形”面板，单击“浏览”选项卡，在“添加文件夹”左侧的下拉列表中选择“\Graphic Overlays”选项，然后在下方的列表中选择“Logo Bug”选项，如图 6.73 所示。

STEP13 按住鼠标左键不放将“Logo Bug”拖曳到播放指示器右侧，为视频添加图形，效果如图 6.74 所示。

图 6.73

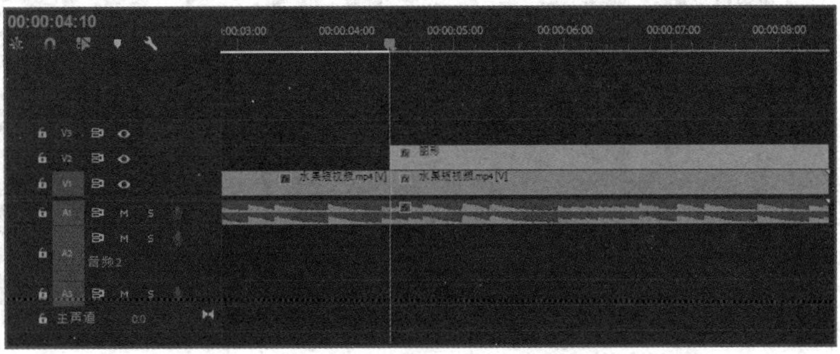

图 6.74

STEP 14 选择“文字工具” T，在“节目监视器”面板中的图形左侧定位文本插入点，输入文字“新鲜又多汁”。

STEP 15 在“编辑”选项卡的“文本”栏中设置字体为“FYaSong-B-GBK”，字体大小为“37”，然后依次选中“填充”“描边”“阴影”复选框，单击“填充”色块，打开“拾色器”对话框，设置颜色为“#0DC9FF”，如图6.75所示，单击 确定 按钮，调整文字距离。

STEP 16 选择添加后的文字，向左拖曳该文字部分的右侧边缘，将文字的时长调整到与对应视频的长度一致，效果如图6.76所示。

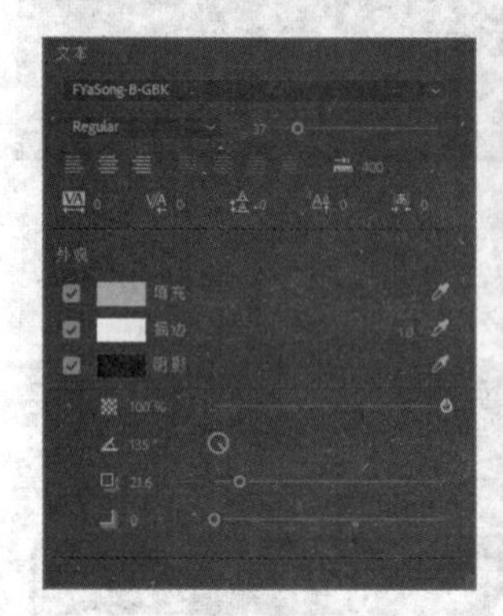

图6.75

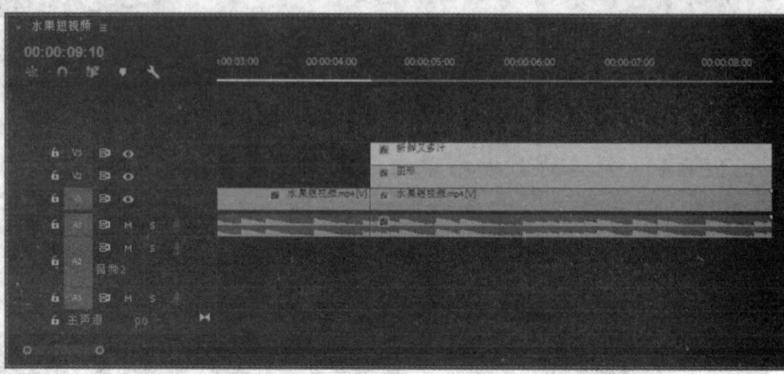

图6.76

STEP 17 选择【文件】/【导出】/【媒体】菜单命令，打开“导出设置”对话框，在“格式”右侧的下拉列表中选择“H.264”选项，如图6.77所示，单击 导出 按钮，稍等片刻即可完成导出操作。

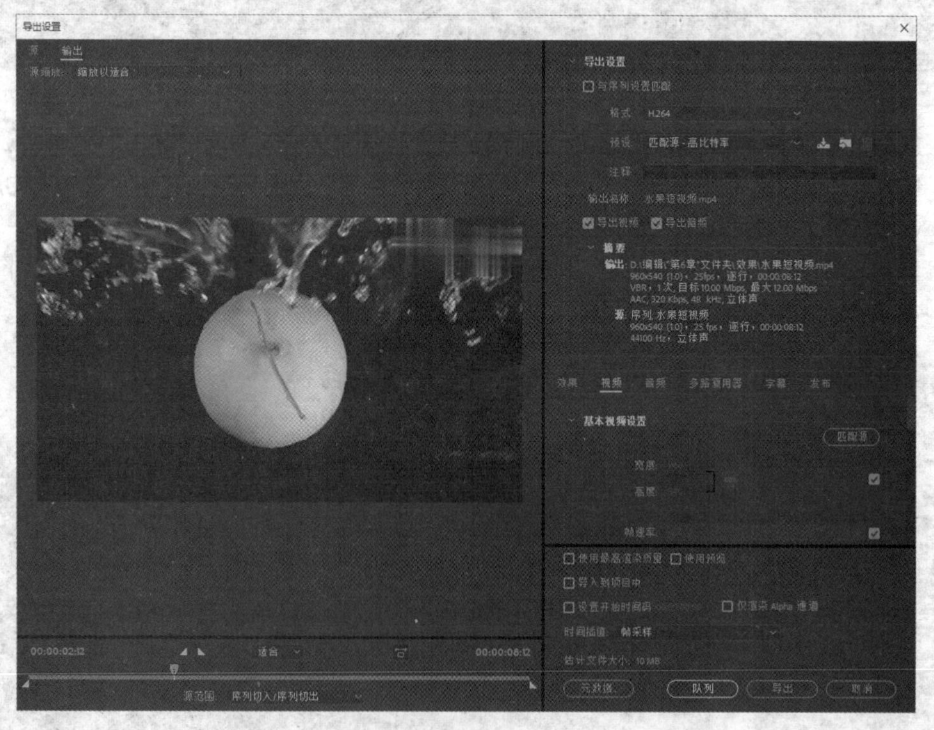

图6.77

STEP 18 打开保存后的视频，将其上传到抖音，根据提示发布视频即可（配套资源:\效果文件\第6章\水果短视频.MP4），完成后的效果如图6.78所示。

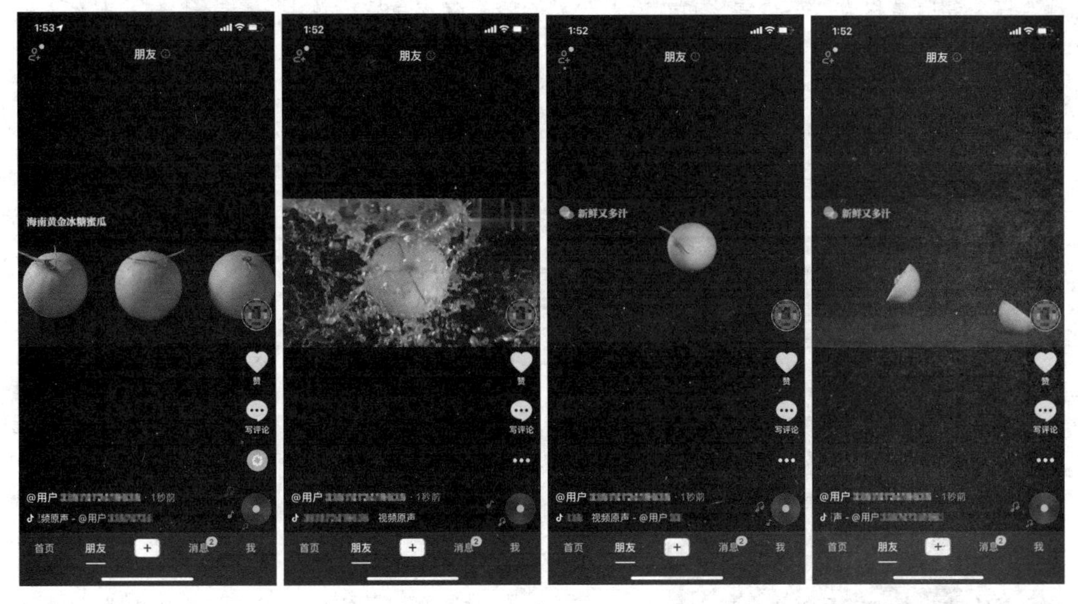

图6.78

6.2.2 制作公司宣传短视频

宣传短视频即通过视频拍摄和广告展现的方式，对公司的形象、文化和商品信息进行诠释，并把它传递给广大用户，从而为公司商品赢得良好口碑，吸引更多人消费。本例将制作一家零件制作公司的宣传短视频，该短视频的前面为过渡部分，然后是对公司的介绍，整个短视频美观且具有吸引力，完成后的参考效果如图6.79所示。

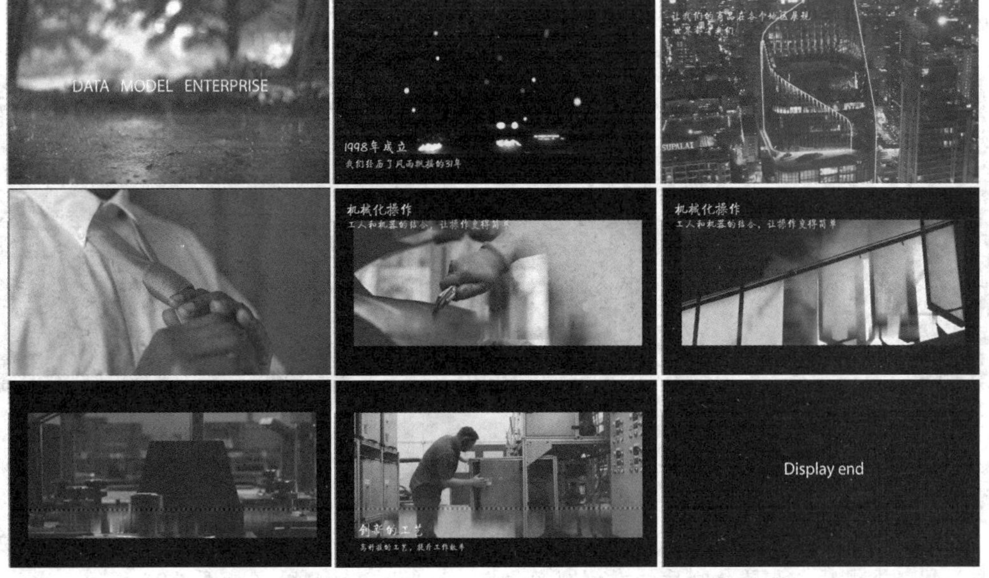

图6.79

其具体操作如下。

STEP 1 在 Premiere Pro CC 2018 的“开始”面板中单击【新建项目...】按钮。打开“新建项目”对话框，设置名称为“公司宣传短视频”，然后设置保存位置，单击【确定】按钮，如图 6.80 所示。

STEP 2 选择【文件】/【导入】菜单命令，打开“导入”对话框，选择“辅助视频 1 .mp4 ~ 辅助视频 5.mp4”“片中 .mp4”素材文件（配套资源 :\ 素材文件 \ 第 6 章 \ 辅助视频 1.mp4 ~ 辅助视频 5 .mp4、片中 .mp4），如图 6.81 所示，单击【打开(O)】按钮。

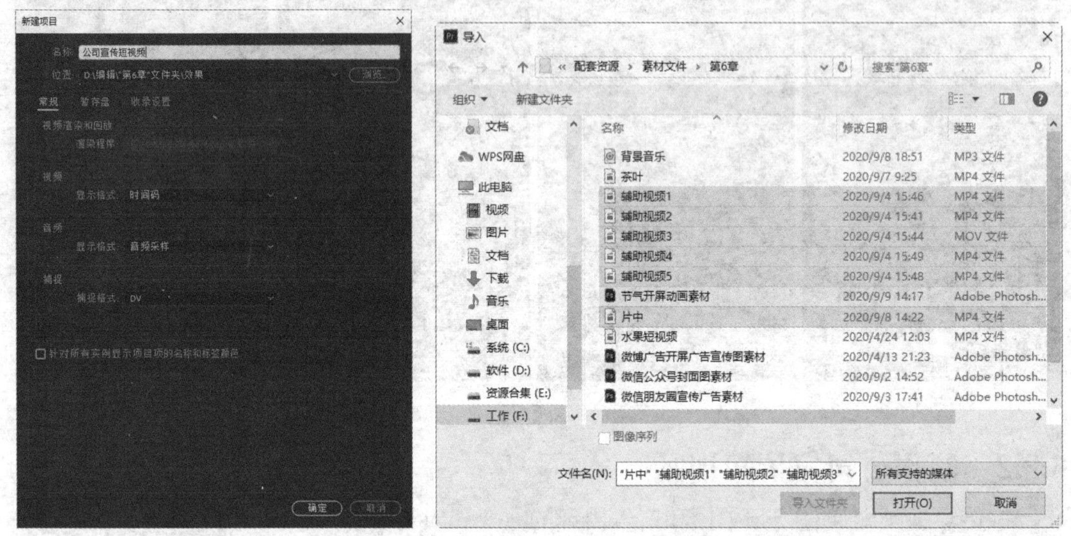

图 6.80　　图 6.81

STEP 3 选择添加的视频，单击鼠标右键，在弹出的快捷菜单中选择“从剪辑新建序列”命令。此时可发现有些视频有声音，有些则没有。选择有声音的一段视频，单击鼠标右键，在弹出的快捷菜单中选择“取消链接”命令，如图 6.82 所示。

STEP 4 链接被取消，选择下方的音频，按【Delete】键删除音频，使用相同的方法，删除其他音频内容，完成后的效果如图 6.83 所示。

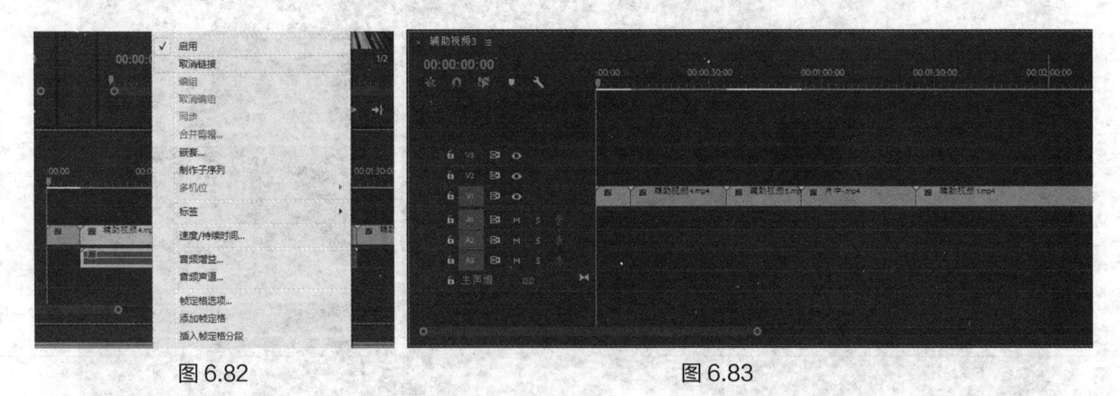

图 6.82　　图 6.83

STEP 5 选择“辅助视频 1”素材文件，向左拖曳鼠标，将其移动到最前方，然后依次按照视频的序号调整视频位置，效果如图 6.84 所示。

STEP 6 将播放指示器定位到 00:00:2:00 处，选择“剃刀工具”，在播放指示器位置单击以分割短视频，选择分割后的右侧视频，按【Delete】键删除，如图 6.85 所示。

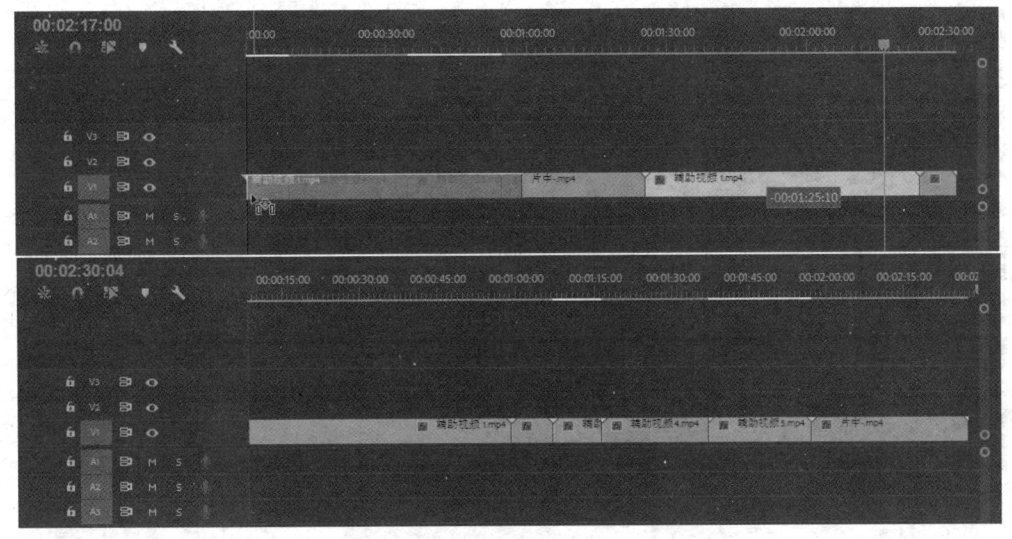

图 6.84

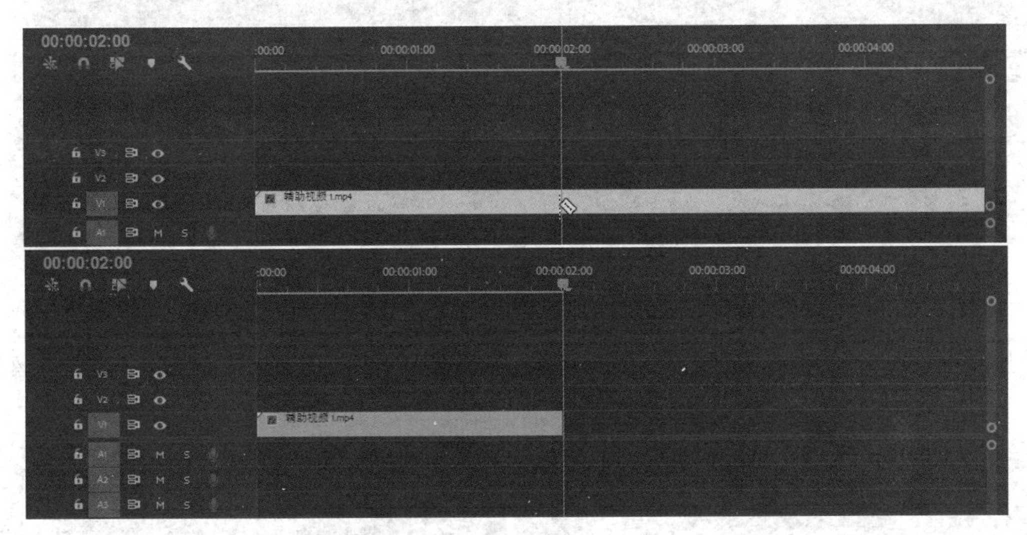

图 6.85

STEP 7 使用相同的方法，选择第二段视频，将播放指示器移动到 01:01:00 处，选择“剃刀工具”，对短视频进行分割，选择分割后的右侧视频，按【Delete】键删除。依次将播放指示器移动到 00:01:08:10、00:01:19:00、00:01:43:00 处进行分割，并删除分割后的右侧视频，然后对“片中 .mp4”素材文件中开头无画面的黑色部分进行分割，并删除前半部分。

STEP 8 选择第二段视频，将其向左拖曳，使其与第一个视频拼合，使用相同的方法拼合其他视频，如图 6.86 所示。

STEP 9 将播放指示器定位到 00:00:02:00 处，在活动面板中单击“效果”选项卡，打开“效果”面板，选择【视频过渡】/【滑动】选项，在打开的列表中选择“推”选项，按住鼠标左键不放将其拖曳到第二段视频上，为视频添加滑动效果，如图 6.87 所示。

STEP 10 将播放指示器定位到第 3 段视频处，在“效果”面板中选择【视频过渡】/【溶解】选项，在打开的列表中选择“叠加溶解”选项，按住鼠标左键不放将其拖曳到第 3 段视频上，为视频添加叠加溶解效果，其效果如图 6.88 所示。

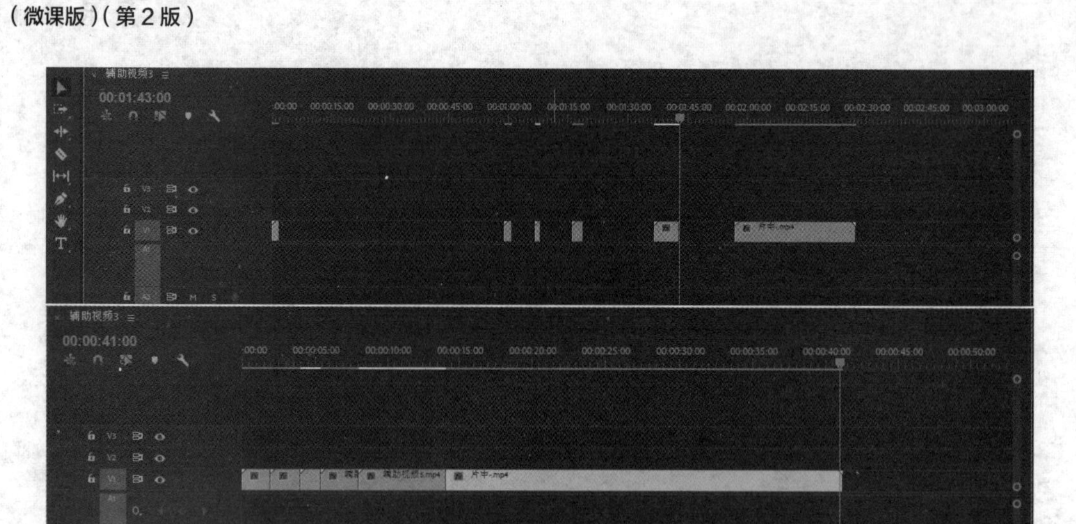

图6.86

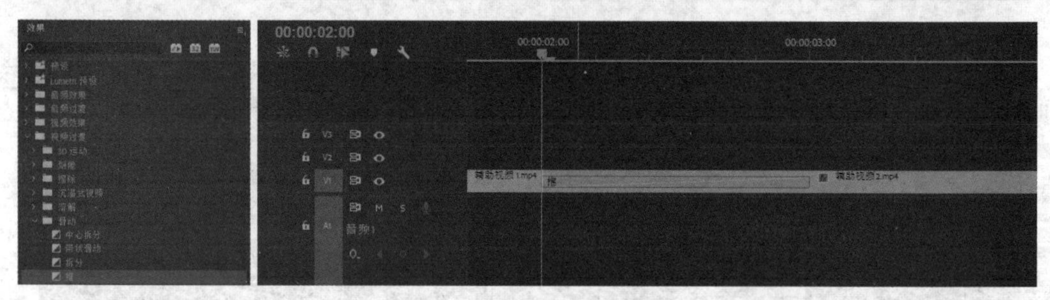

图6.87

STEP 11 将播放指示器定位到第5段视频处，在“效果”面板中选择【视频过渡】/【擦除】选项，在打开的列表中选择“径向擦除”选项，按住鼠标左键不放将其拖曳到第5段视频处，为视频添加径向擦除效果，其效果如图6.89所示。

图6.88　　图6.89

STEP 12 将播放指示器定位到起始位置，在活动面板中单击“图形”选项卡，打开“图形”面板，在下方的面板中选择第5个文字样式，然后按住鼠标左键不放，将其拖曳到第一段视频上，完成文字样式的添加。

STEP 13 在“节目监视器”面板的文字上方单击，定位输入点，将内容修改为“DATA MODEL ENTERPRISE”，在“时间轴”面板上选择添加后的文字，向左拖曳，将文字的时长调整到00:00:01:00处，如图6.90所示。

STEP 14 将播放指示器定位到00:00:02:24处，在打开的“图形”面板中选择第4个文字样式，然后按住鼠标左键不放，将其拖曳到播放指示器位置处，完成文字样式的添加。

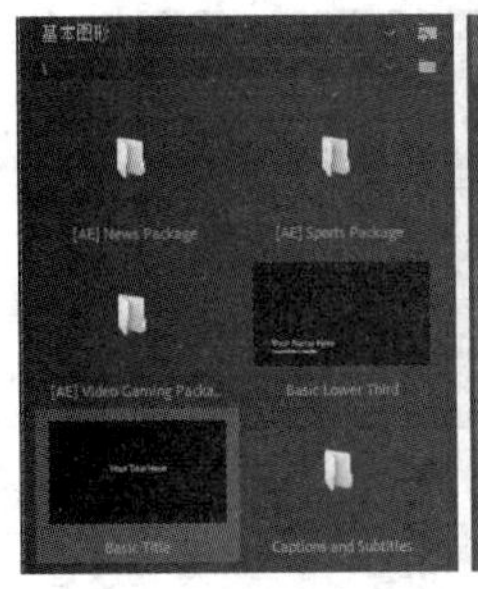

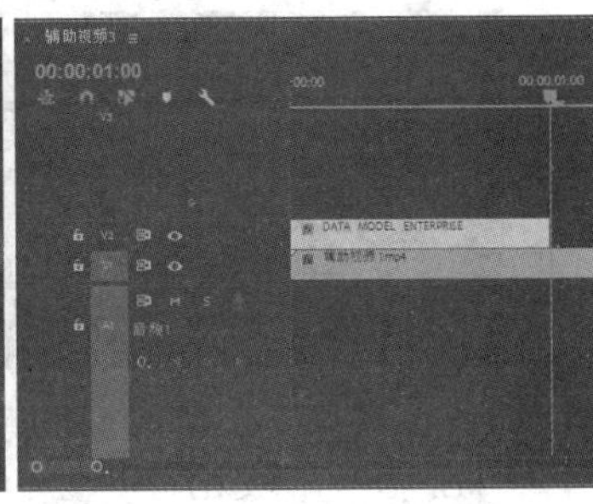

图 6.90

STEP 15 在“图形”面板中单击“编辑”选项卡，在下方的“文本”栏中设置字体为“FZQiTi-S14S”，字体大小为“80”，在添加的文本框上方输入文字“1998 年成立”，更改文字大小为“58”，在文本框下方输入文字“我们经历了风雨飘摇的 31 年”，效果如图 6.91 所示。

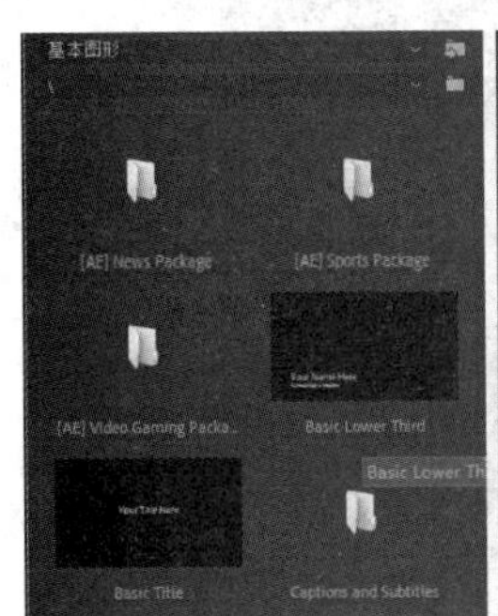
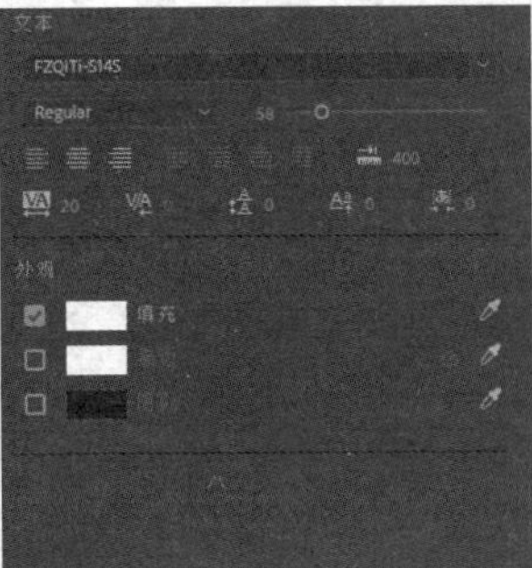

图 6.91

STEP 16 使用相同的方法在 00:00:05:10、00:00:14:04、00:00:24:13、00:00:36:00 处添加文字，完成后的效果如图 6.92 所示。

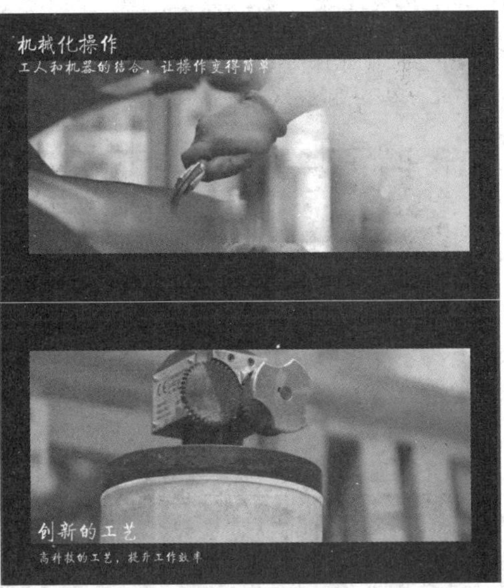

图 6.92

STEP 17 将播放指示器定位 00:00:41:05 处，选择第 5 个文字样式，将其拖曳到 V1 视频轨道上，并修改为文字为“Display end”，效果如图 6.93 所示。

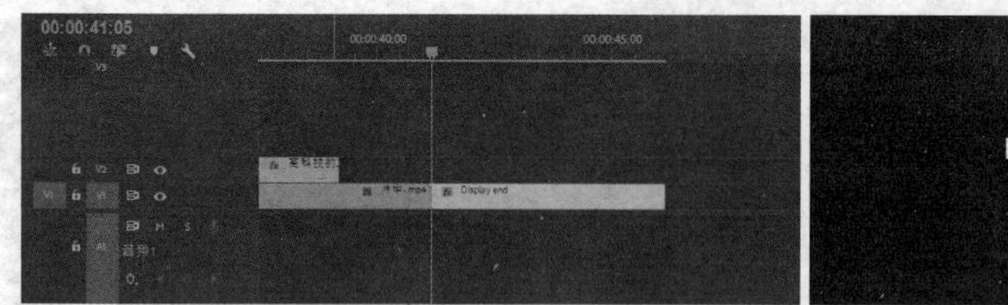
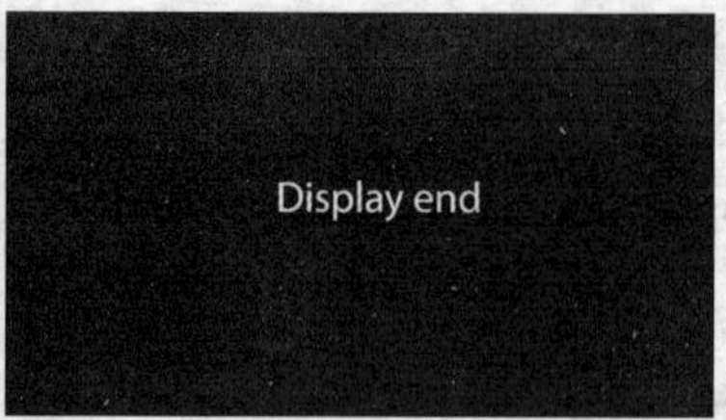

图6.93

STEP 18 按【Ctrl+I】组合键打开“导入”对话框，选择“背景音乐.mp3”素材文件（配套资源:\素材文件\第6章\背景音乐.mp3），单击打开(O)按钮，将添加的音乐拖曳到视频下方，此时可发现音乐过长，选择“剃刀工具”，在视频结尾对应的音频位置单击以分割音频，选择分割后的右侧音频，按【Delete】键删除，如图6.94所示。

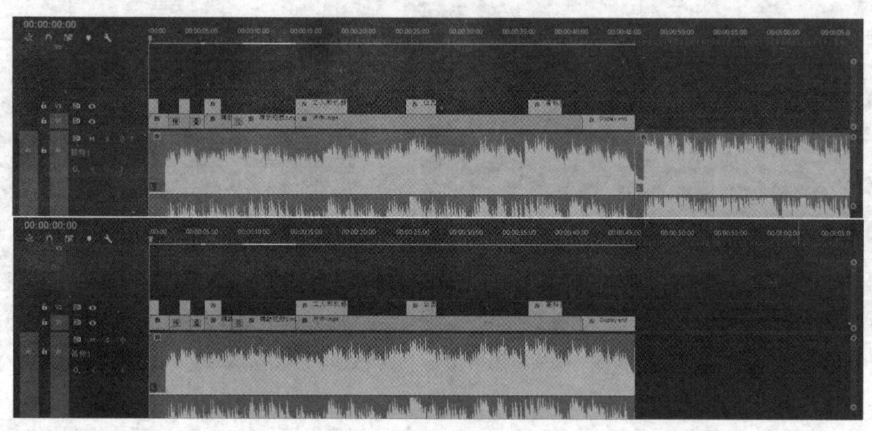

图6.94

STEP 19 选择【文件】/【导出】/【媒体】菜单命令，打开“导出设置”对话框，在“格式”右侧的下拉列表中选择“H.264”选项，然后单击导出按钮，稍等片刻即可完成导出操作。

STEP 20 打开保存后的视频，即可播放短视频，如图6.95所示（配套资源:\效果文件\第6章\公司宣传短视频.MP4）。

图6.95

6.3 实训3——动画制作

动画也是多媒体中不可或缺的一部分，好的动画能让效果展现得更加生动，且具有趣味性，能够吸引更多用户注意。本实训将使用 Animate CC 2018 制作节气开屏动画和电子时钟动画，以讲解动画的制作方法。

微课视频

制作节气开屏动画

6.3.1 制作节气开屏动画

进入某个 App 时，首先出现的就是开屏页面，该页面可以是图片，也可以是动画。本例将制作与节气相关的开屏动画，该动画将通过飞舞的燕子、下落的雨滴来体现清明节“乍疏雨、洗清明”的特点；此外，该动画还通过说明性的文字点明了主题，完成后的参考效果如图 6.96 所示。

图 6.96

其具体操作如下。

STEP 1 在 Animate CC 2018 中选择【文件】/【新建】菜单命令，打开“新建文档”对话框，设置宽、高分别为“1080”“1920”，如图 6.97 所示，单击 确定 按钮。

STEP 2 选择【文件】/【导入】/【导入到舞台】菜单命令，打开“导入”对话框，选择“节气开屏动画素材 .psd”素材文件（配套资源 :\ 素材文件 \ 第 6 章 \ 节气开屏动画素材 .psd），单击 打开(O) 按钮，打开“将‘节气开屏动画素材 .psd’导入到舞台”对话框，选中“背景”复选框，在“将图层转换为”下拉列表中选择“关键帧”选项，如图 6.98 所示，然后单击 导入 按钮。

STEP 3 依次为燕子和雨滴等素材新建图层，然后双击新建图层的名称，对图层进行重命名，如图 6.99 所示。

STEP 4 按住【Ctrl】键不放，依次选择所有图层的第 120 帧，然后单击鼠标右键，在弹出的快捷菜单中选择“插入帧”命令，效果如图 6.100 所示。

STEP 5 在“燕子”图层上单击鼠标右键，在弹出的快捷菜单中选择“添加传统运动引导层”命令，为“燕子”图层创建引导层，如图 6.101 所示。

STEP 6 选择“铅笔工具”，在舞台上绘制一条曲线，作为燕子的飞行路径，如图 6.102 所示。

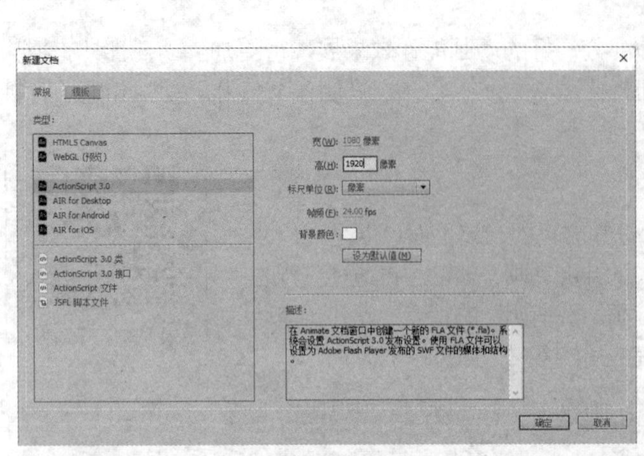

图 6.97

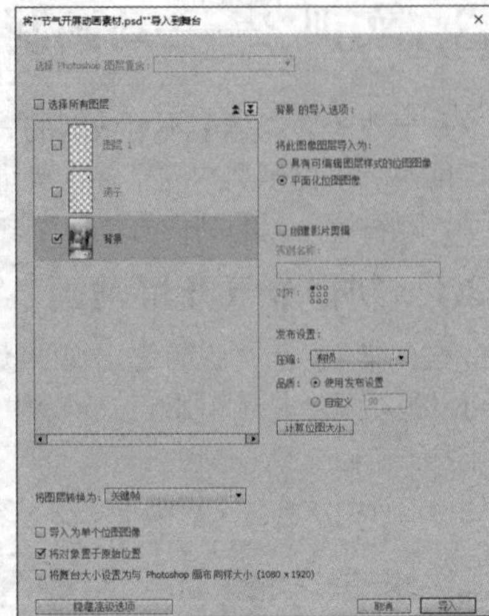

图 6.98

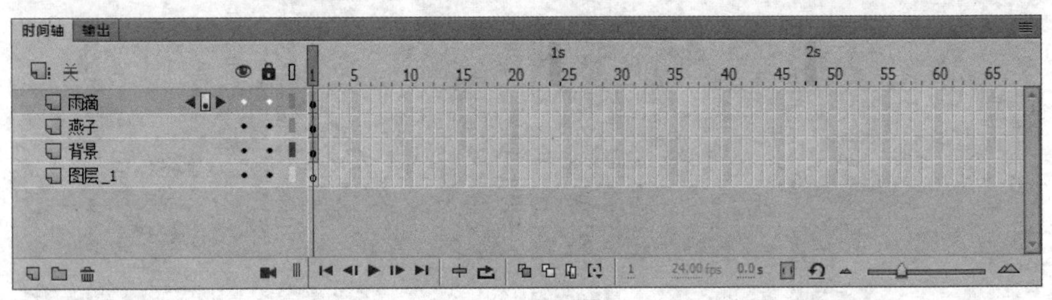

图 6.99

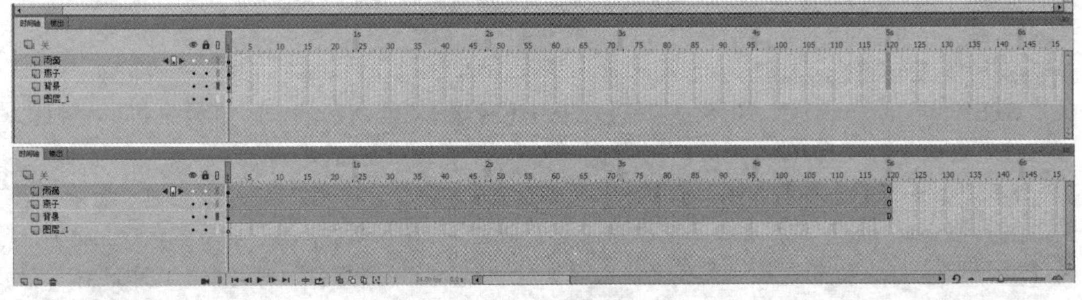

图 6.100

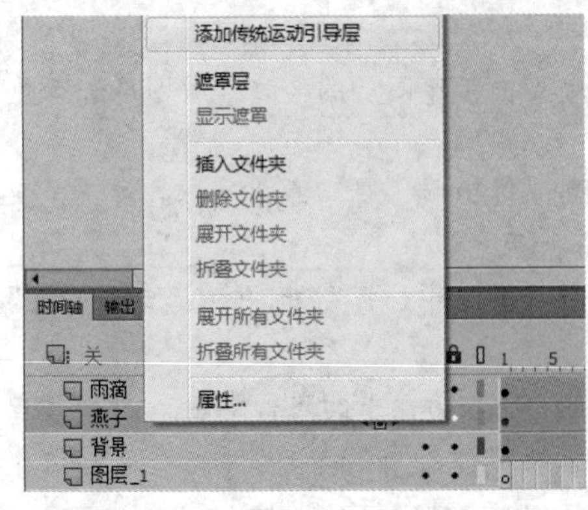

图 6.101

图 6.102

STEP 7 选择“燕子”图层的第 1 帧，将燕子移动到引导线的开始处，使燕子的中心点吸附在引导线上，并使其与引导线开始处的方向一致。

STEP 8 在“燕子”图层的第 120 帧处按【F6】键插入关键帧，将燕子吸附到引导线的结束处，使燕子的中心点吸附在引导线上并使其与引导线结束处的方向一致。选择“燕子”图层，在第 1 ~ 第 120 帧之间单击鼠标右键，在弹出的快捷菜单中选择“创建传统补间”命令，在第 1 ~ 第 120 帧之间创建传统补间动画，完成燕子飞行的制作，如图 6.103 所示。

图 6.103

STEP 9 选择雨滴素材，按【F8】键，打开“转换为元件”对话框，如图 6.104 所示，单击 确定 按钮，将形状转换为影片剪辑元件，名称为“元件 1”。

STEP 10 选择“雨滴”图层的第 1 帧，然后将形状移动到舞台右侧接近顶部的位置，如图 6.105 所示。

STEP 11 单击“雨滴”图层的第 120 帧，按【F6】键插入关键帧，并将形状移动到接近舞台底部中间的位置，如图 6.106 所示，然后创建传统补间动画。

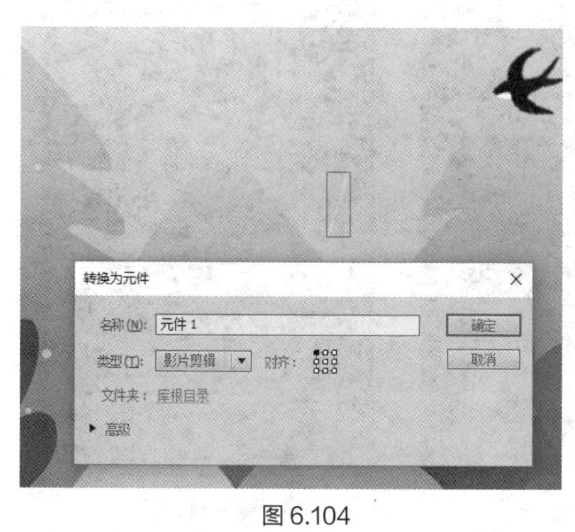

图 6.104

图 6.105

图 6.106

STEP 12 再次选择雨滴形状，按【F8】键转换为影片剪辑元件，名称为“元件 2”，按住【Alt】键不放，拖曳雨滴形状，对其进行复制，效果如图 6.107 所示。

STEP 13 单击“文本工具”按钮T，在舞台上绘制文本框，并输入文字“拆桐花烂漫”，打开“属性”面板，在文本类型下拉列表中选择“静态文本”，然后设置系列、大小、颜色分别为“方正粗圆简体”“100.0”“#ffffff”，效果如图 6.108 所示。

图 6.107

图 6.108

STEP 14 使用相同的方法，在已输入的文字左侧输入文字“乍疏雨、洗清明”，如图 6.109 所示。

STEP 15 使用相同的方法，在图像的下方输入文字“莫云科技与你同在”，并设置系列、大小、颜色分别为“方正仿郭体简体”“75.0”“#1A7A8A”，效果如图 6.110 所示。

STEP 16 选择“引导层：燕子”图层，按【Delete】键删除，此时拖动滑块可查看完成后的效果，如图 6.111 所示。

图 6.109

图 6.110

图 6.111

STEP 17 选择【文件】/【导出】/【导出动画 GIF】菜单命令，打开“导出图像”对话框，设置循环为“总是”，单击 保存 按钮，打开“另存为”对话框，设置文件名为“节气开屏动画”，单击保存(S)按钮。

STEP 18 打开保存后的动画，即可播放动画，如图 6.112 所示（配套资源 :\ 效果文件 \ 第 6 章 \ 节气开屏动画 .gif）。

图 6.112

6.3.2 制作电子时钟动画

电子时钟动画是一种常见的动画形式，常用于界面的设计与制作，电子时钟动画显示的时间会根据实际情况发生变化，便于用户查看。本例将制作一个电子时钟动画，该动画不但美观，还能实时显示系统的日期和时间，完成后的参考效果如图 6.113 所示。

图 6.113

其具体操作如下。

STEP 1 在 Animate CC 2018 中新建一个大小为 550 像素 ×200 像素的 HTML5 Canvas 动画文件，将“图层 1”图层重命名为“背景”。使用“矩形工具”绘制一个矩形，设置笔触颜色为“#33CC00”，填充颜色为“#339900”，笔触为“5.00”，圆角半径为“20.00”，如图 6.114 所示。

STEP 2 新建一个图层并重命名为“文本”，使用“文本工具”在舞台左上角绘制一个文本框，输入文字“0000年”，设置文字的字体、大小、颜色分别为“华文琥珀”“32.0”“#FFFFFF”，格式为“居中对齐”；将文本类型设置为“动态文本”，并设置名称为“year”，如图6.115所示。

STEP 3 使用相同的方法创建“month”“date”“day”动态文本，如图 6.116 所示。

STEP 4 在舞台中间绘制两个动态文本框，设置字体大小为“120.0”，名称分别为“hh”

和“mm”，在舞台右下角绘制一个动态文本框，设置字体大小为“45.0”，名称为“ss”，效果如图 6.117 所示。

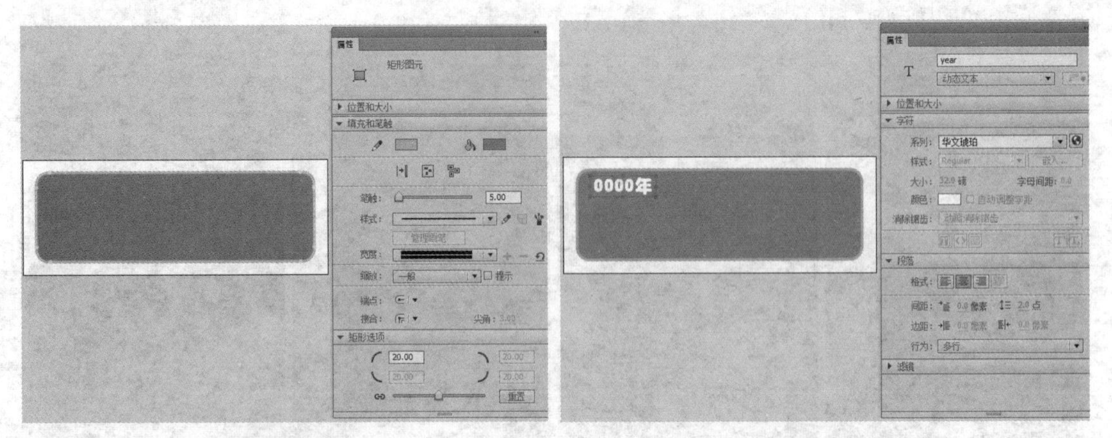

图 6.114　　　　图 6.115

图 6.116　　　　图 6.117

STEP 5 使用“矩形工具”在舞台中绘制两个小正方形，设置笔触为“无”，填充颜色为“#CC6600”，然后将其转换为影片剪辑元件。双击进入其编辑界面，在第 10 帧处按【F7】键插入空白关键帧，在第 20 帧处按【F5】键插入帧，如图 6.118 所示。

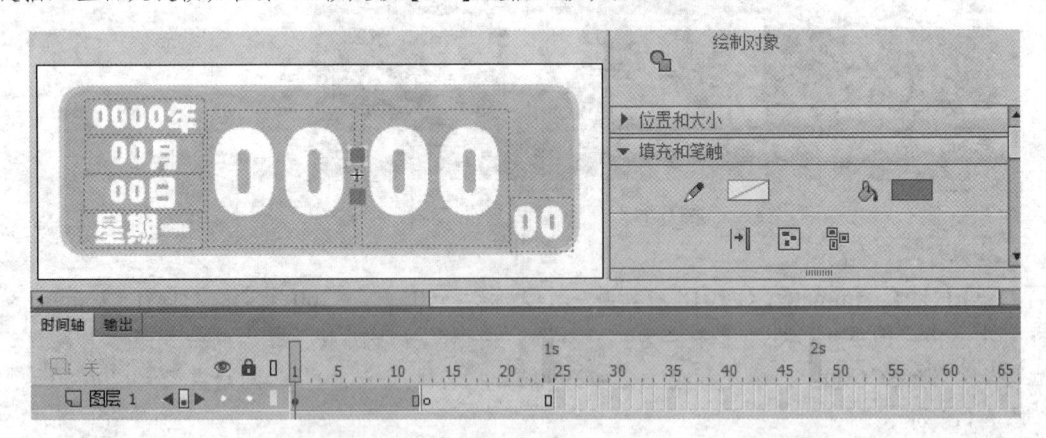

图 6.118

STEP 6 返回主场景，新建一个图层并重命名为“脚本”，按【F9】键打开“动作”面板，在其中输入如下代码。

```
01  var time = new Date();
02  var year = time.getFullYear();
03  var month = time.getMonth() + 1;
```

```
04 var date = time.getDate();
05 var hh = time.getHours();
06 var mm = time.getMinutes();
07 var ss = time.getSeconds();
08 var day = time.getDay();
09 this.year.text = year + "年";
10 this.month.text = month + "月";
11 this.date.text = date + "日";
12 this.hh.text = (hh < 10) ? "0" + hh : hh;
13 this.mm.text = (mm < 10) ? "0" + mm : mm;
14 this.ss.text = (ss < 10) ? "0" + ss : ss;
15 this.day.text = "星期" + "日一二三四五六".charAt(day);
```

STEP 7 按【Ctrl+Enter】组合键进行测试，所有数据显示正常，但是数据不会自动变化，只有刷新网页时数据才会变化。这是因为帧脚本只有在进入该帧时才会运行，当动画只有一帧时，将一直停留在该帧，不会再次进入，所以帧脚本只会运行一次。

STEP 8 在时间轴中选择所有图层的第 2 帧，按【F5】键插入帧，如图 6.119 所示，再次按【Ctrl+Enter】组合键进行测试，这时时间数据可自动变化。

STEP 9 将文件保存为“电子时钟.fla”，完成后的效果如图6.120所示（配套资源:\效果文件\第6章\电子时钟.fla）。

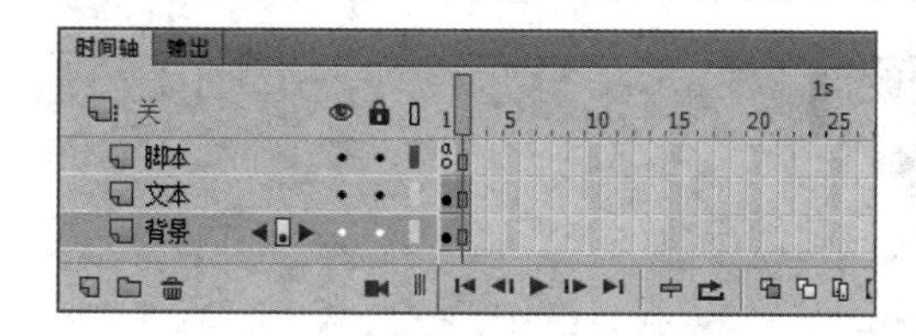

图 6.119

图 6.120

6.4 习题

1. 制作暑假旅游季开屏广告。在制作时先制作背景，然后绘制形状并输入文字，完成后的参考效果如图 6.121 所示（配套资源 :\ 效果文件 \ 第 6 章 \ 暑假旅游季开屏广告 .psd）。

2. 为提供的茶叶短视频（配套资源 :\ 素材文件 \ 第 6 章 \ 茶叶 .mp4）制作后期效果，完成后的参考效果如图 6.122 所示（配套资源 :\ 效果文件 \ 第 6 章 \ 茶叶后期处理 .mp4）。

3. 制作“龟兔赛跑”动画文件。首先打开 Animate CC 2018，使用绘图工具绘制乌龟和兔子的各种形象，然后通过绘图工具对短片中要使用的 3 个场景进行绘制。绘制完成后，在场景中加入乌龟和兔子的卡通形象，并制作补间动画，完成后的效果如图 6.123 所示（配套资源 :\ 效果文件 \ 第 6 章 \ 龟兔赛跑 .fla）。

图6.121

图6.122

图6.123